STRUKTUR UND EIGENSCHAFTEN DER MATERIE

EINE MONOGRAPHIENSAMMLUNG

BEGRÜNDET VON M. BORN UND J. FRANCK
HERAUSGEGEBEN VON F. HUND-LEIPZIG UND H. MARK-WIEN

XIX

DER SMEKAL-RAMAN-EFFEKT

ERGÄNZUNGSBAND
1931—1937

VON

DR. K. W. F. KOHLRAUSCH
O. Ö. PROFESSOR DER PHYSIK
AN DER TECHNISCHEN HOCHSCHULE GRAZ

MIT 27 ABBILDUNGEN

BERLIN
VERLAG VON JULIUS SPRINGER

ISBN-13:978-3-642-88820-5 e-ISBN-13:978-3-642-90675-6
DOI: 10.1007/978-3-642-90675-6

SOFTCOVER REPRINT OF THE HARDCOVER 1ST EDITION 1938

Vorwort.

Mehr als sechs Jahre sind seit Erscheinen des Buches „Der Smekal-Raman-Effekt“ (XII. Band dieser Sammlung) verstrichen. Die „Zunft“ der Raman-Spektroskopiker — sie hat den Verlust eines besonders eifrigen und erfolgreichen Mitarbeiters, des Pariser Chemikers M. Bourguel, zu beklagen — hat diese Zeit wahrlich nicht ungenützt verstreichen lassen! Wollte man dem, was mittlerweile durch die Aufnahme von etwa 4000 Ramanspektren und durch deren Diskussion in rund 1200 Publikationen an Tatsachen und Auslegungen zusammengetragen wurde, auch nur einigermaßen gerecht werden, so würde man zur Darstellung, selbst nach Scheidung von Spreu und Weizen, gut und gern ein „1000-Seiten-Buch“ benötigen.

Eine solche Darstellung war nicht beabsichtigt und man kann vielleicht auch daran zweifeln, ob hierfür im Hinblick auf die Rückständigkeit in der quantitativen Verwertung des ungeheuren Zahlenmateriales der Zeitpunkt schon gekommen ist. Beabsichtigt war vielmehr eine *Ergänzung* zu dem oben erwähnten Buch; und da dessen im Vorwort umrissene Zweckbestimmung die war „als Hilfs- und Nachschlagebuch zu dienen für jene, die sich mit den Ramanspektren und den aus ihnen zu gewinnenden Aussagen befassen wollen“, so ist auch der Ergänzungsband diesem Zwecke angepaßt. Daher wurde viel Mühe und Raum aufgewendet für vollständige und zweckmäßige Nachschlagregister: Ein alphabetisch (Abschnitt VIII) und ein sachlich (Abschnitt IX) geordnetes Substanzverzeichnis, sowie ein chronologisch geordneter Literaturnachweis (Abschnitt X) sollen es leicht feststellen lassen, ob und wo eine bestimmte Substanz bzw. eine andere mit ihr strukturverwandte bereits bearbeitet wurde; die Angabe der Strukturformeln in Abschnitt IX erschien für diesen Zweck unerläßlich. Die zur Deutung der Spektren nötigen Symmetrieeigenschaften, Auswahlregeln, Abzählvorschriften für die Schwingungsformen sind in

29 ausführlichen Tabellen (§ 7) zusammengestellt. Die Behandlung der theoretischen Grundlagen für diese Tabellen ist verhältnismäßig breit gehalten (Abschnitt I), da ich mich des Eindruckes nicht erwehren kann, als ob der allgemeinen Verbreitung dieser so notwendigen theoretischen Kenntnisse die für den Nichtphysiker schwere Lesbarkeit der bisherigen Darstellungen im Wege stünde; wenngleich einige derselben das hier Gebotene zweifellos an Tiefe und Gründlichkeit weitaus übertreffen.

Im Abschnitt III und VI (Rotationsspektren und Schwingungsspektren) konnte und mußte ich mich bei vielen Einzelheiten kurz fassen und mich berufen auf die inzwischen in der gleichen Sammlung „Struktur und Materie“ erschienenen Monographien von H. A. STUART (Bd. XIV „Molekülstruktur“ 1934) und H. SPONER (Bd. XV „Molekülspektren“ 1935/36), die ihrem Buchtitel entsprechend auch die Ergebnisse der Raman- und Ultrarotforschung berücksichtigen. Im übrigen sind die Abschnitte II bis VII, in denen die experimentelle Technik, die allgemeinen Eigenschaften der Streuspektren und die aus ihnen zu gewinnenden insbesondere quantitativen Aussagen besprochen werden, im wesentlichen nur als ein Führer durch die nach sachlichen Gesichtspunkten geordnete Literatur gedacht.

Die „Tabelle der bisher bekannten Ramanspektren“, die im S.R.E. 50 Seiten Platz verbrauchte, mußte entfallen; jetzt wäre für die rund 2000 bearbeiteten Substanzen ein 4 bis 5mal so großer Raum nötig. Auch in dieser Hinsicht kann ich auf den 3. Ergänzungsband des Tabellenwerkes „LANDOLT-BÖRNSTEIN“ verweisen, in welchem I. WEILER die bis zum Jahre 1934/35 erschienenen Messungsergebnisse in 1450 Ramanspektren zusammengestellt hat.

Zum Schlusse möchte ich allen jenen danken, die am Zustandekommen dieses Buches, dessen Erscheinen mit dem zehnjährigen Jubiläum des Ramaneffektes (II. 1928) zusammenfällt, beteiligt waren: Dem stets entgegenkommenden Verlag Julius Springer, den Herausgebern dieser Sammlung, den Herrn Professoren Dr. F. HUND und Dr. H. MARK, und vor allem meinen Mitarbeitern. Sie haben mich nicht nur unmittelbar durch Ratschläge, Rechnungen, Zeichnungen, Korrekturlesen usw. unterstützt; dem Umstand, daß sie ihr Können und ihre Arbeitskraft in den Dienst der Sache stellten, ist der, wie ich glaube, immerhin beachtliche

Anteil zu verdanken, den mein Institut zur Entwicklung dieses Forschungsgebietes beitragen konnte. Es ist im Laufe der Jahre eine stattliche Anzahl von Namen geworden, die ich zu nennen habe; in alphabetischer Reihenfolge: Dr. O. BURKARD, Dr. H. C. CHENG, Privatdozent Dr. H. CONRAD-BILLROTH (†), Dr. L. KAHOVEC, Dr. F. KÖPPL, Dr. H. KOPPER, F. LECHNER, Ing. O. PAULSEN, Privatdozent Dr. A. PONGRATZ, Dr. A. W. REITZ, Dr. R. SABATHY, Professor Dr. R. SEKA, Dr. R. SKRABAL, Dr. K. STOCKMAIR, Ing. Dr. F. TRENKLER, Dr. J. WAGNER, Dr. G. PRINZ YPSILANTI.

Graz, November 1937.

K. W. FRITZ KOHLRAUSCH.

Inhaltsverzeichnis.

Häufig benötigte Zahlenwerte.

Wellenlänge λ; Einheiten: $1\,\mu = 10^{-4}$ cm; $1\,\mathrm{m}\mu = 10^{-7}$ cm; $1\,\text{Å} = 10^{-8}$ cm

Wellenzahl ω oder ν, gewöhnlich als Frequenz bezeichnet, in cm^{-1} . . $\nu = 1/\lambda_{\mathrm{Vakuum}}$

Wahre Frequenz ν^* in s^{-1} . . . . . $\nu^* = \nu \cdot c$

Lichtgeschwindigkeit im Vakuum . . $c = 2{,}9980 \cdot 10^{10}$ cm/s

Gaskonstante je Mol . . . . $R = 0{,}8314 \cdot 10^{8}$ erg/Grad = 1,986 cal/Grad

LOSCHMIDTs Zahl (Zahl der Moleküle je Mol) . . . . $L = 6{,}06 \cdot 10^{23}$

BOLTZMANNs Konstante . . . . . . $k = R/L = 1{,}372 \cdot 10^{-16}$ erg/Grad

Masse eines Atomes vom Atomgewicht A $m = 1{,}65 \cdot 10^{-24} \cdot A$ g

PLANCKs Wirkungsquantum . . . . $h = 6{,}55 \cdot 10^{-27}$ erg · s

$h\nu^*$ für $\nu = 1\,\mathrm{cm}^{-1}$ . . . . $h\nu^* = 1{,}964 \cdot 10^{-16}$ erg

kT für $T = 300°$ abs ($\vartheta = 27°$ C) . . $kT = 411{,}6 \cdot 10^{-16}$ erg

Umrechnungsfaktor C in $n^2 = C\omega^2 = f/\mu$ [f in Dyn/cm, μ in g]

$C = 4\,\pi^2 c^2/L = 5{,}863 \cdot 10^{-2}\ \mathrm{cm}^2/\mathrm{s}^2$ [vgl. S.R.E. S. 154].

Tabelle der im Sichtbaren erregenden Frequenzen der Hg-Dampflampe.

Bezeichnung	ν in cm^{-1}	λ Å	Bezeichnung	ν in cm^{-1}	λ Å	Bezeichnung	ν in cm^{-1}	λ Å
q***	27388	3650	k***	24705	4047	e***	22938	4358
p**	27353	3655	i**	24516	4078	d	20336	4916
o*	27293	3663	h	24335	4108	c***	18308	5461
m*	25592	3906	g*	23039	4339	b*	17328	5770
l	25098	3984	f**	22995	4348	a*	17265	5791

Die stärkst wirksamen Hg-Linien sind mit *** bezeichnet. Näheres in S.R.E. S. 18.

Gruppenfrequenzen. R = Alkyl = C_nH_{2n+1}; Ar = Aryl = C_6H_5.

Gruppe	Frequenz in cm^{-1}	Molekül	Anm.	Gruppe	Frequenz in cm^{-1}	Molekül	Anm.
C—J	~480	$R_3C \cdot J$	1	N=O	~1640	R · O · NO	9
C—J	~490	$R_2HC \cdot J$	2	C=C	1621	$H_2C : CH_2$	10
C—J	~500	$R \cdot H_2C \cdot J$	3	C=C	~1642	$R \cdot HC : CH_2$	11
C—J	522	$H_3C \cdot J$	4	C=C	~1658	R · HC : CH · R cis	
C—Br	~510	$R_3C \cdot Br$	1	C=C	~1674	R·HC:CH·R trans	
C—Br	~530	$R_2HC \cdot Br$	2	C=C	1676	$R_2C : CR_2$	
C—Br	~560	$R \cdot H_2C \cdot Br$	3	N⪪O O	~1275, ~1625	$RO \cdot NO_2$	12
C—Br	594	$H_3C \cdot Br$	4	N⪪O O	~1380, ~1550	$R \cdot NO_2$	13
C—Cl	~570	$R_3C \cdot Cl$	1	N⪪O O	~1340, ~1520	$Ar \cdot NO_2$	
C—Cl	~610	$R_2HC \cdot Cl$	2	C≡C	1973	HC : CH	14
C—Cl	~650	$R \cdot H_2C \cdot Cl$	3	C≡C	~2118	RC : CH	
C—Cl	710	$H_3C \cdot Cl$	4	C≡C	~2235	R · C : CR′	15
C—SH	wie C · Cl			C≡N	~2245	R · C : N	16
C—C	750—1100	offene Ketten	5	Se—H	~2300	R · SeH	
C—C	992	$H_3C \cdot CH_3$	4	S—H	~2575	R · SH	
C—C	802	Cyclohexan	6	C—H	2700—3000	$R \cdot CH_3$	17
C—C	886	Cyclopentan	6	C—H	3000—3100	$C : CH_2$	
C—C	~960	Cyclobutan	6	C—H	3213	H · CN	
C—C	1184	Cyclopropan	6	C—H	~3310	R · C : CH	
C—OH	1032	$H_3C \cdot OH$	4	N—H	3310—3370	$R \cdot NH_2$	18
$C—NH_2$	1037	$H_3C \cdot NH_2$	4	N—H	~3330	R_2NH	
C=N	1560—1660	verschiedene	7	N—H	~3335	C : NH	
C=O	1650—1800	verschiedene	8	O—H	~3400	R · OH	

Anmerkungen. **1** Tertiäre Derivate, vgl. Abb. 26 in § 26. **2** Sekundäre Derivate, vgl. Abb. 26 in § 26. **3** Primäre Derivate, vgl. Abb. 26 in § 26. **4** Methylderivate, Tabelle 34 in § 17 und Abb. 19 in § 20. In Alkoholen oder Aminen mit längerer offener oder geschlossener Kette lassen sich die C—O- bzw. C—N-Frequenzen *nicht* lokalisieren. **5** Vgl. die Paraffinspektren in Abb. 21, § 22. **6** Pulsationsfrequenz, vgl. Abb. 22 in § 23. **7** Vgl. Lit.-Nr. 1203. **8** Vgl. Tabelle 49 in § 24. **9** Organische Nitrite. **10** Vgl. § 21, von manchen Autoren wird $\omega = 1342$ als C : C-Frequenz angesehen. **11** Die C : C-Frequenz im Ring ist je nach der Spannung des Ringes verschieden empfindlich gegen Alkylierung (Lit.-Nr. 1012 und 1170). **12** Organische Nitrate. **13** Nitrokörper; die Erniedrigung der Frequenz einer ungesättigten Bindung bei Konjugation mit C : C bzw. bei Substitution durch Aryl ist eine fast allgemeine Erscheinung. **14** Vgl. Tabelle 41 in § 19. **15** Meist zwei C : C-Frequenzen; die zweite schwächere bei ~2310; vgl. Lit.-Nr. 853. **16** Vgl. Tabelle 35 und 37 in § 18. **17** Vgl. über die konstitutive Empfindlichkeit der CH-Bindung Abb. 19 in § 20, sowie S.R.E. Tabelle 40. **18** Starke Frequenzerniedrigung im Ion NH_4 oder $R \cdot \overset{+}{N}H_3$ usw.; vgl. z. B. Lit.-Nr. 1152, 1203.

Berichtigungen.

a) Smekal-Raman-Effekt (1931).

S. 7 Formel 3 und S. 284 Formel 1: Im Nenner c^3 statt c^2.

S. 100 Z. 9 v. u.: Im Nenner $(\nu_a^2 - \nu^2)^2$ statt $\nu_a^2 - \nu^2$.

S. 127 Tab. 28: Bei SO_2 (g) gehört $\Delta\nu = 1154$ statt 1514.

S. 148 Z. 14 v. o.: $Y(CH_2)_nY$ statt $Y(CH_2)_2Y$.

S. 155 Gl. (10): $24 \cdot 10^{-10}$ statt $24 \cdot 10^{-8}$.

S. 170 Abb. 37: m_0 statt m_3.

S. 173 Z. 13 v. u.: In der Formel gehört durchwegs n^2 statt n.

S. 184 Tab. 50: Die zweite Zeile bei SO_2 bezieht sich auf „flüss.", nicht auf „gasf.".

S. 191 Abb. 46, Z. 2: $H_2C\langle{}^{CH_2-CH_2}_{CH_2-CH_2}\rangle CH \cdot OH$ statt $H_2C\langle{}^{CH_2-CH_2}_{CH_2-CH_2}\rangle OH$.

S. 200 Gl. (27): $n_2^2 = 3\,Pp/m$ statt $n_2^2 = 3\,Pp$

S. 205 Z. 17 v. o.: $\omega_1 = 3210$ statt 3120.

S. 211 Man ersetze die Formeln für HC:CH durch die im Erg.-Bd. S. 67, Nr. 9 angegebenen.

S. 218 Tab. 58, Z. 1: $\omega_1 = 889$ statt 989; nach VENKATESWARAN[980] gehören aber diese Zahlen zum Ion $H_2PO_4^{--}$.

S. 237 Z. 4 v. u.: $C = CH-$ statt $C = H-$

S. 319 XII/4: 2826 (1) statt 2826 (8).

S. 350 XXI/C, 33: $Cl \cdot SO_2 \cdot OH$ statt $Cl \cdot SO_2 \cdot Cl$.

b) Ergänzungsband (1938).

S. VIII Für L, k, m, h sind die älteren Werte angeführt; sie ändern sich etwas, wenn, wie neuerdings angegeben, das elektrische Elementarquantum $e = 4 \cdot 803 \cdot 10^{-10}$ st. E. und $h = 6 \cdot 627 \cdot 10^{-27}$ erg. s. gesetzt wird.

S. 73. Wenn die Formeln Nr. 21 mit Abb. 9, Nr. 21 übereinstimmen sollen, müssen die Indices von $n_{1,2}$ und $n_{5,6}$ miteinander vertauscht werden.

S. 73, Nr. 22: Die Minus-Zeichen in den Formeln f und g sind durch Plus-Zeichen zu ersetzen.

S. 74, Abb. 9, Nr. 21: Statt der zu den Schwingungsformen ω_1, ω_2, ω_7, ω_8 angegebenen Bezeichnung E_u^+ gehört E_g^+.

I. Einführung in die klassische Theorie der Lichtstreuung eines schwingenden Moleküles.

§ 1. Das mechanische Modell des schwingenden Moleküles.

Die Atome werden als Punkte mit bekannten Massen ($m = A \cdot m_H$, A = Atomgewicht, $m_H = 1{,}66 \cdot 10^{-24}$ g) angesehen, deren gegenseitige Abstände vorgegeben und die durch quasielastische Kräfte miteinander verbunden seien. Sind auf diese Art N Atome zu einem Molekül vereinigt, so besitzt das entstandene „System von N Massenpunkten" insgesamt $s = 3$ N Freiheitsgrade (Koordinaten, Bestimmungsstücke); 6 derselben (bzw. bei linearen Anordnungen nur 5) sind nötig zur Beschreibung der sog. „äußeren Bewegungen", nämlich 3 für Bewegung des Schwerpunktes (Translation) und 3 (bzw. 2) für die Rotationen um 3 (bzw. 2) zueinander senkrechte Trägheitsachsen. Es verbleiben $s-6$ (bzw. $s-5$) Freiheitsgrade zur Beschreibung „innerer Bewegungen", die unabhängig von gleichzeitiger Translation oder Rotation des Systems erfolgen.

Bezüglich der äußeren Bewegungen sei das System im *indifferenten*, bezüglich der inneren Bewegungen im *stabilen* Gleichgewicht. Im ersteren Fall werden kleine Verrückungen ohne Aufwand von Arbeit durchgeführt werden können; Translationen oder Rotationen des Systems rufen keine *rück*treibenden Kräfte hervor und daher erfolgt keine *rück*läufige Bewegung in die ursprüngliche Ruhelage. Faßt man diese Bewegungen als („uneigentliche") Schwingungen auf, so sind es solche mit unendlich langer Schwingungsdauer bzw. mit der Frequenz Null (sog. „Nullschwingungen"). Im zweiten Fall bedingt die Stabilität des Gleichgewichtes, daß bei jeder Verrückung des Systems, die zu einer inneren Bewegung führt (also weder Rotation noch Translation hervorruft), Arbeit *geleistet* werden muß; in der Ruhe- oder Gleichgewichtslage ist die potentielle Energie des Systems ein Minimum, in das es nach Aufhören des verrückenden Zwanges freiwillig zurückzukehren sucht. Dies führt, wie die Analyse des Vorganges zeigt, zu „eigentlichen" Systemschwingungen von endlicher Dauer.

Die bei einer kleinen Verzerrung des Systems geleistete Arbeit läßt sich durch Entwickeln des Potentiales in der Umgebung der Ruhelage (TAYLORsche bzw. MACLAURINsche Reihe) darstellen. Beschränkt man sich in dieser Entwicklung auf die Glieder zweiter Ordnung, verzichtet man also auf die Berücksichtigung jener Arbeitsbeträge, die von den Gliedern dritter und höherer Ordnung herrühren, dann ist das Ergebnis nur richtig, wenn die Verrückungen hinreichend klein gegen die Atomentfernungen sind. Dieser Fall der „Schwingungen mit unendlich kleinen Amplituden" („harmonischer Fall") läßt sich nach den klassischen Prinzipien der Mechanik behandeln. Dabei ergeben sich Aussagen allgemeiner Natur, die im ersten Teil von § 3 zusammengefaßt werden und die sich auch für die Behandlung von speziellen Aufgaben häufig als sehr nützlich erweisen; ihre Ableitung findet man unter „Erläuterungen" im zweiten Teil von § 3. Zur Einführung werden in § 2 einige einfache Beispiele in einer für diesen Zweck geeignet erscheinenden Art behandelt.

§ 2. Einfache Beispiele für die Behandlung von Modellschwingungen.

(Vgl. S.R.E. § 48.)

a) *Zweimassenmodell* (einfacher harmonischer Oszillator). Zwei Massen m_1 und m_2 seien quasielastisch gebunden; das entstandene System hat 5 äußere, 1 inneren Freiheitsgrad. Eine Verzerrung, die keine äußere Bewegung hervorrufen soll, darf weder ein resultierendes Drehmoment um, noch eine resultierende Kraft auf den Schwerpunkt (S in Abbildung 1a) bewirken. Daher dürfen die Verrückungen der Massen nur *in* der Modellachse (x-Achse) erfolgen und müssen so beschaffen sein, daß (Schwerpunktsatz) bezüglich der Einzelverrückungen x_1 und x_2 und der durch sie hervorgerufenen Federverlängerung $Q = x_1 - x_2$ die Beziehung besteht:

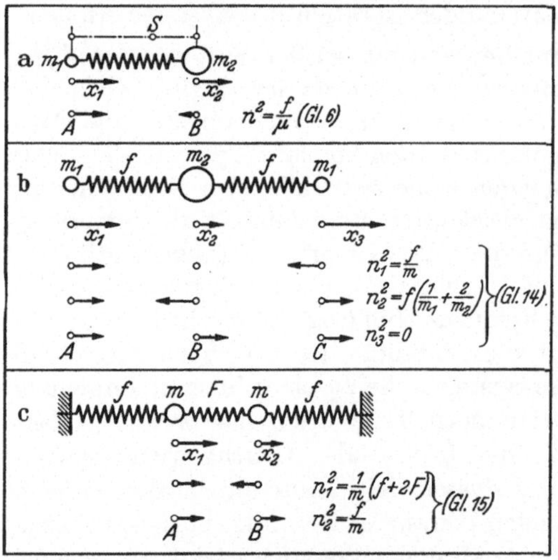

Abb. 1a—c. a Zweimassenmodell (Oszillator); b „Massenkoppelung", c „Kraftkoppelung" zweier Oszillatoren.

$$m_1 x_1 = - m_2 x_2 = \mu Q; \text{ mit } \mu \text{ („reduzierte Masse")} = m_1 m_2/(m_1 + m_2). \quad (1)$$

Die bei der Spannung der Feder auf der Strecke Q geleistete Arbeit kann man direkt anschreiben: $U = \frac{1}{2} f \cdot Q^2$; denn f ist die „Federkraft" in Dyn/cm; $-f \cdot Q$ definitionsgemäß die rücktreibende Kraft in Dyn bei Verlängerung der Feder um Q, $\frac{1}{2} f \cdot Q$ die mittlere Kraft, gegen die auf der Strecke Q Arbeit zu leisten ist, also $\frac{1}{2} f \cdot Q \cdot Q$ die ganze geleistete Arbeit U. Diese hätte man auch durch Entwicklung des Potentiales $V = \psi(Q)$ in der Umgebung der Ruhelage $Q = 0$ erhalten können:

$$V = V_{Q=0} + \left(\frac{\partial V}{\partial Q}\right)_{Q=0} \cdot Q + \frac{1}{2}\left(\frac{\partial^2 V}{\partial Q^2}\right)_{Q=0} \cdot Q^2 + \cdots \tag{2}$$

Darin verschwindet der zweite Summand, da bei stabilem Gleichgewicht die Steigung der Kurve $\psi(Q)$ an der Stelle $Q = 0$ (Minimum des Potentiales) Null ist. Somit ist der Potentialzuwachs infolge der Verzerrung:

$$U \equiv V - V_0 = \frac{1}{2}\left(\frac{\partial^2 V}{\partial Q^2}\right)_0 \cdot Q^2 = \frac{1}{2} f\, Q^2 \quad \text{mit} \quad f = \left(\frac{\partial^2 V}{\partial Q^2}\right)_0. \tag{3}$$

Wieder ist $-f \cdot Q = -\frac{\partial U}{\partial Q}$ die durch die Dehnung geweckte rücktreibende Kraft; somit lauten nach (1) und (3) die Bewegungsgleichungen:

$$m_1 \ddot{x}_1 = -m_2 \ddot{x}_2 = \mu \ddot{Q} = -f\, Q \quad [\text{mit } \ddot{x} \equiv d^2 x/dt^2;\ \ \ddot{Q} \equiv d^2 Q/dt^2]. \tag{4}$$

Die Lösung dieser Differentialgleichung ist bekanntlich:

$$Q = C \cos(n t + \varphi), \tag{5}$$

worin die maximale Dehnung C und die Phasenkonstante φ noch aus den Anfangsbedingungen, also aus den für $t = 0$ vorgegebenen Werten für die Dehnung Q und die Geschwindigkeit $\dot{Q}$ zu bestimmen sind. Die sog. „Kreisfrequenz" n in Gl. (5) hängt mit der Frequenz ω, der Schwingungsdauer τ und den Modellkonstanten f und μ zusammen durch:

$$n = 2\pi\omega = \frac{2\pi}{\tau} = \sqrt{\frac{f}{\mu}}. \tag{6}$$

Da hier nur *ein* innerer Freiheitsgrad vorhanden ist, gibt es nur *eine* Schwingungsform mit der durch (6) bestimmten Frequenz. Die beiden Massenpunkte schwingen — in diesem Fall eine triviale Aussage — mit gleicher Frequenz ω und gleicher Phase φ, d. h. sie gehen auf linearen Bahnen gleichzeitig durch Ruhelage und Umkehrpunkt. Ihr Abstand von der Ruhelage ist nach (1) und (5) für jeden Zeitpunkt gegeben durch:

$$\left.\begin{aligned} x_1 &= \frac{\mu}{m_1} Q = r_1 Q = r_1 C \cos(nt + \varphi) \quad \text{mit} \quad r_1 \equiv \frac{\mu}{m_1};\ \ \text{Amplitude } A_1 \equiv r_1 C \\ -x_2 &= \frac{\mu}{m_2} Q = r_2 Q = r_2 C \cos(nt + \varphi) \quad \text{mit} \quad r_2 \equiv \frac{\mu}{m_2};\ \ \text{Amplitude } A_2 \equiv r_2 C \end{aligned}\right\} \tag{7}$$

Für die Amplituden A_1 und A_2 der Punktbewegungen ist wegen der Willkür in der Wahl der Anfangsbedingung nur das Verhältnis $A_1/A_2 = r_1/r_2 = m_2/m_1$ bestimmt.

Die kinetische (T) und potentielle (U) Energie des schwingenden Systems läßt sich nach (6) und (7) darstellen durch:

$$\left.\begin{aligned} T &= \tfrac{1}{2} m_1 \dot{x}_1^2 + \tfrac{1}{2} m_2 \dot{x}_2^2 = \tfrac{1}{2}(m_1 r_1^2 + m_2 r_2^2)\, \dot{Q}^2 \quad \text{oder gleich} \quad \tfrac{1}{2}\mu\, \dot{Q}^2 \\ U &= \tfrac{1}{2} f (x_1 - x_2)^2 = \tfrac{1}{2}(m_1 r_1^2 + m_2 r_2^2)\, n^2 Q^2 \quad \text{oder gleich} \quad \tfrac{1}{2}\mu\, n^2 Q^2 \end{aligned}\right\} \tag{8}$$

Die Schwingungsbewegung des ganzen Systems, das hier allerdings nur aus zwei Massenpunkten besteht, läßt sich also in bezug auf Frequenz, Phase, Energieinhalt durch die *eine* in den Gln. (5), (7), (8) auftretende Größe Q restlos beschreiben.

Q wird „Normalkoordinate", die zugehörige freie Schwingung des Systems „Normal"- oder „Eigenschwingung" genannt.

b) *Zwei „Massen-gekoppelte" Oszillatoren* (Abb. 1b). Zwei Oszillatoren der Art a) haben die Masse m_2 derart gemeinsam, daß ein lineares Dreimassensystem mit $3 \cdot 3 - 5 = 4$ inneren Freiheitsgraden (Schwingungsformen) entsteht.

Zwei dieser Freiheitsgrade werden für Schwingungen verbraucht, die senkrecht zur x-Achse erfolgen, die Federn *nur* auf Biegung beanspruchen und „Deformations"-Schwingungen genannt werden. Da aber das System bezüglich der x-Achse symmetrisch ist, und daher alle Richtungen $\perp x$ gleichberechtigt und ununterscheidbar sind, muß ein und dieselbe Verzerrung, die die Massenpunkte z. B. das eine Mal in der z-, das andere Mal in der y-Richtung verrückt, zu Schwingungen *gleicher* Frequenz führen. Zwei solche Formen können aber mit beliebigen Phasen und Amplituden zu unendlich viel verschiedenen neuen Schwingungen zusammengesetzt werden, die alle trotz verschiedener Form frequenzgleich und von gleicher Energie sind. Man spricht von „Entartung", und zwar hier von „zweifacher" Entartung, da alle entarteten Formen auf die Superposition von *zwei* (orthogonalen) Normalschwingungen zurückführbar sind. Die Massenpunkte bewegen sich in diesem Fall auf Ellipsen (einschließlich Kreis und Gerader) und schwingen nicht mehr „in Phase". Die zweifach entartete Schwingung besitzt *zwei* Freiheitsgrade, aber nur *eine* Frequenz.

Die beiden anderen Schwingungen erfolgen in der x-Achse; bei diesen „Valenzschwingungen" werden die vorhandenen Federkräfte auf Zug oder Druck beansprucht. Ihre Frequenzen und Amplituden seien zu bestimmen:

Die durch Federbeanspruchung bei Verschiebungen um die Strecken x_1, x_2, x_3 geleistete Arbeit ist analog wie in Gl. (3): $U = \frac{1}{2} f_{12} (\Delta s_{12})^2 + \frac{1}{2} f_{23} (\Delta s_{23})^2$, wenn Δs die Längenänderung der Federn ist; nach Einsetzen von $f_{12} = f_{23} = f$; $\Delta s_{12} = x_1 - x_2$; $\Delta s_{23} = x_2 - x_3$:

$$U = \tfrac{1}{2} f (x_1 - x_2)^2 + \tfrac{1}{2} f (x_2 - x_3)^2. \tag{9}$$

Die Bewegungsgleichungen für die 3 Massenpunkte: Lösungsansatz:

$$\left.\begin{aligned} m_1 \ddot{x}_1 &= -\partial U/\partial x_1 = -f(x_1 - x_2) & x_1 &= A \cos n t \\ m_2 \ddot{x}_2 &= -\partial U/\partial x_2 = +f(x_1 - x_2) - f(x_2 - x_3) & x_2 &= B \cos n t \\ m_1 \ddot{x}_3 &= -\partial U/\partial x_3 = +f(x_2 - x_3) & x_3 &= C \cos n t \end{aligned}\right\} \tag{10}$$

Nach Einsetzen der Werte (z. B. $\ddot{x}_1 = -A n^2 \cdot \cos n t$), Kürzen durch $\cos n t$ und Ordnen:

$$\left.\begin{aligned} A(f - m_1 n^2) - B f \qquad\qquad\qquad\qquad &= 0 \\ -A f \qquad + B(2f - m_2 n^2) - C f \qquad &= 0 \\ -B f \qquad\quad + C(f - m_1 n^2) &= 0 \end{aligned}\right\} \tag{11}$$

Dies sind drei Gleichungen mit den vier Unbekannten n^2 (Frequenz), A, B, C (Amplituden). Reelle und von Null verschiedene Werte für die Amplituden sind nur möglich, wenn die Determinante ihrer Koeffizienten verschwindet. Aus dieser Forderung ergibt sich die „Säkulardeterminante“:

$$\begin{vmatrix} (f-m_1 n^2), & -f & , & 0 \\ -f & , & (2f-m_2 n^2), & -f \\ 0 & , & -f & , & (f-m_1 n^2) \end{vmatrix} = 0 \cdot \qquad (12)$$

Die Ausführung dieser Determinante gibt (nach Umformung und Vereinfachung) die „Frequenzgleichung“:

$$n^2 \cdot (f - m_1 n^2) \cdot [-(m_2 + 2m_1) f + m_1 m_2 n^2] = 0 . \qquad (13)$$

Sie ist in n^2 vom dritten Grad, zerfällt aber hier wegen der Symmetrie des Problemes in drei Gleichungen ersten Grades, die sofort jene Werte von n^2 angeben lassen, für die die Amplituden A, B, C der Gl. (11) von Null verschieden sind:

$$n_1^2 = f \cdot \frac{1}{m_1} \qquad n_2^2 = f\left(\frac{1}{m_1} + \frac{2}{m_2}\right) \qquad n_3^2 = 0 . \qquad (14)$$

Setzt man diese Werte in das Gleichungssystem (11) ein, dann erhält man folgende Beziehungen für die Amplituden:

$$\left.\begin{array}{ll} \text{Für die Schwingung mit der Frequenz } n_1: & A = -C;\ B = 0 \\ \text{,, ,, ,, ,, ,,} \quad n_2: & A = C = -B\,\dfrac{m_2}{2m_1} \\ \text{,, ,, ,, ,, ,,} \quad n_3: & A = B = C \end{array}\right\} \qquad (14\text{a})$$

Die zugehörigen Schwingungsformen sind in Abb. 1b durch Einzeichnen der Amplituden (für die, wie man sieht, nur *Verhältniswerte* errechenbar sind) angedeutet. Zu n_1 gehört eine „symmetrische“ Schwingungsform, bei der m_2 in Ruhe ist ($B = 0$) und die Außenmassen mit gleichen Amplituden im Gegentakt ($A = -C$) schwingen. Zu n_2 gehört eine „antisymmetrische“ Schwingungsform, bei der die Außenmassen mit gleichen Amplituden und, untereinander im Gleichtakt, gegen die Innenmasse im Gegentakt schwingen. Zur „Nullschwingung“ n_3 gehört die Translation des ganzen Systems in der x-Richtung.

Man hätte auch die Schwerpunktsbedingung $m_1 x_1 + m_1 x_3 = -m_2 x_2$ gleich anfangs in die Bewegungsgleichungen einführen und deren Zahl dadurch von 3 auf 2 verringern können; dann wäre man auf eine quadratische Frequenzgleichung mit den Lösungen n_1 und n_2 gekommen.

Man kann sich aber die ganze umständliche Rechnung, die hier nur zur Einführung in die allgemeine Behandlung solcher Aufgaben durchgeführt wurde, ersparen, wenn man bereits allgemein abgeleitet hat:

1. Daß jede freie innere Bewegung eine Superposition von Normalschwingungen ist, die voneinander insoferne unabhängig sind, als keine an der anderen Arbeit leistet (§ 3).

2. Daß im Falle, als das System Symmetrieeigenschaften besitzt, die Normalschwingungen nur entweder symmetrisch oder antisymmetrisch oder entartet zu jedem einzelnen der Symmetrieelemente sein können (§ 4).

Weiß man dies, dann kann man von vornherein die in Abb. 1b zu n_1 und n_2 gezeichneten Schwingungsformen als die allein möglichen hinschreiben, die in der x-Richtung erfolgen und den Schwerpunkt in Ruhe lassen. Für diese zwei Formen kann man dann sofort die Potentiale, Bewegungsgleichungen und Frequenzen angeben:

Für die symmetrische Schwingung ($x_1 = - x_3$; $x_2 = 0$):

$$U_s = \tfrac{1}{2}\cdot 2 f x_1^2;\quad 2 m_1 \ddot{x}_1 = -2 f x_1;$$

Lösung:

$$x_1 = A \cos n_1 t \quad \text{mit} \quad n_1^2 = f/m_1.$$

Für die antisymmetrische Schwingung $\left[x_1 = x_3 = - x_2 \cdot \frac{m_2}{2 m_1}\right.$ (Schwerpunktsbedingung)$\left.\right]$:

$$U_{as} = \tfrac{1}{2} f (x_1 - x_2)^2 + \tfrac{1}{2} f (- x_2 + x_1)^2 = f (x_1 - x_2)^2;$$

$$2 m_1 \ddot{x}_1 = -2 f (x_1 - x_2) = -2 f \left(1 + \frac{2 m_1}{m_2}\right) x_1;$$

Lösung:

$$x_1 = A \cos n_2 t \quad \text{mit} \quad n_2^2 = f\left(\frac{1}{m_1} + \frac{2}{m_2}\right).$$

Solange die beiden Oszillatoren nicht gekoppelt waren, hatten sie (vgl. a) die gleiche Frequenz $n_0^2 = f\left(\frac{1}{m_1} + \frac{1}{m_2}\right)$; im System b), in welchem die Oszillatoren durch die gemeinsame Masse m_2 gekoppelt sind, erhält man zwei verschiedene Frequenzen $n_1^2 = f \frac{1}{m_1}$ und $n_2^2 = f\left(\frac{1}{m_1} + \frac{2}{m_2}\right)$. Durch die Koppelung und Resonanz werden die beiden ursprünglich gleichen Frequenzen n_0^2 in zwei verschiedene n_1^2 und n_2^2 aufgespalten, von denen die eine um ebensoviel tiefer, wie die andere höher liegt als n_0^2. Setzt man $\frac{m_1}{m_1 + m_2} = k$ (k^2 heißt „Koppelungsfaktor"), so wird $n_1^2 = n_0^2 (1 - k)$ und $n_2^2 = n_0^2 (1 + k)$. Schneidet man aber das System b) so in zwei Teile, daß zu jedem der entstehenden Oszillatoren die Massen m_1 und $m_2/2$ gehören, dann wird $n_0^2 = f\left(\frac{1}{m_1} + \frac{2}{m_2}\right)$ daher $n_2^2 = n_0^2$ und $n_1^2 < n_0^2$.

c) *Zwei „Kraft-gekoppelte" Oszillatoren.* Es seien zwei Oszillatoren, die aus je einer an eine feste Wand elastisch (f) gebundenen Masse m bestehen, so wie in Abb. 1b durch eine Feder F miteinander gekoppelt. Das System (mit fixiertem Schwerpunkt) ist wieder symmetrisch.

Für die symmetrische Schwingung ($x_1 = - x_2$):

$$U_s = 2 \cdot \tfrac{1}{2} f x^2 + \tfrac{1}{2} F (2x)^2 = x^2 (f + 2F);\quad 2 m \ddot{x} = -\partial U_s/\partial x = -2x (f + 2F).$$

Lösung:

$$x = A \cos n t \quad \text{mit} \quad n_1^2 = \frac{f + 2F}{m}.$$

Für die antisymmetrische Schwingung ($x_1 = + x_2$):

$$U_{as} = 2 \tfrac{1}{2} f x^2;\quad 2 m \ddot{x} = -\partial U_{as}/\partial x = -2 f x; \qquad (15)$$

Lösung:

$$x = A \cos n t \quad \text{mit} \quad n_2^2 = f/m.$$

Vor der Koppelung hatte jeder Oszillator die Frequenz $n_0^2 = f\left(\frac{1}{m} + \frac{1}{\infty}\right) = \frac{f}{m}$; nach der Koppelung hat die eine Frequenz $n_2^2 = n_0^2$ den gleichen Wert (da die Feder F nicht beansprucht wird), die andere ($n_1^2 > n_0^2$) einen höheren.

§ 3. Schwingungen eines Systems von N Massenpunkten.

Literatur zu diesem Abschnitt: WHITTAKER, Analytical Dynamics. Cambridge 1927. — HELMHOLTZ, Vorlesungen. — Enzyklopädie der math. Wissenschaften, Bd. IV/2. II: LAMB, Schwingungen elastischer Systeme (dort eingehende Literaturangaben). Weiters zur Einführung etwa: CABANNES[566, 915], MANNEBACK (X/17), TELLER (V). Vgl. auch S.R.E. § 74.

Die Ermittlung der Systembewegungen erfolgt, ähnlich wie in § 2, in drei Schritten: a) Bestimmung des Potentialzuwachses, d. i. jener Arbeit, die zu leisten ist, wenn die Massenpunkte $m_i (i = 1, 2 \ldots \mathrm{N})$ aus ihrer Ruhelage um die kleinen Strecken x_i, y_i, z_i (das allgemeine Problem ist räumlich) verschoben werden [Gl. (3) in § 2]. b) Verwendung des Potentialausdruckes zur Aufstellung der Bewegungsgleichungen [vgl. Gl. (4) in § 2]. c) Integration der Bewegungsgleichungen [Übergang Gl. (4→5) in § 2], Ermittlung der Frequenzen [Gl. (6)] und Schwingungsformen [Gl. (7)]. Zur Vereinfachung der Schreibweise werden die $s = 3\,\mathrm{N}$ Vektoren $x_1 y_1 z_1 \ldots x_N y_N z_N$ durch einen einzigen Buchstaben q_i bezeichnet, dessen Index jetzt die Zahlen $i = 1, 2, \ldots s$ durchläuft; dementsprechend gehören die Zeichen m_1, m_2, m_3 zu ein und derselben, nämlich zur ersten Masse, m_4, m_5, m_6 zur zweiten Masse usf. Dem Umstand, daß sich unter den s Bewegungsformen 6 äußere Bewegungen befinden, wird nachträglich Rechnung getragen.

Der Potentialzuwachs $U = V - V_0$ lautet jetzt unter Weglassung des wegen der Stabilität verschwindenden Gliedes $\sum_i \left(\frac{\partial V}{\partial q_i}\right)_0 q_i$:

$$U = \frac{1}{2} \sum_i \sum_k \left(\frac{\partial^2 V}{\partial q_i \, \partial q_k}\right)_0 q_i q_k + \cdots. \tag{1}$$

Der Verzicht auf die höheren Glieder dieser Entwicklung bedeutet wieder Beschränkung auf den „harmonischen Fall" kleinster Amplituden; die daraus abgeleiteten Ergebnisse gelten also *nicht* oder nur als Näherung für den „anharmonischen Fall" größerer Elongationen. U ist, da Arbeit *geleistet* werden muß, notwendig positiv; jedes Glied der Doppelsumme stellt die Arbeit dar, die die Masse m_k bei der Verschiebung um q_k deshalb leisten muß, weil sie sich infolge gleichzeitiger Verschiebung von m_i um q_i im Kraftfeld $\frac{\partial^2 V}{\partial q_i \, \partial q_k} \cdot q_i$ bewegt. Diese zweiten Ableitungen von V werden abgekürzt a_{ik} geschrieben, haben wieder die Dimension Kraft/cm (d. i. Federkraft f) und sind Modellkonstante. Es muß gelten

$$a_{ik} = a_{ki},$$

weil die Reihenfolge der Differentiation gleichgültig ist, oder mit anderen Worten, weil die geleistete Arbeit von der Reihenfolge der Punktverschiebungen unabhängig sein muß.

Es gibt dann noch, wie man sich leicht überzeugt (Erläuterung a), $s(s+1)/2$ Modellkonstante a_{ik}, die im allgemeinen Fall voneinander verschieden sein werden; sie sind notwendig zur Beschreibung von s möglichen Schwingungsformen. Dies besagt, daß man zwar zur Beschreibung eines Zweimassensystems mit nur einer inneren Bewegung nur eine Konstante benötigt, deren Wert man, wenn die Eigenfrequenz experimentell ermittelt wird, bestimmen kann; daß aber schon im nächst komplizierteren Fall des unsymmetrischen Dreimassensystems mit $s=3$ inneren Bewegungen bereits sechs Modellkonstante auftreten, die man unmöglich aus der experimentellen Bestimmung von nur drei Frequenzen festlegen kann.

In der weiteren Behandlung des allgemeinen Falles wird dann gezeigt, daß es stets möglich ist, an Stelle der kartesischen Koordinaten $q_1 \ldots q_s$ solche Koordinaten Q_1 bis Q_s zu finden, die lineare Funktionen [$Q = x_1 - x_2$ in § 2] der q und so beschaffen sind, daß sich die kinetische (T) und potentielle (U) Energie des beliebig verzerrten Systems darstellen läßt durch:

$$T = \sum_{\alpha=1}^{\alpha=s} T^{(\alpha)};$$

$$\text{mit } T^{(\alpha)} = \tfrac{1}{2}\left(m_1 r_1^{(\alpha)^2} + m_2 r_2^{(\alpha)^2} + \cdots + m_s r_s^{(\alpha)^2}\right) \cdot \dot{Q}^{(\alpha)^2},$$

$$U = \sum_{\alpha=1}^{\alpha=s} U^{(\alpha)};$$

$$\text{mit } U^{(\alpha)} = \tfrac{1}{2}\left(m_1 r_1^{(\alpha)^2} + m_2 r_2^{(\alpha)^2} + \cdots + m_s r_s^{(\alpha)^2}\right) \cdot n^{(\alpha)^2} \cdot Q^{(\alpha)^2},$$

$$Q^{(\alpha)} = C^{(\alpha)} \cos\left(n^{(\alpha)} t + \varphi^{(\alpha)}\right).$$

Die dritte dieser Gleichungen unterscheidet sich von Gl. (5) in § 2 nur durch den rechts oben angeschriebenen Index (α), der von 1 bis s läuft; er besagt, daß es im System mit $s = 3$ N Freiheitsgraden nun s Normalkoordinaten $Q^{(\alpha)}$ gibt, die zu s (im allgemeinen) verschiedenen Frequenzen $n^{(\alpha)}$ gehören. Jede dieser durch $Q^{(\alpha)}$ beschriebenen Normalschwingungen liefert zum Gesamtwert der kinetischen (T) und potentiellen (U) Energie einen *additiven* Beitrag $T^{(\alpha)}$ und $U^{(\alpha)}$, der aus den analogen Ausdrücken 8 in § 2 durch Erweiterung auf N Massenpunkte m_i und daher s Amplitudenverhältnisse r_i hervorgeht.

Daraus ergibt sich: Man kann jede beliebige durch unendlich kleine Verzerrung entstandene Bewegung eines Systems von N Massenpunkten zurückführen („spektral zerlegen") auf eine Superposition von $s = 3\,\mathrm{N}$ Eigen- oder Normalschwingungen, deren Frequenzen $n^{(\alpha)}$ und Formen (Amplituden*verhältnisse* $r_i^{(\alpha)}$) durch die Eigenschaften des Systems vorgegeben, deren Phasen und Amplituden-*Absolut*werte durch passende Wahl von $\varphi^{(\alpha)}$ und $C^{(\alpha)}$ den Anfangsbedingungen anzupassen sind.

Diese Normalschwingungen sind, da ihre Energien sich rein additiv (Fehlen von gemischten Produkten $\dot{Q}^{(\alpha)} \cdot \dot{Q}^{(\beta)}$ bzw. $Q^{(\alpha)} \cdot Q^{(\beta)}$ in T und U) zur Gesamtenergie zusammensetzen, voneinander völlig unabhängig. Keine Normalschwingung $Q^{(\alpha)}$ leistet an einer anderen $Q^{(\beta)}$ Arbeit; man sagt, sie sind zueinander „orthogonal". Der mathematische Ausdruck dafür ist die „Orthogonalitätsrelation", derzufolge für zwei beliebige Normalschwingungen $(\alpha \neq \beta)$ die Schwingungsformen stets so beschaffen sein müssen, daß

$$\sum_i m_i r_i^{(\alpha)} r_i^{(\beta)} = 0.$$

Beispiel; für den in § 2 behandelten Fall b) $(m_1 = m_3;\ m_2)$ ist nach Gl. (14): für

$$\begin{array}{llll}
n_1 \equiv n^{(\alpha)}; & r_1^{(\alpha)} \equiv \frac{A}{A} = 1; & r_2^{(\alpha)} \equiv \frac{B}{A} = 0; & r_3^{(\alpha)} \equiv \frac{C}{A} = -1 \\
n_2 \equiv n^{(\beta)}; & r_1^{(\beta)} = 1; & r_2^{(\beta)} = -\frac{2m_1}{m_2}; & r_3^{(\beta)} = +1 \\
n_3 \equiv n^{(\gamma)}; & r_1^{(\gamma)} = 1; & r_2^{(\gamma)} = 1; & r_3^{(\gamma)} = 1.
\end{array}$$

Man überzeugt sich leicht, daß die Orthogonalitätsbedingung für alle 3 möglichen Kombinationen [z. B. $m_1 r_1^{(\beta)} r_1^{(\gamma)} + m_2 r_2^{(\beta)} r_2^{(\gamma)} + m_3 r_3^{(\beta)} r_3^{(\gamma)} = 0$] erfüllt ist, daß also die zwei eigentlichen Normalschwingungen (Frequenzen n_1 und n_2) untereinander und beide zur uneigentlichen Nullschwingung ($n_3 = 0$, Translation) orthogonal sind. Unmittelbar ersichtlich ist diese Orthogonalität bei allen jenen Normalschwingungen, bei denen so wie etwa bei den drei Translationen oder bei den Valenz- und Deformationsschwingungen des Beispiels b) in § 2 sämtliche Amplitudenrichtungen der einen Form senkrecht stehen auf denen der anderen. Häufig ist diese Relation ein bequemes Mittel, um zwischen verschiedenen möglichen (z. B. mit der Symmetrie vereinbaren) Schwingungsformen die richtige auszuwählen.

Wählt man eine solche Anfangsverzerrung aus, daß man zu ihrer Beschreibung sämtliche $C^{(\alpha)}$ bis auf einen einzigen Wert C gleich Null setzen muß, dann führt das System die Normalschwingung $Q = C \cos(nt + \varphi)$ mit den Amplituden $Cr_1, Cr_2 \ldots Cr_s$ $(A_i = Cr_i)$ aus. Ist diese Schwingung nicht entartet, dann bewegen sich alle Massenpunkte auf linearen Bahnen insoferne „in Phase", als sie alle gleichzeitig durch die Ruhelage gehen, wobei, wenn Symmetrie vorhanden ist, noch zwischen Gegentaktbewegung (symmetrische Schwingung) und Gleichtaktbewegung (antisymmetrische Schwingung) zu unterscheiden ist (Beispiel b in § 2, Schwingungen n_1 und n_2). Ein konservatives System würde diese Schwingung in infinitum ausführen, ohne daß seine periodische Verzerrung zum Auftreten einer der anderen Normalschwingungen Anlaß geben könnte (Orthogonalität!).

Es gelten ferner die folgenden häufig nützlichen allgemeinen Sätze: Wird in einem System von Massenpunkten an irgendeiner Stelle eine Masse verkleinert (bzw. vergrößert) oder ein Potentialkoeffizient a_{ik} (eine Federkraft f) vergrößert (bzw. verkleinert), dann können die Frequenzen des neuen Systems nur gleich oder größer (bzw. kleiner) sein, verglichen mit denen des Ausgangssystems. Führt man diesen Übergang durch („einparametrige") allmähliche Variation der Masse oder Federkraft aus, dann beschreiben die Frequenzen aufgetragen als Funktion von m oder a_{ik} Kurven, die sich nicht überschneiden* dürfen, soferne die zugehörigen Schwingungsformen gleiche Symmetrie haben („zur gleichen Rasse gehören"); ist keine Symmetrie vorhanden, dann gehören alle Formen zur gleichen Rasse und Überschneidung darf überhaupt nicht eintreten.

Weiters gilt: Wird einem System durch irgendeinen Eingriff ein Freiheitsgrad genommen, dann liegen die $s-1$ neuen Frequenzen in den Intervallen zwischen den s ursprünglichen Frequenzen (Whittaker, S. 192).

Beispiel für die Verwendung der letzten Sätze (Kohlrausch[1206]). Bekannt sei, daß es für den Sechserring (ohne H-Atome) des ebenen hexagonal symmetrischen Benzols nur 2 Schwingungsformen (vgl. Abb. 2) mit den Frequenzen ω_1^0 und ω_2^0 gibt, die symmetrisch zur trigonalen C_3-Achse sind; daß es weiters im 1,3,5-symmetrisch substituierten Benzol nur 3 Schwingungsformen von dieser Rasse gibt mit den Frequenzen ω_1, ω_2, ω_3. Vorgegeben seien die Werte ω_1^0 und ω_2^0, gefragt wird nach der ungefähren Lage von ω_1, ω_2, ω_3.

Die drei neu hinzukommenden Bindungen $C \cdot X$ in C_6X_3 sind charakterisiert durch die Stärke $f(C \cdot X)$ der Valenzfeder zwischen C und X und durch die Masse m_x des Substituenten X. Man definiert einen Parameter $p = f/m$ und läßt diesen stetig von Null an dadurch wachsen, daß zuerst $m = m_x$ festgehalten und f von Null bis zum Wert $f(C \cdot X)$ gesteigert und

---

* Vgl. F. Hund, Z. Phys. **52**, 601, 1928; **63**, 719, 1930; I. v. Neumann, E. Wigner, Phys. Z. **30**, 467, 1929.

danach $f(\mathrm{C}\cdot\mathrm{X})$ festgehalten und m von m_x bis $m = 0$ verringert wird. Bei dieser einparametrigen Variation dürfen die Frequenzen erstens nur zunehmen und zweitens sich nicht überkreuzen, da sie sich auf Schwingungen gleicher Rasse beziehen. Weiters weiß man, daß man es anfangs, für $f/m = 0$, und am Ende, für $f/m = \infty$, mit Systemen zu tun hat, die praktisch nicht unterscheidbar sind von Benzol. Denn wenn man an den Sechserring drei endliche Massen m_x mit der Federstärke $f = 0$ anhängt, so erhält man ein System I mit den unveränderten Frequenzen ω_1^0 und ω_2^0, zusätzlich einer nicht beobachtbaren Frequenz $\omega_3^0 = 0$. Und wenn man 3 Massen $m = 0$ mit endlicher Federstärke $f(\mathrm{C}\cdot\mathrm{X})$ anhängt, erhält man ein System II mit ω_1^0, ω_2^0 und einer nicht beobachtbaren Frequenz $\omega_3^0 = \infty$. Anfangs- und Endzustand sind also gegeben und in Abb. 2 auf der unteren und oberen Begrenzungsgeraden in der Frequenzskala eingetragen. Als Ordinate ist $p = f/m$ aufgetragen, die an der durch die mittlere Horizontale angegebenen Stelle den Wert $f(\mathrm{CX})/m_x$ erreichen möge. Soll man vom Anfangs- zum Endzustand, von $\omega_3^0 = 0$, ω_1^0, ω_2^0 nach ω_1^0, ω_2^0, $\omega_3^0 = \infty$ auf Wegen gelangen, die sich nicht überschneiden und an keiner Stelle abnehmende ω-Werte aufweisen, dann müssen die Kurven (ω als Funktion von f/m) irgendwie so verlaufen, wie es in der Abbildung angedeutet ist. Insbesondere *muß* für die Schnittpunkte ω_1, ω_2, ω_3 mit der mittleren Horizontalen $[p = f(\mathrm{C}\cdot\mathrm{X})/m_x]$ gelten:

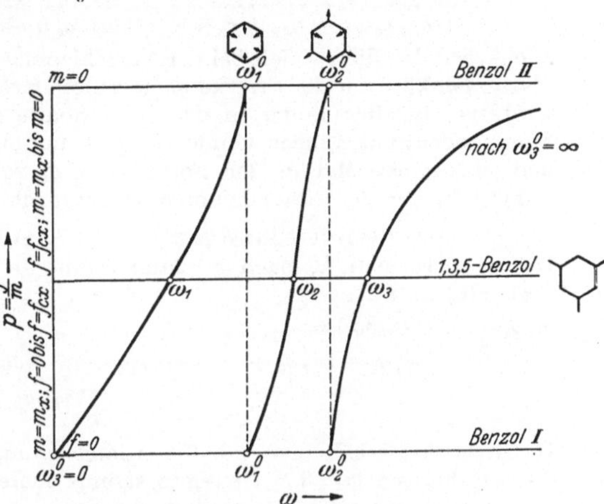

Abb. 2. Übergang der Frequenzen von Benzol nach symmetrisch 1,3,5-substituiertem Benzol.

$$0 \leqq \omega_1 \lesseqgtr \omega_1^0; \quad \omega_1^0 \leqq \omega_2 \lesseqgtr \omega_2^0; \quad \omega_2^0 \leqq \omega_3 \lesseqgtr \infty.$$

Das heißt, für die Bereiche, innerhalb derer die gesuchten Werte ω_1, ω_2, ω_3 liegen müssen, sind feste Grenzen angebbar. Will es nun der Zufall, daß die Benzolfrequenzen ω_1^0 und ω_2^0 nahe beisammen liegen (im Molekül ist in der Tat $\omega_1^0 \sim 990$, $\omega_2^0 \sim 1000$), dann *muß* es im symmetrisch substituierten Tribenzol eine Frequenz geben, die, unabhängig von der Art des Substituenten (unabhängig von $f(\mathrm{CX})$ und m_x), zwischen diesen beiden Werten liegen muß. Dieselbe Aussage kann man in der gleichen Weise für monosubstituiertes Benzol $\mathrm{C_6X}$ ableiten.

Diese Art der Überlegung, die durch Ausführung geeigneter adiabatischer Übergänge die Schwingungseigenschaften eines Systems auf die eines nächst einfacheren zurückführt, ist der mannigfachsten Anwendung fähig.

Erläuterungen zum allgemeinen Fall eines Systems mit N Massenpunkten.

a) *Die Normalschwingungen.* Der durch die Verzerrung des Systems entstehende Potentialzuwachs U [Gl. (1)] lautet ausgeschrieben:

$$\left.\begin{aligned} U = \tfrac{1}{2}\,[a_{11}\,q_1\,q_1 + a_{12}\,q_1\,q_2 + \cdots + a_{1i}\,q_1\,q_i + \cdots + a_{1s}\,q_1\,q_s +\\ + a_{21}\,q_2\,q_1 + a_{22}\,q_2\,q_2 + \cdots + a_{2i}\,q_2\,q_i + \cdots + a_{2s}\,q_2\,q_s +\\ \cdots\cdots\cdots\cdots\cdots\cdots\cdots\cdots\cdots\cdots\cdots\cdots\\ + a_{i1}\,q_i\,q_1 + a_{i2}\,q_i\,q_2 + \cdots + a_{ii}\,q_i\,q_i + \cdots + a_{is}\,q_i\,q_s +\\ \cdots\cdots\cdots\cdots\cdots\cdots\cdots\cdots\cdots\cdots\cdots\cdots\\ + a_{s1}\,q_s\,q_1 + a_{s2}\,q_s\,q_2 + \cdots + a_{si}\,q_s\,q_i + \cdots + a_{ss}\,q_s\,q_s]\,. \end{aligned}\right\} \quad (1\text{a})$$

Die Arbeit U_i, die speziell bei der Verschiebung des zum Index i gehörigen Massenpunktes um die Strecke q_i gegen die Kräfte $a_{ki}\,q_k = a_{ik}\,q_k$ geleistet wird, ist die Summe der in der i-ten Spalte und i-ten Zeile stehenden Summanden; unter ihnen kommt $a_{ii}\,q_i\,q_i$ nur einmal, $a_{ik}\,q_i\,q_k$ stets zweimal, das zweite Mal in der Form $a_{ki}\,q_k\,q_i$ vor. Mit Rücksicht auf den Faktor $1/2$ vor der Gesamtsumme ist demnach U_i:

$$U_i = a_{i1}\,q_i\,q_1 + a_{i2}\,q_i\,q_2 + \cdots + \tfrac{1}{2}\,a_{ii}\,q_i\,q_i + \cdots + a_{is}\,q_i\,q_s\,.$$

Differenziert man U_i nach q_i dann ergibt sich die Bewegungsgleichung [vgl. (10) in § 2]:

$$\left.\begin{aligned} m_i\,\ddot{q}_i = -\,(\partial U_i/\partial q_i) =\\ -\,[a_{i1}\,q_1 + a_{i2}\,q_2 + \cdots + a_{ii}\,q_i + \cdots + a_{is}\,q_s] =\\ -\sum_k a_{ik}\,q_k \qquad [k = 1, 2 \ldots s] \end{aligned}\right\} \quad (2)$$

In dieser Art erhält man s Differentialgleichungen für die N Massen und die zugehörigen $s = 3$ N Bewegungskomponenten. Als Lösung setzt man an: $q_i = A_i \cos(n\,t + \varphi)$, so daß $\ddot{q}_i = -\,n^2\,A_i \cos(n\,t + \varphi)$ wird. Nach Einsetzen und Kürzen durch den gemeinsamen Faktor $\cos(n\,t + \varphi)$ erhält man [vgl. (11) in § 2] ein System von s linearen Gleichungen (in denen für n^2 der Buchstabe λ gesetzt wurde):

$$\left.\begin{array}{llllll} A_1(a_{11} - m_1\,\lambda) & + A_2\,a_{12} & + \cdots A_i\,a_{1i} & + \cdots + A_s\,a_{1s} & = 0\\ A_1\,a_{21} & + A_2(a_{22} - m_2\,\lambda) & + \cdots A_i\,a_{2i} & + \cdots + A_s\,a_{2s} & = 0\\ \cdots & \cdots & \cdots & \cdots & \\ A_1\,a_{i1} & + A_2\,a_{i2} & + \cdots A_i(a_{ii} - m_i\,\lambda) & + \cdots + A_s\,a_{is} & = 0\\ \cdots & \cdots & \cdots & \cdots & \\ A_1\,a_{s1} & + A_2\,a_{s2} & + \cdots A_i\,a_{si} & + \cdots + A_s(a_{ss} - m_s\,\lambda) & = 0 \end{array}\right\} \quad (3)$$

Oder gekürzt geschrieben:

$$-\,\lambda\,m_i\,A_i = -\sum_k a_{ik}\cdot A_k\,.$$

Nach der Theorie linearer Gleichungen können diese s Gleichungen mit den $s + 1$ Unbekannten (nämlich λ und $A_1 \cdots A_s$) *nur* dann durch von Null verschiedene Werte A_i befriedigt werden, wenn die Determinante des Gleichungssystems verschwindet; es muß [vgl. (12) in § 2] gelten:

$$\begin{vmatrix} (a_{11} - m_1\,\lambda) & a_{12} & \ldots a_{1i} & \ldots a_{1s}\\ a_{21} & (a_{22} - m_2\,\lambda) & \ldots a_{2i} & \ldots a_{2s}\\ \cdots & \cdots & \cdots & \cdots\\ a_{i1} & a_{i2} & \ldots (a_{ii} - m_i\,\lambda) & \ldots a_{is}\\ \cdots & \cdots & \cdots & \cdots\\ a_{s1} & a_{s2} & \ldots a_{si} & \ldots (a_{ss} - m_s\,\lambda) \end{vmatrix} = 0 \qquad (4)$$

oder abgekürzt geschrieben:

$$\text{Det}\,[a_{ik} - m_i \lambda \delta_{ik}] = 0 \qquad \begin{matrix} i = 1, 2 \ldots s \\ k = 1, 2 \ldots s \end{matrix}$$

worin $\delta_{ik} = 0$ für $i \neq k$, $\delta_{ik} = 1$ für $i = k$ sein soll.

Diese „Säkulardeterminante" ist aber nur für *bestimmte* Werte λ, die aus ihr berechenbar sind, erfüllt. Sie entspricht einer Gleichung [vgl. (13) in § 2], die in λ vom Grade s ist und daher s Wurzeln $\lambda^{(\alpha)}$ $[\alpha = 1, 2 \ldots s]$ besitzt. Es kann gezeigt werden, daß — wieder wegen der vorausgesetzten Stabilität der Gleichgewichtslage — diese Wurzeln durchwegs reell und nichtnegativ sein müssen. Die Säkulardeterminante ist wegen $a_{ik} = a_{ki}$ (vgl. weiter oben) eine „symmetrische" Determinante und enthält, wie man abzählt, $s(s+1)/2$ Systemkonstante a_{ik}, die im allgemeinen voneinander verschieden sind und deren Kenntnis zur Berechnung der Werte für $\lambda^{(\alpha)}$ nötig ist.

Es werde zunächst vorausgesetzt, daß die s Wurzeln $\lambda^{(\alpha)}$ alle voneinander verschieden sind. *Jede* derselben liefert, eingesetzt in das Gleichungssystem (3), wieder ein System von s Gleichungen [vgl. Gl. (14a) in § 2], aus denen die jeweils zur Schwingung mit der Frequenz $n^{(\alpha)}$ gehörigen Amplituden*verhältnisse* $r_1^{(\alpha)}, r_2^{(\alpha)} \ldots r_s^{(\alpha)}$ bzw. die s *Amplituden* $A_i^{(\alpha)} = C^{(\alpha)} r_i^{(\alpha)}$ mit noch unbestimmtem, aber allen $r_i^{(\alpha)}$ gemeinsamen Koeffizienten $C^{(\alpha)}$ zu errechnen sind. Dadurch erhält man die Form der s Normalschwingungen, wobei aber die absolute Größe der Verzerrungen wegen des von den Anfangsbedingungen abhängigen Koeffizienten $C^{(\alpha)}$ offen bleibt.

Es gilt nach dem Lösungsansatz (s. oben) für jede der s Normalschwingungen (solange alle $n^{(\alpha)}$ bzw. $\lambda^{(\alpha)}$ verschieden sind):

Alle Massenpunkte vollführen harmonische Schwingungsbewegungen derart, daß jede Koordinate darstellbar ist durch

$$q_i^{(\alpha)} = C^{(\alpha)} r_i^{(\alpha)} \cos\left(n^{(\alpha)} t + \varphi^{(\alpha)}\right) \equiv r_i^{(\alpha)} Q^{(\alpha)}. \tag{5}$$

Das heißt, alle Punkte schwingen mit gleicher Frequenz $n^{(\alpha)}$ und Phase $\varphi^{(\alpha)}$; zu jedem Massenpunkt gehören drei der Koordinaten q_i, die sich alle drei gleichphasig nach $\cos(n^{(\alpha)} t)$ mit der Zeit ändern, so daß die Schwingungsbahn linear ist.

b) *Die Orthogonalitätsrelation.* Nach Gl. (3) gilt für zwei Normalschwingungen mit verschiedenem λ, z. B. $\lambda^{(\alpha)}$ und $\lambda^{(\beta)}$:

$$\lambda^{(\alpha)} m_i A_i^{(\alpha)} = \sum_k a_{ik} A_k^{(\alpha)} \quad \text{und} \quad \lambda^{(\beta)} m_i A_i^{(\beta)} = \sum_k a_{ik} A_k^{(\beta)}.$$

Multipliziert man die erste Beziehung mit $A_i^{(\beta)}$, die zweite mit $A_i^{(\alpha)}$ und summiert man über i von 1 bis s, dann erhält man nach Herausheben der allen Summanden gemeinsamen Größen λ und C [es ist nach (5) $A_i = C r_i$]:

$$\lambda^{(\alpha)} C^{(\alpha)} C^{(\beta)} \sum_i m_i r_i^{(\alpha)} r_i^{(\beta)} = C^{(\alpha)} C^{(\beta)} \sum_i \sum_k a_{ik} r_k^{(\alpha)} r_i^{(\beta)}$$

$$\lambda^{(\beta)} C^{(\alpha)} C^{(\beta)} \sum_i m_i r_i^{(\beta)} r_i^{(\alpha)} = C^{(\alpha)} C^{(\beta)} \sum_i \sum_k a_{ik} r_k^{(\beta)} r_i^{(\alpha)}.$$

Nun ist die Doppelsumme rechts die schon aus dem Potentialausdruck (1) in § 3 bekannte Arbeitsgröße, hier spezialisiert auf die von den gleichzeitigen

Verrückungen $r_k^{(\alpha)}$ und $r_i^{(\beta)}$ der beiden Normalschwingungen aneinander geleistete Arbeit; dieser proportional sind die Ausdrücke $\sum m_i r_i^{(\beta)} r_i^{(\alpha)}$, die, wie sich zeigt, Null sein müssen:

Die rechten Seiten der beiden Gleichungen sind einander gleich; subtrahiert man also Seite für Seite die eine von der anderen Gleichung, so folgt:

$$(\lambda^{(\alpha)} - \lambda^{(\beta)}) \sum_i m_i r_i^{(\alpha)} r_i^{(\beta)} = 0.$$

Daher gilt, weil $\lambda^{(\alpha)} \neq \lambda^{(\beta)}$ vorausgesetzt wurde, die 1. „Orthogonalitätsrelation"

$$\sum_i m_i r_i^{(\alpha)} r_i^{(\beta)} = 0. \tag{6}$$

Somit können die Normalschwingungen, da sie aneinander nicht Arbeit leisten, völlig unabhängig voneinander bestehen. Daher kann man die zu jeder einzelnen derselben gehörige potentielle und kinetische Energie getrennt berechnen und daraus die Gesamtenergie des beliebig schwingenden Systems durch Addition der Teilenergien $T^{(\alpha)}$ und $U^{(\alpha)}$ bestimmen:

$$T^{(\alpha)} = \tfrac{1}{2} \sum_i m_i \dot{q}_i^{(\alpha)^2}; \qquad U^{(\alpha)} = \tfrac{1}{2} \sum_i \sum_k a_{ik}\, q_i^{(\alpha)} q_k^{(\alpha)}.$$

Nach (5) ist

$$q_i^{(\alpha)} = r_i^{(\alpha)} Q^{(\alpha)}; \qquad \dot{q}_i^{(\alpha)} = r_i^{(\alpha)} \dot{Q}^{(\alpha)}.$$

Weil $r = A/C$ wird mit Hilfe von Gl. (3)

$$\left.\begin{aligned} T^{(\alpha)} &= \tfrac{1}{2} \dot{Q}^{(\alpha)^2} \sum_i m_i r_i^{(\alpha)^2} \\ U^{(\alpha)} &= \tfrac{1}{2} Q^{(\alpha)^2} \sum_i r_i^{(\alpha)} \sum_k a_{ik} r_k^{(\alpha)} = \tfrac{1}{2} \lambda^{(\alpha)} Q^{(\alpha)^2} \sum_i m_i r_i^{(\alpha)^2}. \end{aligned}\right\} \tag{7}$$

Dem in den Ausdrücken (7) gemeinsamen Faktor $\sum m_i r_i^{(\alpha)^2}$ pflegt man einen bestimmten Wert beizulegen, der an sich willkürlich ist, aber für alle Normalschwingungen $\alpha = 1, 2 \ldots s$ gleich groß sein muß. Dadurch wird für die Amplituden, deren *Verhältnisse* $r_i^{(\alpha)}$ die Schwingungsform bestimmen, gewissermaßen eine Einheitsamplitude festgelegt. Gewöhnlich lautet diese sog. „Normierungs-Vorschrift"

$$\sum_i m_i r_i^{(\alpha)} r_i^{(\alpha)} = 1. \tag{8}$$

Dadurch erhalten die Ausdrücke (7) die einfache Form:

$$T^{(\alpha)} = \tfrac{1}{2} \dot{Q}^{(\alpha)^2}; \qquad U^{(\alpha)} = \tfrac{1}{2} \lambda^{(\alpha)} Q^{(\alpha)^2}. \tag{7a}$$

Zieht man Vorschrift (8) mit der Relation (6) zusammen, so kann man schreiben:

$$\sum_i m_i r_i^{(\alpha)} r_i^{(\beta)} = \delta_{\alpha,\beta} \left[\text{mit } \delta_{\alpha,\beta} \begin{cases} = 0 & \text{für } \alpha \neq \beta \\ = 1 & \text{für } \alpha = \beta \end{cases}\right]. \tag{9}$$

Hieraus wird in der Theorie der linearen Gleichungen als 2. Orthogonalitätsrelation abgeleitet:

$$\sum_\alpha r_i^{(\alpha)} r_k^{(\alpha)} = \frac{\delta_{ik}}{m_k} \left(= \frac{\delta_{ik}}{m_i}\right) \left[\text{mit } \delta_{ik} \begin{cases} = 0 & \text{für } i \neq k \\ = 1 & \text{für } i = k \end{cases}\right]. \tag{10}$$

c) *Das allgemeine Integral; Normalkoordinate* $Q^{(\alpha)}$. Das vollständige Integral der Differentialgleichungen (2) ist durch die Superposition aller s Teillösungen (5) zu bilden; man erhält:

$$q_i = \sum_\alpha C^{(\alpha)} r_i^{(\alpha)} \cos\left[n^{(\alpha)} t + \varphi^{(\alpha)}\right] = \sum_\alpha r_i^{(\alpha)} Q^{(\alpha)}. \tag{11}$$

Dadurch sind für jeden Zeitmoment t die irgendwie vorgegebenen Verrückungen q_i aller Massenpunkte des Systems dargestellt als Summen von Vielfachen $C^{(\alpha)}$ der Elongationen $r_i^{(\alpha)} \cos\left[n^{(\alpha)} t + \varphi^{(\alpha)}\right]$ der Normalschwingungen. Das Integral (11) enthält noch $2\,s$ verfügbare Konstante $C^{(\alpha)}$ und $\varphi^{(\alpha)}$, durch deren geeignete Wahl die Lösung den Anfangsbedingungen angepaßt werden kann.

Es seien z. B. zur Zeit $t = 0$ die Verzerrungen $q_{i,0}$ und das System werde mit Nullgeschwindigkeit sich selbst überlassen, so daß $\dot{q}_{i,0} = 0$ ist. Dann gilt nach (11) (für $t = 0$):

$$q_{i,0} = \sum_\alpha C^{(\alpha)} r_i^{(\alpha)} \cos\varphi^{(\alpha)}; \qquad \dot{q}_{i,0} = -\sum_\alpha C^{(\alpha)} r_i^{(\alpha)} n^{(\alpha)} \sin\varphi^{(\alpha)} = 0.$$

Aus der 2. Beziehung folgt $\sin\varphi^{(\alpha)} = 0$, also $\cos\varphi^{(\alpha)} = 1$; um aus den nun vereinfachten ersten Bestimmungsgleichungen $q_{i,0} = \sum_\alpha C^{(\alpha)} r_i^{(\alpha)}$ die gesuchten $C^{(\alpha)}$ zu erhalten, multipliziert man links und rechts mit $m_i r_i^{(\beta)}$ und summiert über das System:

$$\sum_i q_{i,0} m_i r_i^{(\beta)} = \sum_\alpha C^{(\alpha)} \sum_i m_i r_i^{(\alpha)} r_i^{(\beta)}.$$

In der rechten Doppelsumme heben sich zufolge Gl. (6) die Glieder mit $\alpha \neq \beta$ auf; es bleiben nur die Glieder mit $\alpha = \beta$ und dies gibt nach Gl. (8):

$$C^{(\beta)} \sum_i m_i r_i^{(\beta)} r_i^{(\beta)} = C^{(\beta)} = \sum_i q_{i,0} m_i r_i^{(\beta)} \tag{12}$$

Die gesamte kinetische und potentielle Energie des Systems, dessen Bewegung sich nach (11) aus den mit geeigneten Amplituden $C^{(\alpha)} r_i^{(\alpha)}$ versehenen s Normalschwingungen zusammensetzt, ist nach Gl. (7) (mit $\lambda = n^2$) gegeben durch:

$$\left.\begin{aligned} T &= \sum_\alpha T^{(\alpha)} = \tfrac{1}{2}\left[\dot{Q}^{(1)^2} + \dot{Q}^{(2)^2} + \cdots + \dot{Q}^{(s)^2}\right] \\ U &= \sum_\alpha U^{(\alpha)} = \tfrac{1}{2}\left[\lambda^{(1)} Q^{(1)^2} + \lambda^{(2)} Q^{(2)^2} + \cdots + \lambda^{(s)} Q^{(s)^2}\right]. \end{aligned}\right\} \tag{13}$$

Die Größen $Q^{(\alpha)} = C^{(\alpha)} \cos\left(n^{(\alpha)} t + \varphi^{(\alpha)}\right)$ bezeichnet man als „Normalkoordinaten". In ihnen dargestellt enthalten T und U nur Quadrate von $Q^{(\alpha)}$ bzw. $\dot{Q}^{(\alpha)}$ und keine gemischten Produkte $Q^{(\alpha)} Q^{(\beta)}$ bzw. $\dot{Q}^{(\alpha)} \dot{Q}^{(\beta)}$.

d) *Entartung.* Bisher wurde vorausgesetzt, daß alle s Wurzeln $\lambda^{(\alpha)}$ der Säkulardeterminante (4) voneinander verschieden seien. Ist dies nicht der Fall, existieren also „mehrfache Wurzeln" derart, daß z. B. (zweifache Wurzeln) $\lambda^{(\alpha)} = \lambda^{(\beta)}$ ist, dann lassen sich im Gesamtpotential (13) die zugehörigen Glieder zusammenziehen zu:

$$\lambda^{(\alpha)} \left[Q^{(\alpha)^2} + Q^{(\beta)^2}\right].$$

Die entsprechenden Summenglieder in Gl. (11) sind:

$$r_i^{(\alpha)} Q^{(\alpha)} + r_i^{(\beta)} Q^{(\beta)}.$$

Nun gibt es nicht mehr nur ein einziges Wertepaar $r_i^{(\alpha)}$, $r_i^{(\beta)}$ bzw. $Q^{(\alpha)}$, $Q^{(\beta)}$, das die Gln. (11) und (13) befriedigt; *jedes* Wertepaar $\hat{r}_i^{(\alpha)}$, $\hat{r}_i^{(\beta)}$ bzw. $Q^{(\alpha)}$, $\hat{Q}^{(\beta)}$, das durch die orthogonale Transformation:

$$\hat{r}_i^{(\alpha)} = \quad r_i^{(\alpha)} \cos\varepsilon + r_i^{(\beta)} \sin\varepsilon; \qquad \hat{Q}^{(\alpha)} = \quad Q^{(\alpha)} \cos\varepsilon + Q^{(\beta)} \sin\varepsilon$$

$$\hat{r}_i^{(\beta)} = - r_i^{(\alpha)} \sin\varepsilon + r_i^{(\beta)} \cos\varepsilon; \qquad \hat{Q}^{(\beta)} = - Q^{(\alpha)} \sin\varepsilon + Q^{(\beta)} \cos\varepsilon$$

aus den ursprünglichen Werten mit *beliebigen* ε gewonnen wird, führt, wie man sich leicht überzeugt, zu gleichen Werten für obige Gliedersummen und erfüllt daher die Gln. (11) und (13); das heißt, alle diese unendlich vielen Wertepaare gehören zu möglichen Normalschwingungen. Somit ist bei Entartung zwar $\lambda^{(\alpha)}$, also die Frequenz $n^{(\alpha)}$ bestimmt, nicht aber die Form der Normalschwingung. Wohl kann man bei zweifacher Entartung zwei, bei k-facher k Normalschwingungen so auswählen, daß ihre $r_i^{(\alpha)}$, $r_i^{(\beta)}$ ... die Orthogonalitätsrelationen erfüllen; doch sind alle Schwingungsformen, die man aus ihnen durch Superposition mit beliebiger Phase und beliebigem Amplitudenverhältnis erhält, ebenfalls gleichberechtigt als zugehörige entartete Normalschwingung. Die Punktbewegungen sind dann im allgemeinen keine Geraden, die Massenpunkte schwingen nicht mehr „in Phase".

Das trivialste Beispiel für Entartung sind die sog. uneigentlichen oder „Null"schwingungen. Sie sind — alle zur Frequenz Null gehörend — 6fach (bei linearen Systemen 5fach) entartet; durch gegenseitige Überlagerung liefern sie eine 5- (bzw. 4-)fach unendliche Mannigfaltigkeit von Bewegungsformen, die man aber offensichtlich wieder auf 6 (bzw. 5) zueinander orthogonale Ausgangsformen, auf 3 zueinander senkrechte Translationen und auf Rotationen um 3 (bzw. 2) orthogonale Drehachsen zurückführen kann.

Auf die schwierigen Verhältnisse, die bei der Entartung von eigentlichen Normalschwingungen eintreten, wird noch im nächsten Abschnitt kurz eingegangen.

§ 4. Massenpunktsysteme mit Symmetrieeigenschaften.

Literatur. Vergleiche zur Einführung kristallographische Lehrbücher oder insbesondere R. P. Ewald im Handbuch der Physik, Bd. 24, Kapitel 4. J. C. Brester, Kristallsymmetrie und Reststrahlen. Dissertation Utrecht 1923. — Cabannes[566] (X/13). — Placzek[503] (und VI). — Manneback (X/17). — Born, Lehrbuch der Optik. Berlin: Julius Springer 1933.

Die für die Eigenschwingungen eines Punktsystems maßgebenden Verhältnisse werden übersichtlicher, wenn Symmetrie vorhanden ist; d. h., wenn sich zu einer bestimmten Richtung eine oder mehrere andere Richtungen angeben lassen, in denen sich die hier interessierenden Systemeigenschaften (Verteilung der Massen, dynamische Verhältnisse) gleichartig wiederfinden.

Die *einfachen Symmetrieelemente* bzw. die Symmetrie- oder Deckoperationen, durch die im ruhenden System die gleichwertigen Richtungen ineinander übergeführt oder zur Deckung gebracht werden können, sind:

Das Symmetriezentrum (Inversionszentrum) i, bzw. die Spiegelung an ihm.

Die Symmetrieebene σ, bzw. die Spiegelung an ihr.

Die p-zählige Symmetrieachse C_p, bzw. die Drehung um diese Achse um den Winkel $2\pi/p$.

Die p-zählige Drehspiegelachse S_p, bzw. die Drehung um diese Achse um den Winkel $2\pi/p$ sowie Spiegelung an einer zur Drehachse senkrechten Ebene σ.

Wird die Symmetrieoperation am ruhenden Molekül ausgeführt, so kommen alle Massenpunkte zur Deckung und man hat keinerlei Anhaltspunkt, ob die Symmetrieoperation schon einmal durchgeführt wurde oder nicht. Anders ist dies beim verzerrten Molekül; gibt man dem Molekül eine solche Verzerrung, wie sie bei einer der ihm möglichen Eigenschwingungen auftritt, und führt man dann die Symmetrieoperation durch, dann ist das Verhalten der einzelnen Normalschwingungen gegenüber der Symmetrieoperation insoferne verschieden, als dabei die Molekülform nicht in sich selbst überzugehen braucht; je nach ihrem diesbezüglichen Verhalten können die Normalschwingungen in verschiedene Typen oder „Rassen" eingeteilt werden.

Es soll dies zuerst an Hand eines Beispieles erläutert werden:

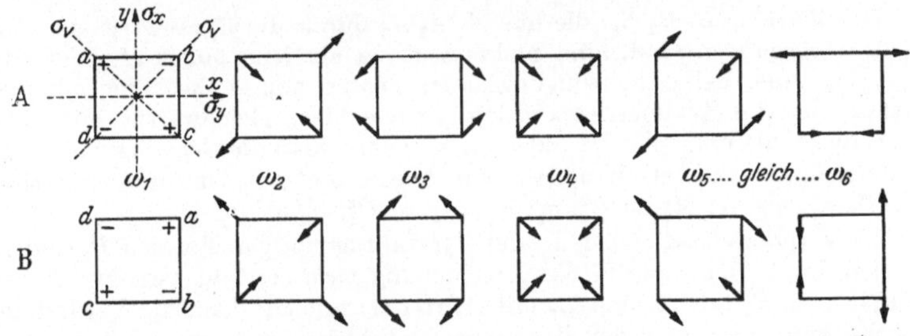

Abb. 3. Schwingungsformen des Viererringes mit der Symmetrie D_{4h}; Formen in B gegen A um $2\pi/4 = 90°$ (C_4) verdreht.

	ω_1	ω_2	ω_3	ω_4	$\omega_{5,6}$
C_4^z	as	as	as	s	e
C_2^z	s	s	s	s	as
σ_x	as	us	s	s	e
σ_v	s	s	as	s	e
σ_h	as	s	s	s	s
i	as	s	s	s	as

In Abb. 3 sind in der oberen Zeile A die für ein ebenes Punktquadrat möglichen Schwingungsformen eingetragen. Das unverzerrte Modell besitzt als Symmetrieelemente: Eine zur Papier- $(x\,y)$-Ebene senkrechte vierzählige $[C_4^z]$ und zweizählige $[C_2^z]$ Drehachse; 4 durch C^z gehende zur $x\,y$-Ebene senkrechte Symmetrieebenen, nämlich σ_x ($\perp$ zur X-Achse), σ_y ($\perp$ zur Y-Achse) und zwei mit σ_v bezeichnete Ebenen. Eine zur C_z-Achse senkrechte Symmetrieebene σ_h (das ist hier die Papier- oder Figurenebene σ_z) und 4 in dieser Ebene gelegene zweizählige Drehachsen (darunter C_x, C_y), die die Schnittlinien der 4 Symmetrieebenen mit σ_h sind; überdies ein Symmetriezentrum i. Eine solche Kombination von Symmetrieelementen wird nach SCHÖNFLIESS als „Symmetriegruppe D_{4h}“ bezeichnet. Man kann also das ruhende Molekül an σ_x, σ_y, σ_v, i spiegeln, um die Achsen C_z um $2\pi/4 = 90°$ bzw. um $2\pi/2 = 180°$ oder um die Achsen C_x, C_y usw. um 180° drehen, ohne daß nach Ausführung der Symmetrieoperation irgendeine Veränderung auf den stattgefundenen Vorgang schließen läßt.

Führt man diese Symmetrieoperation jedoch am verzerrten Modell der Abb. 3 durch, so ist das Ergebnis je nach der Schwingungsform verschieden; was im besonderen nach einer Drehung um die C_z-Achse um $2\pi/4$ eintritt, ist in Abb. 3 in der Zeile B eingezeichnet.

Auf die zu ω_4 gehörige Form A kann man ebenso wie auf das unverzerrte Molekül *sämtliche* Symmetrieoperationen anwenden, ohne daß sich irgendetwas ändert; man nennt eine solche Form „totalsymmetrisch“.

Für die übrigen Formen ist nur mehr ein Teil der Symmetrieoperationen so beschaffen, daß sie die verzerrte Form unverändert lassen. A_2 z. B. bleibt bei den Symmetrieoperationen C_2^z, σ_v, σ_h, i * unverändert, nicht aber bei C_4^z, σ_y und σ_x; bei Drehung um 90° um die C_z-Achse oder bei Spiegelung an σ_y bzw. σ_x geht das Molekül in die Form B_2 über; ebenso sind $A_1\,A_3$ $A_5\,A_6$ von $B_1\,B_3\,B_5\,B_6$ unterscheidbar. Doch besteht diesbezüglich folgender wesentlicher Unterschied:

Die Formen $B_1\,B_2\,B_3$, die aus $A_1\,A_2\,A_3$ durch die Symmetrieoperation C_4^z hervorgegangen sind, sind nichts anderes als jene Molekülformen, die $A_1\,A_2\,A_3$ eine halbe Schwingungsdauer später von selbst eingenommen hätten. Ist die Symmetrieoperation, so wie hier, gleichwertig mit einer Phasenverschiebung um $\tau/2$ (oder π), so nennt man die Schwingung „antisymmetrisch“ zum betreffenden Symmetrieelement. A_1 ist antisymmetrisch zu C_4^z, σ_x, σ_h, i; A_2 zu C_4^z, σ_x, σ_y; A_3 zu C_4^z, σ_v.

Ganz anders ist dies bei A_5 und A_6; die zugehörigen Formen B_5 und B_6 können durch eine reine Phasenverschiebung *nicht* erreicht werden. Sicherlich ist aber B_5 mit A_5 und B_6 mit A_6 frequenzgleich, denn die Verdrehung um 90° kann nichts an den dynamischen Verhältnissen und relativen Verzerrungen ändern. Zwei frequenzgleiche Schwingungsformen kann man aber bekanntlich superponieren, ohne daß sich die Frequenz ändert. Tut man dies z. B. mit A_5 und B_5, so erhält man eine neue Schwingungsform, und zwar jene, die man auch aus B_6 durch Spiegelung an σ_x erhalten kann. Diese neue Form ist somit aus *diesem* Grunde mit ω_6, ihrer *Entstehung* nach mit ω_5 frequenzgleich; das ist nur möglich, wenn $\omega_5 = \omega_6$ ist. Somit kann

* Mit den Zeichen C, σ, i, S wird sowohl das Symmetrie*element*, als die Symmetrie*operation* gekennzeichnet.

man auch A_5 und A_6 mit beliebiger Phase und Amplitude zusammensetzen. Man erhält eine einfach unendliche Mannigfaltigkeit von verschiedenen Schwingungsformen, die alle gleiche Frequenz haben. Solche Schwingungen nennt man „entartet" (vgl. § 3 d). Die Bewegungen der Massenpunkte erfolgen dabei auf Ellipsen, einschließlich Kreis und Gerader. A_5, A_6, B_5, B_6 sind entartet („e") bezüglich der Symmetrieelemente C_4^z, σ_x, σ_v, jedoch symmetrisch („s") bezüglich σ_h und antisymmetrisch („as") bezüglich i.

Um zu einem näheren Verständnis dieser Verhältnisse zu kommen, muß man sich vor Augen halten:

1. Während symmetrisch gelegene Massenpunkte des unverzerrten Systems sowohl durch die einmalige Symmetrieoperation als durch deren p-malige Wiederholung (denn zweimalige Spiegelung oder p-malige Verdrehung um C_p, jedesmal um den Winkel $2\pi/p$, bedeutet Identität) zur Deckung kommen, führt im verzerrten System *nur* die p-malige Wiederholung *mit Sicherheit* zur Deckung; Deckung *kann* schon früher eintreten, *muß* aber nicht.

2. Die Symmetrieoperation an sich kann natürlich nichts an den dynamischen Verhältnissen, also nichts am Arbeitsinhalt des Systems ändern; U muß invariant sein, ebenso die Frequenz n; was durch die Symmetrieoperation geändert werden kann, ist nur das Schwingungsbild. Bleiben aber U und n in Gl. (7a) von § 3 unverändert, dann ist auch Q^2, bzw. wenn es sich um eine zweifach (höhere Entartung bleibe hier und im folgenden außer Betracht) entartete Schwingung handelt, die Summe $Q^{(\alpha)^2} + Q^{(\beta)^2}$ invariant gegen die Symmetrieoperation.

Für die *einfache* Schwingung folgt daraus: Invarianz des Quadrates von Q kann nur auf zwei Arten erfüllt werden; entweder bleibt Q selbst bei der Symmetrieoperation unverändert, oder es wechselt sein Vorzeichen. Im ersten Fall muß die Symmetrieoperation zu einem unveränderten Schwingungsbild führen, im zweiten zu einem solchen, das der Vorzeichenänderung der Normalkoordinate entspricht; das ist jenes Schwingungsbild, in das die Verzerrung nach der Zeit $\tau/2$ (oder durch eine Phasenverschiebung um π) von selbst übergegangen wäre. Der erste Fall $Q \to Q$ charakterisiert die „symmetrische", der zweite $Q \to -Q$ die „antisymmetrische" Schwingung. Etwas drittes ist nicht möglich. (Anmerkung: Wenn p ungradzahlig ist, gibt es keine antisymmetrische Schwingungsform.) Man kann den Unterschied auch in folgender Art formulieren: Für $Q \to Q$ ist $S \equiv \Phi(2\pi)$, für $Q \to -Q$ ist $S \equiv \Phi(\pi)$; in Worten: Die einmalige Symmetrieoperation (S) führt zu Schwingungsbildern, die identisch sind mit jenen, in die das System bei einer Phasenverschiebung um 2π [$\Phi(2\pi)$, d. i. nach τ sec; symmetrische Schwingung] bzw. um π [$\Phi(\pi)$, d. i. nach der Zeit $\tau/2$; antisymmetrische Schwingung] übergeht. Die bei einfachen Schwingungen stets linearen (§ 3a) *Bahnen* der Massenpunkte kommen durch die Symmetrieoperation immer zur Deckung; die Massenpunkte selbst nur bei symmetrischen Schwingungsformen.

Für *zweifache Entartung* liegen die Verhältnisse (vgl. insbesondere CABANNES[566]) wesentlich verwickelter. Wie in § 3d gezeigt wurde, wird die oben geforderte Invarianz von $Q^{(\alpha)^2} + Q^{(\beta)^2}$ von jedem Wertepaar $\hat{Q}^{(\alpha)^2} + \hat{Q}^{(\beta)^2}$ erfüllt, das aus dem ursprünglichen durch die orthogonale Transformation

$$\begin{aligned}\hat{Q}^{(\alpha)} &= \quad Q^{(\alpha)} \cos\varepsilon + Q^{(\beta)} \sin\varepsilon \\ \hat{Q}^{(\beta)} &= -Q^{(\alpha)} \sin\varepsilon + Q^{(\beta)} \cos\varepsilon\end{aligned}$$

mit zunächst beliebigem ε gewonnen wird. Die Willkür in der Wahl von ε wird hier jedoch dadurch eingeschränkt, daß es sich um die Invarianz gegenüber einer Symmetrieoperation handelt, die nach p-facher (gleichartiger!) Wiederholung den Anfangszustand wieder herstellt; dies wird erfüllt, wenn solche Werte von ε verwendet werden, daß:

$$p\varepsilon = \pm l \cdot 2\pi \quad \text{oder} \quad \varepsilon = \pm \frac{2\pi}{p} l; \quad \text{mit} \quad l = 1, 2 \cdots \frac{p-1}{2}.$$

l darf nicht Null oder p sein; denn dann wäre $\varepsilon = 0$ bzw. $\pm 2\pi$ und es wäre $\hat{Q}^{(\alpha)} = Q^{(\alpha)}$, $\hat{Q}^{(\beta)} = Q^{(\beta)}$, d. h. die Symmetrieoperation würde an Q nichts ändern, man hätte eine symmetrische Schwingung. l darf nicht (für p gerade) $p/2$ sein, denn dann wäre $\varepsilon = \pm\pi$ und $\hat{Q}^{(\alpha)} = \pm Q^{(\beta)}$, $\hat{Q}^{(\beta)} = \mp Q^{(\alpha)}$, d. h. die Konstanz des resultierenden Vektors $Q^{(\alpha)^2} + Q^{(\beta)^2}$ wäre dadurch erreicht, daß eine oder die andere der Normalkoordinaten ihr Vorzeichen wechselt; man hätte eine antisymmetrische Schwingung. Endlich sind Werte von ε, die so wie für $l = i$ und $l = p - i$ gleiche Abstände von $\varepsilon = 0$ haben, insoferne Wiederholungen, als $\cos \frac{2\pi}{p}(p - i) = \cos \frac{2\pi}{p} i$ und $\sin \frac{2\pi}{p}(p - i) = \sin\left(-\frac{2\pi}{p} i\right)$ ist. Die untereinander verschiedenen und nicht zu symmetrischer oder antisymmetrischer Transformation führenden Werte von ε sind also jene, für die, so wie oben angeschrieben, $l = 1, 2 \cdots \frac{p-1}{2}$ ist.

Zur Veranschaulichung dieses Ergebnisses kann man sich vorstellen, daß $Q^{(\alpha)}$, $Q^{(\beta)}$ zu zwei zueinander orthogonalen gleichfrequenten Normalschwingungen gehören, die, mit beliebiger Phase und Amplitude superponiert, die entartete Schwingung geben; man richte es etwa so ein, daß letztere in einer Kreisschwingung besteht, d. h., daß die Spitze des durch Superposition von $Q^{(\alpha)}$ und $Q^{(\beta)}$ entstehenden resultierenden Vektors $Q = \sqrt{Q^{(\alpha)^2} + Q^{(\beta)^2}}$ auf einem Kreis umläuft. Obige Transformation ist dann gleich bedeutend mit einer Phasenverschiebung der umlaufenden Vektor spitze bzw. mit einer Verdrehung der Resultierenden Q um den Winkel $\varepsilon = \pm \frac{2\pi}{p} l$. Daher kann man wieder sagen: Die Symmetrieoperation S, d. i. hier die Verdrehung des Systems um den Winkel $2\pi/p$ um die p-zählige Achse, führt zu Schwingungsbildern, die identisch sind mit jenen, in die das System durch Phasenverschiebungen der die entartete Schwingung beschreibenden Resultierenden Q um $\pm \frac{2\pi}{p} l$ gebracht wird.

Ist $l = 1$, dann muß die Symmetrieoperation p-mal wiederholt werden, bevor ε den Wert 2π erreicht, Q wieder in seine Anfangslage und das verzerrte System mit sich selbst zur Deckung kommt; für $l = 2, 3 \ldots$ wird die Anfangslage schon nach $p/2$, $p/3 \ldots$ maliger Wiederholung passiert. Wie die nähere Analyse zeigt, besteht in bezug auf die Auswahlregeln (für Absorption und Streuung) zwischen den Fällen $l = 1$ und $l > 1$ ein wesentlicher Unterschied; daher zerfallen die entarteten Schwingungen zunächst aus dieser Ursache in verschiedene Rassen (bei Brester als Typus C und D bezeichnet); überdies aber auch je nach ihrem Verhalten gegenüber anderen noch vorhandenen Symmetrieelementen.

Entartung tritt nur ein, wenn Drehachsen mit Zähligkeit $p > 2$ vorhanden sind; man bezeichnet sie zweifach, dreifach ... n-fach, wenn sie durch Überlagerung von $2, 3 \ldots n$ frequenzgleichen Grundformen (Normalschwingungen) entsteht. Im kubischen System (z. B. bei CH_4) kommt dreifache Entartung vor; gewöhnlich hat man es bei Molekülen mit zweifacher zu tun.

Der Grund für die Entartung ist in jenen (überwiegenden) Fällen, bei denen neben einer Achse C_p mit $p > 2$ noch andere Symmetrieelemente vorhanden sind, in der „Nichtvertauschbarkeit" der Symmetrieoperationen gelegen. Wenn man z. B. die Massenpunkte in Abb. 3 durch Buchstaben a, b, c, d kennzeichnet und auf das unverzerrte (oder verzerrte) Quadrat das eine Mal etwa die Symmetrieoperation $\sigma_x \cdot C_4^z$ (erst spiegeln an σ_x, dann Verdrehen um $+90°$), das andere Mal die Symmetrieoperation $C_4^z \cdot \sigma_x$ (erst um $+90°$ drehen, dann an σ_x spiegeln) anwendet, dann ist, an der Lage der Buchstaben beurteilt, das Ergebnis verschieden. Wenn aber die Reihenfolge der Symmetrieoperationen in diesem Sinne nicht vertauschbar ist, dann kann man zeigen, daß es Schwingungsformen mit niedrigerer Symmetrie als die „symmetrischen“ und „antisymmetrischen“ Formen geben muß; diese sind die entarteten.

Die Entartung, von der hier gesprochen wurde, ist in der Symmetrie begründet und vom speziellen Kraftfeld des Systems unabhängig; sie wird „notwendige“ Entartung genannt. Mit „zufälliger“ Entartung bezeichnet man jene Frequenzgleichheit verschiedener Schwingungsformen, die durch zufällige dynamische Verhältnisse verursacht wird. In beiden Fällen gilt aber, daß nur Schwingungsformen verschiedener Rasse miteinander entarten können; daher führt umgekehrt die Aufhebung der Entartung in beiden Fällen zur Aufspaltung in Frequenzen die zu Schwingungen verschiedener Rasse gehören (vgl. z. B. den in Abb. 20, § 20 beschriebenen Übergang $T_d \rightarrow C_{3v} \rightarrow C_{2v}$).

Bei Systemen mit Symmetrieeigenschaften vereinfacht sich die Aufgabe der Berechnung der Eigenfrequenzen und Schwingungsformen oft ganz wesentlich. Schon BRESTER hat gezeigt, daß in diesem Fall der allgemeine Ausdruck (1) in § 3 für das Potential bei geeigneter Wahl der Variablen in so viele Teilpotentiale zerlegt werden kann, als „Rassen“ von Schwingungsformen vorhanden sind; zu jeder Rasse gehört ein solches Teilpotential und die zugehörigen Frequenzen und Amplitudenverhältnisse werden aus ihm nach dem skizzierten allgemeinen Vorgang berechnet. Die Vereinfachung besteht (vgl. § 2b) darin, daß dadurch der Grad der Säkulardeterminanten (4) in § 3 und mit ihr die Zahl der notwendigen Koeffizienten a_{ik} erniedrigt wird. Beispiel: Zu einem gewinkelten unsymmetrischen Dreimassensystem, etwa $H_3C \cdot H_2C \cdot Cl$, in welchem zur Vereinfachung die Gruppen H_3C und H_2C als einheitliche Massen zu betrachten sind, gehört (nach Abspaltung der Nullschwingungen) eine Determinante mit 3^2 Gliedern und 6 Koeffizienten a_{ik}. Für das symmetrische gewinkelte Dreimassenmodell $Cl \cdot CH_2 \cdot Cl$ spaltet das Potential auf in zwei Teile, von denen der eine für die zwei zur Symmetrieebene σ_v symmetrischen Schwingungsformen, der andere für die eine antisymmetrische zuständig ist; ersterer liefert eine Determinante mit 2^2 Gliedern und 3 Koeffizienten a_{ik} (Frequenzgleichung 2. Grades), letztere eine lineare Frequenzgleichung mit nur einem Koeffizienten a.

Brester hat auch gezeigt, wie man bei einem System mit vorgegebener Symmetrie, sowie Zahl und Verteilung der Massenpunkte vorzugehen hat, um zu bestimmen, wie die Schwingungen auf die einzelnen Rassen aufgeteilt sind (vgl. § 7).

§ 5. Das optische Modell des Moleküles.

Literatur. Vgl. S.R.E. § 65—73. — Cabannes, La diffusion moléculaire de la lumière. Paris 1929. — Born, Optik. Berlin: Julius Springer 1933. — Stuart (II, 6. Kapitel).

Die Wechselwirkung zwischen Licht und Materie erfolgt — klassisch beschrieben — so, daß das transversale elektrische Feld des Lichtes an beweglichen elektrischen Ladungen des Moleküles angreift, in einem gegebenen Zeitmoment die positiven nach der einen, die negativen nach der entgegengesetzten Richtung treibt und durch diese Ladungsverschiebung ein oszillierendes elektrisches Moment induziert. An solchen Ladungen stellt das Molekül zur Verfügung: Einerseits das langsam bewegliche Gerüst der schweren Kerne (hier im wesentlichen der Atomrümpfe, bestehend aus dem eigentlichen „Atomkern" mit den abgeschlossenen Edelgasschalen aber ohne die Valenzelektronen), andererseits das leicht bewegliche Gerüst der Elektronen (hier im wesentlichen die Valenzelektronen).

Die Eigenschwingungen des positiv geladenen *Kerngerüstes* wurden in den vorangehenden Abschnitten behandelt; die zugehörigen Grundfrequenzen liegen im fernen Ultrarot. Ist die positive Ladung und die Masse nicht für alle Kerne (Atomrümpfe) gleich groß, dann kann bei der Kernschwingung das elektrische Moment sich ändern; ob dies der Fall ist oder nicht, hängt noch von der Schwingungsform ab. „Aktiv" (in Absorption) heißt die Schwingung, wenn eine solche Änderung eintritt, wenn also die anregende gleichfrequente ultrarote Lichtwelle am Molekül Arbeit leisten und von diesem „absorbiert" werden kann; bleibt das elektrische Moment bei der Schwingung unverändert, dann heißt sie (in Absorption) „inaktiv". Sind $x_i\, y_i\, z_i$ die Verrückungen der Kerne mit den Massen m_i und den Ladungen ε_i, dann sind die in den drei Achsen auftretenden Momentkomponenten im verzerrten Molekül zu berechnen aus:

$$\mathfrak{M}_x = \sum_i \varepsilon_i x_i; \quad \mathfrak{M}_y = \sum_i \varepsilon_i y_i; \quad \mathfrak{M}_z = \sum_i \varepsilon_i z_i. \tag{1}$$

Eine Schwingung ist inaktiv, wenn $\mathfrak{M}_x = \mathfrak{M}_y = \mathfrak{M}_z = 0$ ist. Die Abhängigkeit der Aktivität von den Symmetrieeigenschaften der Schwingung wurde erstmalig von BRESTER systematisch untersucht und aufgeklärt.

Die Eigenfrequenzen ν_e des (Valenz-) *Elektronengerüstes* liegen sehr viel höher als die der Kerne; bei durchsichtigen Substanzen meist im fernen Ultraviolett. Für das Folgende kommen hauptsächlich die erzwungenen Schwingungen in Betracht, die das Elektronengerüst unter dem Einfluß einer einfallenden Welle mit der (meist im Sichtbaren gelegenen) Frequenz $\nu < \nu_e$ ausführt (S.R.E. § 67 und 68).

Im Feld $\mathfrak{E}$ dieser Welle wird das negative Elektronengerüst gegen das positive Kerngerüst (das wegen seines vielmal größeren Gewichtes als festgehalten angesehen werden kann) mit der Frequenz ν periodisch verschoben. Je leichter beweglich die Elektronen im Durchschnitt sind, um so stärker wird das durch die relative Verschiebung entstehende „induzierte Moment" $\mathfrak{m}$ sein; $\alpha = \mathfrak{m}/\mathfrak{E}$ mißt die durchschnittliche Verschiebbarkeit oder „Polarisierbarkeit" der Elektronenwolke in der Richtung des Vektors $\mathfrak{E}$. Im allgemeinen wird α je nach der Richtung im Molekül *verschiedene* Werte haben; man nennt dann das Molekül „optisch anisotrop". Im isotropen Molekül stimmt die Richtung des induzierten Momentes mit der Richtung des induzierenden elektrischen Vektors $\mathfrak{E}$ überein; im anisotropen Molekül ist dies im allgemeinen nicht mehr der Fall.

Das Zustandekommen dieser Richtungsverschiedenheit kann man sich (SILBERSTEIN*) veranschaulichen, wenn man das endgültige Molekülmoment zurückführt auf die in den *isotrop* gedachten *Atomen* induzierten Momente und dabei deren gegenseitige Wechselwirkung berücksichtigt. Auf ein zweiatomiges Molekül (Abb. 4, I) wirke die äußere Feldkraft einmal in der x-, einmal in der y-Richtung; die Feldkomponenten $\mathfrak{E}_x$ bzw. $\mathfrak{E}_y$ induzieren in den einzelnen Atomen zunächst die durch die großen $\pm$-Zeichen angedeuteten Momente. Diese atomaren Dipole influenzieren nun Zusatzmomente (kleine $\pm$-Zeichen), die die ursprünglichen Momente in der x-Richtung verstärken, in der y- (und z-) Richtung schwächen. Das resultierende Dipolmoment und damit die scheinbare Polarisierbarkeit α sind daher in der x-Richtung größer, als in den beiden anderen Richtungen senkrecht dazu, das Molekül ist

* SILBERSTEIN, L., Phil. Mag. **33**, 92, 215, 521, 1917.

optisch anisotrop. Fügt man ein drittes Atom dazu, das eine Mal (Abb. 4, II) in der Verlängerung der Molekülachse, das andere Mal (Abb. 4, III) seitlich, dann überlegt man leicht, daß im ersten Fall der Wert für α_x zunimmt, während im zweiten Fall $\alpha_y > \alpha_x > \alpha_z$ resultiert.

Die strengere Behandlung solcher Vorstellungen lese man bei CABANNES nach. Es ergibt sich, daß selbst im Falle, als jedes Elektron sich in einem isotropen Kraftfeld befindet, das Molekül als ganzes sich anisotrop verhält

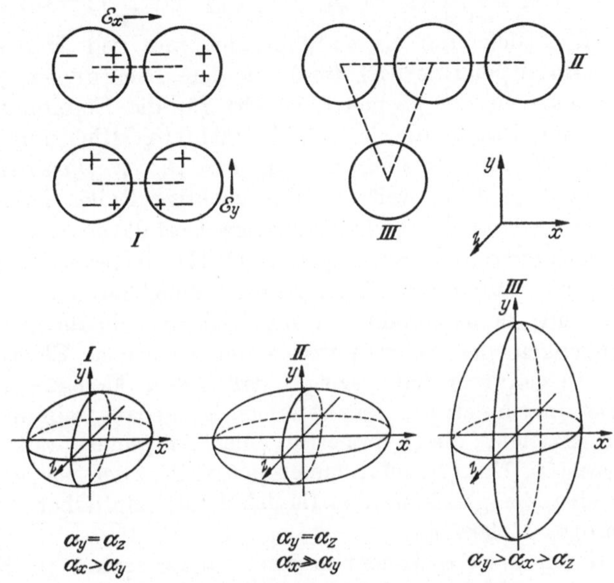

Abb. 4. Zur optischen Anisotropie der Moleküle.

derart, daß die induzierten Momentkomponenten zu berechnen sind aus:

$$\begin{aligned} \mathfrak{m}_u &= \alpha_{11}\,\mathcal{E}_u + \alpha_{12}\,\mathcal{E}_v + \alpha_{13}\,\mathcal{E}_w \\ \mathfrak{m}_v &= \alpha_{12}\,\mathcal{E}_u + \alpha_{22}\,\mathcal{E}_v + \alpha_{23}\,\mathcal{E}_w \\ \mathfrak{m}_w &= \alpha_{13}\,\mathcal{E}_u + \alpha_{23}\,\mathcal{E}_v + \alpha_{33}\,\mathcal{E}_w, \end{aligned}$$

wenn u, v, w irgendein rechtwinkliges molekülfestes Koordinatensystem ist und $\mathcal{E}_u$ usw. die Feldkomponenten sind.

Die Polarisierbarkeit wird also durch einen Tensor beschrieben, der, solange von Molekülen mit Drehvermögen abgesehen wird, symmetrisch ist ($\alpha_{12} = \alpha_{21}$, $\alpha_{13} = \alpha_{31}$, $\alpha_{23} = \alpha_{32}$).

Als optisches Modell des anisotropen Moleküles wird ein solches verwendet, bei dem mit dem Kerngerüst ein ruhendes Elektronengerüst gekoppelt ist, dessen Polarisierbarkeit die Symmetrie eines Ellipsoides besitzt. In drei zueinander senkrechten molekülfesten Richtungen ξ, η, ζ (Hauptachsen) hat die Polarisierbarkeit die Extremwerte:

$$\alpha_1 = \mathfrak{m}_\xi/\mathfrak{E}_\xi \qquad \alpha_2 = \mathfrak{m}_\eta/\mathfrak{E}_\eta \qquad \alpha_3 = \mathfrak{m}_\zeta/\mathfrak{E}_\zeta. \tag{2}$$

$\alpha = \mathfrak{m}/\mathfrak{E}$ ist definiert als Dipolmomentwert im Felde $\mathfrak{E} = 1$. Setzt man $\mathfrak{E} = 1$, so wird

$$\mathfrak{E}^2 = \mathfrak{E}_\xi^2 + \mathfrak{E}_\eta^2 + \mathfrak{E}_\zeta^2 = \left(\frac{\mathfrak{m}_\xi}{\alpha_1}\right)^2 + \left(\frac{\mathfrak{m}_\eta}{\alpha_2}\right)^2 + \left(\frac{\mathfrak{m}_\zeta}{\alpha_3}\right)^2 = 1. \tag{3}$$

Dies ist die Gleichung eines Ellipsoides mit den Halbachsen $\alpha_1, \alpha_2, \alpha_3$ (Hauptpolarisierbarkeiten) in den Richtungen ξ, η, ζ. Die Oberfläche ist der geometrische Ort für die Endpunkte des Vektors α, der das in der jeweilig betrachteten Richtung durch das Feld $\mathfrak{E} = 1$ induzierte Moment angibt. Dieses „*Polarisierbarkeitsellipsoid*" spielt im weiteren eine wichtige Rolle. In Abb. 4 ist zur Veranschaulichung die beiläufige Gestalt des Ellipsoides für die behandelten Molekültypen I, II, III eingezeichnet. Mit der wirklichen räumlichen Elektronenverteilung hat seine Gestalt nichts zu tun; es beschreibt nur die Richtungsabhängigkeit der Verschieblichkeit des Schwerpunktes der negativen Elektronenladungen. Cabannes hat gezeigt, daß *jedem* Molekül, gleichgültig wie unsymmetrisch sein Atomgerüst gebaut sein mag, in optischer Hinsicht die Symmetrie eines Ellipsoides zukommt; unter gewissen Umständen können natürlich zwei der α, bzw. alle drei einander gleich werden (Molekül mit „optischer Achse", bzw. isotropes Molekül).

Sind durch das Experiment drei zueinander senkrechte Raumrichtungen x, y, z vorgegeben, die mit den Richtungen ξ, η, ζ (Hauptachsen) des Moleküles nicht zusammenfallen, und sind die Komponenten des elektrischen Vektors in den Hauptachsen

$$\mathfrak{E}_\xi = \mathfrak{E} \cos(\mathfrak{E}, \xi); \qquad \mathfrak{E}_\eta = \mathfrak{E} \cos(\mathfrak{E}, \eta); \qquad \mathfrak{E}_\zeta = \mathfrak{E} \cos(\mathfrak{E}, \zeta)$$

dann sind die induzierten Momente in den Hauptachsen gegeben durch:

$$\mathfrak{m}_\xi = \alpha_1 \mathfrak{E}_\xi; \qquad \mathfrak{m}_\eta = \alpha_2 \mathfrak{E}_\eta; \qquad \mathfrak{m}_\zeta = \alpha_3 \mathfrak{E}_\zeta.$$

Die Summe der Projektionen dieser $\mathfrak{m}_\xi\ \mathfrak{m}_\eta\ \mathfrak{m}_\zeta$ auf die raumfesten Richtungen x, y, z sind dann:

$$\left.\begin{aligned}
\mathfrak{m}_x &= \alpha_1 \mathfrak{E}_\xi \cos(\xi, x) + \alpha_2 \mathfrak{E}_\eta \cos(\eta, x) + \alpha_3 \mathfrak{E}_\zeta \cos(\zeta, x) \\
\mathfrak{m}_y &= \alpha_1 \mathfrak{E}_\xi \cos(\xi, y) + \alpha_2 \mathfrak{E}_\eta \cos(\eta, y) + \alpha_3 \mathfrak{E}_\zeta \cos(\zeta, y) \\
\mathfrak{m}_z &= \alpha_1 \mathfrak{E}_\xi \cos(\xi, z) + \alpha_2 \mathfrak{E}_\eta \cos(\eta, z) + \alpha_3 \mathfrak{E}_\zeta \cos(\zeta, z)
\end{aligned}\right\} \tag{4}$$

Wird das Molekül so orientiert, daß seine Hauptachsen mit x, y, z zusammenfallen, dann ist $\cos(\xi, x) = \cos(\eta, y) = \cos(\zeta, z) = 1$, alle anderen $\cos(\eta, x) = \cos(\zeta, x) = \cdots = 0$; ferner wird $\mathcal{E}_\xi = \mathcal{E}_x$; $\mathcal{E}_\eta = \mathcal{E}_y$; $\mathcal{E}_\zeta = \mathcal{E}_z$.

Daher: $$\mathfrak{m}_x = \alpha_1 \mathcal{E}_x; \quad \mathfrak{m}_y = \alpha_2 \mathcal{E}_y; \quad \mathfrak{m}_z = \alpha_3 \mathcal{E}_z. \tag{5}$$

Man bezeichnet: $\frac{1}{3}(\alpha_1 + \alpha_2 + \alpha_3) \equiv a$ als „mittlere Verschieblichkeit" (mittlere Polarisierbarkeit),

$\sqrt{\frac{1}{2}[(\alpha_1-\alpha_2)^2 + (\alpha_2-\alpha_3)^2 + (\alpha_3-\alpha_1)^2]} \equiv b$ als „optische Anisotropie".

Erstere Größe steht in engem Zusammenhang mit Brechungsexponenten und Molekularrefraktion; denn sie ist es, die [S.R.E. S. 269, Gl. (23) und (25)] im Falle der Brechung von Licht, dessen Frequenz hinreichend klein ist gegen die Eigenfrequenzen des Elektronengerüstes, aus der bekannten Beziehung (N = Zahl der Moleküle in cm³, n = Brechungsexponent):

$$\frac{n^2 - 1}{n^2 + 2} = \frac{4\pi}{3} N \cdot a \tag{6}$$

bestimmt werden kann. Die optische Anisotropie b kann, wenn a bekannt ist, aus dem Depolarisationsfaktor der unverschoben gestreuten Strahlung berechnet werden.

Fällt Licht der Frequenz ν in der x-Richtung auf ein im Aufpunkt O ruhendes Molekül, dann wird das in diesem induzierte schwingende Moment eine „unverschobene" Streustrahlung (mit der Frequenz ν) aussenden, deren Intensität proportional mit $\mathfrak{m}^2 = \mathfrak{m}_x^2 + \mathfrak{m}_y^2 + \mathfrak{m}_z^2$ sein wird (S.R.E. § 65). Für einen in der z-Richtung befindlichen Beobachter B kommt nur die Intensität $\mathfrak{m}^2 = \mathfrak{m}_x^2 + \mathfrak{m}_y^2$ in Betracht; zerlegt er durch einen Polarisator dieses Streulicht in seine „π- und σ-Komponenten" (Schwingungsrichtung entlang y' bzw. x', d. i. parallel bzw. senkrecht zur Ebene yz, in der das erregende Feld schwingt), so mißt er die Komponenten $\mathfrak{m}_y$ und $\mathfrak{m}_x$ getrennt. Die beobachtbaren Intensitäten stammen aber nicht von nur einem Molekül, sondern von einer großen Zahl von Molekülen, die mit ihren Polarisationsellipsoiden alle möglichen Orientierungen gegen die Raumrichtungen x, y, z aufweisen werden. Beobachtet werden also die durch Berücksichtigung aller Richtungen gebildeten Mittelwerte $\overline{\mathfrak{m}_x^2}$, $\overline{\mathfrak{m}_y^2}$. Die Durchführung der

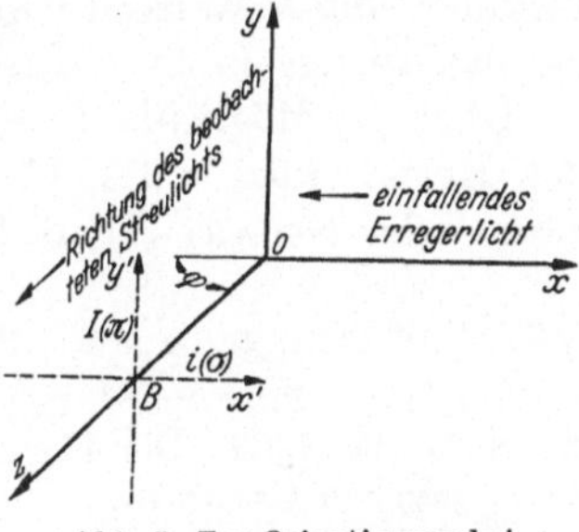

Abb. 5. Zur Orientierung bei Polarisationsbeobachtungen.

Mittelung (vgl. etwa CABANNES) ergibt dann für den Depolarisationsfaktor ϱ_n (Bestrahlung mit natürlichem Licht vorausgesetzt):

$$\varrho_n \equiv \frac{i(\sigma)}{I(\pi)} = \frac{6b^2}{45a^2+7b^2}; \quad \text{ferner gilt } \varrho_l = \frac{\varrho_n}{2-\varrho_n}; \quad P = \frac{\varrho_n}{1-\varrho_n}. \quad (7)$$

ϱ_l ist der Depolarisationsfaktor in der Richtung $\varphi = 90°$ für linear, P der in der Richtung $\varphi = 180°$ beobachtete sog. „Umkehrkoeffizient" für zirkular polarisiertes Licht; ϱ_l ist ebenso definiert wie ϱ_n, nämlich $\varrho_l \equiv i(\sigma)/I(\pi)$; $P \equiv i(u)/I(r)$ wobei $i(u)$ und $I(r)$ die Intensitäten der im Streulicht „umgekehrt" bzw. „richtig" (d. i. im entgegengesetzten bzw. gleichen Sinn) zirkularpolarisierten *Anteile* sind; die *Gesamt*-Streuung ist für $P=1$ „natürlich", für $P<1$ „richtig", für $P>1$ „umgekehrt" zirkular polarisiert.

Die Extremwerte für ϱ und P ergeben sich für isotrope bzw. „völlig" anisotrope Moleküle; für erstere ist $\alpha_1=\alpha_2=\alpha_3$, also $b=0$; für letztere etwa $\alpha_1=\alpha_2=0$; daher $\alpha_3=3a=b$. Somit erhält man:

völlige Isotropie:	$\varrho_n = 0$	$\varrho_l = 0$	$P = 0$
völlige Anisotropie:	$\varrho_n = \frac{1}{2}$	$\varrho_l = \frac{1}{3}$	$P = 1$.

Zirkular eingestrahltes Licht wird von völlig anisotropen Molekülen als natürliches Licht gestreut.

Über die Möglichkeit, die einzelnen Werte für $\alpha_1\,\alpha_2\,\alpha_3$ mit Hilfe des Kerreffektes unter Umständen getrennt zu bestimmen, vgl. BORN oder STUART (II, 6. Kap.) oder PLACZEK (VI, § 24).

§ 6. Einführung in die „Polarisierbarkeitstheorie" von PLACZEK.

Literatur. PLACZEK[503] (VI), CABANNES[566] (X/13), TELLER (V). BORN, Optik, 1933. Die hier gewählte Darstellung folgt im wesentlichen dem Vorgehen CABANNES'. Vgl. ferner S.R.E. § 5, 70, 72.

Ganz allgemein werden die Eigenschaften der Streustrahlung durch die KRAMERS-HEISENBERGsche quantenmechanische Dispersionsformel (S.R.E. S. 7) beschrieben; die Berechnung der Intensitäten der Komponenten $\mathfrak{m}_x\,\mathfrak{m}_y\,\mathfrak{m}_z$ des vom Erregerlicht induzierten und dann energiestreuenden Momentes $\mathfrak{m}_{pq}$ hätte durch Auswertung dieser Formel (Einsetzen der Übergangswahrscheinlichkeiten A_{px}, A_{xq} und Übergangsfrequenzen ν_{xp}, ν_{xq} für alle möglichen Elektronenübergänge, Ausführung der Summation) zu erfolgen (vgl. die Diskussion der Streuformel in S.R.E. § 72). Da für mehratomige Moleküle diese Arbeit außerordentlich mühsam wäre, selbst wenn man, was nicht der Fall ist, die in Frage kommenden Energieniveaus kennen würde, ist dieser Weg ziemlich hoffnungslos und bisher nur von MANNEBACK[110, 228, 245], S.R.E. S. 292) mit Erfolg für *zwei*atomige Moleküle beschritten worden.

Es bedeutete für die Ramanspektroskopie einen *sehr* großen Fortschritt und eine außerordentlich fruchtbare Anregung, als es PLACZEK gelang, den schon von CABANNES und ROCCARD (vgl. S.R.E. § 70) für zweiatomige Moleküle unternommenen Versuch einer klassischen Behandlung des Problems so zu vervollkommnen, daß alle wesentlichen Aussagen auch für vielatomige Moleküle unter Umgehung der dem quantenmechanischen Wege entgegenstehenden Schwierigkeiten gewonnen werden können.

Die Gültigkeit dieser PLACZEKschen „Polarisierbarkeitstheorie" ist an die Voraussetzung geknüpft, daß der Abstand der erregenden Frequenz ν von *allen* Absorptionsfrequenzen des erregten Systems groß ist gegen die Kernfrequenz ω; dazu ist nötig, 1. daß die Differenz $\nu_e - \nu$ (ν_e = Elektroneneigenfrequenz, in S.R.E. § 72 mit ν_{xn} und ν_{xs} bezeichnet) groß ist gegen ω ($\omega = \nu_{sn}$) und 2. daß ν groß ist gegen ω. Sind diese Bedingungen erfüllt — und sie sind es normalerweise, da $\omega \leqq 3000$, $\nu \sim 20000$ bis 30000 (sichtbares Licht), ν_e bei durchsichtigen Substanzen im tiefen Ultraviolett —, dann ist die für die Wechselwirkung Licht $\longleftrightarrow$ Materie maßgebliche Polarisierbarkeit von den Kern*abständen* (nicht von den Kern*geschwindigkeiten*) abhängig und für jede augenblickliche Kernlage dieselbe, wie wenn die Kerne in dieser Lage festgehalten würden. (Über die Verhältnisse außerhalb des Gültigkeitsbereiches der Polarisierbarkeitstheorie vgl. PLACZEK VI, § 25.)

Der Gedankengang ist der folgende: Streuung entsteht, wenn der elektrische Vektor

$$\mathfrak{E} = \mathfrak{E}_0 \cos 2\pi\nu t \tag{1}$$

des einfallenden Lichtes im Molekül ein Dipolmoment

$$\mathfrak{m} = \alpha\, \mathfrak{E}_0 \cos 2\pi\nu t \tag{2}$$

induziert und dieses schwingende Moment Energie proportional mit $\mathfrak{m}^2$ ausstrahlt. Man weiß, daß diese Streustrahlung durch gleichzeitige Schwingungen des Kerngerüstes verändert werden kann; denn durch spektrale Zerlegung sind neben der unverschobenen klassischen (ν) auch verschobene Komponenten ($\nu \pm \omega$) im Streulicht nachweisbar. Die einzige Materialkonstante des schwingenden Momentes (2) ist die Polarisierbarkeit α; offenbar muß diese eine Funktion der Kernbewegungen sein, die ihrerseits durch die Normalkoordinaten Q (§ 3) beschrieben werden. Wie immer diese Abhängigkeit $\alpha = \varphi(Q)$ beschaffen sein mag, immer kann man sie in der Nähe der Kernruhelage in eine Reihe entwickeln:

$$\alpha = \varphi(Q) = \alpha_{Q=0} + \left(\frac{\partial \alpha}{\partial Q}\right)_{Q=0} Q + \frac{1}{2}\left(\frac{\partial^2 \alpha}{\partial Q^2}\right)_{Q=0} \cdot Q^2 + \cdots \tag{3}$$

Bricht man die Reihe nach dem zweiten Glied ab — dies bedeutet, wie sich zeigt, Beschränkung auf die Behandlung der Grundtöne der Kernschwingungen — und setzt man $Q = Q_0 \cos 2\pi\omega t$ in (3) und sodann (3) in (2) ein, dann ergibt sich:

$$\left.\begin{aligned}
\mathfrak{m} &= \left[\alpha_0 + \left(\frac{\partial\alpha}{\partial Q}\right)_0 Q_0 \cos 2\pi\omega t\right] \mathcal{E}_0 \cos 2\pi\nu t = \alpha_0 \mathcal{E}_0 \cos 2\pi\nu t + \\
&+ \left(\frac{\partial\alpha}{\partial Q}\right)_0 Q_0 \mathcal{E}_0 \cos 2\pi\omega t \cdot \cos 2\pi\nu t = \alpha_0 \mathcal{E}_0 \cos 2\pi\nu t + \cdots \\
&\qquad \text{unverschobener Anteil, Streufrequenz } \nu \\
&+ \frac{1}{2}\left(\frac{\partial\alpha}{\partial Q}\right)_0 Q_0 \mathcal{E}_0 \cos 2\pi(\nu+\omega)t \ldots \\
&\qquad \text{blauverschobener Anteil, Streufrequenz } \nu+\omega \\
&+ \frac{1}{2}\left(\frac{\partial\alpha}{\partial Q}\right)_0 Q_0 \mathcal{E}_0 \cos 2\pi(\nu-\omega)t \ldots \\
&\qquad \text{rotverschobener Anteil, Streufrequenz } \nu-\omega .
\end{aligned}\right\} \quad (4)$$

Das Streulicht enthält nach diesem, auch der CABANNESschen „Schwebungstheorie“ (S.R.E. § 70) eigentümlichen Modulationsmechanismus, die Frequenzen ν der *Rayleigh*- und $\nu \pm \omega$ der *Raman*streuung. Die Intensität hängt jetzt außer von der Erregerstärke $\mathcal{E}_0$ bei ersterer (wie gewöhnlich) von der Polarisierbarkeit α_0 des unverzerrten Moleküles ab, bei letzterer aber von der Amplitude Q_0 der Kernschwingung und von der Änderung $(\partial\alpha/\partial Q)_0$, die die Polarisierbarkeit α durch die Kernschwingung Q bei deren Durchgang durch die Ruhelage erfährt. Somit macht sich die Kernschwingung in *Absorption* [§ 5, Gl. (1)] bemerkbar, wenn durch die Verzerrung eine *Änderung des festen Dipolmomentes* $\mathfrak{M}$ und das Auftreten neuer Momentkomponenten $\mathfrak{M}_x$, $\mathfrak{M}_y$, $\mathfrak{M}_z$ bewirkt wird, in der *Streustrahlung* jedoch dann, wenn die *Polarisierbarkeit* α und mit ihr *das induzierte Moment* $\mathfrak{m}$ *geändert wird.*

Dabei ist es aber sofort ersichtlich, daß die Darstellung (4) noch wesentlicher Ergänzungen bedarf durch zusätzliche Aussagen, die der klassischen Behandlungsweise fremd sind. Und zwar in jenen Belangen, die schon im S.R.E. § 70 erörtert wurden. Die gestreute Intensität ist (vgl. S.R.E. § 72):

$$I \sim (\nu \pm \omega)^4 \, |\mathfrak{m}|^2 . \qquad (5)$$

Nach (4) wären die Intensitäten I_b (blauverschoben) und I_r (rotverschoben) bei allen Temperaturen bis auf den nur wenig verschiedenen Koeffizienten $(\nu \pm \omega)^4$ gleich groß; ferner müßten I_b und I_r bei $T_{\text{abs}} = 0$ verschwinden, da die Amplituden Q_0 mit abnehmender Temperatur kleiner werden. Beides widerspricht der Erfahrung vollkommen (S.R.E. § 36, 37). Die wesentliche Aussage der Gl. (4) liegt jedoch in der Formulierung der Abhängigkeit der mit den Frequenzen $\nu \pm \omega$ streuenden Momente von $(\partial\alpha/\partial Q)$. Da diese

Änderung von α um eine Größenordnung kleiner zu erwarten ist, als α selbst, so ergibt sich sofort, daß die Intensität der verschobenen Streustrahlung um das Quadrat dieser Größenordnung geringer sein wird als die der unverschobenen. Ferner erkennt man, daß es „im Ramaneffekt verbotene" Kernschwingungen geben muß. Die Schwingung braucht ja nur so beschaffen zu sein, daß links und rechts von der Gleichgewichtslage das gestörte α *denselben* Wert hat; dann hat α beim Durchgang der Kerne durch die Ruhelage einen Extremwert, für den $(\partial\alpha/\partial Q)_0$ verschwindet. Beispiel: Die Schwingung n_2 in Abb. 1b; die Gleichheit des gestörten α kann man sich mit dem SILBERSTEINschen „Influenzmechanismus" sofort veranschaulichen: Bei n_2 von Abb. 1b sind die Kernabstände in der gezeichneten Konfiguration ebenso groß, wie um $\tau/2$ später, die Störung durch geänderte Influenz ist daher links und rechts von der Ruhelage gleich groß. Bei n_1 dagegen sind die Kernabstände im gezeichneten Augenblick am kleinsten, die Störung durch geänderte Influenz am größten, während $\tau/2$ später gerade das Umgekehrte eintritt; α geht jetzt von einem kleinsten zu einem größten Wert über, die Kurve $\varphi(Q)$ hat für $Q=0$ eine endliche Neigung, $\partial\alpha/\partial Q$ ist von Null verschieden. — Auch solche Schwingungen, bei denen das Elektronengerüst bzw. seine Polarisierbarkeit gar nicht in Mitleidenschaft gezogen werden, können sich in Streuung nicht bemerkbar machen; das ist der Fall bei ionogener Bindung der schwingenden Kerne, wenn also die Elektronen jeweils nur einem der Kerne angehören, nur unter dessen Einfluß stehen und ihre Polarisierbarkeit α daher von den Kern*abständen* unabhängig wird.

Um weitergehende Aussagen zu erhalten ist nun zu bedenken, daß die in Gl. (3) und (4) verwendete Größe α bei anisotropen Molekülen in Wirklichkeit ein Tensor und richtungsabhängig ist. Man hat also so wie in § 5 für die klassische Streuung nun auch für die verschobene Streustrahlung die Momentkomponenten $\mathfrak{m}_x$ und $\mathfrak{m}_y$ zu berechnen und ihre Quadrate über alle Orientierungsmöglichkeiten des Moleküles zu mitteln, um jene $(\overline{\mathfrak{m}_x^2})_R$ und $(\overline{\mathfrak{m}_y^2})_R$ zu erhalten, die für die vom Beobachter in B (Abb. 5) gemessenen Intensitäten $i(\sigma)$ und $I(\pi)$ des Streulichtes maßgebend sind. Ohne auf die Durchführung der Berechnung (vgl. PLACZEK) einzugehen, sei nur darauf verwiesen, daß in Gl. (4) die verschoben streuenden Momente in ganz der gleichen Weise von der *Ableitung* $(\partial\alpha/\partial Q)$ abhängen, wie der unverschobene Anteil von α selbst. Es ist plausibel, daß für den Depolarisationsgrad der Ramanlinien ein zu Gl. (7) von § 5 ganz analoges Ergebnis gefunden wird:

$$\varrho_n = \frac{i(\sigma)}{I(\pi)} = \frac{6\,b'^2}{45\,a'^2 + 7\,b'^2}\,; \quad \varrho_l = \frac{\varrho_n}{2-\varrho_n}\,; \quad P = \frac{\varrho_n}{1-\varrho_n}\,, \tag{6}$$

wobei wieder ϱ_n, ϱ_l für eingestrahltes natürliches bzw. linear polarisiertes Licht und Beobachtungsrichtung $\varphi = 90°$ gilt, während

P den Umkehrfaktor für zirkular polarisiertes Erregerlicht ($\varphi = 180°$) bedeutet. Ferner ist:

$$\left.\begin{aligned} a' &\equiv \tfrac{1}{3}(\alpha_1' + \alpha_2' + \alpha_3') \\ b'^2 &\equiv \tfrac{1}{2}[(\alpha_1' - \alpha_2')^2 + (\alpha_2' - \alpha_3')^2 + (\alpha_3' - \alpha_1')^2] \end{aligned}\right\} \alpha_i' = \left(\frac{\partial \alpha_i}{\partial Q}\right)_0. \qquad (6\text{a})$$

Die kritischen Werte, die (6) annehmen kann, sind jetzt:

$$\begin{array}{llll} b' = 0 & \varrho_n = 0 & \varrho_l = 0 & P = 0 \\ b'^2 = 9a'^2 & \varrho_n = \frac{1}{2} & \varrho_l = \frac{1}{3} & P = 1 \\ a' = 0 & \varrho_n = \frac{6}{7} & \varrho_l = \frac{3}{4} & P = 6 \end{array}$$

Es ist zu beachten, daß die Polarisierbarkeiten $\alpha_1, \alpha_2, \alpha_3$ notwendig positive Größen sind, während die Ableitungen $\alpha_1', \alpha_2', \alpha_3'$ positiv oder negativ sein können, da α bei der Verzerrung sowohl zu- als abnehmen kann. Daher können z. B. die Werte $a' = 0$ und $b' = 0$ auf verschiedene Arten entstehen.

Will man weiters den Zusammenhang zwischen ϱ und den Symmetrieeigenschaften ermitteln, so kann man (CABANNES) das Polarisierbarkeitsellipsoid und seine bei den betreffenden Verzerrungen eintretenden Änderungen heranziehen. Hat die Kernschwingung überhaupt einen Einfluß auf das Ellipsoid, so kann sie nur entweder etwas an den Längen $\alpha_1, \alpha_2, \alpha_3$ seiner Halbachsen oder etwas an seiner Orientierung im Molekül ändern. Da es hierbei nur auf die *Änderung* ankommt, kann man zu deren Untersuchung das Molekül mit dem molekülfesten Ellipsoid in eine beliebige Anfangslage bringen, also auch in eine solche, bei der die Hauptachsen ξ, η, ζ mit den durch die Versuchsanordnung bestimmten Raumachsen x, y, z zusammenfallen; die induzierten Streumomente werden dann für das unverzerrte Molekül durch die Gl. (5), § 5 beschrieben. Die durch die Verzerrung bewirkten möglichen Veränderungen bestehen nach Obigem nun darin, daß erstens die Hauptwerte geändert werden und α_i übergeht in $\alpha_i + \left(\frac{\partial \alpha_i}{\partial Q}\right)_0 Q_0$ (mit $i = 1, 2, 3$), wofür der späteren Einheitlichkeit wegen $\alpha_i + \varepsilon_{ii} \cdot Q$ geschrieben werden soll. Zweitens wird bei kleinen Verdrehungen des Ellipsoides die Beschreibung durch Gl. (5) wieder übergehen in die Beschreibung durch Gl. (4), § 5, indem $\cos(\xi x)$, $\cos(\eta y)$, $\cos(\zeta z)$ zwar noch immer hinreichend nahe an 1, die übrigen Winkel (η, x) ... usw. aber nicht mehr gleich 90°, die zugehörigen $\cos(\eta, x)$ ... usw. daher ein wenig von Null verschieden sein werden; auch diese kleinen Änderungen werden der durch Q beschriebenen Ursache proportional sein. Daher werden die streuenden Momente des durch die Schwingung verzerrten Moleküles in Analogie zu Gl. (4), § 5 bestimmt durch:

$$\left.\begin{aligned} \mathfrak{m}_x &= (\alpha_1 + \varepsilon_{11} Q)\cdot \mathcal{E}_x + \varepsilon_{12} Q \cdot \mathcal{E}_y + \varepsilon_{13} Q \cdot \mathcal{E}_z \\ \mathfrak{m}_y &= \varepsilon_{21} Q \cdot \mathcal{E}_x + (\alpha_2 + \varepsilon_{22} Q)\cdot \mathcal{E}_y + \varepsilon_{23} Q \cdot \mathcal{E}_z \\ \mathfrak{m}_z &= \varepsilon_{31} Q \cdot \mathcal{E}_x + \varepsilon_{32} Q \cdot \mathcal{E}_y + (\alpha_3 + \varepsilon_{33} Q)\cdot \mathcal{E}_z \end{aligned}\right\} \quad (7)$$

Der allgemeine Zusammenhang zwischen den durch (7) beschriebenen Änderungen des ursprünglichen Ellipsoides und den Gln. (4) und (6) wird durch die folgenden Sätze formuliert:

I. Bleibt bei der Schwingung Q das Ellipsoid unverändert und in Ruhe $[\varepsilon_{ii}=0, \varepsilon_{ij}=0]$, dann kann sich die Schwingung in Streuung nicht bemerkbar machen; die Ableitung des Tensors $(\partial\alpha/\partial Q)_0$ ist Null und die Schwingung ist nach Gl. (4) im Ramaneffekt „verboten“.

II. Bewirkt die Schwingung *nur* eine Verdrehung (ein „Pendeln“) des Ellipsoides um seine Normallage im nichtschwingenden Molekül ohne daß eine Deformation eintritt, dann ist $\varepsilon_{ij} \neq 0$; $\varepsilon_{ii}=0$; da ε_{ii} für $(\partial\alpha_i/\partial Q)_0$ geschrieben wurde und da die in Gl. (6) auftretende Größe $a' = \frac{1}{3}\sum(\partial\alpha_i/\partial Q)$ ist, folgt $a'=0$ und damit $\varrho_n = {}^6/_7$. *Haben Ramanlinien den Depolarisationsgrad* ${}^6/_7$, *dann werden sie „depolarisiert“ (dp) genannt.*

III. Bewirkt die Schwingung eine periodische Deformation (Pulsation) des Ellipsoides durch Veränderung der Hauptpolarisierbarkeiten derart, daß $\sum \varepsilon_{ii} \neq 0$ ist, dann liegt ϱ zwischen Null und ${}^6/_7$. *Haben Ramanlinien einen Depolarisationsgrad* $\varrho < {}^6/_7$, *dann heißen sie „polarisiert“ (p).*

Die nächste Aufgabe ist, zu untersuchen, wie sich die durch ihre Symmetrieeigenschaften charakterisierten Schwingungsformen (§ 5) in die obigen drei Gruppen I, II, III einordnen. Der dabei eingeschlagene Weg wird an einem Beispiel beschrieben:

Die Schwingungsform sei antisymmetrisch $[Q \rightarrow -Q]$ zu einer Symmetrieebene; letztere ist jedenfalls auch eine Symmetrieebene des Ellipsoides, z. B. die σ_x-Ebene (Ebene $\perp$ x-Achse). Übt man die Symmetrieoperation auf das verzerrte Molekül aus, dann hat dies für die gerichteten Größen von (7) zur Folge: Unverändert bleibt das Vorzeichen von $\mathcal{E}_y$, $\mathcal{E}_z$, $\mathfrak{m}_y$, $\mathfrak{m}_z$; geändert wird es für $\mathcal{E}_x$, $\mathfrak{m}_x$, Q; nach der Symmetrieoperation hat daher Gl. (7) die Form:

$$\left.\begin{aligned} -\mathfrak{m}_x &= (\alpha_1 - \varepsilon_{11} Q)(-\mathcal{E}_x) - \varepsilon_{12} Q\, \mathcal{E}_y - \varepsilon_{13} Q\, \mathcal{E}_z \\ \mathfrak{m}_y &= +\varepsilon_{21} Q\, \mathcal{E}_x + (\alpha_2 - \varepsilon_{22} Q)\, \mathcal{E}_y - \varepsilon_{23} Q\, \mathcal{E}_z \\ \mathfrak{m}_z &= +\varepsilon_{31} Q\, \mathcal{E}_x - \varepsilon_{32} Q\, \mathcal{E}_y + (\alpha_3 - \varepsilon_{33} Q)\, \mathcal{E}_z \end{aligned}\right\} \quad (7\,\mathrm{a})$$

Da nun eine Symmetrieoperation am physikalischen Inhalt der Gl. (7) nichts ändern kann, muß Gl. (7) mit Gl. (7a) identisch sein. Dies ist nur möglich, wenn in jenen Gliedern, für die ein Vorzeichenunterschied besteht, die ε gleich Null werden. Der Vergleich von (7) und (7a) ergibt daher: $\varepsilon_{11} = \varepsilon_{22} = \varepsilon_{33} = 0$ und $\varepsilon_{23} = \varepsilon_{32} = 0$; somit gehört dieser Schwingungstypus in die Gruppe II und die zugehörigen Ramanlinien sind depolarisiert ($\varrho = {}^6/_7$).

In dieser Art, die die Untersuchung des Verhaltens der Tensorkomponenten ε_{ij} gegenüber Symmetrieoperationen veranschaulicht, können die Eigenschaften der Ramanlinien für jede Rasse (symmetrische, antisymmetrische, entartete Schwingungen in bezug auf ein oder mehrere gleichzeitig vorhandene Symmetrieelemente) ermittelt werden.

Man erhält die folgenden allgemeinen Regeln:

1. Die intensiven *Ramanlinien* gehören in der Regel zu totalsymmetrischen Schwingungen; Ober- und Kombinationstöne treten im allgemeinen, wenn überhaupt, nur mit geringer Intensität auf.

Bezüglich der *Grundtöne* gilt:

2. *Total-* (zu sämtlichen vorhandenen Symmetrieelementen) *symmetrische* Schwingungen sind im Ramanspektrum erlaubt und haben in kubischen Systemen (Punktgruppen T, T_d, O, T_h, O_h) den Depolarisationsgrad $\varrho_n = \varrho_l = P = 0$, sonst irgendeinen nicht näher zu bestimmenden Wert $\varrho_n < {}^6/_7$ bzw. $\varrho_l < {}^3/_4$ bzw. $P < 6$. („*Polarisierte* Linien.")

3. Ist eine Schwingung auch nur zu einem einzigen der Symmetrieelemente *antisymmetrisch* oder entartet, dann ist sie im Ramanspektrum entweder erlaubt und „*depolarisiert*" ($\varrho_n = {}^6/_7$, $\varrho_l = {}^3/_4$, $P = 6$) oder verboten.

4. Im Ramanspektrum *verboten* sind: a) die zu einem Symmetriezentrum antisymmetrischen Schwingungen. [Für Systeme mit Symmetriezentrum gilt das „Alternativverbot": Im Ramanspektrum erlaubte Linien sind in ultraroter Absorption verboten (inaktiv), im Absorptionsspektrum erlaubte (aktive) Linien sind im Ramanspektrum verboten.] b) Im tetragonalen System (Punktgruppen S_4, V_d, C_4, C_{4h}, C_{4v}, D_4, D_{4h}) die zu C_4 symmetrischen, aber gegen ein anderes Symmetrieelement antisymmetrischen Schwingungen. c) Im hexagonalen System (Punktgruppen C_3, S_6, C_{3v}, D_3, D_{3d}, C_{3h}, D_{3h}, C_6, C_{6h}, C_{6v}, D_6, D_{6h}) mit Ausnahme der totalsymmetrischen sämtliche nichtentarteten Schwingungen. d) Im kubischen System (Punktgruppen: T, T_d, O, T_h, O_h) dieselben wie

in c) und überdies alle dreifach entarteten mit Ausnahme eines einzigen Typus.

5. Bezüglich der *Rayleigh*streuung (unverschobene Linie) gilt (vgl. § 5): Ihr Depolarisationsgrad ist $\varrho_n = \varrho_l = P = 0$ für Moleküle kubischer Symmetrie, sonst durch die Symmetrie allein nicht bestimmt und zwischen Null und $\varrho_n \lesseqgtr {}^1/_2$ bzw. $\varrho_l \lesseqgtr {}^1/_3$ bzw. $P \lesseqgtr 1$.

Im nachfolgenden § 7 sind für die häufiger vorkommenden Punktgruppen die Symmetrieeigenschaften (Rassen) der Schwingungsformen, die zugehörigen Auswahlregeln für Ultrarot und Ramaneffekt (nach Placzek) und einfache Vorschriften zur Abzählung der zu jeder Rasse gehörigen Anzahl von Schwingungen (nach Brester-Cabannes) zusammengestellt. Es ist dies jenes Werkzeug, das wohl jeder, der sich mit Schwingungsspektren beschäftigt, zur Hand haben muß. Bezüglich der selteneren Punktgruppen und näherer Auskünfte, wie sie für Spezialuntersuchungen nötig sind, muß auf die Originalarbeiten, insbesondere auf die Monographie von Placzek (VI) verwiesen werden.

§ 7. Einteilung und Abzählung der Normalschwingungen nach ihren Symmetrieeigenschaften; Auswahlregeln.

Literatur. Ewald, P. P., Handbuch der Physik **24**, Kap. 4. — Brester, C. J., Dissertation Utrecht, 1923. — Placzek (VI). — E. Wigner, Göttinger Nachr. 133, 1930.

a) Die Punktgruppen.

Symmetrieoperationen (vgl. § 4) haben Gruppencharakter, d. h. die Aufeinanderfolge zweier Symmetrieoperationen gibt wieder eine Symmetrieoperation; daher bedingt häufig das gleichzeitige Vorhandensein mehrerer (unabhängiger) Symmetrieelemente die Existenz noch weiterer (abhängiger) Symmetrieelemente, wobei es willkürlich ist, welche man als die primären oder erzeugenden ansieht. Einfache und für den Gebrauch wichtige Beispiele sind: $C_2 \cdot i \equiv \sigma$ (in Worten: Drehung um 180° und nachfolgende Inversion an i ist identisch mit Spiegelung an Symmetrieebene σ, wobei $\sigma \perp C_2$); $S_2 \equiv C_2 \cdot \sigma_h \equiv i$ (Drehung um 180° um C_2 bzw. S_2 und Spiegelung an einer zu C_2 senkrechten Ebene ist identisch mit Inversion, d. i. Spiegelung an Symmetriezentrum i); $i \cdot C_s \equiv C_2$; $S_{2p} \cdot S_{2p} \equiv C_p$ (zweimalige Drehspiegelung an Achse S_{2p} identisch mit Verdrehung um $2\pi/p$ um Achse C_p); $(S_{2p})^p \equiv i$ (für ungerade p), ebenso wie schon für die Symmetrieelemente selbst: $S_2 \equiv i$ Identität besteht.

Unter „Punktgruppe" versteht man die jeweilige Gesamtheit der Symmetrieoperationen (für endliche Punktsysteme), die so beschaffen sind, daß sie jenen Punkt, durch den alle Symmetrieelemente gelegt werden können, fest lassen. (Ausschluß z. B. von Parallelverschiebung.) Bei der SCHOENFLIESschen Bezeichnung der Punktgruppen werden ausgezeichnete Drehachsen C_p, S_p vertikal liegend gedacht; kommen Symmetrieebenen σ hinzu, so werden Indices h (horizontal), v (vertikal) [auch d (diagonal)] hinzugefügt, je nachdem ob es sich um horizontal ($\sigma_h \perp C_p$) oder vertikal (σ_v) liegende Ebenen handelt. *Die Symbole sind*:

C_p Systeme mit einer p-zähligen Symmetrieachse.

C_{pv} Systeme mit einer p-zähligen Symmetrieachse und p (vertikalen) Symmetrieebenen σ_v durch diese Achse.

D_p Systeme mit C_p und p zweizähligen Drehachsen C_2 senkrecht zu C_p, die miteinander die Winkel π/p einschließen.

C_{ph} Systeme mit C_p und einer Symmetrieebene $\sigma_h \perp C_p$.

D_{ph} Systeme mit C_p, mit p Symmetrieebenen σ_v durch diese Achse und mit einer Symmetrieebene $\sigma_h \perp C_p$, die p zweizählige Symmetrieachsen $C_2 \perp C_p$ enthält.

S_p Systeme mit einer p-zähligen Drehspiegelachse (nur für gerade Werte von p; für ungerade p ist $S_p \equiv C_{ph}$).

S_{pu} Systeme mit S_p, mit $p/2$ Symmetrieebenen σ_v durch diese Achse und $p/2$ zweizähligen Symmetrieachsen $\perp C_p$, welche den Winkel zwischen den Symmetrieebenen halbieren (nur für gerade Werte von p).

Anzumerken sind die Bezeichnungen der Sonderfälle:

$C_1 =$ Identität; das System gilt als symmetrielos.

$C_{1h} = C_s$ Systeme mit einer Symmetrieebene.

$D_2 = V$ „D" stammt vom Ausdruck „Diedergruppe"; V von „Vierergruppe", bei der keine der drei nun zueinander senkrechten Achsen ausgezeichnet ist.

$D_{2h} = V_h$ Achsen und Ebenen stehen aufeinander senkrecht wie im kartesischen Koordinatensystem.

$S_2 = C_i$ $C_i \ldots$ Systeme mit Symmetriezentrum.

$S_6 = C_{3i}$ Systeme mit C_3 und Symmetriezentrum i.

$S_{4u} = V_d = D_{2d}$ Systeme mit drei zueinander senkrechten Drehachsen C_2 und zwei deren Winkel halbierenden Symmetrieebenen σ_v.

$S_{6u} = D_{3d}$ Systeme mit C_3, drei dazu senkrechten Achsen C_2, die die Winkel $2\pi/3$ miteinander bilden, sowie drei vertikalen Symmetrieebenen σ_v, die die Winkel zwischen den Achsen halbieren.

Für die *krystallographischen Punktgruppen* kommen nur Achsen mit $p = 2, 3, 4, 6$ in Betracht, und zwar sind

C_1, C_i	trikline Punktgruppen
C_s, C_2, C_{2h}	monokline ,,
C_{2v}, D_2, D_{2d}	rhombische ,,
$S_4, V_d, C_4, C_{4h}, C_{4v}, D_4, D_{4h}$	tetragonale ,,
$C_3, C_{3i}, C_{3v}, D_3, D_{3d}, C_{3h}, D_{3h}, C_6, C_{6v}, C_{6h}, D_6, D_{6h}$	hexagonale* ,,
T, T_d, O, T_h, O_h	kubische ,,

Die *kubischen* Gruppen leiten sich aus der Tetraedergruppe T (Systeme mit drei zueinander senkrechten zweizähligen Achsen C_2 und vier dreizähligen Achsen C_3, die mit den ersteren gleiche Winkel bilden) durch Hinzufügen weiterer Symmetrieelemente ab. Vgl. weiter unten Nr. 28 bis 32.

Von den *nichtkrystallographischen* Punktgruppen sind weiter unten noch die häufiger vorkommenden linearen Systeme behandelt. Da bei ihnen alle Systempunkte auf einer Geraden liegen, haben sie eine „unendlichzählige" Symmetrieachse C_∞ mit unendlich vielen durch sie hindurch gehenden Symmetrieebenen σ_v sowie, falls die Massenpunkte zu einem zentral gelegenen Punkt symmetrisch angeordnet sind, noch eine zu C_∞ senkrechte Symmetrieebene σ_h und daher auch ein Symmetriezentrum i. Die Gruppen können also in Analogie mit den früheren durch die Symbole $C_{\infty v}$ bzw. $D_{\infty h}$ gekennzeichnet werden.

b) Die Abzählung der zu einer bestimmten Rasse gehörigen Schwingungsformen.

Man erhält die Zahl der zu jeder bestimmten Rasse gehörigen Schwingungsformen eines vorgegebenen Systemes mit N Massenpunkten, wenn man (CABANNES[566]) von den $s = 3$ N Freiheitsgraden erstens so viele Freiheitsgrade abzieht, als durch die die Rasse definierenden Symmetrievorschriften festgelegt werden, und zweitens die nun noch verfügbaren Freiheitsgrade um die Zahl der zur selben Rasse gehörigen Nullschwingungen vermindert.

---

* $C_3, C_{3i}, C_{3v}, D_3, D_{3d}$ werden auch als „rhomboedrische" Punktgruppen zusammengefaßt.

Beispiel $Cl_2C:CCl_2$; Punktgruppe $D_{2h}=V_h$ (Tabelle 2) mit drei zueinander senkrechten Ebenen: σ_z wird als Molekülebene, σ_y als die Winkel CCl_2 halbierend gewählt. Gesucht ist z. B. die Zahl der Schwingungen, die $as(\sigma_x)$, $s(\sigma_y)$, $s(\sigma_z)$ sind (Typus B_2' oder B_{3u} in Tabelle 2). Bezeichnet man die Amplitudenkomponenten der Cl-Atome mit x_i, y_i, z_i [$i = 1, 2, 3, 4$, im Uhrzeigersinn numeriert, 1 und 4 symmetrisch zu $\sigma(x)$], die der C-Atome mit x_i', y_i', z_i' ($i = 1, 2$), dann müssen zur Erfüllung der Symmetrievorschrift die Beziehungen gelten:

Damit die Schwingung symmetrisch zu σ_z ist:

$$z_1 = z_2 = z_3 = z_4 = 0; \; z_1' = z_2' = 0.$$

Damit die nun ebene Schwingung symmetrisch zu σ_y ist:

$$x_1 = x_2; \; y_1 = -y_2; \; x_3 = x_4; \; y_3 = -y_4; \; y_1' = y_2' = 0.$$

Damit die nun ebene und zu σ_y symmetrische Schwingung noch antisymmetrisch zu σ_x ist:

$$x_1 = x_4; \; y_1 = -y_4; \; x_1' = x_2'.$$

Durch diese Vorschriften werden soviel Freiheitsgrade verbraucht als Gleichheitszeichen da sind, d. i. 15. Von den insgesamt $3\cdot 6 = 18$ Freiheitsgraden sind nur mehr 3 ,,beweglich''. Davon wird noch 1 für die zur gleichen Symmetrie gehörige ,,Nullschwingung'', d. i. die Translation in der x-Richtung verbraucht, so daß nur 2 für die Beschreibung von *2 Normalschwingungen* überbleiben.

Man kann aber (Placzek) auch gerade umgekehrt vorgehen und abzählen, wie viele Freiheitsgrade die einzelnen ,,Punktsorten'' — die Massenpunkte werden je nach ihrer ,,Eigensymmetrie'', d. i. je nach dem Symmetrieelement, auf dem sie liegen, in ,,Punktsorten'' unterteilt — der betreffenden Schwingung zur Verfügung stellen; von der Summe dieser Freiheitsgrade ist dann wieder die Zahl der gleichsymmetrischen Nullschwingungen abzuziehen.

Beispiel. Wieder die Schwingung $as(\sigma_x)$, $s(\sigma_y)$, $s(\sigma_z)$ von $Cl_2C:CCl_2$. Die den Chloratomen entsprechenden Punkte liegen auf der σ_z-Ebene; da *ein* Cl-Atom als Basispunkt (vgl. weiter unten) genügt, um aus ihm durch Symmetrieoperationen alle anderen zu erzeugen, so gibt es von dieser Sorte 1 Massenpunkt mit 3 Freiheitsgraden; soll er (und damit alle anderen Cl-Punkte) sich *in* der σ_z-Ebene [weil $s(\sigma_z)$] bewegen, dann steht ihm nur die x- und y-Richtung offen, d. h. er liefert 2 *Freiheitsgrade.* Die C-Atome andererseits liegen auf der Schnittlinie der σ_z- und σ_y-Ebene; von ihrer Sorte zählt wieder nur 1 Punkt, da der andere durch Spiegelung ,,erzeugt'' werden kann. Soll sich dieser Punkt *in* der Schnittlinie (weil ,,s'' zu σ_z *und* σ_y) bewegen, dann kann er dies nur in der x-Richtung tun; er liefert *1 Freiheitsgrad.* Zusammen: $2 + 1 = 3$; abzüglich der Translation in der x-Richtung verbleiben also so wie weiter oben 2 Freiheitsgrade, die 2 Normalschwingungen beschreiben können.

In der einen oder anderen der soeben beschriebenen Arten kann man jedes Problem behandeln. Nur die Abzählung der entarteten Formen ist etwas schwieriger; diesbezüglich sei auf die Originalliteratur (BRESTER, CABANNES) verwiesen. Nützlich ist vielleicht die Bemerkung, daß „δ"-Punkte (vgl. weiter unten) nur bei jenen entarteten Schwingungen an der Systembewegung teilnehmen und dabei eine geschlossene Bahn mit der zur Normalschwingung gehörigen Frequenz umlaufen, für die (vgl. § 4) $l = 1$ ist (BRESTERs Typus C).

c) Auswahlregeln.

Eine größere Anzahl von Beispielen für Molekülformen mit Zentralatom findet man bei WILSON[738] ausgeführt. Allgemein, also für beliebige zu den verschiedenen Punktgruppen gehörige Punktverteilungen, sind die einschlägigen Verhältnisse in den Tabellen 1 bis 29 zusammengestellt. Sie sind in folgender Art zu benützen:

Zuerst ermittle man durch Anschauung für das zu behandelnde System die vorhandenen Symmetrieelemente und bestimme nach den Angaben in Abschnitt a) die zugehörige Punktgruppe. Ist eine ausgezeichnete Achse vorhanden, so lege man sie in die z-Richtung. Hierauf bestimme man jenen Raumteil („Basiszelle") des Systems, durch dessen Spiegelung oder Verdrehung man mit Hilfe der erlaubten Symmetrieoperationen das ganze übrige System aufbauen kann. Endlich zähle man ab, wieviele der in dieser Zelle gelegenen Punkte zu den einzelnen „Punktsorten" gehören. Die Bezeichnungsweise in den Tabellen ist diesbezüglich die folgende:

1. m ... Zahl der „allgemeinen" Punkte, die auf *keinem* Symmetrieelement liegen.

2. δ ... Zahl der Punkte im Koordinatenursprung (nur $\delta = 1$ oder $\delta = 0$); sie zählen als δ-Punkte in allen Systemen, außer bei jenen mit den Punktgruppen C_s, C_p, C_{pv}, deren Koordinatenursprung durch die Symmetrie nicht definiert ist.

3. c_x, c_y, c_z, c ... Zahl der Punkte, die auf der x-, y-, z-Achse C_x, C_y, C_p^z, oder auf sonst einer durch die Zelle gehenden Drehachse C_2 liegen; δ-Punkte werden nicht mehr mitgezählt.

4. s_x, s_y, s_z, s ... Zahl der Punkte, die auf einer zur x-, y-, z-Achse senkrechten Ebene σ_x, σ_y, σ_z oder auf sonst einer durch die Zelle gehenden Symmetrieebene σ_v liegen; δ- und c-Punkte werden nicht mehr mitgezählt.

Kontrollen. Man kontrolliere erstens, ob die Zahl N der Massenpunkte des Systems nach Einsetzen der für m, δ, c, s ermittelten Zahlen in die unterhalb jeder Tabelle angegebene Summenformel richtig herauskommt;

zweitens, ob die Gesamtzahl der Schwingungen gleich $3N - 6$, darunter $2N - 3$ Schwingungen *in* der Molekülebene, wird.

Die Tabellen enthalten: In der 1. Spalte die von PLACZEK (VI) gewählte Bezeichnung* des Schwingungstypus, in der letzten Spalte (Br) die BRESTERsche Bezeichnung. In der 2. Spalte die Symmetrieeigenschaften der Schwingung; es sind dabei häufig mehr Symmetrieelemente, als notwendig, angegeben. Dies ist umständlich, aber für vergleichende Betrachtungen (Übergänge zwischen Systemen) sehr bequem. Es bedeutet: *s* symmetrisch, *as* antisymmetrisch, *e* entartet. Die 3. Spalte enthält die Auswahlregeln: *v*, *p*, *dp* verboten, polarisiert, depolarisiert im Ramaneffekt; *ia* in Absorption inaktiv, $\mathfrak{M}_x$, $\mathfrak{M}_y$, $\mathfrak{M}_z$, $\mathfrak{M}_\perp$ aktiv, und zwar mit Moment in der *x*-, *y*-, *z*-Richtung, bzw. $\perp$ zu letzterer. Die 4. Spalte gibt die Abzählvorschrift; die unbenannten negativen Zahlen berücksichtigen die Nullschwingungen.

Beispiel. $Cl_2C:CCl_2$; D_{2h}; die Chloratome liegen auf σ_z, die C-Atome auf C_x; daher $m = 0$; $s_x = s_y = 0$; $s_z = 1$, $c_x = 1$, $c_y = c_z = \delta = 0$. Daher $N = 4\,s_z + 2\,c_x = 6$; zu erwarten sind $3N - 6 = 12$ Schwingungen, davon $2N - 3 = 9$ ebene und $N - 3 = 3$ senkrecht zu σ_z. Nach Tabelle 2 ergibt sich: 3 Schwingungen vom Typus A_{1g} (*p*, *ia*), 1 Schwingung A_{1u} (*v*, *ia*), 2 Schwingungen B_{1g} (*dp*, *ia*), 1 Schwingung B_{1u} (*v*, $\mathfrak{M}_z$), 1 Schwingung B_{2g} (*dp*, *ia*), 2 Schwingungen B_{2u} (*v*, $\mathfrak{M}_y$). 0 Schwingungen B_{3g}, 2 Schwingungen B_{3u} (*v*, $\mathfrak{M}_x$); insgesamt 12, davon 3 (nämlich A_{1u}, B_{1u}, B_{2g}) senkrecht zu σ_z.

Auch die *Auswahlregeln für Ober- und Kombinationstöne* von nichtentarteten Schwingungen kann man (PLACZEK VI) aus den Tabellen ablesen. „Man stellt die Rassen der Zustände fest, deren Kombinationston untersucht werden soll, multipliziert hierauf die den beiden Rassen entsprechenden Zeilen (nämlich die Symmetrieangaben; wobei $s \cdot s = as \cdot as = s$; $s \cdot as = as$ gilt; man braucht dabei nur die „notwendigen“ Symmetrieelemente zu berücksichtigen) und sucht dann die dem Produkt entsprechende Zeile; diese gibt die gesuchte Auswahlregel.“

---

* Im allgemeinen bedeuten *A*, *B*, *E*, *F* symmetrisch, antisymmetrisch, zwei- bzw. dreifach entartet zu einer ausgezeichneten Achse C_p. Die Indices bedeuten: *g* (gerade), *u* (ungerade) bezüglich Symmetriezentrum *i*; $'$ und $''$ symmetrisch bzw. antisymmetrisch zu einer Symmetrieebene σ; $\underline{E}$ unterstrichen bedeutet „trennbar“ entartet; $+$, $-$ bedeutet bei *E* symmetrisch oder antisymmetrisch zu C_2^z. Bei BRESTER bedeutet gewöhnlich *A*, *B*, *C*, *D* symmetrisch, antisymmetrisch, entartet zu C_p (*C* für $l = 1$, *D* für $l > 1$); die Verwendung der Indices ist nicht nach einem konsequenten System durchgeführt.

Beispiel. Auswahlregel für die Kombination einer zu B_{1g} gehörigen mit einer zu B_{2g} bzw. B_{1u} von $Cl_2C:CCl_2$ gehörigen Schwingung; man liest aus Tabelle 2 ab:

	C_2^z	σ_z	C_x
B_{1g}	s	s	as
B_{2g}	as	as	as
Produkt I	as	as	s

	C_2^z	σ_z	C_x
B_{1g}	s	s	as
B_{1u}	s	as	as
Produkt II	s	as	s

Produkt I liefert die Symmetrieeigenschaften der Rasse B_{3g}, ist also *dp*, *ia*; Produkt II entspricht A_{1u}, der Kombinationston ist *v*, *ia* (vgl. dazu TISZA[709]).

Es würde eigentlich genügen, nur die Tabellen 2, 8, 13, 20, 28 anzugeben, da alle anderen aus ihnen abgeleitet werden könnten; da dies jedoch für jemanden, der nicht ständig damit zu tun hat, recht unbequem ist, wurde von dieser Vereinfachung trotz dem Wunsch nach Raumersparnis abgesehen. Man hätte, um den Vorgang an einem Beispiel zu erläutern, so vorzugehen:

Tabelle 2 für die Punktgruppe D_{2h} sei gegeben; Tabelle 3 für die Punktgruppe D_2 sei gesucht. D_2 unterscheidet sich von D_{2h} durch Fehlen der Symmetrieelemente $\sigma_x, \sigma_y, \sigma_z, i$. Dies hat zur Folge: *Erstens* ist die „Zähligkeit" gewisser Punktsorten geändert; für D_{2h} gilt $N = 8m + 4s_x + 4s_y + 4s_z + 2c_x + 2c_y + 2c_z + \delta$; für D_2 gilt $N = 4m + 2c_x + 2c_y + 2c_z + \delta$; es wurden einerseits die Punktsorten $s_x\, s_y\, s_z$ „allgemeine" Punkte (m), andererseits ist die Zähligkeit der Punkte m von 8 auf 4 heruntergegangen (wegen der fehlenden Spiegelung an σ_z). *Zweitens* verschwinden die Unterschiede in jenen Rassen der Tabelle 2, die infolge des verschiedenartigen Verhaltens der Schwingungen gegenüber $\sigma_x, \sigma_y, \sigma_z, i$ auseinandergehalten werden mußten. Es wird jetzt $A_{1g} = A_{1u} = A_1$ (zu C_z, C_y, C_x der Reihe nach s, s, s); $B_{1g} = B_{1u} = B$ (s, as, as); $B_{2g} = B_{2u} = B_2$ (as, s, as); $B_{3g} = B_{3u} = B_3$ (as, as, s). Man erhält für diese Typen die *Auswahlregel* (PLACZEK), indem man aus den zugehörigen Zeilen die gemeinsame, bzw. bei Nichtübereinstimmung die der Beobachtbarkeit günstigere Aussage übernimmt, das ist aus den Zeilen $A_{1g}, A_{1u} \ldots p, ia$; für $B_{1g}, B_{1u} \ldots dp, \mathfrak{M}_z$; für $B_{2g}, B_{2u} \ldots dp, \mathfrak{M}_y$; für $B_{3g}, B_{3u} \ldots dp, \mathfrak{M}_x$. Man erhält die *Abzählvorschrift*, indem man die Angaben der zusammenfallenden Zeilen addiert und das Ergebnis im Verhältnis der reduzierten Zähligkeit für die einzelnen Punktsorten korrigiert. So gäbe z. B. die 1. und 2. Zeile von Tabelle 2 als Summe (unter Weglassung von s_x, s_y, s_z) $6m + c_x + c_y + c_z$; weil die Zähligkeit der Punkte m auf die Hälfte verringert ist (s. oben), ergibt sich endgültig als Vorschrift für Tabelle 2: $3m + c_x + c_y + c_z$.

Zur Einführung und zur Erleichterung des Überblickes über diese Übergänge sind für die Systeme mit 2-, 3-, 4-, 6-zähligen Symmetrieachsen die stereographischen Projektionen in Abb. 6

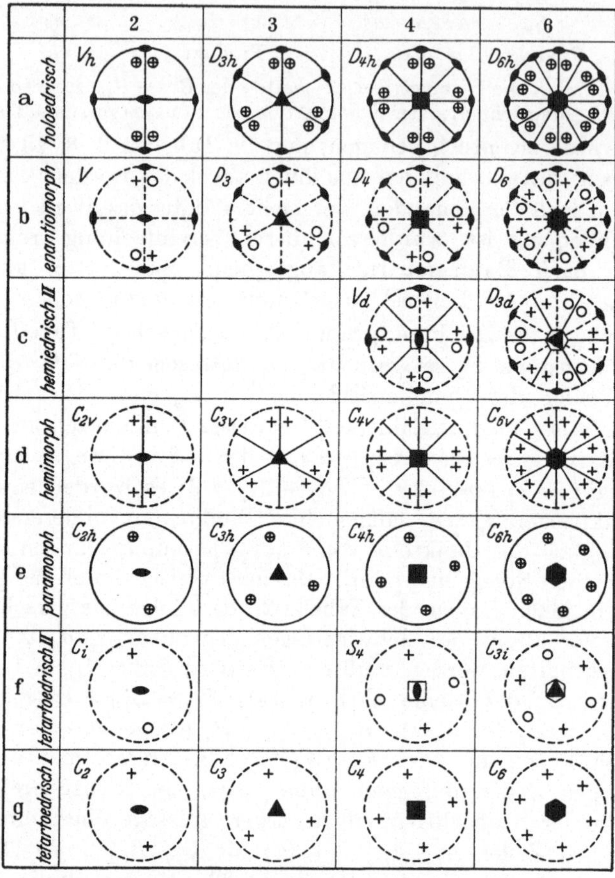

Abb. 6. Stereographische Projektionen.

wiedergegeben. Sie stellen Projektionen der Symmetrieelemente auf die Papier- (x, y-) Ebene dar.

Es bedeutet:

Voll- bzw. gestrichelter Kreis . Das System hat eine bzw. keine Symmetrieebene σ_z.

Voll ausgezogene Gerade. . . Schnittlinien von vertikalen Symmetrieebenen σ_v mit der Papierebene.

Gestrichelte Gerade . . . . . Zweizählige Symmetrieachsen C in der Papierebene.

● ▲ ■ ⬢ . . . . . Endpunkte von 2-, 3-, 4-, 6-zähligen Achsen; solche Zeichen in der Figurenmitte gehören zu C_p-Achsen in der z-Richtung, also senkrecht zum Papier. Das erste Zeichen an den Enden einer voll ausgezogenen Geraden in der Papierebene zeigt an, daß die Schnittlinie von σ_v mit σ_z zugleich eine C_2-Achse ist.

○ □ ⬡ . . . . . Endpunkte einer 2-,4-,6-zähligen Drehspiegelachse. S_p^z; ◪ heißt, daß die Richtung von S_4^z zusammenfällt mit der von C_2^z.

\+ ○ . . . . . Lage eines „allgemeinen“ Punktes ober bzw. unter der Papierebene; dies läßt die Zähligkeit der Punktsorte m ablesen.

I. Systeme mit einzähliger Symmetrieachse C_1.

1. $\underline{C_{1h}} = \underline{C_s}$; Tabelle 1 (monokline Punktgruppe). Symmetrieelemente: σ.

Tabelle 1. Punktgruppe $C_{1h} = C_s$.

Typ	σ_z	Auswahl	Abzählung	Br
A'	s	p $\mathfrak{M}_\perp$	$3m + 2s_z - 3$	—
A''	as	dp $\mathfrak{M}_z$	$3m + s_z \quad 3$	—

$N = 2m + s_z$.

Wird die Symmetrie gestört, dann verschwindet der Unterschied zwischen den Punktsorten m und s und man erhält:

$\underline{C_1}$ (trikline Punktgruppe); ohne Symmetrieelement; $3N - 6$ polarisierte und ultrarot aktive Schwingungen.

II. Systeme mit zweizähliger Symmetrieachse C_2, S_2.

2. $\underline{D_{2h}} = \underline{V_h}$; Tabelle 2 (rhombische Punktgruppe; vgl. Abb. 6, 2a). Symmetrieelemente: $\underline{C_2^z}$, $\underline{C_x}$, C_y, σ_x, σ_y, $\underline{\sigma_z} = \sigma_h$, i. (Die unterstrichenen Elemente können als „bestimmend“ angesehen werden.)

Tabelle 2. Punktgruppe $D_{2h} = V_h$.

Typ	C_2^z	σ_x	σ_z	C_x	i	Auswahl	m	s_x	s_y	s_z	c_x	c_y	c_z	δ		Br
A_{1g}	s	s	s	s	s	p ia	3	2	2	2	1	1	1	0		A_1'
A_{1u}	s	as	as	s	as	v ia	3	1	1	1	0	0	0	0		A_2''
B_{1g}	s	as	s	as	s	dp ia	3	1	1	2	1	1	0	0	-1	A_2'
B_{1u}	s	s	as	as	as	v $\mathfrak{M}_z$	3	2	2	1	1	1	1	1	-1	A_1''
B_{2g}	as	as	as	as	s	dp ia	3	1	2	1	1	0	1	0	-1	B_2''
B_{2u}	as	s	s	as	as	v $\mathfrak{M}_y$	3	2	1	2	1	1	1	1	-1	B_1'
B_{3g}	as	s	as	s	s	dp ia	3	2	1	1	0	1	1	0	-1	B_1''
B_{3u}	as	as	s	s	as	v $\mathfrak{M}_x$	3	1	2	2	1	1	1	1	-1	B_2'

$N = 8m + 4s_x + 4s_y + 4s_z + 2c_x + 2c_y + 2c_z + \delta$.

3. $\underline{D_2} = \underline{V}$; Tabelle 3 (rhombische „Vierer“gruppe; vgl. Abb. 6, 2b). Symmetrieelemente: $\underline{C_2^z}$, C_x, $\underline{C_y}$.

Tabelle 3. Punktgruppe $D_2 = V$.

Typ	C_2^z	C_x	C_y	Auswahl	Abzählung	Br
A_1	s	s	s	p ia	$3m + c_x + c_y + c_z$	A_1
B_1	s	as	as	dp $\mathfrak{M}_z$	$3m + 2c_x + 2c_y + c_z + \delta - 2$	A_2
B_2	as	as	s	dp $\mathfrak{M}_y$	$3m + 2c_x + c_y + 2c_z + \delta - 2$	B_1
B_3	as	s	as	dp $\mathfrak{M}_x$	$3m + c_x + 2c_y + 2c_z + \delta - 2$	B_2

$$N = 4m + 2c_x + 2c_y + 2c_z + \delta.$$

4. $\underline{C_{2v}}$; Tabelle 4 (rhombische Punktgruppe; vgl. Abb. 6, 2d). Symmetrieelemente: $\underline{C_2^z}$, $\underline{\sigma_x}$, σ_y.

Tabelle 4. Punktgruppe C_{2v}.

Typ	C_2^z	σ_x	σ_y	Auswahl	Abzählung	Br
A_1	s	s	s	p $\mathfrak{M}_z$	$3m + 2s_x + 2s_y + c_z - 1$	A_1
A_2	s	as	as	dp ia	$3m + s_x + s_y - 1$	A_2
B_1	as	as	s	dp $\mathfrak{M}_x$	$3m + s_x + 2s_y + c_z - 2$	B_2
B_2	as	s	as	dp $\mathfrak{M}_y$	$3m + 2s_x + s_y + c_z - 2$	B_1

$$N = 4m + 2s_x + 2s_y + c_z.$$

5. $\underline{C_{2h}}$; Tabelle 5 (monokline Punktgruppe; vgl. Abb. 6, 2e). Symmetrieelemente: $\underline{C_2^z}$, $\underline{\sigma_z} = \sigma_h$, i.

Tabelle 5. Punktgruppe C_{2h}.

Typ	C_2^z	σ_z	i	Auswahl	Abzählung	Br
A_g	s	s	s	p ia	$3m + 2s_z + c_z - 1$	A_1
A_u	s	as	as	v $\mathfrak{M}_z$	$3m + s_z + c_z + \delta - 1$	A_2
B_g	as	as	s	dp ia	$3m + s_z + 2c_z - 2$	B_2
B_u	as	s	as	v $\mathfrak{M}_\perp$	$3m + 2s_z + 2c_z + 2\delta - 2$	B_1

$$N = 4m + 2s_z + 2c_z + \delta.$$

6. $\underline{S_2} = \underline{C_i}$; Tabelle 6 (trikline Punktgruppe; vgl. Abb. 6, 2f). Symmetrieelemente: i.

Tabelle 6. Punktgruppe $S_2 = C_i$.

Typ	i	Auswahl	Abzählung	Br
g	s	p ia	$3m - 3$	A
u	as	dp a	$3m + 3\delta - 3$	B

$$N = 2m + \delta.$$

7. $\underline{C_2}$; Tabelle 7 (monokline Punktgruppe; vgl. Abb. 6, 2g). Symmetrieelemente: C_2.

Tabelle 7. Punktgruppe C_2.

Typ	C_2	Auswahl	Abzählung	Br
A	s	p $\mathfrak{M}_z$	$3m + c_z - 2$	A
B	as	dp $\mathfrak{M}_\perp$	$3m + 2c_z - 4$	B

$$N = 2m + c_z.$$

III. Systeme mit dreizähliger Symmetrieachse C_3.

Hier sowie in allen Systemen mit ungeradzähliger Symmetrieachse gibt es keine Schwingungen *as* (C_p).

8. $\underline{D_{3h}}$; Tabelle 8 (hexagonale Punktgruppe; vgl. Abb. 6, 3a). Symmetrieelemente: $\underline{C_3^z}$, $\underline{C_y}$, $2\,C$, σ_x, $2\,\sigma_v$, $\underline{\sigma_z} = \sigma_h$.

Tabelle 8. Punktgruppe D_{3h}.

Typ	C_3^z	σ_x	σ_z	C_y	Auswahl	Abzählung	Br
A_1'	s	s	s	s	p ia	$3m+2s_x+2s+2s_z+c_y+c+c_z$	A_1'
A_1''	s	as	as	s	v ia	$3m+s_x+s+s_z$	A_2''
A_2'	s	as	s	as	v ia	$3m+s_x+s+2s_z+c_y+c-1$	A_2'
A_2''	s	s	as	as	v $\mathfrak{M}_z$	$3m+2s_x+2s+s_z+c_y+c+c_z+\delta-1$	A_1''
E'	e	e	s	e	dp $\mathfrak{M}_\perp$	$6m+3s_x+3s+4s_z+2c_y+2c+c_z+\delta-1$	C'
E''	e	e	as	e	dp ia	$6m+3s_x+3s+2s_z+c_y+c+c_z-1$	C''

$$N = 12m + 6s_x + 6s + 6s_z + 3c_y + 3c + 2c_z + \delta.$$

9. $\underline{D_3}$; Tabelle 9 (rhomboedrische Punktgruppe, vgl. Abb. 6, 3b). Symmetrieelemente: $\underline{C_3^z}$, $\underline{C_y}$, $2\,C$.

Tabelle 9. Punktgruppe D_3.

Typ	C_3^z	C_y	Auswahl	Abzählung	Br
A_1	s	s	p ia	$3m + c_y + c + c_z$	A_1
A_2	s	as	v $\mathfrak{M}_z$	$3m + 2c_y + 2c + c_z + \delta - 2$	A_2
E	e	e	dp $\mathfrak{M}_\perp$	$6m + 3c_y + 3c + 2c_z + \delta - 2$	C

$$N = 6m + 3c_y + 3c + 2c_z + \delta.$$

10. $\underline{C_{3v}}$; Tabelle 10 (rhomboedrische Punktgruppe, vgl. Abb. 6, 3d). Symmetrieelemente: $\underline{C_3^z}$, $\underline{\sigma_x}$, $2\,\sigma_v$.

Tabelle 10. Punktgruppe C_{3v}.

Typ	C_3^z	σ_x	Auswahl	Abzählung	Br
A_1	s	s	p $\mathfrak{M}_z$	$3m + 2s_x + 2s + c_z - 1$	A_1
A_2	s	as	v ia	$3m + s_x + s - 1$	A_2
E	e	e	dp $\mathfrak{M}_\perp$	$6m + 3s_x + 3s + c_z - 2$	C

$$N = 6m + 3s_x + 3s + c_z.$$

11. $\underline{C_{3h}}$; Tabelle 11 (hexagonale Punktgruppe; vgl. Abb. 6, 3e). Symmetrieelemente: $\underline{C_3^z}$, $\underline{\sigma_z} = \sigma_h$.

Tabelle 11. Punktgruppe C_{3h}.

Typ	C_3^z	σ_z	Auswahl	Abzählung	Br
A'	s	s	p ia	$3m + 2s_z + c_z - 1$	A_1
A''	s	as	v $\mathfrak{M}_z$	$3m + s_z + c_z + \delta - 1$	A_2
$\underline{E'}$	e	s	dp $\mathfrak{M}_\perp$	$3m + 2s_z + c_z + \delta - 1$	C_1
$\underline{E''}$	e	as	dp ia	$3m + s_z + c_z - 1$	C_2

$$N = 6m + 3s_z + 2c_z + \delta.$$

12. $\underline{C_3}$; Tabelle 12 (rhomboedrische Punktgruppe; vgl. Abb. 6, 3g). Symmetrieelemente: $\underline{C_3^z}$.

Tabelle 12. Punktgruppe C_3.

Typ	C_3	Auswahl	Abzählung	Br
A	s	p $\mathfrak{M}_z$	$3m + c_z - 2$	A
$\underline{E}$	e	dp $\mathfrak{M}_\perp$	$3m + c_z - 2$	C

$$N = 3m + c_z.$$

IV. Systeme mit vierzähliger Symmetrieachse C_4, S_4 (tetragonale Punktgruppen).

13. $\underline{D_{4h}}$; Tabelle 13 (vgl. Abb. 6, 4a). Symmetrieelemente: S_4^z, $\underline{C_4^z}$, $\overline{C_2^z}$, C_x, $\underline{C_y}$, $2\,C$, σ_x, σ_y, $2\,\sigma_v$, $\underline{\sigma_z} = \sigma_h$, i.

Tabelle 13. Punktgruppe D_{4h}.

Typ	S_4	C_4^z	C_y	σ_x	σ_z	Auswahl	m	s_x	s	s_z	c_y	c	c_z	δ		Br
A_{1g}	s	s	s	s	s	p ia	3	2	2	2	1	1	1	0		A_1'
A_{1u}	as	s	s	as	as	v ia	3	1	1	1	0	0	0	0		A_2''
A_{2g}	s	s	as	as	s	v ia	3	1	1	2	1	1	0	0	-1	A_2'
A_{2u}	as	s	as	s	as	v $\mathfrak{M}_z$	3	2	2	1	1	1	1	1	-1	A_1''
B_{1g}	as	as	s	s	s	dp ia	3	2	1	2	1	1	0	0		B_1'
B_{1u}	s	as	s	as	as	v ia	3	1	2	1	0	1	0	0		B_2''
B_{2g}	as	as	as	as	s	dp ia	3	1	2	2	1	1	0	0		B_2'
B_{2u}	s	as	as	s	as	v ia	3	2	1	1	1	0	0	0		B_1''
E_g	e	e	e	e	as	dp ia	6	3	3	2	1	1	1	0	-1	C''
E_u	e	e	e	e	s	v $\mathfrak{M}_\perp$	6	3	3	4	2	2	1	1	-1	C'

$$N = 16m + 8s_x + 8s + 8s_z + 4c_y + 4c + 2c_z + \delta.$$

14. $\underline{D_4}$; Tabelle 14 (vgl. Abb. 6, 4b). Symmetrieelemente: $\underline{C_4^z}$, C_2^z, $\overline{C_x}$, $\underline{C_y}$, $2\,C_2$.

Tabelle 14. Punktgruppe D_4.

Typ	C_4^z	C_y	C	Auswahl	Abzählung	Br
A_1	s	s	s	p ia	$3\,m + c_y + c + c_z$	A_1
A_2	s	as	as	v $\mathfrak{M}_z$	$3\,m + 2\,c_y + 2\,c + c_z + \delta - 2$	A_2
B_1	as	s	as	dp ia	$3\,m + c_y + 2\,c$	B_1
B_2	as	as	s	dp ia	$3\,m + 2\,c_y + c$	B_2
E	e	e	e	dp $\mathfrak{M}_\perp$	$6\,m + 3\,c_y + 3\,c + 2\,c_z + \delta - 2$	C

$$N = 8\,m + 4\,c_y + 4\,c + 2\,c_z + \delta.$$

15. $\underline{V_d} = \underline{D_{2d}} = \underline{S_{4u}}$; Tabelle 15 (vgl. Abb. 6, 4c). Symmetrieelemente: $\underline{S_4^z}$, C_2^z, $\underline{C_y}$, C_x, $2\,\sigma_v$.

Tabelle 15. Punktgruppe $V_d = D_{2d} = S_{4u}$.

Typ	S_4	C_2^z	C_y	σ_v	Auswahl	Abzählung	Br
A_1	s	s	s	s	p ia	$3\,m + 2\,s + c_y + c_z$	A_1
A_2	s	s	as	as	v ia	$3\,m + s + 2\,c_y - 1$	A_2
B_1	as	s	s	as	dp ia	$3\,m + s + c_y$	B_1
B_2	as	s	as	s	dp $\mathfrak{M}_z$	$3\,m + 2\,s + 2\,c_y + c_z + \delta - 1$	B_2
E	e	as	e	e	dp $\mathfrak{M}_\perp$	$6\,m + 3\,s + 3\,c_y + 2\,c_z + \delta - 2$	C

$$N = 8\,m + 4\,s + 4\,c_y + 2\,c_z + \delta.$$

16. $\underline{C_{4v}}$; Tabelle 16 (vgl. Abb. 6, 4d). Symmetrieelemente: $\underline{C_4^z}$, C_2^z, $\underline{\sigma_x}$, σ_y, $2\,\sigma_v$.

Tabelle 16. Punktgruppe C_{4v}.

Typ	C_4^z	σ_x	σ_v	Auswahl	Abzählung	Br
A_1	s	s	s	p $\mathfrak{M}_z$	$3\,m + 2\,s_x + 2\,s + c_z - 1$	A_1
A_2	s	as	as	v ia	$3\,m + s_x + s - 1$	A_2
B_1	as	as	s	dp ia	$3\,m + s_x + 2\,s$	B_2
B_2	as	s	as	dp ia	$3\,m + 2\,s_x + s$	B_1
E	e	e	e	dp $\mathfrak{M}_\perp$	$6\,m + 3\,s_x + 3\,s + c_z - 2$	C

$$N = 8\,m + 4\,s_x + 4\,s + c_z.$$

17. $\underline{C_{4h}}$; Tabelle 17 (vgl. Abb. 6, 4e). Symmetrieelemente: S_4^z, $\underline{C_4^z}$, $\underline{\sigma_z}=\sigma_h$, i.

Tabelle 17. Punktgruppe C_{4h}.

Typ	C_4^z	σ_z	i	Auswahl	Abzählung	Br
A_g	s	s	s	p ia	$3m+2s_z+c_z-1$	A_1
A_u	s	as	as	v $\mathfrak{M}_z$	$3m+s_z+c_z+\delta-1$	A_2
B_g	as	s	s	dp ia	$3m+2s_z$	B_1
B_u	as	as	as	v ia	$3m+s_z$	B_2
$\underline{E_g}$	e	as	s	dp ia	$3m+s_z+c_z-1$	C_2
$\underline{E_u}$	e	s	as	v $\mathfrak{M}_\perp$	$3m+2s_z+c_z+\delta-1$	C_1

$$N=8m+4s_z+2c_z+\delta.$$

18. $\underline{S_4}$; Tabelle 18 (vgl. Abb. 6, 4f). Symmetrieelemente: S_4^z, C_2^z.

Tabelle 18. Punktgruppe S_4.

Typ	S_4^z	C_2^z	Auswahl	Abzählung	Br
A	s	s	p ia	$3m+c_z-1$	A
B	as	s	dp $\mathfrak{M}_z$	$3m+c_z+\delta-1$	B
$\underline{E}$	e	as	dp $\mathfrak{M}_\perp$	$3m+2c_z+\delta-2$	C

$$N=4m+2c_z+\delta.$$

19. $\underline{C_4}$; Tabelle 19 (vgl. Abb. 6, 4g). Symmetrieelemente: C_4^z, C_2^z.

Tabelle 19. Punktgruppe C_4.

Typ	C_4^z	C_2^z	Auswahl	Abzählung	Br
A	s	s	p $\mathfrak{M}_z$	$3m+c_z-2$	A
B	as	s	dp ia	$3m$	B
$\underline{E}$	e	as	dp $\mathfrak{M}_\perp$	$3m+c_z-2$	C

$$N=4m+c_z.$$

VI. Systeme mit sechszähliger Symmetrieachse C_6, S_6 (hexagonale Punktgruppen).

20. $\underline{D_{6h}}$; Tabelle 20 (vgl. Abb. 6, 6a). Symmetrieelemente: $\underline{C_6^z}$, C_3^z, $\overline{C_2^z, C_x}$, $\underline{C_y}$, $4\,C$, σ_x, σ_y, $4\,\sigma_v$, $\underline{\sigma_z}=\sigma_h$, i.

Tabelle 20. Punktgruppe D_{6h}.

Typ	C_6^z	C_3^z	C_2^z	C_y	σ_y	σ_z	Auswahl	m	s_x	s	s_z	c_y	c	c_z	δ		Br
A_{1g}	s	s	s	s	s	s	p ia	3	2	2	2	1	1	1	0		A_1'
A_{1u}	s	s	s	s	as	as	v ia	3	1	1	1	0	0	0	0		A_2''
A_{2g}	s	s	s	as	as	s	v ia	3	1	1	2	1	1	0	0	-1	A_2'
A_{2u}	s	s	s	as	s	as	v $\mathfrak{M}_z$	3	2	2	1	1	1	1	1	-1	A_1''
B_{1g}	as	s	as	s	s	as	v ia	3	1	2	1	0	1	0	0		B_2''
B_{1u}	as	s	as	s	as	s	v ia	3	2	1	2	1	1	0	0		B_1'
B_{2g}	as	s	as	as	as	as	v ia	3	2	1	1	1	0	0	0		B_1''
B_{2u}	as	s	as	as	s	s	v ia	3	1	2	2	1	1	0	0		B_2'
E_g^+	e	e	s	e	e	s	dp ia	6	3	3	4	2	2	0	0		D'
E_u^+	e	e	s	e	e	as	v ia	6	3	3	2	1	1	0	0		D''
E_g^-	e	e	as	e	e	as	dp ia	6	3	3	2	1	1	1	0	-1	C''
E_u^-	e	e	as	e	e	s	v $\mathfrak{M}_\perp$	6	3	3	4	2	2	1	1	-1	C'

$$N = 24\,m + 12\,s_x + 12\,s + 12\,s_z + 6\,c_y + 6\,c + 2\,c_z + \delta.$$

21. D_6; Tabelle 21 (vgl. Abb. 6, 6b). Symmetrieelemente: $\underline{C_6^z}$, C_3^z, $\overline{C_2^z}$, C_x, $\underline{C_y}$, $4\,C$.

Tabelle 21. Punktgruppe D_6.

Typ	C_6^z	C_2^z	C_y	C	Auswahl	Abzählung	Br
A_1	s	s	s	s	p ia	$3\,m + c_y + c + c_z$	A_1
A_2	s	s	as	as	v $\mathfrak{M}_z$	$3\,m + 2\,c_y + 2\,c + c_z + \delta - 2$	A_2
B_1	as	as	s	as	v ia	$3\,m + c_y + 2\,c$	B_1
B_2	as	as	as	s	v ia	$3\,m + 2\,c_y + c$	B_2
E^+	e	s	e	e	dp ia	$6\,m + 3\,c_y + 3\,c$	D
E^-	e	as	e	e	dp $\mathfrak{M}_\perp$	$6\,m + 3\,c_y + 3\,c + 2\,c_z + \delta - 2$	C

$$N = 12\,m + 6\,c_y + 6\,c + 2\,c_z + \delta.$$

22. $D_{3d} = S_{6u}$; Tabelle 22 (vgl. Abb. 6, 6c). Symmetrieelemente: $\underline{S_6^z}$, C_3^z, $\underline{\overline{C_y}}$, $\overline{2\,C, \sigma_y}$, $2\,\sigma_v$, i.

Tabelle 22. Punktgruppe $D_{3d} = S_{6u}$.

Typ	C_3	C_y	σ_v	i	Auswahl	Abzählung	Br
A_{1g}	s	s	s	s	p ia	$3\,m + 2\,s + c_y + c_z$	A_1
A_{1u}	s	s	as	as	v ia	$3\,m + s + c_y$	B_1
A_{2g}	s	as	as	s	v ia	$3\,m + s + 2\,c_y - 1$	A_2
A_{2u}	s	as	s	as	v $\mathfrak{M}_z$	$3\,m + 2\,s + 2\,c_y + c_z + \delta - 1$	B_2
E_g	e	e	e	s	dp ia	$6\,m + 3\,s + 3\,c_y + c_z - 1$	D
E_u	e	e	e	as	v $\mathfrak{M}_\perp$	$6\,m + 3\,s + 3\,c_y + c_z + \delta - 1$	C

$$N = 12\,m + 6\,s + 6\,c_y + 2\,c_z + \delta.$$

23. $\underline{C_{6v}}$; Tabelle 23 (vgl. Abb. 6, 6d). Symmetrieelemente: $\underline{C_6^z}$, C_3^z, $\overline{C_2^z}$, σ_x, $\underline{\sigma_y}$, $4\,\sigma_v$.

Tabelle 23. Punktgruppe C_{6v}.

Typ	C_6	σ_y	σ_v	Auswahl	Abzählung	Br
A_1	s	s	s	p $\mathfrak{M}_z$	$3\,m + 2\,s_y + 2\,s + c_z - 1$	A_1
A_2	s	as	as	v ia	$3\,m + s_y + s \quad - 1$	A_2
B_1	as	as	s	v ia	$3\,m + s_y + 2\,s$	B_2
B_2	as	s	as	v ia	$3\,m + 2\,s_y + s$	B_1
E^+	e	e	e	dp ia	$6\,m + 3\,s_y + 3\,s$	D
E^-	e	e	e	dp $\mathfrak{M}_\perp$	$6\,m + 3\,s_y + 3\,s + c_z - 2$	C

$$N = 12\,m + 6\,s_y + 6\,s + c_z.$$

24. $\underline{C_{6h}}$; Tabelle 24 (vgl. Abb. 6, 6e). Symmetrieelemente: $\underline{C_6^z}$, C_3^z, $\overline{C_2}$, $\underline{\sigma_z} = \sigma_h$, i.

Tabelle 24. Punktgruppe C_{6h}.

Typ	C_6^z	σ_z	Auswahl	Abzählung	Br
A_g	s	s	p ia	$3\,m + 2\,s_z + c_z \quad - 1$	A_1
A_u	s	as	v $\mathfrak{M}_z$	$3\,m + s_z + c_z + \delta - 1$	A_2
B_g	as	as	v ia	$3\,m + s_z$	B_2
B_u	as	s	v ia	$3\,m + 2\,s_z$	B_1
$\underline{E_g^+}$	e	s	dp ia	$3\,m + 2\,s_z$	D_1
$\underline{E_u^+}$	e	as	v ia	$3\,m + s_z$	D_2
$\underline{E_g^-}$	e	as	dp ia	$3\,m + s_z + c_z \quad - 1$	C_2
$\underline{E_u^-}$	e	s	v $\mathfrak{M}_\perp$	$3\,m + 2\,s_z + c_z + \delta - 1$	C_1

$$N = 12\,m + 6\,s_z + 2\,c_z + \delta.$$

25. $\underline{C_{3i}} = \underline{S_6}$; Tabelle 25 (vgl. Abb. 6, 6f). Symmetrieelemente: S_6^z, $\underline{C_3^z}$, $\underline{i}$.

Tabelle 25. Punktgruppe $C_{3i} = S_6$.

Typ	C_3^z	i	Auswahl	Abzählung	Br
A_g	s	s	p ia	$3\,m + c_z \quad - 1$	A
A_u	s	as	v $\mathfrak{M}_z$	$3\,m + c_z + \delta - 1$	B
$\underline{E_g}$	e	s	dp ia	$3\,m + c_z \quad - 1$	D
$\underline{E_u}$	e	as	v $\mathfrak{M}_\perp$	$3\,m + c_z + \delta - 1$	C

$$N = 6\,m + 2\,c_z + \delta.$$

26. C_6; Tabelle 26 (vgl. Abb. 6, 6g). Symmetrieelemente: C_6^z, C_3^z, C_2^z.

Tabelle 26. Punktgruppe C_6.

Typ	C_6^z	C_2^z	Auswahl	Abzählung	Br
A	s	s	p $\mathfrak{M}_z$	$3m + c_z - 2$	A
B	as	as	v ia	$3m$	B
E^+	e	s	dp ia	$3m$	D
E^-	e	as	dp $\mathfrak{M}_\perp$	$3m + c_z - 2$	C

$$N = 6m + c_z.$$

VII. Lineare Systeme (C_∞).

27. $D_{\infty h}$; Symmetrieelemente: C_∞, i \} Tabelle 27.
$C_{\infty v}$; Symmetrieelement: C_∞ \}

Tabelle 27. Punktgruppe $D_{\infty h}$.

Typ	C_∞	i	Auswahl	Abzählung
A_g	s	s	p ia	c_z
A_u	s	as	v $\mathfrak{M}_z$	$c_z + \delta - 1$
E_g	e	s	dp ia	$c_z \quad - 1$
E_u	e	as	v $\mathfrak{M}_\perp$	$c_z + \delta - 1$

$$N = 2c_z + \delta$$

Punktgruppe $C_{\infty v}$.

Typ	C_∞	Auswahl	Abzählung
A	s	p $\mathfrak{M}_z$	$c_z - 1$
E	e	dp $\mathfrak{M}_\perp$	$c_z - 2$

$$N = c_z.$$

VIII. Kubische Punktsysteme.

28. O_h; Tabelle 28. Symmetrieelemente: *a*) Die des „regulären" Systems (Tetraeder), das sind: 3 zueinander senkrechte zweizählige

Tabelle 28. Punktgruppe O_h.

Typ	C_2^z	C_y	C_3	S_4	C_4	i	Auswahl	m	c_3	c_y	c	s_z	s	δ		Br
A_{1g}	s	s	s	s	s	s	$\varrho=0$ ia	3	1	1	1	2	2	0		A_1'
A_{1u}	s	s	s	as	s	as	v ia	3	0	0	0	1	1	0		A_1''
A_{2g}	s	s	s	as	as	s	v ia	3	0	0	1	2	1	0		A_2'
A_{2u}	s	s	s	s	as	as	v ia	3	1	0	1	1	2	0		A_2''
E_g	s	s	e	e	e	s	dp ia	6	1	1	2	4	3	0		B'
E_u	s	s	e	e	e	as	v ia	6	1	0	1	2	3	0		B''
F_{1g}	e	e	e	e	e	s	v ia	9	1	1	2	4	4	0	-1	C_2'
F_{1u}	e	e	e	e	e	as	v $\mathfrak{M}$	9	2	2	3	5	5	1	-1	C_2''
F_{2g}	e	e	e	e	e	s	dp ia	9	2	1	2	4	5	0		C_1'
F_{2u}	e	e	e	e	e	as	v ia	9	1	1	2	5	4	0		C_1''

$$N = 48m + 8c_3 + 6c_y + 12c + 24s_z + 24s + \delta.$$

Achsen, die hier als Koordinatensystem gewählt werden, und 4 dreizählige Achsen, die mit den ersteren gleiche Winkel bilden. Diese regulären Elemente sind allen kubischen Systemen gemeinsam. Bei dem holoedrischen System O_h kommen noch dazu: *b*) 6 C_2, die die Winkel zwischen den Koordinatenachsen halbieren, *c*) 6 σ durch die 4 Achsen C_3, *d*) σ_x, σ_y, σ_z und i. Die Bezeichnung der Punktsorten ist dieselbe wie früher, nur hier um jene Punkte (c_3) zu vermehren, die auf einer dreizähligen Achse C_3 liegen. Typus E bzw. F in Tabelle 28 ist zweifach bzw. dreifach entartet.

Aus den Angaben von Tabelle 28 sind auf die weiter oben geschilderte Art die Auswahl- und Abzählregeln für die kubischen Systeme niedrigerer Symmetrie leicht abzuleiten.

29. $\underline{T_d}$; Tabelle 29 (Tetraedergruppe). Symmetrieelemente: Die in Nr. 28 unter a) und c) angegebenen.

Tabelle 29. Tetraedergruppe T_d.

Typ	C_2^z	C_y	C_3	S_4	Auswahl	Abzählung	Br
A_1	s	s	s	s	$\varrho=0$ ia	$3m+2s+c_3+c_y$	A_1
A_2	s	s	s	as	v ia	$3m+s$	A_2
E	s	s	e	e	dp ia	$6m+3s+c_3+c_y$	B
F_1	e	e	e	e	v ia	$9m+4s+c_3+2c_y-1$	C_2
F_2	e	e	e	e	dp $\mathfrak{M}$	$9m+5s+2c_3+3c_y+\delta-1$	C_1

$$N = 24m + 12s + 4c_3 + 6c_y + \delta.$$

30. $\underline{T_h}$; Symmetrieelemente: Die in Nr. 28 unter a) und d) angegebenen. $N = 24m + 8c_3 + 6c_y + 12s_z + \delta$; in Tabelle 28 sind zusammenzuziehen die Typen: $A_{1g} = A_{2g} = A_g$; $A_{1u} = A_{2u} = A_u$; $F_{1g} = F_{2g} = F_g$; $F_{1u} = F_{2u} = F_u$.

31. $\underline{O}$; Symmetrieelemente: Die in Nr. 28 unter a) und b) angegebenen. $N = 24m + 8c_3 + 6c_y + 12c + \delta$; In Tabelle 28 sind zusammenzuziehen: $A_{1g} = A_{1u} = A_1$; $A_{2g} = A_{2u} = A_2$; $E_g = E_u = E$; $F_{1g} = F_{1u} = F_1$; $F_{2g} = F_{2u} = F_2$.

32. $\underline{T}$; Symmetrieelemente: Die in Nr. 28 unter a) angegebenen. $N = 12m + 4c_3 + 6c_y + \delta$. In Tabelle 28 sind zusammenzuziehen: $A_{1g} = A_{1u} = A_{2g} = A_{2u} = A$; $E_g = E_u = \underline{E}$; $F_{1g} = F_{1u} = F_{2g} = F_{2u} = F$.

§ 8. Die Verwertung der Schwingungsspektren zu Aussagen über das Molekül.

Welche Verwertung der Schwingungsspektren möglich wäre, wenn die einschlägigen Verhältnisse ideale wären, soll im folgenden ersten Abschnitt kurz besprochen werden. Obwohl nur ein ganz kleiner Prozentsatz der bisher untersuchten rund 2000 Molekülformen wenigstens einigermaßen zu diesen Idealfällen gerechnet werden kann, sind die dabei gewonnenen Erfahrungen doch insoferne von maßgebender Bedeutung, als sie zeigen, wieweit die der strengen theoretischen Behandlung zugrunde liegenden physikalischen Vorstellungen diesen innermolekularen Vorgängen gerecht werden. Der Schlüsselstellung, die diese Fälle einnehmen, entspricht es, daß sie in allen einschlägigen Monographien ausführlichst behandelt werden. Unter Hinweis auf diese eingehenden Darstellungen von Herzfeld (IV), Placzek (VI), Stuart (II), Teller (V), Mecke (V), Sponer (III) muß hier ein kurzer Überblick genügen, um das Hauptgewicht auf den für den Ramanspektroskopiker normalen Fall des vielatomigen Moleküles legen zu können.

A. Ideale Verhältnisse.

Eine *ideale experimentelle* Bestimmung des Schwingungsspektrums hätte zur weiteren Verwertung zunächst zur Verfügung zu stellen:

a) Die Kenntnis *sämtlicher* Eigenfrequenzen (Grundtöne), soweit sie überhaupt beobachtbar sind, also in Absorption oder (bzw. und) Streuung auftreten.

b) Die Kenntnis, welche dieser beobachtbaren Linien verboten, depolarisiert, polarisiert im Streuspektrum, inaktiv bzw. aktiv mit $\mathfrak{M}_{||}$ oder $\mathfrak{M}_{\perp}$ im Absorptionsspektrum sind.

Diese Aussagen a) und b) müßten für das freie, nicht unter dem Einfluß zwischenmolekularer Felder stehende Molekül gelten, d. h. am gasförmigen Zustand gewonnen sein.

Die Verwertung dieser Versuchsergebnisse würde zunächst die Symmetrieeigenschaften des Systems ermitteln lassen und dadurch im allgemeinen die räumliche Struktur bereits entweder unmittelbar oder in Verbindung mit andern Messungsergebnissen (Dipolmoment, Röntgen- bzw. Elektronenbeugung, Kerreffekt usw.) festlegen.

Dagegen wird es mit den Angaben a) und b) *nicht* möglich sein, die Molekülkonstanten a_{ik} des allgemeinen (d. i. voraussetzungslosen) Potentialausdruckes (1) oder (1a) in § 3 und damit die innermolekulare Kraftverteilung zu bestimmen. Denn es stehen von jeder Rasse nur s Frequenzen als bekannte Größen zur Verfügung, während $s(s+1)/2$ Kraftkonstanten zu berechnen wären. Nur in dem seltenen Ausnahmsfall, daß nur eine einzige Schwingungsform — die dann auch bereits eindeutig durch die Symmetrieeigenschaften festgelegt ist — zu einer bestimmten Rasse gehört, ist die voraussetzungslose Bestimmung der einzigen dann vorhandenen Kraftkonstanten möglich.

Doch lassen sich die experimentellen Aussagen unter den günstigen Umständen, die für den Idealfall vorausgesetzt werden, noch wesentlich erweitern:

c) Man ersetzt in dem betreffenden Molekül die vorhandenen Atome durch ihre Isotopen; d. h. man vermehrt das Gewicht, ohne etwas am Kraftfeld zu ändern, und bestimmt wieder ein vollständiges Schwingungsspektrum. Insbesondere wird sich der Ersatz von H durch D, wobei der Massenunterschied und damit die eintretende Frequenzverschiebung prozentuell am größten ist, hierfür eignen. Über die Theorie dieses „Isotopeneffektes" vgl. man etwa die zusammenfassenden Darstellungen von Sponer (III, § 8), Teller (V, § 34), sowie die Originalliteratur: Goldstein[624], Salant-Rosenthal[643], Rosenthal[716], Wilson[731], Adel[760], Redlich[841, 1215], Bartholomé-Sachsse[938], Schimmel[1072], Anderson-Lassettre-Yost[1089] sowie van Vleck*, Tompa**.

d) Auch aus der Feinstruktur der Ultrarotbanden, in der sich eine mit der innermolekularen Kraftverteilung zusammenhängende Wechselwirkung zwischen Rotation und Schwingung bemerkbar macht, kann man weitere experimentelle Angaben erhalten. Vgl. Sponer (III, S. 210), Placzek (VI, § 21), Teller (V, § 30, 35), ferner den Bericht von Verleger***, sowie Teller-Tisza[595], Placzek-Teller[626].

Als erschwerend kommt jedoch zum Bisherigen der Umstand hinzu, daß die Molekülschwingungen nicht streng harmonisch sind. Die Amplituden sind nicht, wie die einfache klassische

* Vleck, J. H. van, Phys. Rev. **49**, 417, 1936; J. chem. Phys. **4**, 327, 1936.

** Tompa, H., Nature, Lond. **137**, 951, 1936.

*** Verleger, H., Phys. Z. **38**, 83, 1937.

Theorie voraussetzt, „unendlich" klein; die rücktreibenden Kräfte lassen sich nicht mehr als lineare Funktion der Verrückungen darstellen*, es tritt „Anharmonizität" auf [vgl. PLACZEK (VI, § 20)]. Diese hat zur Folge: Erstens, daß die Frequenz von der Amplitude abhängt und der beobachtete Frequenzwert des Grundtones etwas (einige Prozente) niederer ist, als für unendlich kleine Schwingung (vgl. § 17). Zweitens hängen die Verrückungen nicht mehr nach einem einfachen Cosinus-Gesetz von der Zeit ab, weshalb verstimmte Obertöne (nicht genau ganzzahlige Vielfache der Grundfrequenz) auftreten. Drittens sind die Normalschwingungen nicht mehr voneinander unabhängig (Orthogonalität § 3). Eine Schwingung mit der Frequenz $\omega^{(\alpha)}$ kann an einer andern mit der Frequenz $\omega^{(\beta)}$ Arbeit leisten; es tritt wieder „Modulation" auf, die zu „Kombinationstönen" mit den Frequenzen $\omega^{(\alpha)} \pm \omega^{(\beta)}$ führt. Die Aktivität dieser Ober- und Kombinationstöne für Ramaneffekt und Absorption hängt bei Vorhandensein von Symmetrie noch von den Auswahlregeln (§ 7) ab. Viertens tritt ein Effekt auf, der häufig als „Resonanzaufspaltung" bezeichnet wird: Die Wechselwirkung zweier anharmonischer Grundschwingungen aufeinander wird besonders stark, wenn ein „Aufschaukeln" durch Resonanz möglich ist, wenn also ihre Frequenzen im Verhältnis ganzer Zahlen zueinander stehen. Wenn z. B. die Oktav $2\,\omega^{(\alpha)}$ der einen mit dem Grundton $\omega^{(\beta)}$ der zweiten Schwingung zusammenfällt oder wenn etwa $\omega^{(\alpha)} + \omega^{(\gamma)} = \omega^{(\beta)}$ ist, dann treten statt der einen Frequenz $\omega^{(\beta)}$ (stark) $= 2\,\omega^{(\alpha)}$ (schwach) [bzw. statt $\omega^{(\beta)} \doteq \omega^{(\alpha)} + \omega^{(\gamma)}$] zwei fast gleich starke Frequenzen auf, die gegen den ursprünglichen Wert $\omega^{(\beta)}$ nach links und rechts verschoben sind. Vgl. zu dieser „Resonanzaufspaltung" die Originalliteratur: FERMI[451], DENNISON**, HORIUTI[674], CASSIE-BAILEY[601], LANGSETH-NIELSEN[620], ITTMANN[639], ADEL-BARKER[778], ANDERSON[991].

B. Der normale Fall vielatomiger Moleküle.

Die unter A. beschriebene grundsätzliche Möglichkeit, die unter idealen Bedingungen gewonnenen experimentellen Ergebnisse zur Ermittlung des innermolekularen Kraftfeldes zu verwenden, ist praktisch auf Moleküle mit nur wenig Atomen oder ganz besonders hoher Symmetrie beschränkt. Denn angenommen,

* Vgl. die Ausführungen in S.R.E. § 69; die dort wiedergegebene Auffassung vom Zusammenhang zwischen Anharmonizität und Aktivität in Streuung und Absorption ist allerdings überholt.

** DENNISON, D. M., Phys. Rev. 41, 304, 1932.

es sei für das im chemischen Sinn gewiß sehr einfache Molekül Äthylchlorid $H_3C \cdot H_2C \cdot Cl$ alles experimentell Bestimmbare (Punkte a, b, c, d in A) auch wirklich gegeben, so würde die strenge Auswertung dieser Daten vermutlich an dem ungeheuren Rechenaufwand scheitern. Man hätte, selbst wenn das Molekül eine durch die „Kette" $C \cdot C \cdot Cl$ gehende Symmetrieebene besitzt, 11 zu σ symmetrische, bzw. 7 zu σ antisymmetrische Schwingungen, die zu Frequenzgleichungen [z. B. Gl. (13) in § 2] vom 11. bzw. 7. Grad in n^2 gehören würden. Unmöglich ist die Auswertung nicht, wie kürzlich (DELFOSSE usw.[1193], LEMAITRE-MANNEBACK-TSCHANG[1233]) an einer Säkulargleichung 9. Grades gezeigt wurde; immerhin waren hierzu besondere Methoden und ein Stab von Mitarbeitern nötig und die Anwendung solcher Rechnungen auf ein größeres Erfahrungsmaterial ist praktisch ausgeschlossen.

Hierzu kommt weiter, daß die experimentellen Grundlagen alles andere als ideal und nur ganz selten vollständig sind. Einigermaßen vollständige Spektren für *gasförmige* vielatomige Moleküle gibt es fast nicht. Es wird aus Intensitätsgründen am flüssigen, manchmal am festen Zustand beobachtet. Die Ergebnisse sind also nicht am *freien* Molekül gewonnen und unterscheiden sich von diesem durch die Wirkung der zwischenmolekularen Kräfte auf die Frequenzhöhen und vielleicht auch auf die Symmetrieeigenschaften des Moleküles (vgl. diesbezüglich § 16).

Aber auch unter den wesentlich günstigeren Bedingungen, die der flüssige Zustand für die Beobachtbarkeit der Streulinien darbietet, gelingt es im allgemeinen nicht, ein *vollständiges* Schwingungsspektrum zu ermitteln. Meist gibt es Schwingungen, die so wenig aktiv in Streuung oder Absorption sind, daß es zu ihrer Beobachtung Gewaltmittel bedarf; im Streuspektrum z. B. muß stark überexponiert werden. Die so erhaltenen Ergebnisse — *wenn* man welche trotz der meist zunehmenden Intensität des kontinuierlichen Untergrundes erhält — sind aber stets mit Verdachtmomenten behaftet. Denn Überexposition ist ja jenes Mittel, mit dessen Hilfe man nicht nur die schwachen Linien der untersuchten Molekülform beobachtbar macht, sondern auch Linien, die zu den ohne ganz besondere Reinheitsprüfung nie auszuschließenden Verunreinigungen gehören, oder zu andern Molekülformen, zu Ober- und Kombinationstönen, zu Frequenzen, die eigentlich verboten sein sollten und es im flüssigen Zustand vielleicht nicht mehr sind, usw.

Noch weniger günstig liegen die experimentellen Bedingungen für eine exakte Bestimmung jener spektralen Eigenschaften, die Rückschlüsse auf die Symmetrie gestatten: Es ist unmöglich festzustellen, daß der Depolarisationsgrad ϱ *genau* den kritischen Wert $\varrho_n = {}^6/_7$, $\varrho_l = {}^3/_4$, $P = 6$ hat und die Linie daher im Sinne der Theorie als zu einer antisymmetrischen Schwingung gehörig anzusehen ist. Ebenso unmöglich ist es auszusagen, daß die Frequenz einer Ramanlinie mit der einer ultraroten Absorptionsstelle *genau* übereinstimmt. Im ersteren Falle ist es die bis jetzt noch nicht überwundene Ungenauigkeit der Polarisationsmessung (§ 11), im zweiten Fall die endliche Breite der Absorptionsbande, die solche Feststellungen verhindert. Dazu kommt noch, daß die Ultrarotmessungen im allgemeinen das Gebiet $\nu < 500\ \mathrm{cm}^{-1}$ überhaupt nicht erfassen, und daß es kaum möglich ist, a priori zwischen Grund- und Obertönen zu unterscheiden; durch das Auftreten der letzteren und durch die Breite der Absorptionsbanden ist die Wahrscheinlichkeit für zufällige, „ungefähre“ Koinzidenzen zwischen Streu- und Absorptionsfrequenz beträchtlich erhöht.

Wie ungünstig diese Verhältnisse sind, sieht man am besten an dem mehrfach, zuletzt am gründlichsten in INGOLDs Laboratorium unternommenen Versuch, ein „vollständiges“ Benzolspektrum zu ermitteln (§ 23).

Aus dem Gesagten folgt, daß es für den Großteil der an vielatomigen Molekülen gewonnenen Schwingungsspektren sowohl von der experimentellen als von der theoretischen Seite her unmöglich gemacht wird, eine direkte Auswertung der Ergebnisse durchzuführen, die frei von zunächst willkürlich erscheinenden Voraussetzungen ist. Es bleibt in diesen Fällen keine andere Möglichkeit, als den Versuch zu machen, das angestrebte Ziel durch ein Näherungsverfahren zu erreichen.

In quantitativer Hinsicht ist das diesem Forschungsgebiet vorbehaltene Ziel die Gewinnung von Zahlenmaterial über das innermolekulare Kraftfeld. Ein erstes und sehr grundlegendes Ergebnis, nämlich die Zahlen für die Federkraft f in den einzelnen Bindungen A · B, ist sehr leicht zu erhalten, wenn man dazu die einfachsten Molekülformen, die diese Bindung enthalten, heranzieht. So ergeben sich z. B. (vgl. S.R.E., § 48 und weiter unten § 17 und 20) aus den Spektren der Methylderivate $H_3C \cdot X$ dadurch, daß man die im tiefen Frequenzbereich auftretende starke Linie als zur Schwingung der beiden Gruppen (H_3C) und X gehörig auffaßt, Zahlenwerte für die Federkraft C · X, die auf einige Prozente genau sind und überdies durch Verbesserung der Berechnungsart leicht noch genauer gemacht werden können.

Unverhältnismäßig schwieriger ist die Beantwortung der nächsten Frage: Wie *ändert sich diese Bindungskonstante*, wenn an die Bindung A · B Substituenten herantreten (konstitutiver Einfluß), wenn die räumliche Konfiguration des A · B enthaltenden Moleküles (etwa bei cis- und trans-Formen, bei Ringschluß und Ringverengung), wenn der Aggregatzustand oder das Nachbarmolekül variiert wird (Einfluß zwischenmolekularer Kräfte), und so weiter. Gerade diese Fragen sind es aber, die sowohl vom chemischen als vom molekular-theoretischen Standpunkt aus von höchstem Interesse sind.

Durch diese Fragestellung werden die zu untersuchenden Molekülformen vorgegeben und diese sind im allgemeinen durchaus nicht einfach. Damit setzen alle die weiter oben geschilderten Schwierigkeiten ein, mit denen jede der drei naturgegebenen Entwicklungsstufen dieses Forschungsgebietes zu kämpfen hat.

Als erste Stufe kann man wohl die Bereitstellung eines hinreichenden Versuchsmateriales bezeichnen. Wie fast überall hat sich auch hier die Entwicklung zuerst nach der Breite und dann nach der Tiefe vollzogen. Ersteres vermittelte jene Erfahrung und jenen Überblick über die empirischen Gesetzmäßigkeiten, die für die Zielsetzung und die Wahl des Weges richtunggebend sind. Jetzt ist man dabei, das Beobachtungsmaterial zu vervollkommnen, indem einerseits die noch ausständigen schwerer zugänglichen Molekülformen bearbeitet, andererseits nach Vervollständigung der schon vorhandenen Beobachtungen gestrebt wird. Durch Verbesserungen in aufnahmstechnischer und präparativer Hinsicht werden häufig schwache Linien, die bisher der Messung entgangen waren, aufgefunden und Störungen durch chemische Verunreinigungen eliminiert; es werden die so wichtigen Polarisationsmessungen durchgeführt u. a. m. Ähnlich liegen die experimentellen Ziele bei den Beobachtungen der ultraroten Absorption, bei denen insbesondere die Ausdehnung der Messung auf den Frequenzbereich unter 500 cm^{-1} anzustreben wäre.

Hand in Hand mit diesem Ausbau der Erfahrungsgrundlagen geht die Entwicklung der zweiten Stufe, das ist die Deutung der Spektren durch Zuordnung der Frequenzen zu den einzelnen Schwingungsformen des Moleküles. Dieser Vorgang, der manchmal ein recht weitgehendes qualitatives Verständnis für die oben erwähnten empirischen Gesetzmäßigkeiten in den Spektren vermittelt, wird im folgenden Abschnitt C gesondert besprochen. Er stellt eine unerläßliche Vorarbeit und den Übergang zur Hauptaufgabe dar.

Die Lösung dieser Hauptaufgabe, die in der quantitativen Verwertung der Spektren zur Berechnung des Kraftfeldes besteht, wird die dritte Stufe der Entwicklung bilden; ob sie auf dem hier skizzierten Wege, durch systematisches Vortreiben der Erkenntnis, oder ob sie auf ganz anderem Wege, vielleicht auch intuitiv gefunden werden wird, wird die Zukunft lehren. Jedenfalls besteht sie nach des Verfassers Überzeugung darin: Es ist ein nach einheitlichen Gesichtspunkten konstruiertes universelles Molekülmodell zu ersinnen, dessen Kraftfeld nicht durch $s(s+1)/2$ Potentialkonstanten, sondern durch nur s anschauliche Molekülkonstante mit physikalischem Inhalt beschrieben wird. Trotz dieser weitgehenden Vereinfachung soll dieses „rationelle“ Modell getreu genug sein, daß die Berechnung seines innermolekularen Kraftfeldes und dessen Veränderungen eine brauchbare quantitative Aussage über die entsprechenden Veränderungen im Molekül liefert.

C. Die Zuordnung der Frequenzen zu den Schwingungsformen des Moleküles.

Ist Symmetrie vorhanden, dann geben Polarisationsmessungen im Streuspektrum und der Vergleich mit dem Ultrarotspektrum (innerhalb der Verläßlichkeitsgrenzen dieser Aussagen) den ersten Hinweis: depolarisierte oder nur in Absorption auftretende Linien gehören zu antisymmetrischen oder entarteten Schwingungen.

Hat man es mit Molekülen zu tun, die XH-Bindungen enthalten, so wird das nächste der Versuch sein, die XH-Frequenzen und die „Kettenfrequenzen“ zu trennen; unter letzteren sind jene verstanden, die man an *ungefähr* der gleichen Stelle im Spektrum fände, wenn man entweder die H-Atome entfernen, oder sie mit den X-Atomen unendlich fest binden könnte. Das beste Mittel — leider ist es nicht ganz leicht erhältlich — diese Trennung zu bewerkstelligen, ist der „Isotopieeffekt“, nämlich der Ersatz von XH durch XD; diejenigen Frequenzen, die dadurch wesentlich erniedrigt werden, gehören zu Schwingungen, an denen die XH-Bindungen wesentlich beteiligt sind. Ein anderes, weniger sicheres Mittel ist das Auswechseln der Kettenatome oder das

Ändern der Kettenform; die dadurch hauptsächlich betroffenen Frequenzen sind Kettenfrequenzen. Bei Paraffinderivaten kann auch die mit Verlängerung der C-Kette (Vermehrung der CH_2-Gruppen) eintretende relative Steigerung der Intensität gewisser Linien zur Erkennung von CH-Frequenzen helfen (KOHLRAUSCH-KÖPPL-PONGRATZ[642]).

Als ein sehr brauchbares Hilfsmittel zur Erkennung der Kettenfrequenzen hat sich bei einfacheren Molekülformen der folgende Vorgang erwiesen: Man berechnet ein einfaches Modell der in ihrer Form bekannten Kette; meist wird das „Valenzkraftmodell" verwendet (S.R.E. § 51), das sich für solche Näherungsrechnungen gut bewährt hat, den Vorstellungen der Chemie (Vorhandensein bindender Kräfte hauptsächlich zwischen den unmittelbar verketteten Atomen und schwacher winkelerhaltender Kräfte mit dem Sitz im Atom am Scheitel des Winkels) angepaßt ist und vielleicht durch Verfeinerung und Ergänzung einmal zum gesuchten „rationellen" Modell werden könnte. An diesem Modell verfolgt man rechnerisch, welche Verschiebung in den Frequenzen eintritt, wenn solche Veränderungen vorgenommen werden, wie man sie auch am Molekül vornehmen kann. Dann vergleicht man die errechnete Serie der Modellspektren mit der beobachteten Serie der Molekülspektren. Meistens ermöglicht die Ähnlichkeit in der Frequenzveränderung gewisser Linien die Agnoszierung als Kettenschwingung und die Zuordnung zur Schwingungsform, die vom Modell her bekannt ist.

In Fällen, bei denen diese Berechnung des Modelles zu langwierig wird, kann man die Rechnung durch die Beobachtung am mechanischen Modell ersetzen. Mit derartigen Modellen haben zuerst KETTERING-SHUTTS-ANDREWS[298] (S.R.E. S. 233) gearbeitet; ihre Versuche wurden später fortgesetzt von DUNCAN-MURRAY[728], ANDREWS-MURRAY[781], TEETS-ANDREWS[788], MURRAY-DEITZ-ANDREWS[789], DEITZ-ANDREWS*; vgl. auch die von CHILDS-JAHN[1150] vorgeschlagene Modifikation des Verfahrens. In der Grazer Schule (TRENKLER[797a, 874, 1013], REITZ[1151]) wurde die Verwendbarkeit solcher Beobachtungen am mechanischen Modell in systematischer Weise untersucht. An einfachen Modellformen wurde zuerst nachgewiesen, daß Schwingungsform und Frequenzhöhe im allgemeinen in befriedigender Annäherung durch eben jene Art der Berechnung sich darstellen lassen, die auch als „Valenzkraft"-Theorie eine

* DEITZ, V., D. H. ANDREWS, J. Franklin Inst. **219**, 703, 1935.

genäherte Darstellung der Molekülspektren gestattet; damit wurde gezeigt, daß das mechanische Modell ein hinreichend getreues Abbild des Moleküles bezüglich seiner Schwingungseigenschaften ist. Ist dies sichergestellt, dann kann man einigermaßen beruhigt zu komplizierteren Modellformen, deren richtiges Verhalten nicht mehr durch Rechnung kontrolliert werden kann, übergehen und sie für Zwecke der Orientierung im Molekülspektrum verwenden. Wieder ist es dabei vorwiegend die *Veränderung* des Spektrums bei Änderungen am Modell, die mit den *Veränderungen* des Molekülspektrums bei analogen Änderungen am Molekül zu vergleichen und als Kriterium für die Zuordnung heranzuziehen ist; denn es ist kaum möglich, die Eigenschaften des Modells (Massen, Federkräfte) so zu adjustieren, daß das einzelne Modellspektrum bereits in verläßlicher Weise mit dem Molekülspektrum vergleichbar ist; wohl aber ist dies der Fall für die Empfindlichkeit der einzelnen Schwingungsformen gegen Veränderungen im Modell.

Immerhin hat sich bei diesen systematischen Untersuchungen der Modelleigenschaften herausgestellt, daß man bei der Anwendung dieses Verfahrens vorsichtig sein muß. Es gibt Schwingungsformen, die in dem aus Massen und mit ihnen verschraubten Federn aufgebauten mechanischen Modell zu andern Frequenzwerten führen, als von der Rechnung erwartet bzw. im Molekül (das keine „verschraubten Federn" enthält) beobachtet werden; es sind dies z. B. Formen eines geradzahligen Ringes, die (vgl. Abb. 3) bei radial gerichteter Bewegung der Massen zu C_p antisymmetrisch sind; bei ihnen werden, da sich die Massen nicht verdrehen können, benachbarte Massen aber im Gegentakt schwingen, die Federn S-förmig durchgebogen; im einfachsten Fall bewirkt dies eine $\sqrt{2}$ mal höhere Frequenz als mit der einfachen, diesen Umstand nicht berücksichtigenden „Valenzkrafttheorie" errechnet wird (TRENKLER, unveröffentlicht).

Mit Rücksicht auf die grundlegende Bedeutung, die einer möglichst vollständigen und richtigen Zuordnung der Spektrallinien zu den Schwingungsformen zukommt, und mit Rücksicht auf die große Hilfe, die dabei die Möglichkeit der näherungsweisen Frequenzberechnung bietet, sind im folgenden § 9 die für Valenzkraftsysteme gültigen Frequenzformeln und Schwingungsbilder für eine Anzahl von Punktsystemen zusammengestellt.

Die Verwendung des BJERRUMschen Valenzkraftmodelles als ersten Vorläufer des angestrebten „rationellen Molekülmodelles", und damit die Verwendung solcher Frequenzformeln zur Berechnung von Kraftkonstanten hält der Verfasser für berechtigt und notwendig. Aus der Art der dabei zutage tretenden Unzulänglichkeiten wird man bei hinreichender Erfahrung lernen, wie das Modell zu verbessern ist. Den ersten Einblick in die Unzulänglichkeit erhält man dadurch, daß es im allgemeinen nicht möglich sein wird, die Kraftkonstanten so zu wählen, daß mit ihnen sämtliche Molekülfrequenzen exakt berechenbar sind; dies wird insbesondere dann stark merkbar werden, wenn die Verhältnisse so liegen, daß — etwa wegen der Symmetrie des Systems — mehr Frequenzen vorhanden sind, als Konstante im Valenzkraftsystem.

Bei der Verwendung des so gewonnenen Zahlenmateriales zu Schlüssen auf die quantitativen Eigenschaften der Molekülbindungen wird man daher naturgemäß *sehr* vorsichtig sein müssen. Zum Beispiel ist zu bedenken, daß bei der Behandlung organischer Moleküle eine solche Rechnung nur für die „Kettenschwingungen" möglich ist, die Anwesenheit der CH-Bindungen und ihrer Schwingungen dabei also vernachlässigt wird; dies wird hinsichtlich der in der Frequenz sehr verschiedenen CH-Valenzschwingungen eine meist noch erträgliche Näherung sein, während die Vernachlässigung der Wechselwirkung von Ketten- und CH-Deformationsschwingungen gleicher Rasse schon recht fehlerhaft werden kann.

Bezüglich anderer Modelle, wie z. B. das „Zentralkraftsystem" bzw. das „Atomkraftsystem" vgl. man S.R.E. § 51 bzw. MECKE (V, § 10). Die Literatur zu solchen Modellbetrachtungen ist im folgenden Abschnitt zusammengestellt; die Ergebnisse zu erörtern, wird bei der näheren Behandlung der einzelnen Molekültypen Gelegenheit sein. Über die gruppentheoretische Behandlung vgl. etwa ROSENTHAL-MURPHY*; vgl. ferner SUTHERLAND-DENNISON[849a], MANNEBACK (X/17), BAUERMEISTER-WEIZEL[1004], BARTHOLOMÉ (X/28).

§ 9. Das Valenzkraftsystem (BJERRUM 1914).

A. Allgemeines.

In jeder durch einen Valenzstrich symbolisierten Bindung soll eine rücktreibende quasielastische Kraft f der Entfernungsänderung beider Atome einen Widerstand entgegensetzen, so daß bei der Dehnung um Δs die Arbeit $\frac{1}{2} f (\Delta s)^2$ zu leisten ist. Sind zwei Atome an ein Zentralatom gebunden, so soll vorwiegend durch

* ROSENTHAL, J. E., G. M. MURPHY, Rev. Modern Phys. 8, 317, 1936.

Eigenschaften des Zentralatomes der Valenzwinkel δ zwischen den beiden Bindungen stabilisiert sein, derart, daß zur Winkeländerung $\Delta\,\delta$ die Arbeit $\frac{1}{2}\,d\,(s\,\Delta\,\delta)^2$ nötig ist; $s^2 \cdot d$ ist die für die winkelerhaltende Tendenz charakteristische Größe; d wird Deformationskonstante genannt. Sind mehr als 3 Atome zu einer z. B. ebenen, offenen Kette vereinigt, dann muß für die Ebenheit des Gebildes durch eine dritte Materialkonstante g gesorgt werden; das Herausbiegen einer Bindung aus der durch die beiden andern Bindungen definierten Ebene um den $\sphericalangle\Delta\gamma$ soll die Arbeit $\frac{1}{2}\,g\,(s\,\Delta\,\gamma)^2$ kosten. Die Gesamtarbeit ist

$$U = \tfrac{1}{2}\sum f_i\,(\Delta\,s_i)^2 + \tfrac{1}{2}\sum d_i\,(s_i\,\Delta\,\delta_i)^2 + \tfrac{1}{2}\sum g_i\,(s_i\,\Delta\,\gamma_i)^2.$$

Man hat darin N — 1 Konstante f_i, N — 2 Konstante d_i und N — 3 Konstante g_i; insgesamt 3 N — 6 Molekülkonstante, wenn N die Zahl der Atome des Moleküles ist.

MECKE[502, 535] (V, X/7) betrachtet jede Bindung als Stab mit Dehnungs- und Biegungsfestigkeit; erstere wird durch f, letztere durch *d und g* beschrieben, da der Stab elliptischen Querschnitt und daher zwei Biegungskoeffizienten besitzen kann. Im nicht ringförmigen Molekül gibt es zwischen N Atomen N — 1 solche Stäbe, daher 3 · N — 3 Konstante im Potential. Da erfahrungsgemäß die Größen d und g klein sind gegen $f\,(d \sim g \sim 0{,}1\,f)$, so kann man die sich aus dem Potentialansatz ergebenden Frequenzgleichungen nach Potenzen von d/f bzw. g/f in meist gut konvergierende Reihen entwickeln. Bricht man nach dem ersten Glied ab, so bewirkt dies die Abtrennung der N — 1 jetzt *nur* von f_i abhängigen „Valenzfrequenzen" von den restlichen 2 N — 5 *nur* von d_i und g_i abhängigen „Deformationsfrequenzen". Für die Schwingungsform besagt diese Abtrennung, die allerdings nur eine ganz grobe Näherung darstellt und nur für Übersichtszwecke verwendet werden sollte, daß die *end*ständigen Atome der Kette sich bei Valenzschwingungen *in* der Richtung der Valenz, bei Deformationsschwingungen *senkrecht* zu ihr bewegen. Von diesen Grundvorstellungen ausgehend, hat MECKE eigene Näherungsverfahren entwickelt, bezüglich derer auf die Originalabhandlungen (zuletzt insbesondere[1128]) verwiesen werden muß.

Im folgenden sind die Frequenzgleichungen für die wichtigsten Grundformen solcher Valenzkraftsysteme zusammengestellt. Die in den Abb. 7, 8, 9 angegebenen Schwingungsformen geben, wenn sie sich nicht auf durchgerechnete Spezialfälle beziehen, nur den allgemeinen Typus an, der im einzelnen noch vom Kraftfeld abhängt; nur wenn für eine Symmetrieklasse nur eine einzige Schwingung vorhanden ist, ist deren Form vom Kraftfeld unabhängig und durch die Symmetrie allein festgelegt.

B. Zweimassensysteme.

1. Zwei Massen m_1 und m_2 sind quasielastisch gebunden. Wird die Masse in Atomgewichtseinheiten ($m = A \cdot 1{,}66 \cdot 10^{-24}\, g$), die Federkraft in Dyn/cm, die Frequenz ω in cm^{-1} (ω^* in sec^{-1} ist gleich $3 \cdot 10^{10} \cdot \omega$) gemessen, dann gilt (Ableitung in § 2):

$$n^2 = \frac{f}{\mu}; \quad \frac{1}{\mu} = \frac{1}{m_1} + \frac{1}{m_2}; \quad n^2 = 5{,}863 \cdot 10^{-2} \cdot \omega^2. \tag{1}$$

In S.R.E. wurde gezeigt, daß die Amplitude a und die *mittlere* rücktreibende Kraft K zu rechnen ist aus:

$$a = 8{,}187 \cdot 10^{-8} \sqrt{1/\mu\,\omega} \text{ (in cm)}; \quad K \equiv \tfrac{1}{2} f \cdot a = 24{,}0 \cdot 10^{-10} \sqrt{\mu\,\omega^3} \text{ (in Dyn)*}.$$

C. Dreimassensysteme.

Formeln bei LECHNER[547], CROSS-VAN VLECK[651]; Modellversuche bei TRENKLER[797a]. Der Fall des unsymmetrischen Dreieckes, aus dem alle Formeln 2 bis 7 abgeleitet werden können, in TRENKLERS unveröffentlichter Dissertation. Vgl. weiters die Diskussion bei RADAKOVIC[534], sowie die allgemeine Behandlung bei ROSENTHAL[716]; ferner S.R.E. § 51.

2. *Dreimassensystem linear unsymmetrisch* (2 in Abb. 7) ($C_{\infty v}$, Tabelle 27, in § 7). Beispiel Chlorcyan Cl · C ⋮ N

$$\text{a)}\ n_1^2 + n_3^2 = \frac{f_1}{\mu_1} + \frac{f_2}{\mu_2}; \qquad \frac{1}{\mu_1} = \frac{1}{m_1} + \frac{1}{m_2}.$$

$$\text{b)}\ n_1^2 n_3^2 = f_1 f_2 \left(\frac{1}{\mu_1 \mu_2} - \frac{1}{m_2^2}\right); \qquad \frac{1}{\mu_2} = \frac{1}{m_2} + \frac{1}{m_3}$$

$$\text{c)}\ n_2^2 = \frac{d}{\mu}; \qquad \frac{1}{\mu} = \frac{s_2}{s_1}\frac{1}{\mu_1} + \frac{2}{m_2} + \frac{s_1}{s_2}\frac{1}{\mu_2}.$$

Bei den Valenzschwingungen n_1 und n_2 schwingen die Außenmassen m_1, m_3 im Gegentakt (vgl. ω_1 in Abb. 7/2) für den tieferen, im Gleichtakt (vgl. ω_3) für den höheren Frequenzwert; die Amplitudenverhältnisse sowie die Bewegungsrichtung von m_2 hängen von der Massenverteilung ab. Vgl. auch WOO-LIU-CHU[899]. Schwingungsformen und Frequenzen für variierende Masse m_1 (Beispiel X · C ⋮ N) bei KAHOVEC-KOHLRAUSCH[1183]. Formeln mit Berücksichtigung einer Kraft f_{13} zwischen m_1 und m_3 bei ENGLER-KOHLRAUSCH[1056]. Vgl. auch ROSENTHAL[1177].

3. *Dreimassensystem linear symmetrisch* (3 in Abb. 7) ($D_{\infty h}$, Tabelle 27 in § 7). Beispiel: Kohlendioxyd O : C : O.

$$\text{a)}\ n_1^2 = \frac{f}{m}$$

$$\text{b)}\ n_2^2 = \frac{2d}{m} \cdot p; \qquad p = \frac{M + 2m}{M}$$

$$\text{c)}\ n_3^2 = \frac{f}{m} \cdot p.$$

* In S.R.E. S. 155 steht irrtümlich $24{,}0 \cdot 10^{-8}$ statt $24{,}0 \cdot 10^{-10}$.

Ableitung in § 2b; vgl. auch S.R.E. § 51; was dort d ist, ist hier mit $2d$ bezeichnet. Einführung einer Zusatzkraft f_{13} zwischen den Außenmassen bei MECKE (V, S. 353). Die Formeln 3 folgen natürlich aus 2 durch Einführung der Symmetriebedingungen $f_1 = f_2 = f$; $\mu_1 = \mu_2 = \mu = mM/(m+M)$; $s_1 = s_2$.

4. *Dreimassensystem unsymmetrisch gewinkelt* (4 in Abb. 7) (C_s, Tabelle 1 in § 7). Beispiel: Kette in Äthylchlorid $H_3C \cdot H_2C \cdot Cl$.

$$\text{a) } n_1^2 + n_2^2 + n_3^2 = \frac{f_1}{\mu_1} + \frac{f_2}{\mu_2} + \frac{d}{\mu}$$

$$\text{b) } n_1^2 n_2^2 + n_2^2 n_3^2 + n_3^2 n_1^2 = f_1 f_2 \left(\frac{1}{\mu_1 \mu_2} - \frac{1}{m_2^2}\cos^2\alpha\right) + \\ + f_1 d \left(\frac{1}{\mu_1 \mu} - \frac{s_2}{s_1}\frac{1}{m_2^2}\sin^2\alpha\right) + f_2 d \left(\frac{1}{\mu_2 \mu} - \frac{s_1}{s_2}\frac{1}{m_2^2}\sin^2\alpha\right)$$

$$\text{c) } n_1^2 n_2^2 n_3^2 = f_1 f_2 \left(\frac{1}{\mu_1 \mu_2} - \frac{1}{m_2^2}\right) \cdot \frac{d}{\mu}$$

$$\frac{1}{\mu_1} = \frac{1}{m_1} + \frac{1}{m_2}; \quad \frac{1}{\mu_2} = \frac{1}{m_2} + \frac{1}{m_3}; \quad \frac{1}{\mu} = \frac{s_2}{s_1}\frac{1}{\mu_1} - \frac{2}{m_2}\cos\alpha + \frac{s_1}{s_2}\frac{1}{\mu_2}.$$

Die in Abb. 7/4 gezeichneten Schwingungsformen wurden von CROSS-VAN VLECK[651] speziell für Äthylchlorid berechnet; dort auch eingehende Diskussion.

5. *Dreimassensystem symmetrisch gewinkelt* (5 in Abb. 7) (C_{2v}, Tabelle 4 in § 7). Beispiel: Kette von Methylenchlorid. $Cl \cdot H_2C \cdot Cl$. Vgl. S.R.E. S. 176; was dort d ist, ist hier mit $2d$ eingeführt.

$$\text{a) } n_1^2 + n_2^2 = \frac{f}{m}\left(1 + 2\frac{m}{M}\cos^2\alpha\right) + \frac{2d}{m}\left(1 + 2\frac{m}{M}\sin^2\alpha\right)$$

$$\text{b) } n_1^2 n_2^2 = \frac{f}{m} \cdot \frac{2d}{m} \cdot p; \quad p = \frac{M + 2m}{M}$$

$$\text{c) } n_3^2 = \frac{f}{m}\left(1 + 2\frac{m}{M}\sin^2\alpha\right).$$

Ist $m \ll M$, dann tritt für $2\alpha \sim 90°$ zufällige Entartung ein, indem die nicht rassengleichen Valenzschwingungen n_1, n_3 frequenzgleich werden; Beispiel H_2S.

6. *Das gleichschenklige Dreieck* (6 in Abb. 7) (C_{2v}, Tabelle 4 in § 7). Beispiel: Kette von Äthylenoxyd oder Cyclopropen.

$$\text{a) } n_1^2 + n_2^2 = \frac{2f'}{m} + \frac{f}{m}\left(1 + 2\frac{m}{M}\cos^2\alpha\right) + \\ + \left(\frac{2d}{m} + \frac{d'}{m}\right)\left(1 + 2\frac{m}{M}\sin^2\alpha\right)$$

$$\text{b) } n_1^2 n_2^2 = p\left[\frac{2f'}{m} \cdot \frac{f}{m} \cdot \cos^2\alpha + \frac{2f'}{m} \cdot \left(\frac{2d}{m} + \frac{d'}{m}\right)\sin^2\alpha + \\ + \frac{f}{m} \cdot \left(\frac{2d}{m} + \frac{d'}{m}\right)\right]; \quad p = \frac{M + 2m}{M}$$

$$\text{c) } n_3^2 = \left(\frac{f}{m} + 4\frac{d'}{m}\cos^2\alpha\right)\left(1 + 2\frac{m}{M}\sin^2\alpha\right).$$

7. *Das gleichseitige Dreieck* (7 in Abb. 7) (D_{3h}, Tabelle 8 in § 7). Beispiel: Kette in Cyclopropan $(CH_2)_3$, vielleicht auch Ozon O_3. Die Schwingungen n_2 und n_3 des vorhergehenden Modelles entarten notwendig und nehmen die

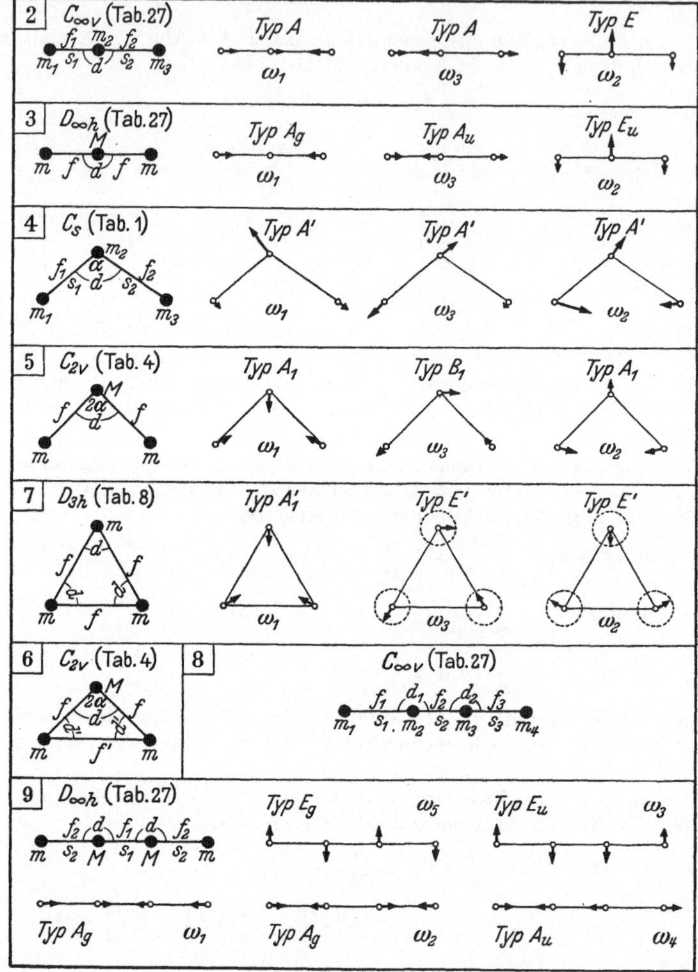

Abb. 7. Systeme mit 3 und 4 Massen.

gleiche Frequenz $n_{2,3}$ an; die Massen können z. B. auf Kreisen (gestrichelt in Abb. 7/7) mit Phasendifferenzen $2\pi/3$ umlaufen. Vgl. auch S.R.E. S. 171/172.

a) $n_1^2 = \frac{3f}{m}$; b) $n_{2,3}^2 = \frac{3}{2m}(f + 3d)$.

D. Viermassensysteme.

Formeln bei LECHNER[633]; der Fall des ebenen verzweigten Systems wird allgemein behandelt in TRENKLERS unveröffentlichter Dissertation. Vgl. ferner ROSENTHAL[869] sowie S.R.E. § 53, Modellversuche bei TRENKLER[874].

8. *Linear unsymmetrisch* (8 in Abb. 7) ($C_{\infty v}$, Tabelle 27 in § 7). Beispiel: Kette von Propiolsäurenitril HC⋮C·C⋮N.

$$\text{a) } n_1^2 + n_2^2 + n_4^2 = \frac{f_1}{\mu_1} + \frac{f_2}{\mu_2} + \frac{f_3}{\mu_3}$$

$$\text{b) } n_1^2 n_2^2 + n_2^2 n_4^2 + n_4^2 n_1^2 = f_1 f_2 \left(\frac{1}{\mu_1 \mu_2} - \frac{1}{m_2^2}\right) + f_2 f_3 \left(\frac{1}{\mu_2 \mu_3} - \frac{1}{m_3^2}\right) + \frac{f_3 f_1}{\mu_3 \mu_1}$$

$$\text{c) } n_1^2 n_2^2 n_4^2 = f_1 f_2 f_3 \frac{m_1 + m_2 + m_3 + m_4}{m_1 m_2 m_3 m_4}$$

$$\text{d) } n_3^2 + n_5^2 = \frac{d_1}{\mu_{\mathrm{I}}} + \frac{d_2}{\mu_{\mathrm{II}}}$$

$$\text{e) } n_3^2 n_5^2 = d_1 d_2 \left[\frac{1}{\mu_{\mathrm{I}} \mu_{\mathrm{II}}} - \frac{s_1 s_3}{s_2^2} \left\{\left(\frac{s_2}{s_1} + 1\right)\frac{1}{m_2} + \left(\frac{s_2}{s_3} + 1\right)\frac{1}{m_3}\right\}^2\right]$$

$$\frac{1}{\mu_1} = \frac{1}{m_1} + \frac{1}{m_2}; \quad \frac{1}{\mu_2} = \frac{1}{m_2} + \frac{1}{m_3}; \quad \frac{1}{\mu_3} = \frac{1}{m_3} + \frac{1}{m_4}$$

$$\frac{1}{\mu_{\mathrm{I}}} = \frac{s_2}{s_1}\frac{1}{\mu_1} + \frac{2}{m_2} + \frac{s_1}{s_2}\frac{1}{\mu_2}; \quad \frac{1}{\mu_{\mathrm{II}}} = \frac{s_3}{s_2}\frac{1}{\mu_2} + \frac{2}{m_3} + \frac{s_2}{s_3}\frac{1}{\mu_3}.$$

9. *Viermassensystem, linear symmetrisch* (9 in Abb. 7) ($D_{\infty h}$, Tabelle 27 in § 7). Beispiel: Dicyan N⋮C·C⋮N.

$$\text{a) } n_1^2 + n_2^2 = \frac{2 f_1}{M} + \frac{f}{\mu}; \qquad \text{b) } n_1^2 n_2^2 = \frac{2 f_1}{M} \cdot \frac{f}{m}; \qquad \frac{1}{\mu} = \frac{1}{m} + \frac{1}{M}$$

$$\text{c) } n_4^2 = \frac{f}{\mu}; \qquad \text{d) } n_3^2 = \frac{s_1}{s_2}\frac{d}{\mu}; \qquad \text{e) } n_5^2 = \frac{s_1}{s_2} d \left[\frac{1}{\mu} + \frac{s_2}{s_1}\frac{4}{M}\left(1 + \frac{s_2}{s_1}\right)\right].$$

Vgl. S.R.E. S. 211 (dort sind die zu a und b gehörigen Formeln durch Schreibfehler entstellt). Die schon von MECKE[311] angegebenen und von LECHNER[633] vervollständigten Formeln wurden nochmals von MORINO[803, 884] abgeleitet. Ein viel diskutiertes Beispiel ist Acetylen (§ 19).

10. *Viermassensystem symmetrisch gewinkelt; cis- oder Wannenform* (10 in Abb. 8) (C_{2v}, Tabelle 4 in § 7). Beispiel: Kette in cis-Dichloräthylen $\genfrac{}{}{0pt}{}{H}{Cl}\!>\!C\!:\!C\!<\!\genfrac{}{}{0pt}{}{H}{Cl}$. Die Formeln für die 5 ebenen Schwingungen sind:

$$\text{a) } n_1^2 + n_2^2 + n_3^2 = \frac{2 f_1}{M} + \frac{f}{\mu} + \frac{s_1}{s_2}\frac{d}{\mu}$$

$$\text{b) } n_1^2 n_2^2 + n_2^2 n_3^2 + n_3^2 n_1^2 = \frac{2 f_1}{M} \cdot \frac{f}{m}\left(1 + \frac{m}{M}\sin^2\alpha\right) + \frac{2 f_1}{M} \cdot \frac{s_1}{s_2}\frac{d}{m}\left(1 + \frac{m}{M}\cos^2\alpha\right) + \frac{f}{\mu} \cdot \frac{s_1}{s_2}\frac{d}{\mu}$$

$$\text{c) } n_1^2 n_2^2 n_3^2 = \frac{2 f_1}{M} \cdot \frac{f}{m} \cdot \frac{s_1}{s_2}\frac{d}{\mu} \qquad \frac{1}{\mu} = \frac{1}{m} + \frac{1}{M}$$

d) $n_4^2 + n_5^2 = \frac{f}{\mu} + \frac{s_1}{s_2} d \left[\frac{1}{\mu} + \frac{s_2}{s_1} \frac{4}{M} \left(\frac{s_2}{s_1} - \cos\alpha \right) \right]$

e) $n_4^2 n_5^2 \quad = f \frac{s_1}{s_2} d \left\{ \frac{1}{\mu} \left[\frac{1}{\mu} + \frac{s_2}{s_1} \frac{4}{M} \left(\frac{s_2}{s_1} - \cos\alpha \right) \right] - \frac{4}{M^2} \cdot \frac{s_2^2}{s_1^2} \sin^2\alpha \right\}.$

11. *Viermassensystem, symmetrisch gewinkelt; trans- oder Sesselform* (11 in Abb. 8) (C_{2h}, Tabelle 5 in §7). Beispiel: Kette in trans-Dichloräthylen $\begin{smallmatrix}H\\Cl\end{smallmatrix}\!>\!C\!:\!C\!<\!\begin{smallmatrix}Cl\\H\end{smallmatrix}$. Die Formeln für die ebenen Schwingungen:

a) $n_1^2 + n_2^2 + n_3^2 \quad = \frac{2f_1}{M} + \frac{f}{\mu} + \frac{s_1}{s_2} d \left[\frac{1}{\mu} + \frac{s_2}{s_1} \frac{4}{M} \left(\frac{s_2}{s_1} - \cos\alpha \right) \right]$

b) $n_1^2 n_2^2 + n_2^2 n_3^2 + n_3^2 n_1^2 = \frac{2f_1}{M} \cdot \frac{f}{m} \left(1 + \frac{m}{M} \sin^2\alpha \right) +$

$$+ \frac{2f_1}{M} \frac{s_1}{s_2} \frac{d}{m} \left[\left(1 + \frac{m}{M} \cos^2\alpha \right) + \frac{s_2}{s_1} \frac{4m}{M} \left(\frac{s_2}{s_1} - \cos\alpha \right) \right] +$$

$$+ f \frac{s_1}{s_2} d \left\{ \frac{1}{\mu} \left[\frac{1}{\mu} + \frac{s_2}{s_1} \frac{4}{M} \left(\frac{s_2}{s_1} - \cos\alpha \right) \right] - \frac{4}{M^2} \frac{s_2^2}{s_1^2} \sin^2\alpha \right\}$$

c) $n_1^2 n_2^2 n_3^2 \quad = \frac{2f_1}{M} \cdot \frac{f}{m} \cdot \frac{s_1}{s_2} d \left[\frac{1}{\mu} + \frac{s_2}{s_1} \frac{4}{M} \left(\frac{s_2}{s_1} - \cos\alpha \right) \right]$

d) $n_4^2 = \frac{f}{\mu}$; e) $n_5^2 = \frac{s_1}{s_2} \frac{d}{\mu}$; $\frac{1}{\mu} = \frac{1}{m} + \frac{1}{M}$.

Für den unsymmetrischen Fall wurde die Säkulardeterminante von MIZUSHIMA-MORINO[813] angegeben und für den speziellen Fall der Transkette von $ClH_2C \cdot CH_2Br$ ausgewertet[1054].

12. *Ebenes, verzweigtes, axialsymmetrisches Viermassenmodell* (12 in Abb. 8) (C_{2v}, Tabelle 4 in § 7). Beispiel: Phosgen $\begin{smallmatrix}Cl\\Cl\end{smallmatrix}\!>\!C:O$. Die Formeln für die ebenen Schwingungen:

a) $n_1^2 + n_2^2 + n_3^2 \quad = \frac{f_1}{m_1} \left(1 + \frac{m_1}{M} \right) + \frac{f}{m_2} \left(1 + 2 \frac{m_2}{M} \cos^2\alpha \right) +$

$$+ \frac{d'}{m_2} \left(1 + 2 \frac{m_2}{M} \sin^2\alpha \right)$$

b) $n_1^2 n_2^2 + n_2^2 n_3^2 + n_3^2 n_1^2 = \frac{f_1}{m_1} \frac{f_2}{m_2} \left(1 + \frac{m_1}{M} + 2 \frac{m_2}{M} \cos^2\alpha \right) +$

$$+ \frac{f_1}{m_1} \frac{d'}{m_2} \left(1 + \frac{m_1}{M} + 2 \frac{m_2}{M} \sin^2\alpha \right) + \frac{f_2}{m_2} \cdot \frac{d'}{m_2} \left(1 + 2 \frac{m_2}{M} \right)$$

c) $n_1^2 n_2^2 n_3^2 \quad = \frac{f_1}{m_1} \cdot \frac{f_2}{m_2} \cdot \frac{d'}{m_2} \left(1 + \frac{m_1}{M} + 2 \frac{m_2}{M} \right)$

d) $n_4^2 + n_5^2 \quad = \frac{f_2}{m_2} \left(1 + 2 \frac{m_2}{M} \sin^2\alpha \right) + \frac{s_2}{s_1} \frac{d_2}{m_1} \left[2 + \frac{s_1^2}{s_2^2} \frac{m_1}{m_2} + \right.$

$$\left. + 2 \frac{m_1}{M} \left(1 + \frac{s_1}{s_2} \cos\alpha \right)^2 \right]$$

e) $n_4^2 n_5^2 \quad = \frac{f_2}{m_2} \cdot \frac{s_2}{s_1} \frac{d_2}{m_1} \left[2 + \frac{s_1^2}{s_2^2} \frac{m_1}{m_2} + 2 \frac{m_1}{M} \left(1 + \frac{s_1}{s_2} \cos\alpha \right)^2 + \right.$

$$\left. + 2 \frac{s_1}{s_2} \left(\frac{s_1}{s_2} \frac{m_1}{M} + 2 \frac{s_2}{s_1} \frac{m_2}{m_1} \right) \sin^2\alpha \right]; \qquad d' = 2 d_1 + \frac{s_1}{s_2} d_2 .$$

Auswertung der Formeln und Berechnung der Schwingungsformen für variierte Modelleigenschaften bei BURKARD-KOHLRAUSCH (unveröffentlicht); Einfluß der Winkelvariation und Übergang zu Modell 13 bei TRENKLER[874].

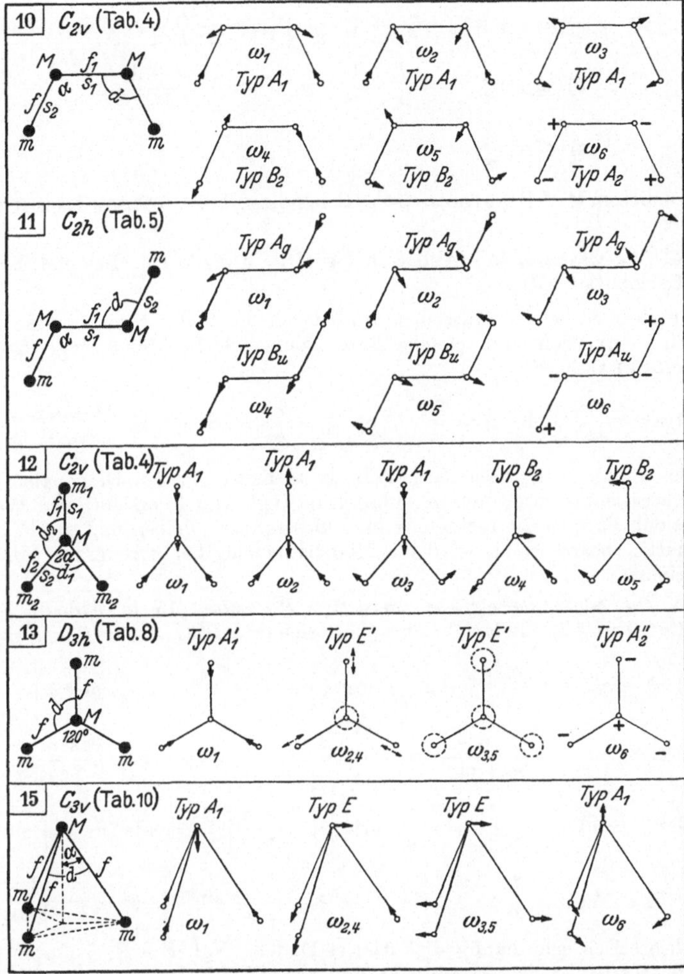

Abb. 8. Systeme mit 4 Massen.

13. *Zentrosymmetrisches ebenes Sternmodell mit 4 Massen* (13 in Abb. 8) (D_{3h}, Tabelle 8 in § 7). Beispiel: CO_3-Ion. Beim Übergang von Modell 12 zu Modell 13 entarten die zu ω_2 und ω_4 bzw. zu ω_3 und ω_5 gehörigen Schwingungsformen miteinander und geben die Frequenzen $\omega_{2,4}$ bzw. $\omega_{3,5}$; die

linearen bzw. Kurven-Bahnen der Außenatome bei $\omega_{2,4}$ bzw. $\omega_{3,5}$ werden mit der Phasendifferenz $2\pi/3$ durchlaufen. Photographische Aufnahmen dieser Schwingungen des mechanischen Modelles bei TRENKLER[874] (vgl. S.R.E. S. 198f.)

$$\text{a)}\quad n_{2,4}^2 + n_{3,5}^2 = \left(\frac{f}{m} + \frac{3d}{m}\right)\left(1 + \frac{3m}{2M}\right)$$

$$\text{b)}\quad n_{2,4}^2 \cdot n_{3,5}^2 = \frac{f}{m} \cdot \frac{3d}{m} \cdot p; \qquad p = \frac{3m + M}{M}$$

$$\text{c)}\quad n_1^2 = \frac{f}{m}.$$

Vgl. zu diesem Modell die theoretische Behandlung bei ANDERSON-LASSETTRE-YOST[1089].

14. *Das ebene Quadrat* (Abb. 3 in § 4) (D_{4h}, Tabelle 13). Beispiel: Kette von Cyclobutan $(CH_2)_4$.

Je zwei verkettete Massen m sind durch die Feder f verbunden. Die ebenen Frequenzen sind (gleiche Bezeichnung wie in Abb. 3) (vgl. KOHLRAUSCH-SKRABAL[1036]):

$$\text{a)}\quad n_2^2 = \frac{8d}{m} \qquad \text{b)}\quad n_3^2 = \frac{2f}{m} \qquad \text{c)}\quad n_4^2 = \frac{2f}{m} \qquad \text{d)}\quad n_{5,6}^2 = \frac{2f + 4d}{m}.$$

Bei diesem Potentialansatz (z. B. *keine* Kräfte in den Diagonalen des Quadrates) entarten ω_3 und ω_4 zufällig, da (vgl. Abb. 3) ersichtlicher Weise bei beiden Formen die rechten Winkel unverändert bleiben und die Federn gleichartig beansprucht werden. Modellversuche bei TRENKLER (unveröffentlicht).

15. *Die höhensymmetrische dreiseitige Pyramide* (15 in Abb. 8) (C_{3v}, Tabelle 10 in § 7). Beispiel: Phosphor-trichlorid PCl_3, Ammoniak NH_3.

$$\text{a)}\quad n_1^2 + n_6^2 = \frac{f}{m}\left(1 + 3\frac{m}{M}\cos^2\alpha\right) + \frac{6\psi d}{m}\left(1 + 3\frac{m}{M}\sin^2\alpha\right)$$

$$\text{b)}\quad n_1^2 n_6^2 = \frac{f}{m}\,\frac{6\psi d}{m} \cdot p; \quad p = \frac{3m + M}{M}; \quad \psi = 2\frac{\cos^2\alpha}{1 + 3\cos^2\alpha}$$

$$\text{c)}\quad n_{2,4}^2 + n_{3,5}^2 = \frac{f}{m}\left(1 + \frac{3m}{2M}\sin^2\alpha\right) + \frac{3\psi' d}{m}\left[(1 + \cos^2\alpha) + \frac{3m}{2M}\sin^4\alpha\right]$$

$$\text{d)}\quad n_{2,4}^2 \cdot n_{3,5}^2 = \frac{f}{m} \cdot \frac{3\psi' d}{m}\left[(1 + \cos^2\alpha) + 3\frac{m}{M}\sin^2\alpha\right]; \quad \psi' = \frac{1}{1 + 3\cos^2\alpha}.$$

Theoretisch sehr häufig diskutiertes Modell. Vgl. S.R.E. § 53a; MENZIES[521], HEMPTINNE[569], HEMPTINNE-DELFOSSE[976, 1141], DELFOSSE[812b, 914, 1014], SALANT-ROSENTHAL[643], HOWARD-WILSON[783], HOWARD[843], ROSENTHAL[869].

Die Schwingungsformen kann man sich aus Modell 12 entstanden denken, indem man dort das Zentralatom aus der Ebene herauszieht und gleichzeitig ω_2 mit ω_4, ω_3 mit ω_5 entarten läßt. In Abb. 8, 15 ist nur je eine der beiden entarteten Normalschwingungen gezeichnet.

E. Fünfmassensysteme.

16. *Linear, symmetrisch* (16 in Abb. 9) ($D_{\infty h}$, Tabelle 27 in § 7). Beispiel: Kohlensuboxyd O:C:C:C:O

$$\text{a)}\ n_1^2+n_2^2=\frac{f_1}{m_1}+\frac{f_2}{\mu} \qquad \text{b)}\ n_1^2 n_2^2=\frac{f_1}{m_1}\frac{f_2}{m_2};\quad \frac{1}{\mu}=\frac{1}{m_1}+\frac{1}{m_2}$$

$$\text{c)}\ n_5^2+n_6^2=\frac{f_1}{m_1}\left(1+2\frac{m_1}{M}\right)+\frac{f_2}{\mu}$$

$$\text{d)}\ n_5^2 n_6^2\ =\frac{f_1}{m_1}\frac{f_2}{m_2}\left(1+2\frac{m_1}{M}+2\frac{m_2}{M}\right)$$

$$\text{e)}\ n_3^2+n_4^2=\frac{d_1}{m_1}\left[\frac{s_1}{s_2}\left(1+\frac{m_1}{m_2}\right)+2+\frac{s_2}{s_1}\left(1+2\frac{m_1}{M}\right)\right]+\frac{2d}{m_1}\left(1+2\frac{m_1}{M}\right)$$

$$\text{f)}\ n_3^2 n_4^2\ =\frac{s_1}{s_2}\frac{d_1}{m_1}\cdot\frac{2d}{m_2}\left(1+2\frac{m_1}{M}+2\frac{m_2}{M}\right)$$

$$\text{g)}\ n_7^2\ =\frac{d_1}{m_1}\left[\frac{s_1}{s_2}\left(1+\frac{m_1}{m_2}\right)+\left(2+\frac{s_2}{s_1}\right)\right].$$

Vgl. ENGLER-KOHLRAUSCH[1056]; ebenda Einführung von Zusatzkräften zwischen m_2 und M, bzw. m_1 und m_1.

17. *Das ebene Sternmodell mit 5 Massen* (D_{2h}, Tabelle 2 in § 7). Im Schwerpunkt die Masse M, von der in den Diagonalrichtungen die Federn f zu den Außenmassen m gehen; die Diagonalen schneiden sich unter dem $\sphericalangle 2\alpha$. Für die ebenen Schwingungen gilt:

$$\text{a)}\ n_1^2\ =\frac{f}{m}\qquad \text{b)}\ n_2^2=\frac{4d}{m}\qquad \text{c)}\ n_7^2=\frac{f}{m}$$

$$\text{d)}\ n_3^2+n_4^2=\frac{f}{m}\left(1+4\frac{m}{M}\cos^2\alpha\right)+\frac{2d}{m}\left(1+4\frac{m}{M}\sin^2\alpha\right)$$

$$\text{e)}\ n_3^2 n_4^2\ =\frac{f}{m}\cdot\frac{2d}{m}\left(1+4\frac{m}{M}\right)$$

$$\text{f)}\ n_5^2+n_6^2=\frac{f}{m}\left(1+4\frac{m}{M}\sin^2\alpha\right)+\frac{2d}{m}\left(1+4\frac{m}{M}\cos^2\alpha\right)$$

$$\text{g)}\ n_5^2 n_6^2\ =\frac{f}{m}\cdot\frac{2d}{m}\left(1+4\frac{m}{M}\right).$$

Es gehören ω_1, ω_2 zum Typus A_{1g}, ω_3, ω_4 zu B_{2u}, ω_5, ω_6 zu B_{3u}, ω_7 zu B_{1g}. Bei ω_1 bleiben die Winkel, bei ω_2 die Valenzentfernungen ungeändert, in beiden Fällen ruht die Zentralmasse M.

Wird der Winkel $2\alpha = 90°$, dann geht das Viereck in ein Quadrat mit besetztem Zentrum über und man erhält für die ebenen Schwingungen die von WILSON[834] gegebenen Formeln:

$$n_1^2=n_7^2=\frac{f}{m};\quad n_2^2=\frac{4d}{m};\quad n_{3,5}^2+n_{4,6}^2=\frac{f+2d}{m}\left(1+2\frac{m}{M}\right);$$

$$n_{3,5}^2\cdot n_{4,6}^2=\frac{f\cdot 2d}{m}\left(1+4\frac{m}{M}\right).$$

Bei WILSON ist d etwas anders definiert. Jetzt gehört das Modell zur Symmetriegruppe D_{4h}; ω_1 gehört zu A_{1g}, ω_2 zu B_{1g}, ω_7 zu B_{2g}, $\omega_{3,5}$ und $\omega_{4,6}$ zu E_u. Modellversuche bei DUNCAN-MURRAY[728].

18. *Der symmetrische Fünferring* (18 in Abb. 9) (D_{5h}). Beispiel: Die Kette von Cyclopentan $(CH_2)_5$. Formeln, Schwingungsformen, Auswahlregeln bei REITZ[1040], Modellversuche bei REITZ[1151]. Die Frequenzen der ebenen Schwingungen sind:

		zu C_5^z	σ_v	σ_z	Auswahl
a)	$n_1^2 = \frac{4f}{m}\cdot\cos^2\alpha$	s	s	s	p, ia
b)	$n_{2,3}^2 = \frac{f}{2m}(1+4\sin^2\alpha)+\frac{5d}{2m}$	e	e	s	v, a
c)	$n_{4,5}^2+n_{6,7}^2 = \frac{5f}{2m}+\frac{5d}{2m}(1+4\sin^2\alpha)$	e	e	s	dp, ia
d)	$n_{4,5}^2\cdot n_{6,7}^2 = \frac{5fd}{m^2}(1+4\sin^2\alpha)$.				

Die zu σ_z antisymmetrischen entarteten Schwingungen $\gamma_{1,2}$ sind v, ia, also unbeobachtbar.

19. *Das schwerpunktbesetzte Tetraeder* (T_d, Tabelle 29). Beispiel: CCl_4 Frequenzformeln des Valenzkraftsystems bei LECHNER[669]. Im Zentrum M, außen m.

a) $n_1^2 = \frac{f}{m}$ b) $n_{2,3}^2 = \frac{3d}{m}$

c) $n_{4,5,6}^2 + n_{7,8,9}^2 = \frac{f}{m}\left(1+\frac{4m}{3M}\right)+\frac{2d}{m}\left(1+\frac{8m}{3M}\right)$

d) $n_{4,5,6}^2\cdot n_{7,8,9}^2 = \frac{f\cdot 2d}{m\cdot m}\left(1+\frac{4m}{M}\right)$.

Formeln für das Zentralkraftsystem in S.R.E. § 55. Weitere theoretische Behandlung des Modells bei UREY-BRADLEY[487], NATH[725], ROSENTHAL-VOGE[716, 988, 1039]. Schwingungsformen in BORNS Optik (Berlin: Julius Springer); vgl. auch Abb. 20 in § 20, C.

20. *Das axialsymmetrische räumliche Modell für* XCY_3 (C_{3v}, Tabelle 10). Beispiel: $BrCCl_3$.

$$\text{a) } n_1^2+n_6^2+n_7^2 = \frac{f_1}{m_1}\left(1+\frac{m_1}{M}\right)+\frac{f_2}{m_2}\left(1+\frac{3m_2}{M}\cos^2\alpha\right)+ + \frac{d'}{m_2}\left(1+3\frac{m_2}{M}\sin^2\alpha\right)$$

$$\text{b) } n_1^2 n_6^2+\cdots = \frac{f_1}{m_1}\frac{f_2}{m_2}\left(1+\frac{m_1}{M}+\frac{3m_2}{M}\cos^2\alpha\right)+ + \frac{f_1}{m_1}\frac{d'}{m_2}\left(1+\frac{m_1}{M}+\frac{3m_2}{M}\sin^2\alpha\right)+\frac{f_2}{m_2}\frac{d'}{m_2}\left(1+\frac{3m_2}{M}\right)$$

$$\text{c) } n_1^2 n_6^2 n_7^2 = \frac{f_1}{m_1}\frac{f_2}{m_2}\frac{d'}{m_2}\left(1+\frac{m_1}{M}+3\frac{m_2}{M}\right)$$

$$d' = \frac{s_1}{s_2}d_1+\frac{12\cos^2\alpha}{1+3\cos^2\alpha}d_2;\quad d_2' = \frac{3}{1+3\cos^2\alpha}\cdot d_2$$

$$\text{g) } n_{2,3}^2+n_{4,5}^2+n_{8,9}^2 = \frac{f_2}{m_2}\left(1+\frac{3m_2}{2M}\sin^2\alpha\right)+\frac{d_1}{m_2}\left[\frac{s_1}{s_2}+\frac{s_2}{s_1}\frac{3m_2}{2m_1}+ + \frac{3m_2}{2M}\left(\frac{s_2}{s_1}+2\cos\alpha+\frac{s_1}{s_2}\cos^2\alpha\right)\right]+\frac{d_2'}{m_2}\left[(1+\cos^2\alpha)+\frac{3m_2}{2M}\sin^4\alpha\right]$$

h) $n_{2,3}^2 \cdot n_{4,5}^2 + \cdots = \frac{f_2}{m_2} \frac{d_1}{m_2} \left[\frac{s_1}{s_2} + \frac{s_2}{s_1} \frac{3\,m_2}{2\,m_1} \left(1 + \frac{3\,m_2}{2\,M} \sin^2\alpha\right) + \right.$

$\left. + \frac{3\,m_2}{2\,M} \left(\frac{s_2}{s_1} + 2\cos\alpha + \frac{s_1}{s_2}\right)\right] + \frac{f_2}{m_2} \frac{d_2'}{m_2} \left[(1 + \cos^2\alpha) + \frac{3\,m_2}{M} \sin^2\alpha\right] +$

$+ \frac{d_1}{m_2} \frac{d_2'}{m_2} \left\{ \frac{s_1}{s_2} + \frac{s_2}{s_1} \frac{3\,m_2}{2\,m_1} \left[(1 + \cos^2\alpha) + \frac{3\,m_2}{2\,M} \sin^4\alpha\right] + \right.$

$\left. + \frac{3\,m_2}{2\,M} \left[\frac{s_2}{s_1} (1 + \cos^2\alpha) + 4\cos\alpha + \frac{s_1}{s_2} (1 + \cos^2\alpha)\right]\right\}$

i) $n_{2,3}^2 \cdot n_{4,5}^2 \cdot n_{8,9}^2 = \frac{f_2}{m_2} \frac{d_1}{m_2} \frac{d_2'}{m_2} \left\{ \frac{s_1}{s_2} + \frac{s_2}{s_1} \frac{3\,m_2}{2\,m_1} \left[(1 + \cos^2\alpha) + \right.\right.$

$\left.\left. + \frac{3\,m_2}{M} \sin^2\alpha\right] + \frac{3\,m_2}{2\,M} \left[\frac{s_2}{s_1} (1 + \cos^2\alpha) + 4\cos\alpha + 2\frac{s_1}{s_2}\right]\right\}.$

F. Sechsmassensysteme.

21. *Der symmetrische ebene Sechserring* (21 in Abb. 9) (D_{6h}, Tabelle 20 in § 7). Beispiel: Die Kette des „ausgeglichenen" Benzolringes. Valenzkraftformeln bei BOSSCHE-MANNEBACK[824].

Für die ebenen Schwingungen gilt:

a) $n_{1,2}^2 = \frac{3}{2} \frac{f+d}{m}$ b) $n_3^2 = \frac{12\,d}{m}$ c) $n_4^2 = \frac{f}{m}$

d) $n_{5,6}^2 + n_{7,8}^2 = \frac{5}{2} \frac{f + 3\,d}{m}$ e) $n_{5,6}^2 \cdot n_{7,8}^2 = \frac{12\,f\,d}{m^2}$ f) $n_9^2 = \frac{3\,f}{m}$.

Schwingungsformen und eingehende theoretische Behandlung bei BOSSCHE-MANNEBACK[824], WILSON[727], MANNEBACK[825, 972]. Modellversuche S.R.E. S. 233, TRENKLER[1013]. Formeln für C_6H_{12} bei MANNEBACK und WILSON.

22. *Der ebene Äthylentypus* (22 in Abb. 9) (D_{2h}, Tabelle 2 in § 7). Beispiel: Äthylen: $\mathrm{{}^{H}_{H}{>}C{:}C{<}^{H}_{H}}$.

Für die ebenen Schwingungen des Valenzkraftsystems gilt:

a) $n_1^2 + n_2^2 + n_3^2 = \frac{f}{m}\left(1 + \frac{2\,m}{M}\cos^2\alpha\right) + \frac{2\,F}{M} + \frac{s_2}{s_1}\frac{d'}{m}\left(1 + \frac{2\,m}{M}\sin^2\alpha\right)$

b) $n_1^2 n_2^2 + n_2^2 n_3^2 + n_3^2 n_1^2 = \frac{f}{m}\frac{2\,F}{M} + \frac{f}{m}\cdot\frac{s_2}{s_1}\frac{d'}{m}\left(1 + \frac{2\,m}{M}\right) + \frac{2\,F}{M}\cdot\frac{s_2}{s_1}\frac{d'}{m}$

c) $n_1^2 n_2^2 n_3^2 = \frac{f}{m}\cdot\frac{2\,F}{M}\cdot\frac{s_2}{s_1}\frac{d'}{m}$; $d' = D + 2\frac{s_1}{s_2} d$

d) $n_4^2 + n_5^2 = \frac{f}{m}\left(1 + \frac{2\,m}{M}\cos^2\alpha\right) + \frac{s_2}{s_1}\frac{d'}{m}\left(1 + \frac{2\,m}{M}\sin^2\alpha\right)$

e) $n_4^2 \cdot n_5^2 = \frac{f}{m}\cdot\frac{s_2}{s_1}\frac{d'}{m}\left(1 + \frac{2\,m}{M}\right)$

f) $n_6^2 + n_7^2 = \frac{f}{m}\left(1 + \frac{2\,m}{M}\sin^2\alpha\right) + \frac{s_2}{s_1}\frac{D}{m}\left[1 + \frac{2\,m}{M}\left(2\frac{s_1}{s_2} - \cos\alpha\right)^2\right]$

g) $n_6^2 \cdot n_7^2 = \frac{f}{m}\cdot\frac{s_2}{s_1}\frac{D}{m}\left[1 + \frac{2\,m}{M}\left(1 - 4\frac{s_1}{s_2}\cos\alpha + 4\frac{s_1^2}{s_2^2}\right)\right]$

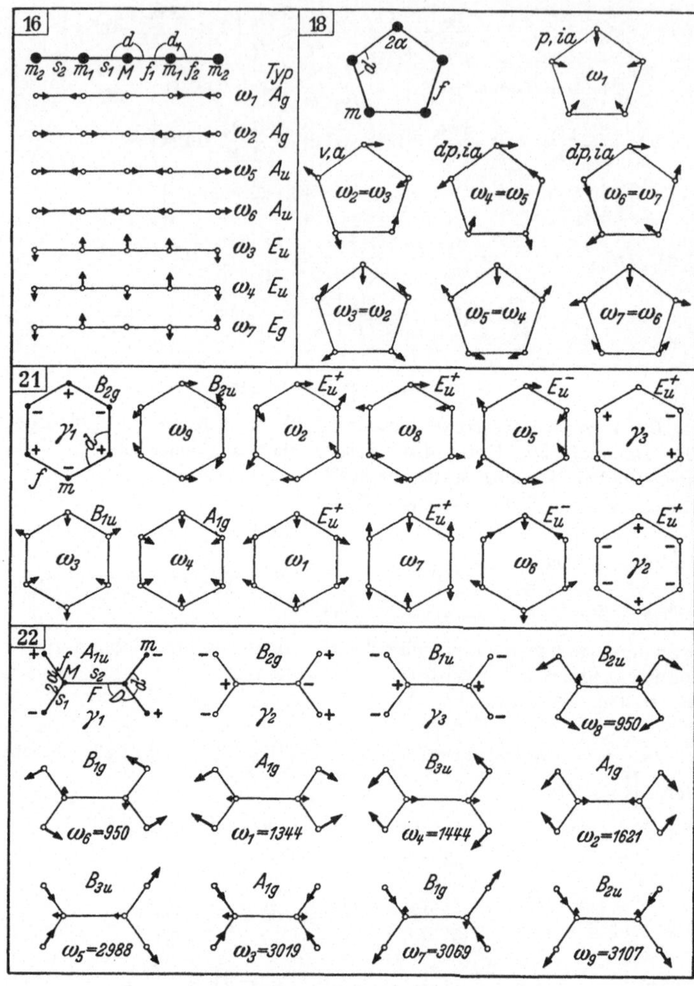

Abb. 9. Systeme mit 5 und 6 Massen.

$$\text{h)}\quad n_8^2 + n_9^2 = \frac{f}{m}\left(1 + \frac{2\,m}{M}\sin^2\alpha\right) + \frac{s_2}{s_1}\,\frac{D}{m}\left(1 + \frac{2\,m}{M}\cos^2\alpha\right)$$

$$\text{i)}\quad n_8^2 \cdot n_9^2 = \frac{f}{m}\cdot\frac{s_2}{s_1}\,\frac{D}{m}\left(1 + \frac{2\,m}{M}\right).$$

Eingehende theoretische Behandlung bei SUTHERLAND-DENNISON[849a], speziell des Äthylens bei DELFOSSE[885], MANNEBACK-VERLEYSEN[1084, 1187]; von dort die in Abb. 9/22 wiedergegebenen speziellen Schwingungsformen des C_2H_4. Ferner BONNER[906a], WU[1065, 1159], DUCHESNE[1154].

G. Beziehungen zwischen Systemen mit verschiedener Anzahl von Massen.

23. *Die Valenzschwingungen linearer Punktsysteme* wurden mit dem gleichen Ergebnis diskutiert von BARTHOLOMÉ-TELLER[619a], SIMONS[882], BAUERMEISTER-WEIZEL[1004]. Besitzt ein solches System durchwegs gleiche Massen, Entfernungen und Federkräfte, bezeichnet ferner $n_0^2 = \frac{2f}{m}$ den Frequenzwert für ein entsprechendes Zweimassensystem, dann sind die $N - 1$ Valenzfrequenzen für eine Kette aus N Atomen zu rechnen nach

$$\omega_i^2 = \omega_0^2 \left(1 - \cos \frac{i\pi}{N}\right) \quad \text{mit} \quad i = 1, 2 \ldots N - 1.$$

Die Grenzwerte für die ∞ lange Kette sind ($N = \infty$, $i = 1$ bzw. $N - 1$) $\omega = 0$ und $\omega = \omega_0 \sqrt{2}$; $\cos \frac{i\pi}{N}$ wird Null für $\frac{i\pi}{N} = \frac{\pi}{2}$ oder $i = \frac{N}{2}$, was nur in geradzahligen Ketten möglich ist; diese weisen also alle durchwegs die Frequenz ω_0 auf. Ebenso kann man das sich wiederholende Auftreten anderer ω-Werte in den verschiedenen Ketten ableiten.

24. *Die Valenzschwingungen gewinkelter Ketten.* Von größerem praktischen Interesse als der vorhergehende nur für kleine Werte N ($N = 5$ ist näherungsweise realisiert in Kohlensuboxyd) verwirklichbare Fall linearer Ketten ist der Fall der gewinkelten ebenen Kette. Dieser wurde behandelt von BARTHOLOMÉ-TELLER[619a], BAUERMEISTER-WEIZEL[1004], MECKE[1207]; allerdings nur unter Vernachlässigung der Koppelung mit den Deformationsschwingungen der Kette. Ist der Außenwinkel zweier Kettenglieder β ($\beta = 70^1/_2{}^\circ$ bei der „Tetraeder“-Kette der eben gedachten unverzweigten Paraffine), N die Zahl der gleichen Massen m (CH_3- und CH_2-Gruppen), die durch gleiche Kräfte f aneinander gebunden sein sollen, dann gilt für die Frequenzwerte:

$$\omega_i^2 = \omega_0^2 \left[1 - \cos\beta \cos \frac{i\pi}{N}\right] \quad i = 1,2 \ldots N - 1.$$

Für $\beta = 90^\circ$ würden alle Schwingungsformen sämtlicher Ketten ein und dieselbe Frequenz ω_0 haben. Ist $\beta < 90^\circ$ dann werden die Frequenzen auf ein engeres Gebiet als in der linearen Kette zusammengedrängt. Die Extremwerte für $N = \infty$, $i = 1$ und $i = N - 1$ sind für $\beta = 70^1/_2{}^\circ$:

$$\omega_{\min} = \omega_0 \sqrt{1 - \cos\beta} = 0.816\,\omega_0 \qquad \omega_{\max} = \omega_0 \sqrt{1 + \cos\beta} = 1.156\,\omega_0.$$

Legt man für ω_0 z. B. den Äthanwert 992 zugrunde, so wären diese Grenzen in den Paraffinen bei 810 und 1148 cm^{-1}. Ein direkter Vergleich mit dem Experiment ist nicht gut durchführbar; einerseits spricht vieles dafür, daß die Kraft f sich beim Übergang von Äthan zu längeren Ketten ändert und überdies auch innerhalb der Kette nicht an allen Stellen die gleiche ist. Bei längeren Ketten andererseits, bei denen der letztere Umstand weniger austragen dürfte, liegen die Frequenzen so dichtgedrängt, daß der beim Vernachlässigen der Wechselwirkung mit den Deformationsschwingungen gemachte Fehler von der Größenordnung der Frequenzdifferenzen wird und eine gesicherte Zuordnung unmöglich macht. Gleichwohl ist das Ergebnis dieser Überschlagsrechnung für Übersichtszwecke sehr wertvoll; es ist in

Abb. 10 eingetragen; polarisiert zu erwartende Spektrallinien sind voll ausgezogen, depolarisierte durch Querstrichelung, verbotene durch Längsstrichelung angedeutet. (Die gerade ebene Kette hat ein Symmetriezentrum!)

Sehr wesentlich ist ferner das Ergebnis (BARTHOLOMÉ-TELLER, BAUERMEISTER-WEIZEL) solcher Näherungsbetrachtungen bezüglich der Veränderung des Kettenspektrums bei Substitution der Kette durch eine endständige Bindung C · X mit der „Eigenfrequenz“ $\omega_x^2 \sim f_x \cdot \left(\frac{1}{m_C} + \frac{1}{m_x}\right)$. Die Schwingungen der Substituentenbindung können von der Kette nur aufgenommen werden, wenn die folgenden Bedingungen erfüllt sind:

$$\left(\omega_x^2 - \frac{f_x}{m_C}\cos\beta\right) > \omega_{\min}^2;$$

$$\left(\omega_x^2 + \frac{f_x}{m_C}\cos\beta\right) < \omega_{\max}^2.$$

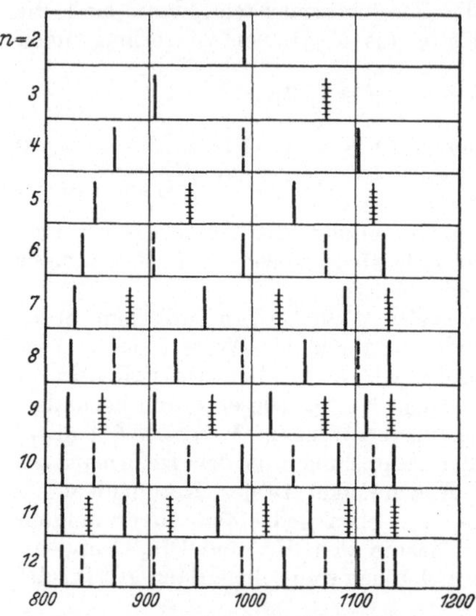

Abb. 10. Berechnetes (schematisiertes) Spektrum der Valenzschwingungen verschieden langer, gewinkelter, ebener, unverzweigter Kohlenstoffketten.

Die erstere Bedingung ist z. B. nicht erfüllt für die tiefen Valenzfrequenzen der C-Halogen-Bindung, die letztere nicht für die hohen Valenzfrequenzen der C-H-Bindung. In diesem Fall stören sich die Ketten- und C · X-Schwingungen gegenseitig *nicht* und es liegt der Fall vor, daß „für die Bindung C · X charakteristische Frequenzen“ auftreten.

25. *Ebene symmetrische Ringe* werden kurz behandelt von BAUERMEISTER-WEIZEL[1004]. Für Übersichtszwecke nützlich ist folgende Darstellung der zu den totalsymmetrischen Schwingungen eines ebenen Polymethylenringes (Cyclo-propan, -butan, -pentan) gehörigen Frequenzen (1. Pulsation der *C*-Kette, 2. Deformationsschwingung und 3. Valenzschwingung der CH_2-Gruppe, KOHLRAUSCH-SEKA[1012]). Ist k die Ringgliederzahl, $\gamma \equiv 360°/k$, F, M Federkraft und Masse in den C · C-Bindungen, f, d, m, β Feder-, Deformationskraft, Masse, Valenzwinkel für die CH_2-Gruppe, dann gilt:

$$\text{a)}\quad n_1^2 + n_2^2 + n_3^2 = \frac{F}{M}\cdot 4\sin^2\gamma + \frac{f}{m}\left(1 + \frac{2m}{M}\cos^2\frac{\beta}{2}\right) + \frac{2d}{m}\left(1 + 2\frac{m}{M}\sin^2\frac{\beta}{2}\right)$$

$$\text{b)}\quad n_1^2 n_2^2 + n_2^2 n_3^2 + n_3^2 n_1^2 = \frac{F}{M}\cdot\frac{f + 2d}{m}\cdot 4\sin^2\gamma + \frac{f}{m}\cdot\frac{2d}{m}\left(1 + \frac{2m}{M}\right)$$

$$\text{c)}\quad n_1^2 n_2^2 n_3^2 = \frac{F}{M}\cdot\frac{f}{m}\cdot\frac{2d}{m}\cdot 4\sin^2\gamma.$$

Ist $\cos^2 \beta/2$ klein gegen $M/2\,m$, dann spaltet diese Frequenzgleichung dritten Grades auf in eine für die C · C-Valenz und CH-Deformationsschwingung maßgebliche quadratische und eine die (CH)-Valenzschwingung beschreibende lineare Frequenzgleichung $n^2\,(\mathrm{CH}) = \frac{f}{m}\left(1 + \frac{2\,m}{M}\cos^2\frac{\beta}{2}\right)$.

Formeln für die para- und symmetrisch 1, 3, 5-substituierte Benzolkette bei TRENKLER[1013].

II. Experimentelle Technik.

(Vgl. S.R.E., Kap. II).

§ 10. Lichtquellen, Spektrographen, Filter.

In bezug auf die bei Ramanaufnahmen verwendeten *Lichtquellen* hat sich nichts Wesentliches geändert; es hat sich keine ideale Lichtquelle mit hinreichend starkem, homogenen Licht passender Wellenlänge gefunden*. Das fast einzig verwendete Erregerlicht ist noch immer das der Quecksilberdampflampe.

Dagegen liegen zahlreiche neuere Versuche und Vorschläge vor, den Nachteil der Inhomogenität des Hg-Lichtes durch Verwendung passender *Filter* auszugleichen. Eine kleine Auswahl des Anempfohlenen ist im folgenden zusammengestellt.

Zur Isolierung der *ultravioletten Resonanzlinie* λ *2537*: Chlordampf von 20° und 6,6 at Druck absorbiert in 3 cm Schichtdicke fast vollkommen bis Hgk, λ 4047 (HULUBEI-CAUCHOIS[450]). Da die Resonanzlinie selbst in Hg-Dampf absorbiert wird (S.R.E. S. 27), wäre die ultraviolette Erregung ein fast ideales Mittel für Arbeiten mit „komplementären Filtern“. Leider sind die zu untersuchenden Substanzen gegenüber ultravioletter Bestrahlung meist fluoreszent und instabil.

Zur Isolierung der *violetten Linie Hg k*, λ *4047*: Mittelstarke Lösung von Jod in CCl_4 (HOLLAENDER-WILLIAMS[482]); bei hinreichend starker Lösung und dicker Schicht wird das ganze Hg-Spektrum (einschließlich kontinuierlichem Untergrund) mit $\lambda > 4047$ absorbiert (ANANTHAKRISHNAN[1093, 1147]). MÉDARD[705, 740] empfiehlt Lösungen von $CoCl_2$ zur Unterdrückung des blauen Tripletts und Untergrundes. Untergrund und λ 4358 wird nach CALLIHAN-SALANT[739] durch 0,25 g Methylviolett in 1 Liter Wasser absorbiert.

Zur Isolierung des *blauen Hg-Tripletts* λ *4358*: Chininsulfatlösung zur Unterdrückung von λ 4047, vorgeschaltetes (in Europa

* Vgl. F. ESCLANGON, J. Phys. Radium **3**, 54, 1932.

kaum erhältliches*) Corningglasfilter „Noviolglas 0“ zum Schutz des lichtempfindlichen Chininsulfates (WOOD[506]). Dazu Rhodamin B (ANDERSON[991]) oder Kobaltsulfat (BONNER[906a]) zur Unterdrückung des Untergrundes. BÄR[565] empfiehlt m-Dinitrobenzol, PFUND[622] gesättigte $NaNO_2$-Lösung zur Unterdrückung von λ 4047; SANNIÉ-AMY-POREMSKI[1022, 1073] verwenden zur Entfernung des kurzwelligen Spektrums 6% Nitrobenzol in Alkohol, zu der des langwelligen Teiles (Untergrund) den Zusatz von 0,01% „Rhodamin 5 G extra“; 1 cm Schichtdicke dieses Filters soll 95% Hg*e* und nur 0,1% Hg*k*, Hg*d* durchlassen. MAGAT[831, 1002] empfiehlt zur Isolierung von 4358 eine Lösung 0,6 g Victoriablau B im Liter absoluten Alkohol, doch ist die Lösung etwas lichtempfindlich und schwächt auch 4358. TIMM-MECKE[838] geben folgendes Rezept: 0,0064 g Methylviolett + 43,0 cm^3 Methylalkohol + 43,0 cm^3 Glycerin + 14,0 cm^3 gesättigte wäßrige Lösung von $NaNO_2$. Diese strömende Filterflüssigkeit wird gleichzeitig als Kühlung verwendet und kann bis —50° abgekühlt werden; bei der Schichtdicke von 1 cm ist die Durchlässigkeit: λ 4047 26%, λ 4358 78%, λ 4916 5%. Eingehende quantitative Untersuchung einzelner dieser Filter ($NaNO_2$, $C_6H_5 \cdot NO_2$, $C_6H_4(NO_2)_2$, Noviolglas, Wratten-2 A-Filmfilter) findet man bei BAYLEY[1196]; $NaNO_2$ und das letztgenannte Filmfilter schneiden dabei in bezug auf Unterdrückung von λ 4047 und Durchlässigkeit von λ 4358 am besten ab. $C_6H_5 \cdot NO_2$ wäre auch sehr verwendbar, wenn seine Durchlässigkeit gegen Hg*e* nicht so empfindlich gegen den Reinheitsgrad wäre. ANANTHAKRISHNAN[1147] empfiehlt zur Unterdrückung des Untergrundes eine *sehr verdünnte* Lösung von J in CCl_4; diese läßt 4047 *und* 4358 noch durch und absorbiert 4916. MÉDARD[740] benützt zur Unterdrückung des Untergrundes $CuSO_4$ in NH_3, wobei jedoch auch die Erregerlinie 4358 geschwächt wird. Das von *Zeiß* in den Handel gebrachte 5 mm dicke, 45 × 45 mm breite „Glasfilter C“ läßt etwa 0,005% der Hg*c*-Linie λ 5461, 46% der Hg*e*-, 0,8% der Hg*k*-Linie durch.

Zur Isolierung der *grünen Hgc-Linie λ 5461*, die als Erregerlinie bei gelbgefärbten oder fluorescenten Substanzen in Betracht kommt, verwenden KOHLRAUSCH-PONGRATZ[743] „Rapid-Filter-Grün Nr. 1“ (Höchster Farbwerke), das alle schwächeren Linien $\lambda \gtrsim 5461$

* Die Firma Schott in Jena bringt eine Anzahl von Farb- und Lichtfilter-Gläsern in den Handel, die für die vorliegenden Zwecke verwendbar sind; die derzeit letzten Listen haben die Nummern 4777, 4892 E (englisch), 5990.

abfiltert; hierzu die rotempfindliche Agfa-Superpan-Platte*. MAGAT[1002] empfiehlt als Filter 0,15 g Malachitgrün und 0,3 g Tartrazin in 1 Liter H_2O. Das *Zeißsche* Glasfilter „B", das allerdings 22 mm dick ist, läßt 80% von λ 5461, fast gar nichts von Hg *e* λ 4358 und weniger als 1% von Hg *a* und *b*, λ 5791 und λ 5770 durch.

In bezug auf Neukonstruktionen von *Spektrographen*, die in diesem Zusammenhang interessieren und in S.R.E. S. 21/22 noch nicht erwähnt werden konnten, sei verwiesen auf die lichtstarken Instrumente, die von BOURGUEL[526], VAN HEEL**, CABANNES-ROUSSET[1033] beschrieben werden; der letztgenannte Spektrograph (kleiner Dispersion) hat die Öffnung F/0,65 (!) und ermöglichte Polarisationsmessungen an Gasen bei Normaldruck. Die Firma *Steinheil* hat speziell für Ramanspektroskopie ein eigenes reflexfreies Objekt (65/255) herausgebracht.

Apparaturen zur erleichterten *Ausmessung der Spektren* wurden beschrieben von CONRAD-BILLROTH***, HARRISON†, HOXTON-MANN††, SIMON-FEHÉR†††.

§ 11. Versuchsanordnungen.

A. Normalanordnung. In bezug auf die für die Untersuchung von flüssigen, durchsichtigen Substanzen bestimmte „Normalanordnung" sind keine wesentlichen Neuerungen zu verzeichnen. In manchen nicht grundlegenden Einzelheiten sind natürlich kleine Fortschritte bzw. Vereinfachungen erzielt worden; in dieser Hinsicht bildet sich in den einzelnen Laboratorien eine gewisse individuelle Tradition aus, wofür etwa die Mitteilungen von MURRAY-ANDREWS[656] (Apparatur nach ANAND[419] mit 4 Hg-Lampen) und DUPONT-TABUTEAU[929] als Beispiele erwähnt seien. ALMASI[528] beschreibt eine hohlzylindrische Hg-Lampe, die das Ramanrohr allseitig umgibt. Vereinfachte Apparaturen z. B. bei ANDANT[800], SANNIÉ-AMY-POREMSKI[1073]).

„Mikro"-Anordnungen für Flüssigkeitsmengen bis herab zu 0,1 cm^3 wurden von GRASSMAN[477] und insbesondere DADIEU (X/27)

* Derzeit im Handel nicht erhältlich; ersetzt durch „Agfa-Isopan-Super-Spezial" [„Agfa-ISS"].

** HEEL, A. C. S. VAN, Rev. Opt. **12**, 49, 1933.

*** CONRAD-BILLROTH, H., Z. Instrumentenkde. **54**, 301, 1934.

† HARRISON, G. R., J. opt. Soc. Amer. **25**, 169, 1935.

†† HOXTON, L. G., D. W. MANN, J. opt. Soc. Amer. **27**, 150, 1937.

††† SIMON, A., F. FEHÉR, Z. anorg. u. allg. Chem. **230**, 308, 1937.

angegeben; letzterer hat auch die zum Arbeiten mit so kleinen Substanzmengen nötige präparative und „Reinigungs"-Technik ausgebildet und dies mit seinen Mitarbeitern auf die ökonomische Darstellung und Spektroskopierung von Deuteriumverbindungen angewendet.

Bezüglich der Verwendung von temperierter *strömender Kühlflüssigkeit*, die gleichzeitig als Filter dient, vgl. man die Anweisungen bei TIMM-MECKE[838], LECKIE-ANGUS*, REITZ[1235].

Die für eine möglichst große Ausbeute an Streulicht günstigste Justierung haben DONZELOT-BARRIOL[1007] theoretisch behandelt (vgl. auch NIELSEN, S.R.E. S. 22, Anm.).

Von KUDRJAWZEWA[913] wurde der Versuch gemacht, die lichtelektrische Zählmethode in den Dienst der Ramanspektroskopie zu stellen; man soll dabei mit kleinen Substanzmengen und geringer Lichtstärke auskommen; als Zeitverbrauch zur „Abzählung" des Benzolspektrums wird 6 Stunden angegeben. Es ist nicht ausgeschlossen, daß diese neue Beobachtungsart, die sich der vorgeschrittenen Zählertechnik bedienen kann, eine Zukunft hat. Weniger versprechend scheint dem Verfasser der Vorschlag von BARTELS-NORDSTROM[428], die Ausbeute an Streulicht durch künstliche Trübung (Einfügen eines indifferenten Pulvers in die Substanz) zu erhöhen, oder die Methode der „optischen Katalysierung" (PROSAD-BHATTACHARYA[1087], BANERJEA-MISHRA[1229], dazu HARTLEY[1146]) zu sein.

B. Versuche bei tiefer Temperatur haben im Hinblick auf die Erforschung der Wirkung zwischenmolekularer Kräfte, der krystallinen Struktur der Flüssigkeit, der Krystallgitterschwingungen usw. an Interesse gewonnen. Ohne auf die sehr vielfältigen Einzelheiten einzugehen (vgl. dazu auch S.R.E. § 14) sei nur auf die hauptsächlichste Literatur verwiesen: MCLENNAN-SMITH[580, 585], SUTHERLAND[646a], EPSTEIN-STEINER[750], MENZIES-MILLS[832], TIMM-MECKE[838], SIRKAR[1019, 1125], MIZUSHIMA-MORINO-NOZIRI[1021],VUKS[1118]; weitere Literatur weiter unten in § 15A.

C. Krystallpulvermethoden (vgl. S.R.E. § 17). Eine Methodik, die es gestattet, am Krystallpulver ebenso klare und vollständige Spektren zu erzielen, wie an der durchsichtigen Flüssigkeit, würde das Anwendungsgebiet der Ramanspektrographie vervielfachen. Es gibt eine große Anzahl von Problemen, die ohne die Möglichkeit

* LECKIE, A. H., W. R. ANGUS, J. sci. Instrum. **12**, 22, 1935.

am festen Zustand zu beobachten gar nicht angegangen werden können, da die zu untersuchenden Körper entweder zu hochschmelzend sind oder sich bei Temperaturen über dem Schmelzpunkt zersetzen, verfärben, umlagern usw. Zu fordern ist von einer solchen Methodik: 1. Erregung mit sichtbarem Licht, damit bezüglich der Lichtbeständigkeit und Fluorescenzfreiheit der Substanz möglichst geringe, bezüglich der zu verwendenden Optik und des Justierverfahrens möglichst hohe Ansprüche gestellt werden können. 2. Hinreichende Lichtstärke, damit die Expositionsdauern nicht unerträgliche Längen erreichen. 3. Daß das Erregerlicht nach Auffallen auf die Substanz und vor dem Eintritt in den Spektrographenspalt in der Intensität *weitgehend* herabgesetzt wird. Denn von den Pulverkörnern wird soviel Erregerlicht reflektiert, daß die in der Optik des Spektrographen unvermeidlich stattfindende diffuse Streuung des Erregerlichtes, die auf der Platte eine Schwärzung nicht nur an der zur Farbe des Lichtes gehörigen Frequenzstelle sondern entlang dem ganzen Spektrum erzeugt, hinreicht, um die Ramanstreuung entweder ganz oder mindestens hinsichtlich der schwachen Linien zu maskieren. Es ist dann auch durch Verlängerung der Expositionszeit nicht möglich, ein „vollständiges" Streuspektrum zu erhalten.

Diesen Forderungen hat ANANTHAKRISHNAN[1093, 1147] durch Ausbau der GERLACHschen „Methode" der komplementären Filter (S.R.E. S. 38/39), nämlich durch Auswahl aufeinander abgestimmter Erregerlinien und Filter einigermaßen Rechnung getragen und dadurch einen beachtlichen Fortschritt erzielt. *Vor* Auffallen des Erregerlichtes auf die Substanz, die seitlich bestrahlt wird, wird es durch eine mittelstarke Lösung von Jod in CCl_4 gefiltert, wobei vorwiegend Hgk, λ 4047 durchgelassen wird. Das dadurch erregte Streulicht wird durch eine $NaNO_2$-Lösung geschickt, wobei wesentlich Hgk absorbiert, das Licht $\lambda > 4047$ durchgelassen wird. Ideale Verhältnisse, d. h. die gänzliche Entfernung aller Hg-Linien aus dem Streuspektrum, sind dadurch natürlich nicht zu erzielen; aber es wird doch wenigstens erreicht, daß man lange genug exponieren kann, um auch schwache Ramanlinien auf die Platte zu bekommen, ohne daß gleichzeitig der Untergrund übermäßig ansteigt. Da bei dem bis jetzt geschilderten Verfahren Ramanlinien mit $\Delta\nu \sim 1700\ \text{cm}^{-1}$ in das Gebiet der nicht ganz zu unterdrückenden Linien des blauen Hg-Tripletts zu liegen kommen, wird eine Ergänzung nötig; dabei wird das Erregerlicht durch eine sehr verdünnte Lösung von Jod in CCl_4 gefiltert, die sowohl Hg*k* als Hg*e* durchläßt, jedoch den kontinuierlichen „Lampenuntergrund" zwischen Hg*e* und Hg*d* (λ 4916) unterdrückt. Das Streulicht selbst wird durch eine sehr verdünnte Lösung von $KCrO_4$ gefiltert, die bei entsprechender Schichtdicke und Konzentration Violett absorbiert, auch Hg*e* noch merklich schwächt, aber $\lambda >$ Hg*e* einigermaßen ungeschwächt durchläßt.

Da es anscheinend keine Filter gibt, deren kurzwellige (Erregerlichtfilter) bzw. langwellige (Streulichtfilter) Kanten des Absorptionsspektrums hinreichend scharf sind, ist das Verfahren der

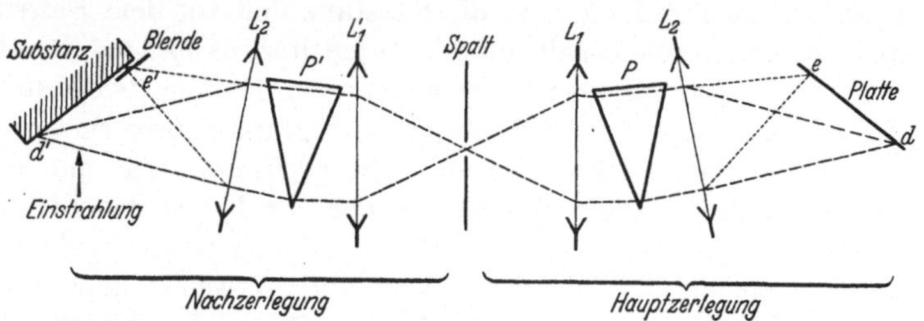

Abb. 11. „Nach"- und „Haupt-Zerlegung" in der Festkörperapparatur.

„komplementären Filter" (abgesehen von der selektiven Absorbierbarkeit der Resonanzlinien durch Hg-Dampf) stets zu einer gewissen Unzulänglichkeit verurteilt. Auf grundsätzlich ganz anderem, allerdings *wesentlich* umständlicheren Wege wurde im Grazer Laboratorium versucht, dieser Schwierigkeit Herr zu werden (Conrad-Billroth, Kohlrausch-Reitz[1172]). Der grundsätzlich wichtige Teil der Apparatur ist in Abb. 11 schematisch dargestellt.

Zwei Prismenspektroskope, deren Funktion als „Nach"- bzw. „Haupt-Zerlegung" bezeichnet wird, haben einen gemeinsamen Spalt. Der Strahlengang des Streulichtes beginnt links in der „Nachzerlegung" bei der Substanzfläche und endet in der Hauptzerlegung rechts auf der photographischen Platte. L_2', P', L_1' sowie L_1, P, L_2 sind die üblichen Linsen und Prismen beider Spektrographen; sind beide richtig justiert, dann kann, wie man leicht überlegt, mit *regulärem Strahlengang* von irgend einer Stelle, etwa d', der Substanz *nur* Licht *jener* Farbe nach der konjugierten Stelle d auf der Platte gelangen, das auch hingelangen würde, wenn der Spalt weiß beleuchtet wäre. Ist somit die Substanzoberfläche mit völlig homogenisiertem Licht, etwa mit Hg*e*, λ 4358 beleuchtet, dann kann dieses Licht (immer hinsichtlich des *regulären* Strahlenganges) *nur* von der mit e' bezeichneten Stelle der Substanz aus durch den Spalt hindurch bis zur Stelle e der Platte gelangen; das von allen anderen Stellen der beleuchteten Oberfläche ausgehende, sei es reflektierte oder klassisch gestreute blaue Licht, kann den Spalt nicht passieren. Wird aber andersfärbiges Streulicht erregt, z. B. von jener Farbe, in der der Spalt bei d abgebildet wird, dann werden die bei d' liegenden Substanzkörner dieses Licht (und sonst keines) durch den Spalt senden können. Schiebt man bei e' eine Blende vor, so kann daher überhaupt kein regulär verlaufendes Erregerlicht in den Spalt und in die Optik des abbildenden Spektrographen (Hauptzerlegung) gelangen. Dadurch wird die oben gestellte Forderung 3 erfüllt. Die Hauptaufgabe ist nun weiters die Herstellung von hinreichend starkem und völlig homogenen Licht. Dies wird in der nicht gezeichneten „Vorzerlegung" durch einen Doppelmonochromator angestrebt. Die Apparatur, die Schritt für Schritt verbessert wird, gibt zur Zeit dieser Niederschrift mit etwa 1 cm^3 Pulver und mit der lichtstärksten *Zeiß*-Kamera (1/1,9) brauchbare, aber noch nicht völlig einwandfreie Spektren mit Belichtungsdauern, die bei gut streuenden Substanzen wie Naphthalin oder gar Oxybenzaldehyd nur 1 bis 2 Stunden betragen. Begnügt man sich mit Lichtstärken, die in 12 bis 24 Stunden ein durchexponiertes Spektrum geben, so kann man die Homogenisierung des Lichtes weiter treiben und dadurch die Qualität der Aufnahmen verbessern. Die Apparatur ist noch im Versuchsstadium, jedoch vielversprechend. Das ihr zugrunde liegende Prinzip (Beobachtung am *rück*gestreuten Licht) ist wohl auch das einzige, das z. B. die Untersuchung des Streuspektrums bei Erregung mit einer der Eigenabsorption der Substanz nahe gelegenen Frequenz und damit die experimentelle Behandlung von theoretisch und praktisch wichtigen Problemen gestattet. Denn solche Aufgaben werden, wenn überhaupt, nur durch Erfassung der von der Substanz*oberfläche* gestreuten Strahlung zu lösen sein.

D. Polarisationsanordnungen. Während in S.R.E. S. 111 die Polarisationsmessungen noch als „durchwegs nur halbquantitativ" bezeichnet werden mußten, dürfte jetzt die Genauigkeit der Messungen soweit getrieben sein, als dies bei photographischen Intensitätsmessungen überhaupt möglich ist. Der Verfasser muß aber nun darauf verweisen, daß seiner Ansicht nach die methodischen

Verbesserungen im allgemeinen überschätzt werden und daß, abgesehen von besonders günstig liegenden Verhältnissen, die erreichbare Genauigkeit recht gering ist; jedenfalls so gering, daß die Aussagen bei ungünstigen Verhältnissen bereits erheblich unsicher werden. Insbesondere hält er es für ausgeschlossen, daß für schwache Linien (auf der subjektiven Intensitätsskala etwa die mit 00, 0, $\frac{1}{2}$ bis 1 eingeschätzten) die bestimmte Aussage, sie seien depolarisiert, gemacht werden kann. Die Ursachen für die geringe Genauigkeit sind so mannigfach, daß ihre Aufzählung hier unter Hinweis auf die Originalliteratur unterbleiben muß. Die Diskussion der Ursachen für systematische Fehler findet man insbesondere bei BHAGAVANTAM[549], SIMONS[578], SPECCHIA[579], CABANNES*-ROUSSET[631], TRUMPY[714], ANANTHAKRISHNAN[1044], REITZ[1079].

Als solche systematische Fehler sind zu nennen: 1. „Konvergenzfehler" („mangelnde Transversalität"), d. i. die Abweichung von der praktisch nicht streng erfüllbaren Forderung, daß der Winkel zwischen der Richtung des eingestrahlten Erregerlichtes und der Richtung des beobachteten Streulichtes 90° für *alle* verwendeten Strahlen betragen soll. 2. „Eigenpolarisation" der Apparatur, die die zu untersuchende Polarisation des Streulichtes dadurch fälscht, daß die zur π- und σ-Komponente gehörigen Strahlenbündel auf dem Wege vom streuenden Molekül bis zur Platte verschiedenartig beeinflußt werden; dabei kann man noch mit REITZ unterscheiden zwischen „scheinbarer" und „wahrer" Eigenpolarisation, je nachdem ob die Verfälschung des den Depolarisationsfaktor experimentell definierenden Intensitätsverhältnisses $\varrho = i(\sigma)/I(\pi)$ auf den verschiedenen geometrischen Strahlengang (z. B. ungleiche Vignettierung) oder auf die verschiedene Polarisation (z. B. ungleiche Reflexionsverluste an den Prismenflächen) der beiden Lichtbündel zurückzuführen ist. Als Beispiel für eine Polarisationsapparatur ist in Abb. 12 die von REITZ[1079] ausgearbeitete in Grund- und Aufriß angegeben.

Als grundsätzlich mangelhaft sind alle jene Methoden zu bewerten, bei denen entweder die Exposition der π- und σ-Komponenten zeitlich getrennt in zwei verschiedenen Aufnahmsakten erfolgt, oder solche, bei denen zur quantitativen Verwertung der Schwärzungen die Gradationskurven der Platte (Schwärzung als Funktion der einfallenden Lichtintensität) nicht direkt durch Schwärzungsmarken (SIMONS, TRUMPY, REITZ) oder indirekt durch

* CABANNES, J., Réunion de l'institut d'Optique. Bordeaux 1932.

„Aufschieben", d. i. Vergleich einer Serie von π-σ-Aufnahmen mit verschiedener Belichtungszeit (CABANNES-ROUSSET[631], CHENG[910]) bestimmt und berücksichtigt werden. Werden die beiden Komponenten nicht gleichzeitig aufgenommen, dann ist es unmöglich, den Einwand zu entkräften, daß sich von der ersten zur zweiten Aufnahme irgend etwas (Auftreten oder Verschwinden von Färbung, Trübung usw. der Substanz) geändert hat; die Richtigkeit solcher Beobachtungsergebnisse kann nur durch die Aussagen eines

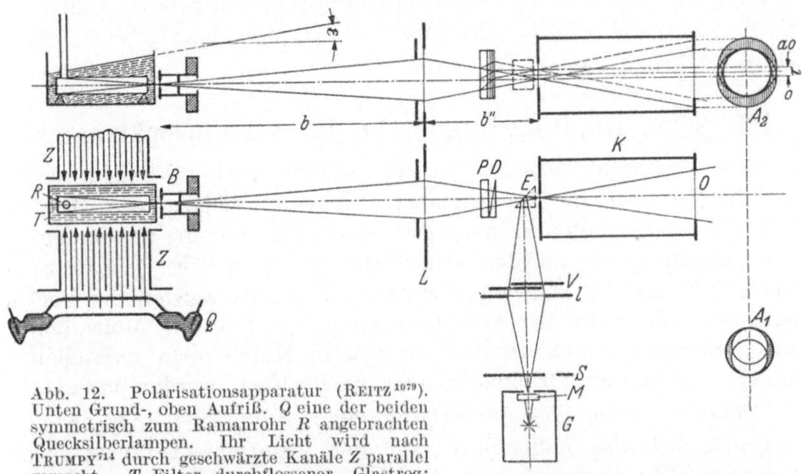

Abb. 12. Polarisationsapparatur (REITZ[1079]). Unten Grund-, oben Aufriß. Q eine der beiden symmetrisch zum Ramanrohr R angebrachten Quecksilberlampen. Ihr Licht wird nach TRUMPY[714] durch geschwärzte Kanäle Z parallel gemacht. T Filter-durchflossener Glastrog; B zentrierbare Quadratblende, deren Bild von der achromatischen Linse L auf den Kollimatorspalt entworfen wird; Gegenstandsweite $b \sim 46$ cm, Bildweite $b'' \sim 24$ cm. $P + D$ (Doppelbrecher + Depolarisator) ist die von HANLE* für diese Zwecke angegebene Kombination. K Kollimator mit Spalt und Objektiv O. o ordentlicher Strahl (σ-Komponente), $a.o$ außerordentlicher Strahl (π-Komponente); beide werden durch D elliptisch polarisiert. G Vergleichsglühlampe, M Milchglasscheibe, S rotierender Sektor, l Linse, V Verschluß, E Einschubprisma, alles zum „Stufendrücken" zwecks Ermittlung der Gradationskurve der Platte. A_1 und A_2, zwei Möglichkeiten, das Kollimatorobjektiv O mit den beiden Strahlenbüscheln „auszuleuchten". τ Bildtrennung, ε Neigung der ganzen Apparatur gegen die Horizontale.

korrekten Versuches nachträglich erwiesen werden. Werden andererseits die Schwärzungen ohne Berücksichtigung der Gradationskurve verwertet oder gar überhaupt nur subjektiv geschätzt, dann kann man nicht mehr von einer quantitativen „Messung" sprechen. Solche Beobachtungen lassen zwar mit einiger Sicherheit die Aussage machen, daß eine Linie stark polarisiert, ϱ also sehr klein gegen 1 sei, sie sind aber unbrauchbar zur Entscheidung ob eine Linie depolarisiert, ϱ also nicht kleiner als 6/7 ist; diese

* HANLE, W., Z. Instrumentenkde. **51**, 488, 1931.

Aussage *kann* nicht „geschätzt“ werden, da es im allgemeinen unmöglich ist, den wesentlichen Einfluß von Untergrund und Gradationskurve auf das Schwärzungsverhältnis (dieses wird subjektiv geschätzt) ohne Messung zu eliminieren.

Bezüglich der Methodik zur Bestimmung von ϱ_l (Depolarisationsgrad bei linear polarisiertem Erregerlicht) sei auf BÄR[444] und PIENKOWSKI[527] verwiesen. Über die Methodik zur Bestimmung von P (Depolarisationsgrad bzw. Umkehrkoeffizient bei zirkular polarisiertem Erregerlicht) wurde schon in S.R.E. Anhang S. 374 kurz berichtet. Näheres bei BÄR[444], HANLE[445, 467, 609], HANLE-HEIDENREICH[943] *.

III. § 12. Rotationsfrequenzen im Ramanspektrum.

Mit Rücksicht auf die verhältnismäßig geringe Bedeutung, die die Rotation für die Ramanspektroskopie vielatomiger Moleküle im kondensierten Zustand hat, sollen hier nur die notwendigsten Ergänzungen zu den Ausführungen in S.R.E. § 22 bis 27 sowie § 70 und 72 angegeben werden. Übrigens werden die Verhältnisse bei mehr als zweiatomigen nicht linearen Molekülen schon derart kompliziert, daß sie sich in Kürze nicht darstellen lassen und in der Originalliteratur nachgelesen werden müssen.

Für das *zweiatomige* Molekül wurde S.R.E. S. 51 angegeben: Befindet sich das Molekül in dem der Rotations-(Totalimpuls-) Quantenzahl j entsprechenden Zustand, dann besitzt es die Rotationsenergie:

$$E_j = hB\,[j\,(j+1) + \tfrac{1}{4}]; \qquad B = h/8\pi^2 J \tag{1}$$

$$B' \text{ (gemessen in cm}^{-1}) = B/c = 27{,}7 \cdot 10^{-40}/J.$$

Die im *reinen Rotationsstreuspektrum* auftretenden Frequenzen entsprechen den Übergängen $j \to j$ (unverschobene), $j \to j+2$ (rotverschobene), $j \to j-2$ (blauverschobene Linien); während also in Absorption mit den Übergängen $j \to j+1$ die Frequenzen

* Über die Zurückführung dieser Umkehr der Zirkularpolarisation und anderer Erscheinungen auf den „Spin“ des Photons wurde viel geschrieben. Vgl. RAMAN-BHAGAVANTAM[449a, 499], VENKATESWARAN[492, 637], BHAGAVANTAM[483, 572]; dazu PLACZEK[465], CABANNES[505], KASTLER[508], SAHA-BHARGAWA[520], PLACZEK-TELLER[626], sowie ARAKATSU, B. u. Y. OTA, Mem. Fac. sci. Taihoku Imp. Univ. 5, 25, 1932. RAMAN war der Meinung, daß die Umkehr der Zirkularpolarisation nur durch Einführung eines „Photonenspins“ erklärbar sei; dies hat sich als nicht zutreffend herausgestellt.

durch $\nu_r = B(2j+2)$ gegeben sind, sind sie bei Streuung für den Übergang $j \to j+2$ durch

$$(\Delta\nu)_r = B(4j+6) \tag{2}$$

beschrieben (vgl. S.R.E. Abb. 23, S. 57).

Die Intensitätsverteilung, deren quantitative Darstellung hier ergänzend angegeben werden soll, wurde von MANNEBACK[110, 228, 245] berechnet (vgl. dazu PLACZEK-TELLER[626]). Es werde wieder mit a die „mittlere Verschieblichkeit" und b die „optische Anisotropie" (Definition in § 5) bezeichnet, die sich im Fall axialsymmetrischer Moleküle (Polarisierbarkeitsellipsoid symmetrisch zur Figurenachse, daher $\alpha_2 = \alpha_3$) reduzieren auf

$$a = (\alpha_1 + 2\alpha_2)/3; \qquad b = \alpha_1 - \alpha_2. \tag{3}$$

Die über alle Orientierungen gemittelten Quadrate der Komponenten des induzierten Momentes, die für die Streuintensität maßgebend sind, sind für das einzelne Molekül bei Erregung durch monochromatisches, in der z-Richtung polarisiertes Licht ($\mathcal{E}_z$) gegeben durch:

Für den QQ-Zweig, unverschobene Linie, $j \to j$:

$$\overline{\mathfrak{m}_z^2} = [a^2 + \tfrac{1}{45} b^2 G(j)] \cdot \mathcal{E}_z^2; \qquad \overline{\mathfrak{m}_x^2} = \overline{\mathfrak{m}_y^2} = [\tfrac{1}{60} b^2 G(j)] \cdot \mathcal{E}_z^2. \tag{4a}$$

Für den RR-Zweig, rotverschobene Linien,

$$\overline{\mathfrak{m}_z^2} = [\tfrac{1}{30} b^2 F(j+1)] \cdot \mathcal{E}_z^2; \quad \overline{\mathfrak{m}_x^2} = \overline{\mathfrak{m}_y^2} = [\tfrac{1}{40} b^2 F(j+1)] \cdot \mathcal{E}_z^2. \tag{4b}$$

Für den PP-Zweig, blauverschobene Linien,

$$\overline{\mathfrak{m}_z^2} = [\tfrac{1}{30} b^2 F(j-1)]\, \mathcal{E}_z^2; \qquad \overline{\mathfrak{m}_x^2} = \overline{\mathfrak{m}_y^2} = [\tfrac{1}{40} b^2 F(j-1)] \cdot \mathcal{E}_z^2. \tag{4c}$$

Die mit $G(j)$ und $F(j \pm 1)$ bezeichneten Funktionen der Impulsquantenzahl j sind dabei:

$$\left.\begin{aligned} G(j) = \frac{4j(j+1)}{(2j-1)(2j+3)}; \quad F(j+1) &= \frac{4\cdot(j+1)(j+2)}{(2j+3)(2j+1)};\\ F(j-1) &= \frac{4\cdot j(j-1)}{(2j-1)(2j+1)}. \end{aligned}\right\} \tag{4d}$$

Aus diesen Formeln folgt, daß die verschobenen Rotationslinien der PP-, RR-Zweige depolarisiert sind; denn für sie ist nach (4b) oder (4c)

$$\varrho_l = \overline{\mathfrak{m}_x^2}/\overline{\mathfrak{m}_z^2} = 3/4. \tag{5}$$

Die unverschobene Grundlinie, deren Intensität bei konstant bleibendem Trägheitsmoment J wesentlich größer sein muß, da (S.R.E. S. 51/52) *jeder* Sprung (unabhängig vom Wert j) zur gleichen Frequenz führt, ist dagegen nur sehr schwach depolarisiert, da b^2 klein gegen a^2 ist.

Um die Intensitäten zu erhalten, ist einerseits bei gleichkernigen Molekülen der Einfluß des Kernspins („alternierende Intensitäten", S.R.E. § 25) durch einen Gewichtsfaktor g zu berücksichtigen, andererseits die von der Temperatur abhängige Besetzung der Ausgangszustände, die durch die *Boltzmann*verteilung gegeben wird:

$$N_j \sim (2j+1)\, e^{-\frac{E_j}{kT}} \tag{6}$$

[jeder Zustand ist wegen der räumlichen Richtungsquantelung $(2j+1)$fach]. Somit ist die Intensität zu rechnen nach:

$$I = \frac{16\pi^4}{3c^3}(\nu \pm \Delta\nu_j)^4 \cdot g \cdot N_j\, (\overline{\mathfrak{m}^2}). \tag{7}$$

Den Übergang zur klassischen Behandlung, bei der das Moment $\mathfrak{m}$ unabhängig von der Rotationsfrequenz ist, erhält man für hohe Quantenzahlen j in den Ausdrücken (4). Die Funktionen (4d) gehen für $j \to \infty$ alle gegen 1. Man erhält dann so wie im klassischen Fall (CABANNES-ROCARD[51]) das Ergebnis, daß der von der Anisotropie b abhängige Teil der Streuung, die sog. „Anisotropiestreuung" zur Intensität des QQ-Zweiges (*Rayleigh*linie) den Betrag (1/45) + (1/60), zur Intensität der Rotationslinien in den PP- und RR-Zweigen den Betrag (2/30) + (2/40) beiträgt; diese Beträge verhalten sich wie 1/4 zu 3/4. Dasselbe Intensitätsverhältnis ergibt sich für den Fall, als man durch Vorsetzen eines Nicols die z-Komponenten des Streulichtes unterdrückt und nur an dem in der x-Richtung polarisierten Licht $i(\sigma)$ beobachtet; auch dann sollten 25% der Intensität im Q-Zweig, 75% in den Rotationslinien enthalten sein.

Über die Unsymmetrie der Intensitätsverteilung im rot- und blauverschobenen Rotationszweige infolge der verschiedenen Besetzung der Ausgangsniveaus vgl. S.R.E. S. 52 und 291. Der Fall nicht aufgelöster Rotationsbanden (Flüssigkeit) wird im nächsten § 13 besprochen. Das *Rotations-Schwingungs*spektrum wird im wesentlichen durch dieselben Intensitätsformeln beschrieben, nur daß statt der Größen a und b ihre von der Schwingung bewirkten *Veränderungen* a' und b' [vgl. § 6, Gl. (6a)] maßgebend sind.

In bezug auf die Einzelheiten der theoretischen Aussagen, die sich allgemein auf den Rotator (auch *mehr*atomige lineare Moleküle) und den symmetrischen Kreisel beziehen, muß auf die Literatur verwiesen werden: Zusammenfassende Berichte: PLACZEK

(VI, § 21), TELLER (V, S. 112f.), SPONER (III, S. 178f.), STUART (II, S. 267); Originalarbeiten: TELLER-TISZA[595], PLACZEK-TELLER[626], HOUSTON-LEWIS[693], LANGSETH-NIELSEN[687], sowie die weiter unten angeführte Literatur.

Überblicksweise sei angegeben: Das reine Rotationsspektrum, das aufgelöst gewöhnlich nur an Gasen beobachtbar ist, hängt von der Polarisierbarkeit α selbst ab und ist depolarisiert; es tritt im Ramanspektrum nicht auf bei Molekülen kubischer Symmetrie (das Polarisierbarkeitsellipsoid ist gleichachsig, also eine Kugel). In Flüssigkeiten fließen die Rotationslinien zusammen zu seitlichen depolarisierten „Flügeln" (engl. wings) der Rayleighlinien (vgl. § 13).

Das Rotationsschwingungsspektrum hängt wieder von $(\partial\alpha/\partial Q)$ ab; es fehlt bei den totalsymmetrischen Schwingungen der Moleküle kubischer Symmetrie (etwa CCl_4). Wo es aufgelöst oder unaufgelöst auftritt — auch Übergänge $j \rightarrow j+1$ sind nun gegebenenfalls statthaft — ist es depolarisiert.

In experimenteller Hinsicht sind folgende an Gasen durchgeführte Neubeobachtungen anzuführen.

Wasserstoff H_2. BHAGAVANTAM[513, 635]. Bestimmung der Intensitäts- und Polarisationsverhältnisse; ϱ_n der Rotationslinien wird zu 0,85 angegeben. Die beobachteten relativen Intensitäten stehen in guter Übereinstimmung mit der Theorie [Diskussion der Ergebnisse bei PLACZEK (VI, S. 346)]. Bei Druckvergrößerung soll es einen „kritischen" Druck geben, bei dem die Rotationslinien zusammenfließen; dem wird im Falle von O_2 von TRUMPY (vgl. weiter unten) widersprochen.

Schwerer Wasserstoff D_2. ANDERSON-YOST[855], BHAGAVANTAM[953], TEAL-MCWOOD[947]. Die letztgenannten Autoren arbeiten zum erstenmal bei dem niederen Druck von nur 3 at und finden bei dem zum Vergleich herangezogenen H_2 kleine Abweichungen gegen die in S.R.E. besprochenen Messungen RASETTIs. Für D_2 ergibt sich wie bei H_2 alternierende Intensität der Rotationslinien, wobei die zu den Anfangszuständen mit gerader Quantenzahl gehörigen die intensiveren sind. Daraus folgt Vorhandensein eines Kernspins und Gültigkeit der *Bose-Einstein*statistik zum Unterschied von H_2, wo die *Fermi*statistik gilt (S.R.E. § 25). Im Molekül HD tritt das Alternieren der Intensität nicht auf. BHAGAVANTAM teilt I- und ϱ-Messungen mit.

Sauerstoff. TRUMPY[655] variiert den Druck von 30 bis 60 at; es erfolgt Verbreiterung der Rotationslinien, aber keine wesentliche sonstige Störung. Keine Anzeichen für einen „kritischen Druck" (vgl. H_2). Die bei 30 at durchgeführten I-Messungen stimmen gut mit den theoretischen Erwartungen überein.

Kohlenoxyd CO. AMALDI[618], BHAGAVANTAM[627]; letzterer erhält, bei 35 at beobachtend, nur unaufgelöste Rotationsbanden; ersterer arbeitet bei nur 6 at und erhält 10 rot- und blauverschobene Rotationslinien, erstere mit $\Delta\nu = B(4j+6)$ $[j = 0, \pm 1, \pm 2 \ldots]$. Das Trägheitsmoment ergibt sich daraus zu $1{,}44 \cdot 10^{-39}$ g cm^2.

Stickoxyd NO (S.R.E. § 26). BHAGAVANTAM[627]). Bei 20 at Druck nur unaufgelöste Rotationsbanden.

Kohlendioxyd CO_2 (S.R.E. § 27). HOUSTON-LEWIS[447] erhalten bei einem Druck von 75 Pfund/cm^2 ein Rotationsspektrum mit $\Delta\nu = \frac{1}{8}\, 3{,}150\,(4j+6)$; daraus $J = 70{,}2 \cdot 10^{-40}$; keine Anzeichen für ein zweites Trägheitsmoment (Linearität des Moleküles). Nur gerade j sind vertreten, wie die Theorie es für diesen Fall vorsieht. Untersuchung der Rotationsstruktur der Schwingungslinien für CO_2 und N_2O bei LANGSETH-NIELSEN[687].

Stickoxydul N_2O. BENDER[745] vergleicht mit derselben im vorhergehenden Fall verwendeten Apparatur unter gleichen Versuchsbedingungen CO_2 und N_2O; während ersteres ein aufgelöstes Rotationsspektrum gibt, ist dies bei letzterem nicht der Fall. Aus dem Bandenmaximum wird ein ungefähres Trägheitsmoment berechnet und daraus gefolgert, daß N_2O bei symmetrischem Bau N · O · N Auflösung zeigen sollte; da dies nicht der Fall ist, wird auf unsymmetrischen Bau geschlossen.

Schwefelkohlenstoff CS_2. BHAGAVANTAM-RAO[875a] untersuchen die Rotationsstruktur der Schwingungslinie und finden diese nicht in Übereinstimmung mit der Erwartung.

Ammoniak NH_3 (S.R.E. § 27). AMALDI-PLACZEK[628], HOUSTON-LEWIS[693]. Wegen der Nichtlinearität des Moleküles ergeben sich nicht nur Rotationslinien für die Übergänge $\Delta j = \pm 2$, sondern auch solche mit $\Delta j = \pm 1$, von denen jeder zweite zu Linien führt, die sich mit denen der ersteren Übergänge decken und dieselben verstärken. AMALDI-PLACZEK beobachteten am Gas 21 Rotationslinien, deren Intensitätsverteilung in qualitativer Übereinstimmung mit der theoretischen Erwartung steht. Eingehende Untersuchung auch bei HOUSTON-LEWIS; Diskussion ebenda, sowie bei DENNISON-HARDY*. WILLIAMS-HOLLAENDER[611] finden in

---

* DENNISON, D. M., J. D. HARDY, Phys. Rev. **39**, 938, 1932; **41**, 304, 313, 1932.

wäßriger Lösung von NH_3 neben der Schwingungslinie 3311 cm^{-1} Trabanten, die sie als *P*-, *R*-, *PP*-, *RR*-Zweige des Rotationsschwingungsspektrums mit $\Delta j = 0, \pm 1, \pm 2$ deuten; LANGSETH[577] konnte im NH_3-Triplett bei 3300 cm^{-1} sogar 33 diffuse Linien ausmessen, von denen einige, wenn als Rotationsschwingungslinien aufgefaßt, allerdings verboten sein sollten. Aus der Analyse des Spektrums wird gefolgert, daß das gelöste Molekül gegenüber dem gasförmigen nur wenig deformiert ist; das Trägheitsmoment J_3 um die dreizählige Symmetrieachse wird kleiner errechnet als die beiden anderen Trägheitsmomente $J_1 = J_2$, nämlich $J_3 = 1, 4$; $J_1 = J_2 = 2{,}8 \cdot 10^{-40}$ g cm^2.

Methan CH_4 (vgl. S.R.E. § 27). BHAGAVANTAM[612] vermutete, daß CH_4, dessen klassische Streustrahlung nicht den für ein isotropes Molekül zu erwartenden Depolarisationsfaktor $\varrho = 0$ aufweist, schwach anisotrop sei und daher ein Rotationsspektrum geben müsse; diesbezügliche Versuche verliefen jedoch ergebnislos. HOUSTON-LEWIS[693] bestätigen diesen Befund; im übrigen führen ihre Versuche zu dem gleichen Ergebnis, wie die in S.R.E. bereits besprochenen von DICKINSON-DILLON-RASETTI.

Äthan C_2H_6. Nach Versuchen von HOUSTON-LEWIS[693] gibt Äthan ein reines Rotationsspektrum, dessen Band aber entgegen der Erwartung nicht aufgelöst werden konnte. Im Bereich der Schwingungslinie 2955 werden Andeutungen für Rotationsstruktur gefunden, deren Einzelheiten jedoch theoretisch unverständlich sind.

Äthylen C_2H_4. HOUSTON-LEWIS[693] finden ein reines Rotationsspektrum mit 20 Linien, deren Frequenz durch $\Delta j = \pm 2$ und $B = 0{,}920$ darstellbar sind; hieraus ergibt sich für das Trägheitsmoment um eine zur Molekülachse Senkrechte der Wert $J_\perp = 30{,}0 \cdot 10^{-40}$. Die ebenfalls zu erwartenden Linien mit $\Delta j = \pm 1$ dürften zu schwach sein und wurden nicht gemessen.

Acetylen C_2H_2. HOUSTON-LEWIS[693] teilen ein Rotationsspektrum mit 22 ausgemessenen Linien (alternierende Intensitäten) mit. Als Trägheitsmoment wird daraus errechnet: $J_\perp = 23{,}52 \cdot 10^{-40}$ g cm^2.

Pinen. Zu der in S.R.E. S. 67 und 373 besprochenen Feinstruktur der δ-(CH)-Frequenz 1454 in flüssigem Pinen haben sich später noch BONINO-CELLA[422] und VENKATESWARAN-BHAGAVANTAM[636] geäußert; letztere halten die Deutung als Rotationsschwingungslinien einer drehbaren Methylengruppe für unwahrscheinlich.

IV. Allgemeine Eigenschaften der Streuspektren.

§ 13. Die Struktur der klassisch (unverschoben) gestreuten „Grundlinie“ (S.R.E. § 29, 30, 71).

Der Frage nach der Struktur des Streuspektrums an der Stelle der unverschoben gestreuten Rayleighlinie und in ihrer unmittelbaren Umgebung wurde eine große Zahl (~ 100) von Untersuchungen gewidmet. Da 1 cm^3 Flüssigkeit wesentlich stärker streut als 1 cm^3 Gas und daher äußere Fehlerquellen leichter vermeidbar sind, wurden die meisten Beobachtungen an Flüssigkeiten angestellt. Der molekulare Zustand ist in diesem Fall aber so wenig gut definiert, daß die theoretische Erfassung aller die Streuung beeinflussenden Ursachen auf außerordentliche Schwierigkeiten stößt. Da eine eingehende Darlegung der zu ihrer Überwindung versuchten theoretischen Ansätze den Rahmen der vorliegenden Zusammenstellung weit überschreiten würde, kann nur eine kurze Übersicht gegeben werden.

A. Der Streumechanismus im Gas (S.R.E. § 68/β).

In idealen Gasen sind die streuenden Teilchen voneinander völlig unabhängig. Obwohl das in jedem einzelnen dieser Teilchen erregte Streumoment in gleicher Phase mit dem erregenden Primärlicht schwingt, sind die am Beobachtungsort ankommenden Streuwellen dieser Momente untereinander inkohärent, da die relativen Lagen der Streuzentren und daher auch die Phasen der Wellen am Beobachtungsort durch den Zufall bestimmt sind. Daher addieren sich an dieser Stelle die Intensitäten ($\sim \mathfrak{m}^2$) der einzelnen Wellen und nicht die Amplituden ($\sim \mathfrak{m}$) zur Gesamtintensität; N streuende Teilchen liefern also nur eine N-mal, und nicht eine N^2-mal so große Intensität als 1 Teilchen.

Wird zunächst nur die *Anisotropie* der Moleküle, nicht aber ihre Rotation und Schwingung berücksichtigt, dann hat man es mit N beliebig im Raum orientierten starren Teilchen von gewissermaßen unendlich großem Trägheitsmoment zu tun. Ihre Streuung ist dieselbe wie von N *gleich* orientierten Teilchen, wenn jedem derselben ein durch Mittelung über alle möglichen Orientierungen berechnetes „mittleres Momentquadrat“ $\overline{\mathfrak{m}^2}$ zugeordnet wird. Für Erregerlicht, das in der z-Richtung polarisiert ist, ergibt sich:

$$\overline{\mathfrak{m}_z^2} = \left(a^2 + \frac{4}{45}\,b^2\right)\cdot \mathcal{E}_z^2; \qquad \overline{\mathfrak{m}_x^2} = \overline{\mathfrak{m}_y^2} = \left(\frac{1}{15}\cdot b^2\right)\mathcal{E}_z^2. \tag{1}$$

Die gestreuten Intensitäten sind proportional $N\cdot\overline{\mathfrak{m}^2}$.

Weiter wäre zu berücksichtigen, daß die streuenden Moleküle infolge der Wärmebewegung eine *Translationsgeschwindigkeit* besitzen, deren Quadrat im Mittel gleich $\overline{\mathfrak{u}^2} = 3\,k\,T/m$ $(k = R/L$, m Masse, T absolute Temperatur) ist. Dies bewirkt, wie eine Reflexion am bewegten Spiegel, einen *Dopplereffekt*; da Richtung und Geschwindigkeit dieser „bewegten Spiegel" zufällig verteilt sind, ergibt sich eine Verbreiterung der Streulinie, deren Intensitätsverteilung ein Abbild der MAXWELLschen Geschwindigkeitsverteilung wird. Die Halbwertsbreite δ der Rayleighlinie wird richtungsabhängig (Beobachtungswinkel φ), indem:

$$\delta = \nu_0 \cdot 2 \sin \frac{\varphi}{2} \cdot \sqrt{\frac{2\,k\,T}{m\,c^2} \lg 2}\,. \tag{2}$$

Für Zimmertemperatur ist δ höchstens von der Größenordnung 0,1 cm^{-1}; diese Verbreiterung spielt also neben der schon durch die apparativen Verhältnisse bedingten Linienbreite eine untergeordnete Rolle.

Endlich wäre zu berücksichtigen, daß die Moleküle erstens *rotieren* und zweitens *schwingen* können, daß sie also weder unendlich großes Trägheitsmoment, noch unendliche innere Festigkeit besitzen. Beides bewirkt eine Frequenzveränderung („Modulation") des Streulichtes: Die inneren Schwingungen führen zum Ramanschwingungseffekt, die Rotationen zum Rotationseffekt (§ 12); ersterer gibt im allgemeinen so große Frequenzverschiebungen $\Delta\nu$, daß im Spektroskop eine Trennung von der Rayleighlinie fast stets möglich ist. Die Frequenzverschiebungen $(\Delta\nu)_r$ jedoch hängen [Gl. (2), § 12] vom Trägheitsmoment J ab; ist dieses groß, dann wird $(\Delta\nu)_r$ klein. Eine Auflösung des Rotationsspektrums in seine Linien ist dann unter Umständen nicht mehr möglich, die PP- und RR-Zweige hängen sich links und rechts als Verbreiterungen an die Rayleighlinie an. Für die in § 12 behandelten zweiatomigen Moleküle ergibt sich nach MANNEBACK: Die für die totalen Intensitäten der nicht aufgelösten P-, Q-, R-Zweige maßgebenden Streumomentquadrate, die durch nochmalige Mittelung über alle Rotationszustände und ihre für eine bestimmte Temperatur gültigen Besetzungszahlen erhalten werden, sind:

QQ-Zweig (Rayleighlinie)

$$\overline{\overline{\mathfrak{m}_z^2}} = \left(a^2 + \frac{1}{45}\,b^2\right) \cdot \mathfrak{E}_z^2 \qquad \overline{\overline{\mathfrak{m}_x^2}} = \overline{\overline{\mathfrak{m}_y^2}} = \left(\frac{1}{60}\,b^2\right) \mathfrak{E}_z^2 \tag{3a}$$

RR-Zweig (rotseitig gelegener „Flügel")

$$\overline{\overline{\mathfrak{m}_z^2}} = \frac{1}{30} b^2 \left(1 + \sqrt{\pi\sigma}\right) \mathfrak{E}_z^2 \qquad \overline{\overline{\mathfrak{m}_x^2}} = \overline{\overline{\mathfrak{m}_y^2}} = \frac{1}{40} b^2 \left(1 + \sqrt{\pi\sigma}\right) \cdot \mathfrak{E}_z^2 \tag{3b}$$

PP-Zweig (blauseitig gelegener „Flügel")

$$\overline{\overline{\mathfrak{m}_z^2}} = \frac{1}{30} b^2 \left(1 - \sqrt{\pi\sigma}\right) \mathfrak{E}_z^2 \qquad \overline{\overline{\mathfrak{m}_x^2}} = \overline{\overline{\mathfrak{m}_y^2}} = \frac{1}{40} b^2 \left(1 - \sqrt{\pi\sigma}\right) \cdot \mathfrak{E}_z^2 . \tag{3c}$$

Dies ist abgeleitet unter der Voraussetzung, daß σ^2 gegen σ vernachlässigbar ist, wobei:

$$\sigma = \frac{h^2}{8\pi^2 J k T} = \frac{h B}{k T} = \frac{\Theta}{T} \tag{3d}$$

bezüglich B vgl. Gl. (1), § 12; Θ wird die „charakteristische Temperatur der Rotation" genannt.

Aus diesen Gleichungen folgt zunächst, daß der Übergang vom unendlich großen (keine Rotation) zum endlichen Trägheitsmoment (Rotation) nichts an der Gesamtintensität und Polarisation ändert und nur eine Ausbreitung der gestreuten Intensitäten auf ein breiteres Frequenzgebiet (Rayleighlinie *plus* Flügel) bewirkt. Denn die Summe über alle drei Ausdrücke für $\overline{\overline{\mathfrak{m}_z^2}}$, $\overline{\overline{\mathfrak{m}_x^2}}$ und $\overline{\overline{\mathfrak{m}_y^2}}$ in (3a), (3b), (3c) liefert wieder dieselben Momentwerte, die in Gl. (1) ohne Berücksichtigung der Rotation gefunden wurden. Der Depolarisationsgrad für die *Gesamtheit* aller unverschobenen und rotations-verschobenen Linien ist daher ebenfalls der gleiche, nämlich

$$\text{Rayleighlinie + Flügel:}\ \varrho_l = \frac{3b^2}{45a^2 + 4b^2} \cdot \tag{4a}$$

Könnte man durch Arbeiten mit *engem* Spalt die „Flügel" bei der Beobachtung *ganz* ausschalten, dann sollte nach den Gl. (3a) der Polarisationsfaktor niedrigere Werte als (4a) annehmen:

$$\text{Rayleighlinie allein:}\ \varrho_l = \frac{3b^2}{180a^2 + 4b^2} \cdot \tag{4b}$$

Die Flügel ihrerseits allein betrachtet sollten vollständig depolarisiert sein:

$$\text{Flügel allein:}\ \varrho_l = \tfrac{3}{4} . \tag{4c}$$

Wird unter Ausschaltung des in der z-Richtung polarisierten Lichtes nur an der „σ-Komponente" gemessen, dann sollte wieder die Intensität bei engem Spalt $^1/_4$ der bei Beobachtung mit hinreichend breitem Spalt gemessenen Intensität betragen. Aus den Gl. (3b), (3c) folgt weiters ein *Intensitätsunterschied* zwischen dem rotseitigen und blauseitigen Flügel; er ist proportional mit

$\sqrt{\sigma}$, nimmt also mit der Zunahme von Trägheitsmoment und Temperatur ab und verschwindet für den klassischen Grenzfall.

Innerhalb jedes der beiden Flügel ist die Intensitätsverteilung (vgl. S.R.E. S. 53, Abb. 21 und S. 61, Abb. 24) durch das BOLTZMANNsche Gesetz [Gl. (6), § 12] bestimmt, also von Temperatur und Trägheitsmoment abhängig. Das Intensitätsmaximum entspricht in beiden Zweigen jenem Übergang $j \rightarrow j \pm 2$, der vom stärkst besetzten Niveau aus erfolgt; letzteres findet man durch Differenzieren von Gl. (6), § 12, nachdem für E_j der Ausdruck (1), § 12 eingesetzt wurde. Man erhält als stärkst besetztes Niveau jenes, für welches $(2j^* + 1)^2 = 2kT/hB$. Da weiters die in cm^{-1} gemessene Rotationsfrequenz für den roten Zweig durch $(\Delta\nu)_r = \frac{B}{c}(4j + 6)$, für den blauen Zweig durch $(\Delta\nu)'_r = \frac{B}{c}(4j - 2)$ gegeben ist, so ist der Abstand der Maxima gleich $(\Delta\nu)_r + (\Delta\nu)'_r$ für $j = j^*$, d. i.

$$(\Delta\nu^*)_r + (\Delta\nu^*)'_r = \frac{4B}{c}(2j^* + 1) = \frac{1}{c}\sqrt{\frac{32BkT}{h}} = \frac{2}{\pi c}\sqrt{\frac{kT}{J}} \qquad (5)$$

$k = 1{,}372 \cdot 10^{-16}$ erg/Grad. Für $J = 100 \cdot 10^{-40}\,\text{g} \cdot \text{cm}^2$ und Zimmertemperatur wird der Abstand $\sim 42\,\text{cm}^{-1}$.

Für nicht so einfache Fälle, wie der des zweiatomigen Moleküles (Rotator), also z. B. für den symmetrischen Kreisel mit zwei Trägheitsmomenten, werden die Verhältnisse viel komplizierter; diesbezüglich sei insbesondere auf PLACZEK-TELLER[626] verwiesen. In Abb. 13 sind die Intensitätsverteilungen für zwei Spezialfälle dargestellt. Erhalten bleibt: Die Rotationszweige sind depolarisiert; der rotverschobene ist etwas intensiver, sein Maximum etwas stärker verschoben, der Abstand der Maxima beider Zweige wird um so kleiner, je größer das Trägheitsmoment und je niederer die Temperatur [vgl. (5)]. Die Gesamtintensität in den beiden Rotationszweigen ist noch immer ungefähr dreimal so groß, wie in der unverschobenen Linie.

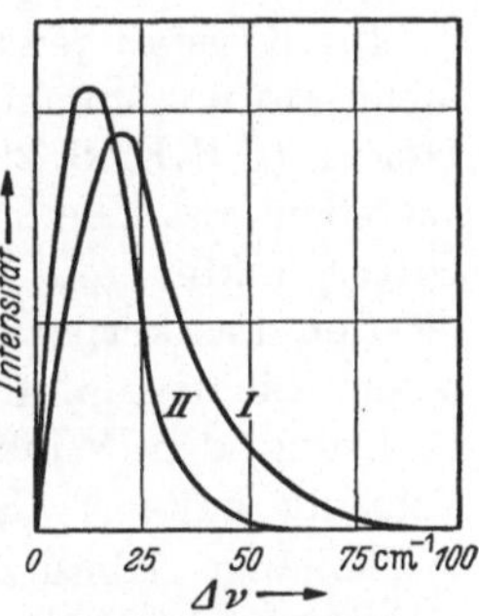

Abb. 13. Intensitätsverteilung im unaufgelösten RR-Zweig für zwei Beispiele: I Benzol ($J = 92 \cdot 10^{-40}$), II Schwefelkohlenstoff ($J = 242 \cdot 10^{-40}$). Berechnet nach der Theorie von PLACZEK-TELLER[626] (Nach ROUSSET[1050].)

B. Der Streumechanismus im Krystall.

Wäre der Krystall auf $T = 0$, wären also die Gitterpunkte gänzlich unbeweglich, dann wären die von den einzelnen Molekülen

(Atomen) des Gitters ausgesendeten Streuwellen nicht nur mit dem einfallenden Licht, sondern auch untereinander an der Stelle der Beobachtung kohärent und würden miteinander interferieren. Nur in der einzigen, durch die bekannte BRAGGsche Beziehung gegebenen Richtung gäbe es Streuintensität. Ist jedoch Wärmebewegung vorhanden, dann wird mit zunehmender Temperatur, d. i. mit zunehmender Unordnung im Gitter die Kohärenz immer mehr gestört und es tritt Streustrahlung auf; doch liegen die Verhältnisse anders als beim Gas, da Lage und Bewegung des *Einzelteilchens* nicht mehr nur durch den Zufall, sondern infolge der zwischenmolekularen Kräfte mehr oder weniger stark durch das Verhalten der Nachbarteilchen bestimmt wird. In den „Schwankungstheorien" von SMOLUCHOWSKI, EINSTEIN, KEESOM* wird daher nicht die Streuung des isolierten Einzelteilchens, sondern die des isolierten *Volumelementes* betrachtet, in dem zufällige Dichte- und Anisotropieschwankungen und damit auch Schwankungen der Dielektrizitätskonstanten bzw. des Brechungsindex auftreten [vgl. weiter unten Gl. (8)].

Im Krystall jedoch kann man auch die Volumelemente nicht mehr als unabhängig voneinander ansehen. Vielmehr sind nach DEBYE (S.R.E. S. 283) die thermischen Dichteschwankungen darzustellen als Überlagerung von $3N$ Wellenzügen ($N =$ Zahl der Gitterpunkte) mit verschiedenen Richtungen und Frequenzen, die den Festkörper mit Schallgeschwindigkeit v durchlaufen. Zu jedem Lichtstrahl findet sich dann eine akustische Welle, deren Richtung den Winkel φ zwischen Einfalls- und Beobachtungsrichtung halbiert (S.R.E. Abb. 83, S. 282) und die eine solche Wellenlänge Λ besitzt, daß (λ Wellenlänge des Lichtes im Krystall $= \lambda_0/n$, das ist Wellenlänge im Vakuum dividiert durch Brechungsexponent) die Beziehung erfüllt ist:

$$2\Lambda \sin\varphi/2 = \lambda_0/n\,. \tag{6}$$

Dies bedingt *räumlich periodische* Inhomogenitäten, die eine unverschobene Streustrahlung (ν_0) in der Richtung φ verursachen; zieht man noch die *zeitlich periodische* Änderung dieser Inhomogenitäten, d. h. ihr Wandern mit der Schallgeschwindigkeit v in Betracht, dann kommt es zu einer Modulation der einfallenden

* SMOLUCHOWSKI, M. v., Ann. Phys. Lpz. **25**, 205, 1908. — EINSTEIN, A., Ann. Phys. Lpz. **23**, 1275, 1910. — KEESOM, W. H., Ann. Phys. Lpz. **35**, 591, 1911.

Welle und damit zu einer verschobenen Streustrahlung, die formal wie ein Dopplereffekt* zu berechnen ist. Es ergibt sich für deren Frequenz

$$\nu = \nu_0 \pm 2\,\nu_0 \frac{v}{c} \sin\frac{\varphi}{2}\,.$$

Man erhält also *statt* einer unverschobenen Linie zwei symmetrisch nach blau und rot verschobene, deren Frequenzabstand von der Nullinie ähnlich wie in Gl. (2) gegeben ist durch

$$\varDelta\,\nu \equiv \nu - \nu_0 = \pm\, 2\,\nu_0 \frac{v}{c} \sin\frac{\varphi}{2}\,. \tag{7}$$

Diese Aufspaltung betrifft *nur* die mit dem einfallenden Licht *kohärente* Streuung. Da aber die $\mathfrak{m}_x$- und $\mathfrak{m}_y$-Komponenten [Gl. (3a)] des unverschobenen Rotations-Q-Zweiges, obwohl sie zur Frequenz ν_0 führen, inkohärent sind (sie gehören zu Übergängen zwischen entarteten Elektronenzuständen), so kann es, *wenn* Rotation vorhanden ist, schon aus diesem Grund auch zum Auftreten einer unverschobenen Linie an der Stelle ν_0 kommen. Auch ORNSTEIN-VAN CITTERT[883] zeigen, daß man bei Berechnung der Streuung an den diskreten Gitterpunkten eines Krystalles, der von Wärmewellen durchzogen wird, zu der BRILLOUINschen Formel (7) gelangt, bei Abweichungen von der idealen Gitterstruktur überdies zu einer unverschobenen Mittellinie.

C. Der Streumechanismus in der Flüssigkeit.

Der flüssige Zustand ist im allgemeinen ein undefiniertes Mittelding zwischen Gas und Krystall. Die weiter oben erwähnten Schwankungstheorien, die die Streuung auf die spontanen Änderungen der Dichte und Anisotropie der voneinander unabhängig angesehenen *Volumelemente* zurückführen, liefern für die gestreute Intensität Ausdrücke von der Form:

$$I = \text{konst.}\, \nu^4\, k\, T\, \beta \left(\varrho \frac{\partial \varepsilon}{\partial \varrho}\right)^2 \cdot I_0 \tag{8}$$

worin β die isotherme Kompressibilität $\left(\frac{1}{\varrho}\frac{\partial \varrho}{\partial p}\right)$, k die Boltzmannkonstante, ϱ die Dichte, $\partial\varepsilon/\partial\varrho$ die Änderung der Dielektrizitäts-

* Zwei mit Schallgeschwindigkeit in den um 180° verschiedenen Richtungen bewegte Spiegel reflektieren gewissermaßen das einfallende Licht. Im Gas, wo die Wärmebewegung den Teilchen eine mittlere Geschwindigkeit $\overline{\mathfrak{u}^2} = 3\,k\,T/m$ verleiht, die größer ist als die Schallgeschwindigkeit [$v^2 = \gamma \cdot k\,T/m$ mit $\gamma \equiv c_p/c_v \lesseqgtr 1{,}66$], kommt es zu keiner Frequenzaufspaltung, bzw. sie wäre kleiner als die Dopplerverbreiterung [Gl. (2)].

konstanten bei Dichteänderung bedeutet. $\partial \varepsilon / \partial \varrho$ ist zunächst unbekannt, man kann noch umformen in:

$$I = \text{konst.}\, \nu^4 k T \beta (n^2 - 1)^2 \cdot C \cdot I_0 \tag{8a}$$

wobei die Größe C ein noch umstrittener Faktor ist, der zwischen 1 und $\frac{1}{9}(n^2+2)^2$ liegen dürfte. Diese durch Dichteschwankung entstandene Streustrahlung ist linear polarisiert; zur Erklärung der beobachteten Depolarisation müssen noch Schwankungen in der Anisotropie des Volumelementes herangezogen werden. Über diese Theorien vgl. man insbesondere das Buch von CABANNES, La Diffusion Moléculaire De La Lumière (Paris 1929).

Insoferne nun die Flüssigkeit *krystallinen* Charakter hat, werden die Volumelemente nicht als unabhängig voneinander angesehen werden können. Es wird die durch Gl. (7) beschriebene BRILLOUINsche Aufspaltung eintreten (vgl. auch LEONTOWITSCH[522]). Nach LANDAU-PLACZEK[724] soll aber diese kohärente Dichteschwankung nur den Bruchteil c_v/c_p (Verhältnis der spezifischen Wärmen) verschoben streuen, während der Rest $1 - c_v/c_p$ als unverschobene Streuung in der Mitte beider BRILLOUIN-Komponenten auftreten soll.

Insoferne jedoch die Flüssigkeit *gasähnlichen* Charakter hat, wird man auf die Streuung durch das *Einzelteilchen* zurückgehen müssen, das translatorische und rotatorische Bewegungen (außer den inneren Schwingungen) ausführt. Dies bewirkt, daß an der Stelle und in der Umgebung der Rayleighlinie das durch Gleichungen vom Typus 3 oder durch Abb. 13 beschriebene verschmierte Rotationsspektrum auftritt mit einem stark polarisierten Q-Zweig (von dem nur der kohärente, von $\mathfrak{m}_z$ abhängige, nicht aber der inkohärente von $\mathfrak{m}_x$ abhängige Teil der Gl. (3a) die obige Aufspaltung erleidet) und mit zwei seitlichen Flügeln, deren Intensitätsverteilung und Ausdehnung von Trägheitsmoment und Dichte abhängt. Da es sich wieder nicht um ein *ideales*, sondern ein *sehr reales* Gas handelt, wird das alles nur ungefähr erfüllt werden. Durch die zwischenmolekularen Kräfte (Abschnitt V) wird die Rotation behindert sein, die Anisotropie des Moleküles wird sich mit Annäherung an das Nachbarmolekül ändern, es werden Assoziationen, Schwarmbildungen und alle Übergänge bis zur quasikrystallinen Struktur vorkommen, wodurch Zahl und Eigenschaften der streuenden Einzelgebilde beeinflußt werden.

Endlich muß man mit dem Auftreten so langsamer *zwischenmolekularer* Schwingungen (Gitterschwingungen, Schwingungen assoziierter Gebilde gegeneinander usw.) rechnen, daß die zugehörige Ramanstreuung in ein von der verbreiterten Rayleighlinie überdecktes Frequenzgebiet fallen und dadurch Intensitätsverlauf, Polarisationszustand und Breite des Rayleighgebietes beeinflussen kann.

Es ist unter diesen Umständen zu erwarten, daß die Versuchsergebnisse, die von Temperatur, Substanz (Trägheitsmoment, Anisotropie, Dipolmoment und dessen Einfluß auf die Assoziation usw.), Versuchsumständen (Spaltbreite, Polarisationsverhältnisse) abhängen, schwer zu deuten sein werden. Dazu kommt, daß quantitative Versuche — nur solche kommen für Deutungsversuche in Frage — über Intensitätsverlauf und Depolarisationsgrad außerordentlich heikel sind.

D. Experimentelle Ergebnisse.

a) Die nächste Umgebung der Rayleighlinie („Bereich A“ in S.R.E.). In S.R.E. § 29 wurde berichtet, daß bei Untersuchung der *Rayleigh*linie mit dem FABRY-PÉROTschen Interferometer von der französchen Schule (CABANNES, DAURE, SALVAIRES, VACHER) eine materialabhängige Rotverschiebung (0,01 bis 0,04 Å) der langwelligen Kante beobachtet wurde, deren Größe mit dem Sinus $\varphi/2$ zunimmt. Von GROSS[289, 296, 354] andererseits wurde bei der Analyse der Linienstruktur mit dem Stufengitter eine Aufspaltung der Grundlinie gefunden derart, daß neben der unverschobenen Grundlinie ν_0 zunächst zwei halb so starke Trabanten beobachtet wurden, deren Lage in bezug auf Winkel- und Materialabhängigkeit recht gut (vgl. S.R.E., Tabelle 12, S. 74) durch Gl. (7) wiederzugeben waren; überdies aber noch weitere Trabanten, deren Intensität mit dem Abstand von der Grundlinie abnahm.

Später haben sich RAFALOWSKI[498], GROSS-KHVOSTIKOV[616], RAMM[536, 719], RAO[799], MITRA-MEHTA[817], KHVOSTIKOV[828], RAMAN-RAO[871, 1201], RANK[1090], BIRUS[1106] mit dieser Frage beschäftigt und die Feinstruktur mit dem FABRY-PÉROT-Interferometer, dem LUMMER-GEHRKE-Interferometer, mit HILGERschen Stufengittern (RAMM) und mit einem 21-Fuß-Konkavgitter (RANK) untersucht. Das Ergebnis dieser zum Teil sehr sorgfältigen Arbeiten ist:

Es gibt eine unverschobene Streulinie mit zwei symmetrisch verschobenen BRILLOUIN-Trabanten, deren Frequenzabstand in bezug auf die Abhängigkeit von ν_0 (GROSS-KHVOSTIKOV, RAO), vom Beobachtungswinkel φ (GROSS, RAMM), vom Material, d. i. von der Schallgeschwindigkeit und vom Brechungsexponenten $n = c_0/c$ (Gross, Ramm, Rao) durchaus die Forderungen der Gl. (7) erfüllt; dieses Triplett ist nach Birus vollständig polarisiert. Andere diskrete Linien höherer Ordnung existieren *nicht*; der Grosssche ursprüngliche Befund dürfte auf das Vorhandensein von Satelliten im Primärlicht (Hg *e*, λ 4358*) zurückzuführen sein. Die gleiche Ursache dürfte die obenerwähnte Rotverschiebung des Intensitäts-Schwerpunktes des *unaufgelösten* Tripletts ν_0 und $\nu_0 \pm \Delta\nu$ bewirken. Zunehmende Anisotropie des streuenden Moleküles verursacht das Ansteigen eines vorhandenen (nach Birus depolarisierten) kontinuierlichen Untergrundes (Ramm), aber keine Intensitätszunahme des Tripletts (Rao). Zunehmende Temperatur bewirkt, mindestens bei CCl_4, eine Abnahme der Intensität und Schärfe der Brillouin-Trabanten, die bei 70° mit der Grundlinie ν_0 zusammenfließen; anscheinend verschwindet dabei die für den Aufspaltungseffekt nötige Ordnung der elastischen Wellen (Raman-Rao). Zunehmende Zähigkeit der Streusubstanz (zunehmende Dämpfung dieser Wellen) hat eine Intensitätsabschwächung der Trabanten zur Folge (Raman-Rao).

b) Die weitere Umgebung („Bereich B“ in S.R.E. § 30).

Literatur: Krishnan-Sarcar[458], Ney[466], Venkateswaran[492, 637, 1094], Raman-Bhagavantam[499], Bhagavantam[513, 692, 948], Bhagavantam-Rao[712, 812, 1139], Trumpy[574, 655], Ranganadham[605], Rousset[623, 702, 764, 911, 1050], Carrelli-Went[632], Ornstein-Stoutenbeek[649], Turner[786], Rao[798, 1067], Gross-Vuks[810, 1049], Sirkar[818, 819, 1003, 1088, 1125], Mitra[821], Weiler[905], Hanle-Heidenreich[943], Kappler[975], Krishnan[1053], Vuks[1118], Gross-Komarov[1186].

Der Übergang vom Gas zur Flüssigkeit wird durch Beobachtung der Eigenschaften der von *komprimierten Gasen* stammenden klassischen Streuung in den Arbeiten von Bhagavantam[513] an H_2, N_2, O_2, Trumpy[655] an O_2, Weiler[905] an CO_2, Bhagavantam-Rao[812, 1139] an CO_2, N_2O, C_6H_6, Kappler-Weiler[975] an CO_2 beschrieben. Soweit das Trägheitsmoment der Moleküle klein genug ist, daß im verdünnten Gas die Auflösung der Rotationsstruktur möglich ist, beobachtet man bei zunehmendem Druck zunächst eine Verbreiterung der Einzellinien, bis bei genügend hohem Druck eine Auflösung der Rotationszweige unmöglich wird; nach Bhagavantam soll dies bei einem „kritischen Druck“ eintreten, der dadurch bestimmt sei, daß die mittlere Zahl der sekundlichen Zusammenstöße gleich der Rotationsfrequenz wird. Nach Weiler

---

* Schüler, H., J. E. Keyston, Z. Phys. **72**, 423, 1931.

(X/5) ergeben sich folgende Werte (in at) für diesen kritischen Druck: 395 (H_2), 26,5 (N_2), 21,6 (O_2), 75 (NH_3), 4,5 (CO_2), 59 (CH_4); in der Tat hat BHAGAVANTAM für H_2 bis 50 at keine Änderung in der Rotationsstruktur erhalten, während sie für N_2, O_2 nur unter 20 at erhalten blieb, ober 30 at durch Verwaschung verschwand. Andererseits hat TRUMPY an O_2 noch bei 60 at Struktur beobachten können, wenn auch die Linienschärfe dabei zurückging.

Ein wesentlicher Einfluß des Druckes auf die Gesamtbreite der Rayleighlinie bzw. auf den Q-Zweig selbst konnte nicht festgestellt werden; ausgeprägt ist aber der Einfluß auf die Intensitätsverteilung. Abb. 14 gibt diesbezügliche Messungsergebnisse an CO_2 von WEILER wieder; ähnlich sind die Resultate von BHAGAVANTAM-RAO an CO_2, N_2O und Benzoldampf. Nach WEILER ist die Intensität der Linienmitte mit den Dichteschwankungen des Gases proportional $[(\Delta\varrho)^2 \sim \varrho \cdot d\varrho/dp]$, während im mittleren Teil der seitlichen Flügel (Rotationslinie Nr. 9 bis 14) I mit der Dichte selbst wächst; in größeren und kleineren Abständen von der Linienmitte tritt eine neue zusätzliche Strahlung bei höheren Drucken auf, die mit einer Veränderung im molekularen Zustand des Gases in Zusammenhang gebracht wird.

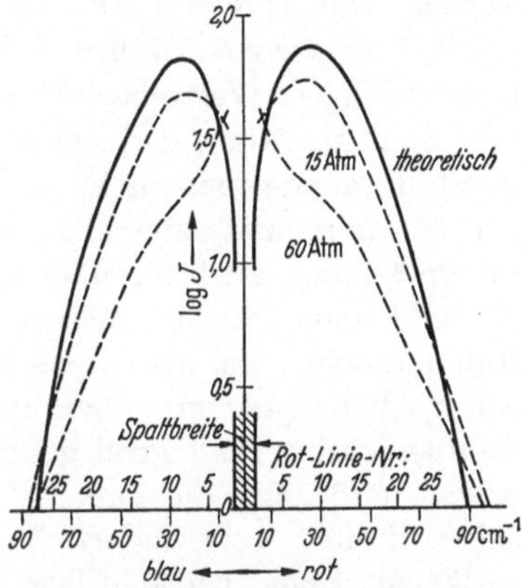

Abb. 14. Intensitätsverteilung in den „Flügeln" der Rayleighlinie; Streuende Substanz: CO_2-Gas bei 15 und 60 at Druck. (Nach WEILER[905].)

Die an *Flüssigkeiten* gewonnenen Ergebnisse sind zwar im einzelnen widerspruchsvoll, doch dürfte insbesondere durch die sorgfältigen Arbeiten von ROUSSET, BHAGAVANTAM-RAO, GROSS-VUKS der folgende Sachverhalt im wesentlichen gesichert sein:

Die Intensitätsverteilung. Sie entspricht keineswegs derjenigen, die zu erwarten wäre (Abb. 13, 14), wenn es sich nur um ein unaufgelöstes Rotationsspektrum handeln würde. Hierüber sind sich bis auf SIRKAR[818] alle Autoren einig. Der Intensitätsverlauf weist keinen Wiederanstieg auf; vielmehr erfolgt in den ersten 20 cm^{-1} ein scharfer Abfall, der sich in den nächsten 20 cm^{-1} wesentlich verringert um hernach so langsam zu werden, daß sich die Breite der „Flügel" über merklich größere Gebiete erstreckt, als es der

Rotation als Ursache der Erscheinung entsprechen würde. Die Intensitätsverteilung wird auch weniger durch das Trägheitsmoment des streuenden Moleküles beeinflußt, als vielmehr durch seine Anisotropie, mit der die Ausdehnung der Flügel wächst. Wenn überhaupt sekundäre Maxima vorhanden sind, dann rücken sie an die Grundlinie auf mindestens 2 cm^{-1} heran, sind also getrennt nicht zu beobachten. — Für den Depolarisationsfaktor werden von ROUSSET für alle untersuchten Substanzen Werte $\varrho_n = 6/7$ angegeben, während TRUMPY und HANLE-HEIDENREICH über niedrigere Werte berichten. — Temperaturerhöhung hat ebenfalls nicht den für ein Rotationsspektrum zu erwartenden [Gl. (5)] Einfluß, mindestens nicht in bezug auf das Auseinanderrücken der Maxima bzw. eine dementsprechende Änderung der Intensitätsverteilung; auch hierüber sind alle Beobachter bis auf SIRKAR-MAITI[819] einig. In den meisten Fällen wurde überhaupt kein Einfluß gefunden; erst als GROSS-VUKS[1049] zu Flüssigkeiten (Diphenyläther, Benzophenon) übergingen, bei denen das beobachtbare Temperaturintervall groß genug war ($T_2/T_1 \sim 1,8$), gelang es zu zeigen, daß zwar die äußeren Teile des Kontinuums (und damit seine Breite) unverändert bleiben, daß aber der zentrale Teil (± 20 cm^{-1}) eine beträchtliche Intensitätssteigerung bei Erhöhung der Temperatur erfährt. Es ist also offenbar zwischen dem zentralen, temperaturempfindlichen, in der Intensität rasch abfallenden Teil und den äußeren Partien des Kontinuums zu unterscheiden, deren Intensität unbeeinflußt von der Temperatursteigerung langsam abnimmt, für die aber die Anisotropie eine Rolle spielt. Es sind dies jene Teile, die nach GROSS-VUKS bei Erniedrigung der Temperatur und beim Übergang zum krystallinen Zustand als Kontinuum verschwinden, während an ihrer Stelle diskrete Ramanlinien im Frequenzgebiet $\Delta\nu = 20$ bis 120 cm^{-1} auftreten.

Die Deutung dieser Erscheinungen ist derzeit noch nicht völlig gesichert. Sehr wahrscheinlich stammt die erste Verbreiterung ($\Delta\nu = \pm 20$ cm^{-1}) doch im wesentlichen von jener Art von Bewegungen der streuenden Moleküle, in die die freie Rotation des Gases bei Verflüssigung übergeht; man spricht von einem „cybotactischen Zustand“, bei dem die Moleküle unter dem Einfluß der zwischenmolekularen Kräfte temporär Gruppen bilden, wobei ihre Rotationsachsen orientiert werden. Darauf und auf die dadurch eintretende Veränderung des statistischen Gewichtes der Zustände (in der *Boltzmann*verteilung Gl. (6) § 12 tritt an Stelle des Faktors

$2j+1$ jetzt der Faktor j, so daß der Ort des Maximums der Intensität bei $j=0$ liegt) hat ROUSSET das Heranrücken der Intensitätsmaxima an die Grundlinie zurückgeführt. Um welche Schwingungen es sich bei den von GROSS-VUKS in unmittelbarer Nachbarschaft der Rayleighlinie gefundenen Linien handelt, ist gleichfalls nicht ganz gesichert; es kommen mit Rücksicht auf die Temperaturempfindlichkeit wohl nur zwischenmolekulare Schwingungen in Frage, wobei an Gitterschwingungen oder an solche in polymerisierten Molekülen oder an beides zu denken ist (vgl. GROSS-VUKS [810, 1049, 1118]; GROSS-KOMAROV [1186]; SIRKAR [1003], SIRKAR-GUPTA [1125], VENKATESWARAN [1094]). Es hat den Anschein, als ob sich hier ein neues Beobachtungsfeld eröffnen würde.

§ 14. Der kontinuierliche Untergrund (S.R.E. § 31).

Jener kontinuierliche Untergrund, der *nicht auf die unmittelbare Umgebung* der unverschobenen und verschobenen Streulinien beschränkt ist, kann nach den Ausführungen in S.R.E. § 31 auf folgende Ursachen zurückgeführt werden:

1. *Klassische Streuung* eines in der Erregerlichtquelle vorhandenen Kontinuums, z. B. jenes des Hg-Lichtbogens im Gebiet λ 4150 bis λ 4916 (Intensitätsmaximum bei etwa λ 4530, d. i. $\nu' = 22070$ cm^{-1}).

2. *Fluorescenzlicht der Substanz.* Seither hat die Erfahrung an vielen Hunderten von Molekülen gezeigt, daß es in der Tat diese beiden Faktoren sind, die man in erster Linie zur Herabdrückung des oft überaus störenden Untergrundes zu bekämpfen hat. Was den ersten anbelangt: Alles, was die klassische Streuung erhöht (Temperatursteigerung z. B. bei Messung an geschmolzenen Substanzen, Messung an Lösungen, Messung nahe dem kritischen Zustand usw.) steigert den Untergrund; alles was entweder direkt das Kontinuum des Erregerlichtes schwächt [Kühlen der Hg-Lampe, passende Filterung (§ 10) des Erregerlichtes] oder indirekt den Eintritt dieses kontinuierlichen Spektrums in den Spektrographen erschwert („Optisch-leer-machen" der streuenden Substanz, Vermeidung von reflektiertem oder nicht an der Substanz selbst gestreutem „falschen Licht") vermindert den Untergrund. Was das Fluorescenzlicht anbelangt: Erstens ist energische Reinigung der Substanz oder, noch besser, Darstellung der Substanz aus fluorescenzfreien Ausgangsmaterialien unter Vermeidung aller

Möglichkeiten der Berührung mit Kork, Gummi usw. in den meisten Fällen von Erfolg begleitet. Allerdings nicht immer; besonders dann nicht, wenn die Haltbarkeit der Substanz (Verfärbung, Polymerisierung) bei Belichtung gering ist. Zweitens wird meist viel gewonnen, wenn das ultraviolette und blauviolette Primärlicht, das besonders fluorescenzerregend wirkt, abgefiltert wird; das gleiche wird durch Zusatz von Substanzen mit Nitrogruppe zur Versuchssubstanz erreicht (HIGH-POOL[454], BÄR[565]).

Selbst in Fällen, wie bei Glycerin oder den Kohlehydraten, die eine Zeitlang als hoffnungslos angesehen wurden und sehr dazu beigetragen haben, daß noch nach anderen Ursachen für den Untergrund gesucht wurde, konnte durch sorgfältige Vorbehandlung eine wesentliche Verminderung dieser Störung erreicht werden (BÄR[619, 641]; HOWDEN-MARTIN[670], WIEMAN[1104]); hierher gehört wohl auch der typische Fall der Schwefelsäure; nach MÉDARD[822] genügt ein geringfügiger Zusatz von HNO_3, um den Untergrund weitgehend zu unterdrücken; offenbar werden dabei Spuren von verkohlten organischen Substanzen, die den Untergrund bewirkten, zu CO_2 oxydiert (vgl. auch CATALAN-YZU[993]).

Als ein dritter untergrundbewirkender Umstand ist jene *diffuse Streuung* anzuführen, die jedes Licht in den Linsen und Prismen des Spektrographen erfährt (vgl. das in § 11 anläßlich der Krystallpulvermethoden Gesagte). Sie bewirkt, daß das klassisch gestreute, überstarke Primärlicht nicht nur entsprechend dem regulären Strahlengang an der ihm zukommenden Frequenzstelle auf der photographischen Platte auftritt, sondern sich mit allerdings sehr geringer Intensität über den ganzen Frequenzbereich des aufgenommenen Spektrums ausbreitet.

Von einer Anzahl Autoren (PLACZEK[361], HIBBEN[433], AIYA[1063]) wird dann noch angenommen, daß es einen *kontinuierlichen Ramaneffekt* gäbe, der einen Untergrund hervorrufen kann. PLACZEK-VAN WIJK[430] und CARRELLI-WENT[632] glaubten experimentelle Beweise *für* diese Ansicht geben zu können, z. B. daß der Polarisationszustand des Untergrunds durch Annäherung an den kritischen Zustand verändert werden könne. Durch die sorgfältigen Arbeiten BÄRS[485, 565, 619, 641] scheint diesen Beweisen der Boden entzogen zu sein; doch existiert nach Ansicht des Verfassers derzeit auch kein Gegenbeweis, so daß die Frage nach der Existenz eines kontinuierlichen Schwingungsramaneffektes mit größeren $\Delta\nu$-Werten noch offen bleibt.

§ 15. Die Eigenschaften der verschoben gestreuten Linien (S.R.E. § 32 bis § 41).

A. Breite und Struktur der Ramanlinien.

Als Ursachen, die die Breite und Struktur der Ramanlinien beeinflussen können, sind anzuführen:

1. Die *Translation* der streuenden Moleküle, also der Umstand, daß die inkohärente und frequenzveränderte Welle von einem *bewegten* Molekül ausgesendet wird, dessen Geschwindigkeit nach Größe und Richtung zufällig und im Mittel mit $\sqrt{T}$ proportional ist; dies bewirkt einen Dopplereffekt, der die Linie verbreitert; die Halbwertsbreite ist wieder durch Gl. (7) § 14 gegeben.

2. Die *Rotation* der streuenden Moleküle; die Auflösung des Rotationsschwingungsspektrums wird nur für kleine Trägheitsmomente und im allgemeinen nur für den Gaszustand (Ausnahme NH_3 in wäßriger Lösung, vgl. § 12) möglich sein. Bei Molekülen mit großem Trägheitsmoment ist nur mit unaufgelösten blau- und rotseitig auftretenden Verbreiterungen zu rechnen, deren nähere Eigenschaften im Falle des nicht gasförmigen Zustandes theoretisch schwer zu erfassen sind. Diese Verbreiterung wird mit zunehmender Temperatur und abnehmendem Trägheitsmoment wachsen, aber auch von der Anisotropie abhängen (vgl. die für zweiatomige Moleküle gültigen Formeln in § 12, in die im Falle des Rotationsschwingungsspektrums an Stelle von a und b die Ableitungen a' und b' einzusetzen sind; bezüglich der Verhältnisse beim symmetrischen Kreisel vgl. PLACZEK-TELLER[626]). Bei den totalsymmetrischen Schwingungen der Moleküle mit kubischer Symmetrie (etwa CCl_4) ist jedoch die Rotation ohne Einfluß auf die Linienbreite.

3. *Anharmonizität* (§ 8, A/d) bewirkt z. B., daß der Energieunterschied zwischen dem nullten und ersten Schwingungsniveau nicht genau gleich jenem zwischen dem ersten und zweiten ist. Befinden sich bei der Versuchstemperatur (bei Zimmertemperatur ist $kT \sim 200\ \mathrm{cm}^{-1}$) eine Anzahl von Molekülen im ersten Schwingungsniveau, so wird beim Übergang zum zweiten eine etwas andere Frequenz ausgesendet, als beim Übergang der anderen Moleküle vom Grundzustand zum ersten Niveau. Die Folge ist Verbreiterung, unter Umständen (vgl. PLACZEK, VI, § 20, dazu auch TISZA[709]) Aufspaltung in entarteten Fällen.

4. *Der Isotopieeffekt* (§ 8, A/c). Gibt es von einem Atom verschieden schwere Vertreter (z. B. Cl^{35}, Cl^{37}), dann existiert eine

vom Häufigkeitsverhältnis der Isotopen abhängige Wahrscheinlichkeit, daß eine diese Atome enthaltende Substanz (etwa $SnCl_4$) ein Molekülgemisch [etwa $m\,(SnCl_4^{35}) + n\,(SnCl_3^{35}Cl^{37}) + p(SnCl_2^{35}Cl_2^{37}) + q\,(SnCl^{35}\,Cl_3^{37}) + r\,(SnCl_4^{37})$] darstellt, in welchem die zu erwartenden Prozentsätze m, n, p, q, r leicht angebbar sind. Einerseits haben die Komponenten dieses Gemisches unter Umständen verschiedene Symmetrie (hier T_d, C_{3v}, C_{2v}); andererseits werden insbesondere jene Schwingungen, bei denen vorwiegend oder ausschließlich die isotopen Atome schwingen, deren Frequenz also vorwiegend oder ausschließlich durch die Isotopenmasse bestimmt ist (hier die totalsymmetrische Pulsation, bei der Sn in Ruhe ist), *verschiedene* Frequenzwerte aufweisen. Beim Eintritt von D an die Stelle von H ist dabei der Massen- und Frequenzunterschied so groß, daß die Frequenz in andere Bereiche rückt; beim Ersatz von Cl^{35} durch Cl^{37} kommt es jedoch nur zu einer so geringen Frequenzverschiebung, daß sie sich ohne besondere Hilfsmittel nur als Verbreiterung der Schwingungslinie bemerkbar macht.

5. *„Freie Drehbarkeit“.* Wenn entsprechend den Forderungen der Chemie die Einfachbindung eine Achse „freier Drehbarkeit“ darstellt, dann ist z. B. für eine Viererkette ╱╲╱ die Form des Moleküles unbestimmt, da durch Verdrehen um die zentrale Bindung die gezeichnete Transform ohne Arbeit über unendlich viele unebene Zwischenformen bis in die wieder ebene Cisform übergeführt werden kann. Für die Schwingungen hat dies zur Folge: Jene Formen, die durch Verrückungen entstehen, bei denen jetzt keine Arbeit geleistet werden muß, führen zu Frequenzen vom Wert Null (z. B. entfällt die zur Ebene senkrechte Schwingung der Transform); andere Schwingungsformen führen zu Frequenzen, deren Wert von der jeweiligen Raumform der Kette abhängt (vgl. BAUERMEISTER-WEIZEL[1004]); da die Raumform stetig veränderlich ist, sind es auch die Frequenzen, d. h. man erhält Banden statt Linien. — Ist die Drehbarkeit gehemmt, sei es (im Gas) dadurch, daß (schwache) zusätzliche Kräfte zwischen den nicht direkt verketteten Atomen gewisse Molekülformen durch Extremwerte des Potentiales auszeichnen, sei es (in der Flüssigkeit) dadurch, daß Ähnliches durch zwischenmolekulare Kräfte bewirkt wird, dann wird man das Molekül am häufigsten in diesen ausgezeichneten Formen, manchmal aber auch in den räumlich benachbarten Formen antreffen. Auch dies sollte zu einer Verbreiterung der Ramanlinie führen, insoweit deren Frequenz von der Raumform abhängig ist.

6. „*Resonanzaufspaltung*“ durch die zufällige Koinzidenz zwischen der Frequenz eines Grundtones und eines Ober- oder Kombinationstones (Anharmonizität vorausgesetzt) (vgl. § 8, A/d).

7. *Häufung von nahe gleichen Eigenfrequenzen*, nahe verwandt mit zufälliger Entartung (vgl. § 4). [Frequenzgleichheit trotz verschiedener Schwingungsform; Beispiel: CH-Frequenzen in einem höheren Kohlenwasserstoff.]

8. *Einfluß* der starken und mit den Dichteschwankungen fluktuierenden *zwischenmolekularen* Felder auf die Frequenzhöhe und die Symmetrie des Moleküles (Aufspaltung von Entartungen) [vgl. Abschnitt V].

Man sieht, es gibt viele Möglichkeiten, die zur Erklärung von auftretender Breite, von diffusem Charakter, von Abschattierungen und von Feinstruktur der Ramanlinien herangezogen werden können; und es wird nicht leicht sein, die einzelnen Ursachen zu trennen und zu agnoszieren, besonders wenn es sich um vielatomige Moleküle handelt. Im folgenden ist eine kurze Zusammenstellung der experimentellen Literatur gegeben, die sich mit diesen Fragen befaßt.

Zur Ermittlung von Feinstruktur kommen der Natur der Sache nach nur Untersuchungen mit Spektrographen hoher Dispersion in Betracht, womöglich unter Eliminierung der durch Druck- und Temperaturvariation bedingten Dispersionsschwankungen. Meist waren einfach gebaute Moleküle wie CO_2, CS_2, NH_3, CCl_4, $SnCl_4$, C_6H_6 Gegenstand der Untersuchung.

Tabelle 30. Benzolspektrum; Umgebung der Linie 992 cm^{-1}.

I	980,3 (5)	983,9 (5)	992,2 (10)	998,5 (5)	1005,3 (0)
II	978,5 (0)	983,8 (2)	992,2 (20)	999,0 (1)	1006,0 (0)
III	979 (1)	984 (2)	992,5 (15)	999	1005 (1)
IV	978,6	983,3	992,2	999,1	1004,8
V	977	984	992	1002	
VI	979 (1/2)	984 (1)	992,5 (10)	998 (1)	1006 (1/2)

Zu Tabelle 30: I Howlett[496], II Bloch-Bloch[675], III Grassmann-Weiler[695], IV Epstein-Steiner[750], V Specchia-Scandurra[866], VI Ananthakrishnan[962]. Vgl. weiter dazu: Weiler[424], Mesnage[500], Gerlach[594], Bhagavantam[925].

In Tabelle 30 sind z. B. die in der Umgebung der Pulsationsfrequenz ($\Delta\nu = 992$) des Benzolringes aufgefundenen schwachen Linien zusammengestellt. Epstein-Steiner geben noch eine Linie bei 996,2 an, Mesnage, Gerlach, Bhagavantam außer 992 noch

985. Speziell $\Delta\nu = 985$ wird als zum „Benzolisotop“ $C_5^{12}C^{13}H_6$ gehörig angesehen; die Pulsationsfrequenz ist näherungsweise gegeben durch $n^2 = 6f/M$, wenn M die Masse des Gesamtmoleküles ist; sie ist 78 für $C_6^{12}H_6$ und 79 für $C_5^{12}C^{13}H_6$. Daher sollen sich die Frequenzen ungefähr verhalten wie $\sqrt{78/79}$ und die Frequenzdifferenz sollte rund 7 cm^{-1} betragen. Daß in den Monoderivaten des Benzols die Verhältnisse in diesem Spektralgebiet ganz anders liegen (Einwand ANANTHAKRISHNANs) rührt daher, daß die Pulsationsfrequenz zu tieferen Werten rückt und überdies in nicht so einfacher Beziehung zur Ringmasse steht.

Eine der schönsten hierher gehörigen Experimentalarbeiten ist die Untersuchung LANGSETHs[475] an verschiedenen Halogeniden wie CCl_4, CBr_4, $SnCl_4$, $POCl_3$, SO_2Cl_2. Er findet z. B. die totalsymmetrische Pulsationsschwingung in CCl_4 ($\Delta\nu = 458$) und $SnCl_4$ ($\Delta\nu = 367$) (nicht aber in CBr_4) in Tripletts aufgespalten, deren Frequenz- und Intensitätswerte sehr gut zum Isotopieeffekt und zum Häufigkeitsverhältnis Cl^{35}/Cl^{37} passen. Er findet aber auch, daß die 2- und 3fach entarteten tiefen Frequenzen (in CCl_4: $\Delta\nu = 218$ und 314) in einer Art aufgespalten sind, wie sie durch den Isotopieeffekt keineswegs verursacht werden kann; der Umstand, daß diese Aufspaltung bei CCl_4, CBr_4, nicht aber bei $SnCl_4$ auftritt, läßt ihn schließen, daß es sich um die Wirkung einer Asymmetrie des Kohlenstoffatoms handelt. Auch die bereits früher bekannte Aufspaltung der hohen 3fach entarteten CCl_4-Schwingung ($\Delta\nu = 762$ und 791), die häufig als Resonanzaufspaltung aufgefaßt wird (PLACZEK; $314 + 458 = 772$), dürfte durch diese Auslegung nicht befriedigend erklärt sein; denn die ganz analoge Aufspaltung in CBr_4 läßt sich auf diese Art ungezwungen nicht verständlich machen. Diese Verhältnisse sind noch nicht ganz geklärt (vgl. auch die Diskussion bei ROUSSET[1011]), sprechen aber derzeit in der Tat für eine Unsymmetrie in den vier C-Bindungen; freilich könnte diese die Wirkung zwischenmolekularer Felder sein.

Weitere Untersuchungen über die Struktur der Schwingungslinien findet man z. B. bei: LANGSETH[577] an gelöstem NH_3 (Auflösung der Rotationsschwingungslinien, vgl. § 12), LANGSETH-SORENSEN-NIELSEN[753] an CS_2, LANGSETH-NIELSEN[620, 687, 802], BHAGAVANTAM-RAO[875a] und RAO[894] an CS_2 (Breite, Intensitäts- und Depolarisationsverteilung); CARELLI-WENT[561] sowie GRASSMANN[648] und MEYER[836] über die Halbwertsbreite; ANANTHAKRISHNAN[1045] über die starke Strukturänderung der CCl_4-Linien bei Erhöhung der Temperatur auf 200°.

Über das Schärferwerden der Linien beim Übergang zum festen Zustand wird in fast allen Arbeiten berichtet, die die Ramanspektren bei tiefer Temperatur untersuchen, bzw. Schmelze oder Lösung mit Krystall vergleichen; vgl. etwa: die Tieftemperaturarbeiten von: KRISHNAMURTI[420], BÄR[484], SUTHERLAND[646a], EPSTEIN-STEINER[750], MENZIES-MILLS[832], SIRKAR[1003, 1019], SIRKAR-GUPTA[1125], MIZUSHIMA-MORINO[797, 1021, 1054, 1188].

Auf das Vorhandensein „freier Drehbarkeit" führt KOHLRAUSCH[907, 1204] den Umstand zurück, daß für manche Substanzen, z. B. Chlordimethyläther oder Dimethylhydrazin, ein so auffallend diffuses Ramanspektrum gefunden wird. Näheres über die Auswirkung der freien Drehbarkeit in § 26.

B. Die Intensitätsverhältnisse im Ramanspektrum (S.R.E. Abschnitt IV/5).

a) Das *Intensitätsverhältnis* $r \equiv I_b/I_r$ der um gleiche $\Delta\nu$ nach blau und rot verschobenen Ramanlinien wurde von GANGULI[459] theoretisch behandelt, wobei der Ramaneffekt vom Standpunkt einer unimolekularen Reaktion aus angesehen wurde. Experimentelle Arbeiten erschienen: Von REKVELD[457]: Zusammenfassung der schon in S.R.E. § 36 besprochenen Ergebnisse; von SIRKAR[469, 664]: Gute Übereinstimmung mit dem nach

$$r \equiv \frac{I_b}{I_r} = \left(\frac{\nu + \Delta\nu}{\nu - \Delta\nu}\right)^4 e^{-\frac{hc\Delta\nu}{kT}} \quad \text{[S.R.E. S. 98 und S. 286, Gl. (7)]}$$

berechneten Erwartungswert, solange ν weit entfernt von der Eigenabsorption der Substanz ist (Über die Verhältnisse außerhalb des Gültigkeitsgebietes der Polarisierbarkeitstheorie vgl. PLACZEK, VI, § 25); von WENT[839] und ORNSTEIN-WENT[863]: Temperaturabhängigkeit von r bei Streuung an Quarz bzw. Calcit; bei Quarz sind die Ergebnisse in Übereinstimmung mit der Theorie, bei Calcit jedoch nicht, indem die Intensität I_r mit zunehmender Temperatur abnimmt; dabei ist diese Anomalie frequenzempfindlich (vgl. S.R.E. S. 99); Deutungsversuch ebendort, vgl. auch IMANISHI[814], THATTE-GANESAN[657].

b) *Die Frequenzabhängigkeit der Intensität* der Ramanlinien (vgl. S.R.E. § 37 und 72) war Gegenstand der folgenden Arbeiten: SIRKAR[437], REKVELD[457], WERTH[480], ELLENBERGER[551], CARELLI-

WENT[561], ORNSTEIN-WENT-ATEN[644], DAMASCHUN[653], DHAR[726], HABERL[792], WENT[839], RAO[917]. Nähert sich die eingestrahlte Frequenz ν einer Absorptionsstelle ν_e, dann ist die Frequenzabhängigkeit der Intensität I_u und I_r von unverschobener Rayleigh- und von rotverschobener Ramanlinie annähernd gegeben durch*:

$$I_u \sim \frac{\nu^4}{(\nu_e^2 - \nu^2)^2} \qquad I_r \sim \frac{(\nu - \Delta\nu)^4}{(\nu_e^2 - \nu^2)^2}$$

Messungen, die sich auf diesen Gegenstand beziehen, wurden in S.R.E. § 37 ausführlich besprochen. Sie sind, wie alle photographischen Intensitätsmessungen sehr schwierig und heikel. Trotzdem dürfte es gesichert sein, daß die zu erwartenden Abweichungen vom einfachen $(\nu - \Delta\nu)^4$-Gesetz bei durchsichtigen Substanzen in der Tat dann eintreten, wenn ν in das Ultraviolett, also in die Nähe der Resonanzstellen ν_e der Substanzen rückt; und zwar sind die Abweichungen von der durch die obigen Beziehungen (d. h. durch den „Resonanznenner" $\nu_e^2 - \nu^2$) bestimmten Richtung und Größenordnung. Von besonderem Interesse ist der folgende von mehreren Autoren bemerkte Umstand: Gehört ν_e den Elektronen einer bestimmten Gruppe (etwa CH_3- oder NO_2-Gruppe) im Molekül an, dann sind es auch die zu den Schwingungen dieser Gruppe gehörigen Ramanlinien, die vorwiegend die obigen Intensitätsabweichungen zeigen.

c) *Intensitätsverhältnisse und Molekülbau* (S.R.E. § 38). Nach der PLACZEKschen Theorie ist für den Fall von Erregung durch natürliches Licht von der Intensität I_0 und von einer Frequenz ν, die nicht gar zu nahe an der Absorptionsstelle ν_e liegt, die Intensität i und I der σ- und π-Komponenten der rotverschobenen Ramanlinien gegeben durch:

$$i \sim I_0 N \frac{(\nu - \Delta\nu)^4}{(\nu_e^2 - \nu^2)^2} 6 b'^2; \qquad I \sim I_0 N \frac{(\nu - \Delta\nu)^4}{(\nu_e^2 - \nu^2)^2} [45 a'^2 + 7 b'^2]$$

N die Zahl der streuenden Moleküle, a' und b' die in § 6, Gl. (6a) definierten Größen. Wird die Streustrahlung nicht in die Komponenten zerlegt, so mißt man $i + I$.

Im Ramanspektrum ein und desselben Moleküles kann die Intensität von Linie zu Linie variieren: 1. Weil die Werte a' und b' von der zur betreffenden Ramanfrequenz $\Delta\nu$ gehörigen Schwingungsform abhängen (Intensitätsregel von § 6); 2. weil, wie etwas

* Druckfehler in S.R.E. S. 100; im Nenner der Formel soll ein Quadrat stehen.

weiter oben gerade gezeigt wurde, bei solchen Schwingungsformen, an denen wesentlich bestimmte Gruppen (z. B. CH_3, CO, NO_2 vgl. weiter oben) beteiligt sind, sich anscheinend der Frequenzabstand $\nu_e^2 - \nu^2$ (Resonanznenner) individuell auswirken kann; 3. wegen des Faktors $(\nu - \Delta\nu)^4$. Vergleicht man die Intensitäten im Spektrum verschiedener Moleküle von gleicher Struktur, etwa $H_3C \cdot X$, so ist, selbst wenn man zum Vergleich stets Frequenzen heranzieht, die zum gleichen Schwingungstypus gehören, der Schluß von der Intensität auf die Ursache im allgemeinen mehrdeutig; denn mit Änderung von X ändert sich einerseits ν_e, andererseits das Kraftfeld und mit diesem im allgemeinen die Schwingungsform; von der Schwingungsform hängt aber wieder a' und b' ab. Nur wenn man sich auf den ganz speziellen Fall kugelsymmetrischer Moleküle beschränkt und ihre totalsymmetrische Schwingung, für welche b' gleich Null ist, vergleicht, liegen die Verhältnisse etwas einfacher, da nur ν_e und a' variieren kann.

Insbesondere kann a' in verschiedenen Molekülen cet. par. deshalb verändert sein, weil (vgl. § 6) der *Bindungszustand* sich ändert (PLACZEK[503]): Bei ionogener Bindung, bei der jedes Elektron einem bestimmten Atom angehört und nur unter dem Einfluß *eines* Kernes steht, ist die Polarisierbarkeit unabhängig von den Kernabständen, es kann kein Ramaneffekt auftreten. Umgekehrt ist starker Ramaneffekt bei homöopolarer Bindung zu erwarten: Die Valenzelektronen, die die chemische Bindung bewirken, sind die gleichen, die auch für die Streuung verantwortlich sind. Da sie wesentlich im Felde *zweier* Kerne stehen, wird die Polarisierbarkeit von deren Abstand abhängen.

Diese qualitative Feststellung steht im Einklang mit vielen Erfahrungen und wurde umgekehrt auch dazu verwendet, mit Hilfe des Ramaneffektes Aussagen über den Bindungscharakter in gewissen ungeklärten Fällen zu gewinnen. Man vgl. etwa die folgende Literatur: KRISHNAMURTI (S.R.E. S. 105) ferner [420, 486, 511], BRAUNE-ENGELBRECHT[374, 614], KASPER[439], DAMASCHUN[449, 514, 653], BOSE-DATTA[471], SAMUEL-KHAN[668], CALLIHAN-SALANT[739], BATES-HOGWOOD[872], FREYMAN-FREYMAN[1114a], EDSALL[966, 1109, 1152, 1192], HIBBEN[1157], MATHIEU[1165]. Insbesondere hat DAMASCHUN[653] den Versuch gemacht, einen quantitativen Zusammenhang zwischen Intensität und polarem Charakter der chemischen Bindung herzustellen.

Erwähnt sei noch, daß COTTON[509] über einen Einfluß des Magnetfeldes (46300 Gauß, senkrecht zur Ebene von Einfalls- und

Beobachtungsrichtung) berichtet, der sich in Nitrobenzol auf die Intensität der π- und σ-Komponente der einzelnen Linien verschieden auswirkt. Ferner teilte RICCA[524] mit, daß in stromdurchflossener Schwefelsäure eine von der Stromrichtung (mit oder entgegen der Richtung des beobachteten Streulichtes) abhängige Verbreiterung nach rot bzw. blau und eine Intensitätsänderung einzelner Ramanlinien eintritt. Die Ergebnisse von COTTON sowohl als von RICCA sind als vorläufige mitgeteilt und seither nicht wiederholt worden.

Ferner hat RAY-CHAUDURI[453] die Abhängigkeit der Intensität vom Beobachtungswinkel untersucht und entsprechend dem $(1 + \cos^2 \varphi)$-Gesetz Symmetrie zu $\varphi = 90°$ gefunden; damit ist das unverständliche Ergebnis von POKROWSKI-GORDON (S.R.E. S. 88 und 106) aus der Welt geschafft.

C. Die Polarisationsverhältnisse im Ramanspektrum (S.R.E. § 39, 40, 41).

Beobachtungen mit zirkular polarisiertem Erregerlicht: BÄR[444, 485, 538], HANLE[445, 467, 609], DAURE[729], HANLE-HEIDENREICH[943], DAURE-KASTLER-BERRY[1009], BOUHET[1195].

Beobachtungen mit linear polarisiertem Erregerlicht: BÄR[444, 538], PIENKOWSKI[527].

Beobachtungen mit unpolarisiertem Erregerlicht (Kr Krystall, G Gas): PARTHASARATHY[472], VENKATESWARAN[492, 637, 1082], CABANNES (Kr)[462, 463, 515, 638], OSBORNE (Kr)[495], BHAGAVANTAM-VENKATESWARAN[541, 549], BHAGAVANTAM (G)[513, 635, 953], CARRELLI-WENT[561], SIMONS[578], SPECCHIA[579], CABANNES-ROUSSET[631], ORNSTEIN-STOUTENBEEK[649], SIRKAR[665, 666], TRUMPY[714, 809, 837, 986], DUNCAN-MURRAY[728], PAULSEN[763], LANGSETH-NIELSEN[753, 784, 791, 802], RAO[894, 917], CZAPSKA-NARKIEWICZ[909], CHENG[910], ANANTHAKRISHNAN[941, 1044, 1069, 1167], ROUSSET[1011], CABANNES-ROUSSET (G)[1033], ANGUS usw.[1051, 1052], WU[1065], GUPTA[1076, 1116], REITZ[1079], HEMPTINNE-WOUTERS[1105], EDSALL[1109, 1120, 1152, 1192], LANGENBERG[1121], SITT-YOST[1126], SHEN-YAO-WU[1133], CHÉDIN[1138], CHAUDURI[1208], REITZ[1235, 1244].

Ein verhältnismäßig nur kleiner Teil dieser Beobachtungen ist in experimenteller Hinsicht so beschaffen, daß den an eine *quantitative* Messung zu stellenden Anforderungen (§ 11, D) Genüge geleistet wird. Von den Ergebnissen, die sich auf die Symmetrie der Schwingungen bzw. des untersuchten Moleküles beziehen, wird in Abschnitt VI Gebrauch gemacht werden. Von anderen grundsätzlichen Aussagen, seien die folgenden angeführt:

BÄR[444, 538] wies mit zirkular und linear, PIENKOWSKI[527] mit linear polarisiertem, BHAGAVANTAM-VENKATESWARAN[541, 549] mit natürlichem Erregerlicht nach, daß der Depolarisationsfaktor in Flüssigkeiten den theoretisch zu erwartenden oberen Grenzwert ($\varrho_n = {}^6/_7$, $\varrho_l = {}^3/_4$, $P = 6$) nicht überschreitet. Damit ist das in S.R.E. S. 120 besprochene widerspruchsvolle Ergebnis BHAGAVANTAMS ($\varrho_n > 2$) gegenstandslos geworden.

Bezüglich der Polarisationsverhältnisse im *Krystall* ist keine Klärung eingetreten; die Beobachtungsergebnisse von CABANNES und Mitarbeitern[462, 463, 495, 515, 638] einerseits, von MATOSSI* andererseits widersprechen sich noch immer (S.R.E. § 41).

SIRKAR[666] berichtete über einen Einfluß der Erregerfrequenz auf den Depolarisationsfaktor; er gibt an, daß ϱ_n sich im Verhältnis 1:0,85:0,75 ändert, wenn die CS_2-Linie $\Delta\nu = 656$ von Hg λ 5460, 4358, 4047 erregt wird. Dagegen findet RAO[894] gerade den entgegengesetzten Gang, nämlich $\varrho_n = 0{,}15$ (λ 4358), $\varrho_n = 0{,}20$ (λ 4047), und HANLE-HEIDENREICH[943] stellen fest, daß mit zirkular polarisiertem Erregerlicht überhaupt keine Dispersion (Frequenzabhängigkeit) für P zu bemerken ist.

SIRKAR[665] glaubt auch einen Einfluß eines angelegten elektrischen Wechselfeldes auf ϱ beobachtet zu haben; bei Wiederholung dieser Versuche durch LANGENBERG[1121a] konnte sein Befund jedoch nicht bestätigt werden.

V. § 16. Der Einfluß der zwischenmolekularen Kräfte (S.R.E. Abschnitt V).

Während im allgemeinen (so auch in den § 8, 13, 14, 15) der Einfluß der zwischenmolekularen Kräfte auf die Ergebnisse der Ramanspektroskopie als eine störende und theoretisch schwer faßbare Begleiterscheinung angesehen wird, mehren sich in den letzten Jahren die Versuche, diese Störung systematisch zu erforschen und aus ihr Aussagen über die zwischenmolekularen Felder und deren Auswirkungen auf die Eigenschaften des Moleküles zu gewinnen. Starke Annäherung von gleichartigen oder verschiedenen Molekülen aneinander, d. h. Eindringen des einen Moleküles in das unabgesättigte „Restfeld“ ($\sim 10^7$ bis 10^9 V/cm) des anderen kann einerseits zu einer Anlagerung (Orientierungseffekte, Dipolanlagerung, Schwarmbildung, Assoziation, Molekülverbindungen mit stöchiometrisch-chemischem Charakter) führen, andererseits Form, Symmetrie, Kraftfeld der beteiligten Moleküle

* MATOSSI, F., Z. Phys. **92**, 425, 1934.

selbst verändern. Die Aufgabe, die Folgen dieses Sachverhaltes für das Ramanspektrum zu erkennen, quantitativ zu erfassen und auf die richtigen Ursachen zurückzuführen, ist in theoretischer und experimenteller Hinsicht besonders schwierig; und dem Verfasser will es fast scheinen, als ob derzeit in manchen Fällen diese Schwierigkeit unterschätzt und den Ergebnissen der Deutungsversuche eine zu große Evidenz beigemessen würde.

Über den ganzen Fragenkomplex „Zwischenmolekulare Kräfte und Molekülstruktur" wurde kürzlich von G. BRIEGLEB ein ausführlicher Bericht* geschrieben, aus dem (vgl. auch STUART, II, Kapitel 1) der für diesen neuen Zweig der Ramanforschung interessierte Leser die Vielgestalt der dabei auftretenden Probleme entnehmen kann. Hier kann nur versucht werden, einen kurzen Überblick zu geben.

Es ist derzeit üblich, die zwischenmolekularen Kräfte in folgender Art einzuteilen:

a) „*Richteffekt*" (Orientierungseffekt) (KEESOM); durch gegenseitige Beeinflussung der inneren Ladungen orientieren sich die starr gedachten Moleküle als Ganze ein; aus energetischen Gründen (BOLTZMANNs Energie-Verteilungssatz) sind die zu Anziehung führenden gegenseitigen Stellungen die häufigeren. Voraussetzung ist, daß die Ladungen in den Molekülen nicht kugelsymmetrisch verteilt sind, daß also Dipol- oder Quadrupolmomente vorhanden sind; für erstere nimmt der Potentialbeitrag mit der dritten, für letztere mit der fünften Potenz der Entfernung ab. Je höher die Temperatur, um so geringer die Wirkung wegen Zerstörung der geordneten Orientierung.

b) *Induktionseffekt* (DEBYE); die von den Dipolen oder Quadrupolen herrührenden elektrischen Kräfte deformieren die Elektronenhülle des nun nicht mehr starr vorausgesetzten Moleküles. Das Wechselwirkungspotential $U = -\alpha \mathfrak{E}^2$ ist negativ, d. h. der Effekt bewirkt *stets* Anziehung. Die Abhängigkeit von der Temperatur ist daher viel geringer als beim Richteffekt. Der Potentialbeitrag nimmt bei Dipolen mit der sechsten Potenz der Entfernung ab.

c) *Der Dispersionseffekt* (LONDON) beruht auf der gegenseitigen kurzperiodischen Störung der schnellen inneren Elektronenbewegung, während man den Richteffekt auf die Störung der Rotationsbewegung (Umwandlung in eine Pendelbewegung um

* Sammlung chemischer und technischer Vorträge, Heft 37. Stuttgart: Ferdinand Enke 1937.

eine Ruhelage), den Induktionseffekt auf eine periodische Störung der Polarisierbarkeit durch die Nachbarschaft rotierender Moleküle mit elektrischem Moment zurückführen kann. Die Wechselwirkung nimmt bei dem von Temperatur und Moment unabhängigen Dispersionseffekt mit der sechsten Potenz der Entfernung ab und wächst mit dem Quadrat der Polarisierbarkeit; bei Molekülen mit schwachem elektrischen Moment sollte er nach der Rechnung die anderen Effekte weitaus überwiegen.

A. Theoretische Ansätze.

Bereits in S.R.E. S. 129 wurde kurz berichtet, daß nach quantenmechanischen Überlegungen von BREIT-SALANT [308] der *Lorentz-Lorenz*-Effekt (die Absorptionsfrequenzen von dicht gepackten Molekülen sind nicht die des freien Einzelmoleküles, sondern die eines Systems schwach gekoppelter Moleküle; sie sind erniedrigt, „rotverschoben") nur etwa 2 bis 3% der in HCl beim Übergang Gas → Flüssigkeit wirklich beobachteten Frequenzerniedrigung erklären kann. CREMER-POLANYI [436] wenden LONDONs quantenmechanische Theorie der „homöopolaren Influenz" [Einfluß der Annäherung eines Fremdatoms auf die Bindekraft eines binären Moleküls; Wirkung: Auflockerung der Bindefestigkeit] auf den Fall des HCl an, finden jedoch für den Übergang Gas → Flüssigkeit nur einen Effekt, der etwa 10mal kleiner ist, als der beobachtete. KASTLER [545] bespricht (ganz qualitativ) den elektrostatischen Effekt benachbarter Dipole: Die Valenzkraft hängt irgendwie mit der Festigkeit zusammen, mit der die Valenzelektronen an die beiden positiven Kerne gebunden sind (man erinnere sich etwa an das BOHRsche Modell für H_2; vgl. auch KOHLRAUSCH [823]). Nähern einer negativen (positiven) Ladung wird diese Festigkeit vermindern (vermehren) und im gleichen Sinn die Valenzkraft und die Valenzfrequenz beeinflussen. Die Wirkung eines benachbarten Dipoles wird davon abhängen, ob sein positiv oder sein negativ geladenes Ende näher liegt. Da aber, abgesehen vom endständigen Substituenten H^+, alle positiven Substituenten von Elektronen umgeben sind, die die Fernwirkung des positiven Ladungsüberschusses abschirmen, wird im Mittel die Wirkung des negativen Dipolendes überwiegen und im allgemeinen wird daher die dichte Packung von polaren Molekülen eine Verminderung der Bindefestigkeit hervorrufen. In Ausnahmsfällen (etwa $\overset{+}{H} \cdot C \vdots \overset{+}{N}$)

wird auch eine Vergrößerung der Bindefestigkeit (Valenzfrequenz) möglich sein. Entsteht gleichzeitig ein Doppelmolekül (oder eine Dipolassoziation), dann sollte sich dies durch eine definierte Frequenzveränderung äußern; andernfalls sollte die Wärmebewegung nur eine diffuse Verbreiterung mit Schwerpunktsverlagerung der Linie bewirken.

Buchheim[928] hat die Konsequenzen des folgenden Ansatzes* über die zwischenmolekularen Kräfte abzuschätzen versucht: Das elastische Potential U [Gl. (3), § 2] eines zweiatomigen Moleküles mit dem permanenten Dipolmoment $\mathfrak{M}$ und den Polarisierbarkeiten α_1 (in der Achse) und α_2 ($\perp$ dazu) wird durch den Umstand, daß es in ein elektrisches Feld mit den Komponenten $\mathcal{E}_1$ und $\mathcal{E}_2$ gebracht wird, vermehrt um den Arbeitswert:

$$U' = -\mathfrak{M}\,\mathcal{E}_1 - \tfrac{1}{2}\,(\alpha_1\,\mathcal{E}_1^2 + \alpha_2\,\mathcal{E}_2^2).$$

U' wird in der Umgebung der Gleichgewichtslage der Kerne in eine Reihe nach Q (Normalkoordinate) entwickelt, die Bewegungsgleichung [(4), in § 2] $\mu\ddot{Q} = -\partial(U + U')/\partial Q$ aufgestellt und die Lösung gerechnet. In obigem Ansatz ist die von Kastler besprochene Wirkung des Feldes auf die Stärke der Valenzfederkraft *nicht* berücksichtigt. Es ergibt sich: *Erstens* eine Veränderung der Gleichgewichtslage der Kerne; Folge: Änderung der Streu*intensität*. *Zweitens* eine Verstimmung der Schwingungsfrequenz, abhängig von Feldstärke $\mathcal{E}$ und Orientierung des Moleküles im (ruhenden) Feld; bei regelloser Orientierung vieler streuender Moleküle erfolgt Linien*verbreiterung*. *Drittens* eine Schwerpunktsverschiebung der verbreiterten Ramanlinie, über deren Richtung nichts ausgesagt werden kann.

Die Abschätzung der Größenordnungen dieser drei Effekte ergibt: Für künstliche (äußere) elektrische Felder ($\sim 10^5$ V/cm) sind sie durchwegs unter der Beobachtungsmöglichkeit; diesbezügliche (nicht veröffentlichte) Versuche aus dem Debyeschen Institut verliefen in der Tat negativ. Für die viel stärkeren zwischenmolekularen Felder könnte die Schwerpunktsverschiebung etwa 0,001 ω, die Verbreiterung 0,01 bis 0,1 ω (ω in cm^{-1}) erreichen. Eine Verbreiterung ähnlicher Größenordnung entsteht durch jene Koppelung der Moleküle, die durch die Wellen der ultrarot aktiven

* Ein analoger phänomenologischer Ansatz wurde fast gleichzeitig von Mecke-Vierling (Z. Phys. **96**, 559, 1935) mitgeteilt, aber nur qualitativ diskutiert.

Schwingungen bewirkt wird. Diese Verbreiterungen hängen weder von der Temperatur ab, noch ändern sie etwas an der Verteilung des Depolarisationsgrades entlang der breiten Linie; dagegen sollten sie konzentrations-empfindlich sein; in diesen Belangen unterscheiden sie sich von der in § 15 besprochenen Rotationsverbreiterung. Ferner sollte obige Linienverbreiterung herabgesetzt werden, wenn sich ein Ordnungszustand in der Orientierung von Dipolmolekülen einstellt, der die Fluktuationen der Frequenzverstimmung herabsetzt. — Diese Felder können eine Verzerrung der Molekülform und damit das Auftreten verbotener Linien bewirken (Durchbrechung der Auswahlregeln); mischt man polare Moleküle, bei denen dies stattgefunden hat, mit unpolaren, dann kann der Effekt verschwinden; mischt man Substanzen, bei denen dies nicht stattgefunden hat, mit stark polaren (Einbringen von Ionen), dann können neue Linien auftreten. Analoges ist für die Aufspaltung von Linien, die zu entarteten Schwingungen gehören, zu erwarten. Die Intensitätsänderungen, die unter dem Einfluß von Dipolwirkungen auftreten könnten, werden zu einigen Prozenten abgeschätzt.

Ein typisches Beispiel für die theoretische Behandlung von „*Assoziationsspektren*“ ist das folgende:

Cross-Burnham-Leighton[1189] zeigen am speziellen Fall des für Eis, Wasser und Wasserdampf bekannten Schwingungsspektrums, wie man unter Annahme bestimmter Assoziationskomplexe und deren räumlicher Konfiguration zu einem quantitativen Verständnis des mit Aggregatzustand und Temperatur variierenden Spektrums gelangen kann: Das H-Atom von H_2O kann mit dem O-Atom eines Nachbarmoleküles eine „Wasserstoffbrücke“ bilden, angedeutet durch O—H ··· O. Die höchste Assoziation soll im Eis realisiert sein (jedes O-Atom ist über 4 H-Atome mit 4 benachbarten O-Atomen gebunden); in der Ebene gezeichnet:

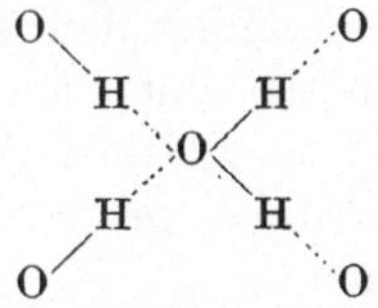

Insgesamt gibt es, wie man leicht abzählt, noch 7 Möglichkeiten (2 für doppelte, 3 für dreifache, 2 für vierfache H_2O-Komplexe) zwischen dieser höchsten Assoziation und dem freien Dampfmolekül H_2O, dem die Frequenzen $\delta(\pi) = 1595$, $\nu(\pi) = 3650$,

$\nu(\sigma) = 3750$ zugeordnet werden. H_2O selbst wird als ein System angesehen, in dem zwei OH-Bindungen mit der Eigenfrequenz ν_0 gekoppelt sind (Koppelungskoeffizient ε) und sich gegenseitig stören. Aus der Säkulardeterminante

$$\begin{vmatrix} \nu - \nu_0 & \varepsilon \\ \varepsilon & \nu - \nu_0 \end{vmatrix} = 0 \quad \text{ergibt sich} \quad \begin{array}{l} \nu(\pi) = \nu_0 - \varepsilon; \\ \nu(\sigma) = \nu_0 + \varepsilon; \end{array}$$

daher mit obigen Werten $\begin{array}{l} \nu_0 = 3700 \text{ cm}^{-1}; \\ \varepsilon = 50 \text{ cm}^{-1}. \end{array}$

Die in Eis beobachtete Hauptfrequenz 3150 wird der π-Schwingung eines Wassermoleküles zugeschrieben, in welchem jede OH-Frequenz durch die (in obiger Figur) rechtsseitig gelegenen H··· O-Brücken um den Betrag Δ, durch die beiden linksseitig am O-Atom angreifenden H··· O-Brücken um den Betrag $2\,\delta$ verschoben (gestört) wird. Aus der Säkulargleichung:

$$\begin{vmatrix} \nu - \nu_0 + \Delta + 2\,\delta & \varepsilon \\ \varepsilon & \nu - \nu_0 + \Delta + 2\,\delta \end{vmatrix} = 0 \quad \text{folgt} \quad \begin{array}{l} \nu(\pi) = \nu_0 - \Delta - 2\,\delta - \varepsilon; \\ \nu(\sigma) = \nu_0 - \Delta - 2\,\delta + \varepsilon. \end{array}$$

Mit $\nu_0 = 3700$, $\varepsilon = 50$, $\nu(\pi) = 3150$ folgt $\Delta + 2\,\delta = 500$, woraus $\Delta = 250$, $2\,\delta = 250$ abgeschätzt wird. Die Kenntnis von ε und der beiden Störgrößen Δ, δ gestattet nun die weitere Behandlung der Aufgabe (vgl. weiter unten, Abschnitt B).

B. Beobachtungen über den Einfluß des Aggregatzustandes (wechselseitige Beeinflussung gleichartiger Moleküle).

Als Ergänzung zu den Ausführungen in S.R.E. § 42 und 43, und den Zahlenangaben in den dort zusammengestellten Tabellen 27 und 28 seien aus dem großen inzwischen hinzugekommenen Beobachtungsmaterial einige typische Beispiele herausgegriffen für Fälle, bei denen an derselben Substanz in allen drei Aggregatzuständen beobachtet werden konnte. In Tabelle 31 sind CO_2 und CS_2 als Vertreter von Molekülen ohne Dipolmoment, H_2S als Vertreter eines gewinkelten einfachen Moleküles, die Halogenwasserstoffe HCl, HBr, HJ als Beispiele für Moleküle mit großem, aber von Substanz zu Substanz variierendem Dipolmoment (1,0, 0,8, 0,4 D.E.) aufgenommen.

Wie zu erwarten, sind die Frequenzänderungen für die dipolmomentfreien Moleküle gering, für die anderen kräftig; im letzteren Fall ist begreiflicherweise der Übergang (g) → (fl) wirkungsvoller als der Übergang (fl) → (fe). Am Beispiel des Schwefelwasser-

Tabelle 31. Frequenzänderung beim Übergang (g) → (fl) → (fe).

Substanz	(g)	(fl)	(fe)
Kohlendioxyd O:C:O . . .	1285,1 (10)	1285,5 (5)	1285 (5)
	1387,7 (15)	1387,5 (15)	1388 (15)
Schwefelkohlenstoff S:C:S .	—	—	70 (s.st.)
	655 (st.)	655,5 (st.)	653 (st.)
	796 (s.)	796,3 (m.)	?
Schwefelwasserstoff H/S\H	2615 (st.)	2578 (st.)	2523 (st.)
	—	—	2547 (m.)
	—	—	2558 (m.)
Chlorwasserstoff HCl	2886	2800	2784
Bromwasserstoff HBr	2558	2487	2480
Jodwasserstoff HJ	2233	2165	2159
Quecksilberchlorid $HgCl_2$ . .	355	314	313
Quecksilberbromid $HgBr_2$ . .	220	195	188

stoffs sieht man, wie nicht nur Frequenzerniedrigung eintritt, sondern auch die Molekülform geändert wird: Im gasförmigen und flüssigen Zustand ist das Molekül nahezu rechtwinklig (DADIEU-KOHLRAUSCH[512]), es tritt infolge zufälliger Entartung nur eine SH-Valenzfrequenz auf; im festen SH_2 bewirkt eine Winkeländerung die Frequenzaufspaltung (Diskussion bei SIRKAR-GUPTA[1125]).

Man vergleiche weiter z. B. die folgende Literatur: BÄR[484], Temperatureinfluß auf die Intensitätsverteilung in Diäthyläther; BISWAS[542], Methan (g, fl); McLENNAN-SMITH[585], Kohlendioxyd (g, fl, fe); BRAUNE-ENGELBRECHT[614], Übergang (g) → (fl) für $HgCl_2$, $HgBr_2$, PCl_3, $AsCl_3$, $SbCl_3$, $AsBr_3$, $SnCl_4$; Zusammenhang mit Dipolmoment; CALLIHAN-SALANT[739], HCl, HBr (fl) → (fe); EPSTEIN-STEINER[750], Benzol und HJ (fl) → (fe); VENKATESWARAN[766], Schwefel (fl) → (fe); YOST-ANDERSON[780], PF_3 (g) → (fl); IMANISHI[814] und SIRKAR[1019] und GROSS-KOMAROV[1186], CS_2 (g) → (fl) → (fe); VENKATESWARAN[945, 1094], Phosphor, Schwefel (fl) → (fe); HEMPTINNE-DELFOSSE[976], PH_3, PD_3 (g) → (fl); SITT-YOST[983], SiH_4 (g) → (fl); SIRKAR[1019], C_6H_6, CCl_4, $HCCl_3$ (fl) → (fe); SIRKAR-GUPTA[1003], H_2S (fl) → (fe); GERDING[1042, 1135, 1136], SO_3, SO_2 (fl) → (fe); MURPHY-VANCE[1223], SH_2 (g) → (fl) → (fe); ferner die sonstigen in § 15 A angeführten Beobachtungen bei tiefer Temperatur.

Zwischen den zwischenmolekularen Wirkungen, die noch insoferne als „Störung" aufgefaßt werden können, als sie nur Frequenzverschiebungen, Linienverbreiterungen, geringe Symmetrieveränderungen zur Folge haben, und jenen, die durch Assoziation oder Polymerisierung ganz neue Verhältnisse und damit durchgreifende Veränderungen im Charakter des Spektrums hervorrufen können, sind die Übergänge so allmählich, daß eine scharfe

Trennung kaum möglich ist. Beispiele für solche Probleme der Ramanspektroskopie gibt es zahlreiche; einige, deren Bearbeitung einen besonders breiten Raum in der Literatur einnimmt, seien kurz gestreift:

Der meist untersuchte Fall von Polymerisation ist wohl der des *Wassers* (S.R.E. § 42, 43, 44), die zugehörige Literatur ist im Substanzverzeichnis bei I/8b zusammengestellt; die ausführlichste Darstellung und Zusammenfassung des experimentellen Befundes bei MAGAT[1002, 1164]. Zuletzt untersuchten CROSS-BURNHAM-LEIGHTON[1189] H_2O und D_2O in fester und in flüssiger Form bei verschiedenen Temperaturen bis hinauf zur kritischen Temperatur; Erregerfrequenz Hg λ 2537. Sie geben an:

	$\nu(T)$	$\nu(R)$	$\nu(\delta)$	$\nu(\delta, R)$	$\nu(\pi)$	$\nu(\pi, R)$
H_2O (fe) 0° .	210	(700— 900)	—	—	3156	—
H_2O (fl) 40° .	~200	320—1020	1656	2167	3440	~4000
D_2O (fl) 50° .	~190	250— 730	1208	~1600	2515	2965

Es bedeutet: $\nu(T)$ bzw. $\nu(R)$ behinderte Translation bzw. Rotation, $\nu(\delta)$ bzw. $\nu(\pi)$ symmetrische Deformations- bzw. Valenzfrequenz des assoziierten Wassermoleküles, $\nu(\delta, R)$ bzw. $\nu(\pi, R)$ Kombinationstöne. In der im vorherigen Abschnitt A angedeuteten Art wird das Spektrum von HOH als das zweier gekoppelter Oszillatoren OH angesehen, die durch OH···O- bzw. durch H···OH-Bindungen mit den Nachbarmolekülen zu Gebilden assoziiert sind, deren Assoziationsgrad und Häufigkeit von der Temperatur abhängt. Für das ungestörte H_2O-Spektrum (Dampfzustand) wird $\delta(\pi) = 1595$, $\nu(\pi) = 3650$, $\nu(\sigma) = 3750$ angesetzt. Es gelingt auf diese Art die Abhängigkeit des Spektrums hinsichtlich Frequenzhöhe und Bandenform von Temperatur und Aggregatzustand in befriedigender Weise zu erklären. Es folgt aus diesen Überlegungen, daß für flüssiges H_2O im Temperaturintervall 90° → 25° die trimeren Formen überwiegen, während in Eis neben den 2- und 3fach koordinierten Formen die 4fach koordinierten (pentameren) in der Überzahl vorhanden sind. Dieser Befund steht mit dem der Röntgenanalyse in Übereinstimmung und zeigt die Verwendbarkeit der Ramanspektroskopie für die Zwecke derartiger Strukturforschungen*. Die ebenfalls eingehend und

* Bemerkt sei aber, daß ganz kürzlich von RAO-KOTESWARAM[1217] die Realität der H_2O-Frequenzen mit $\Delta\nu < 3200$ angezweifelt wurde.

vielfach untersuchte Wirkung von in H_2O gelösten Ionen auf die Struktur der Wasserbanden ist durch die Feldwirkung derselben auf den Polymerisationsvorgang zu verstehen.

Ein weiteres viel diskutiertes Beispiel für Assoziation oder Koppelung durch H-Brücken ist die Frage nach der Struktur der Carboxylgruppe CO · OH der organischen Säuren; aufgeworfen wird das Problem durch die Erfahrung, daß die CO-Frequenz in der *reinen* Säure meist einen abnorm tiefen Wert (um 1660 cm^{-1}) aufweist, in Säure*lösungen* entweder neben dieser Linie eine zweite um 1700 oder nur die letztere zeigt und im *Salz* $(CO \cdot O)^- \cdot X^+$ verschwindet bzw. aus dem normalen Frequenzbereich herausrückt. Im allgemeinen ist man wohl der Ansicht, daß die Abweichung in der reinen Säure auf die Bildung der assoziierten Gruppe

$$R \cdot C \begin{matrix} \nearrow O \cdot \cdot HO \searrow \\ \searrow OH \cdot \cdot O \nearrow \end{matrix} C \cdot R$$

zurückzuführen ist, deren Häufigkeit in Lösung mit abnehmender Konzentration zurückgeht, und daß es sich im Ion um die Ausbildung einer der Nitrogruppe $N \begin{matrix} \nearrow O \\ \searrow O \end{matrix}$ ähnlichen Form

$$R \cdot C \begin{matrix} \nearrow O \\ \searrow O \end{matrix}$$

handelt. Im einzelnen gehen die Ansichten aber doch ziemlich auseinander. Literatur: Ghosh-Kar[443], Parthasarathy[472], Krishnamurti[473, 479, 486], Schneider[577a], Kohlrausch-Köppl-Pongratz[642, 672], Laird-Franklin[748], Peychès[808, 924], Rao[844], Hibben[932], Edsall[966, 1120, 1192], Venkateswaran[979, 1198], Angus-Leckie[984], Gupta[1006, 1026, 1076, 1124], Thatte-Askhedhar[1009a], Sannié-Poremski[1153], Morino-Mizushima[1178].

Über die bei Körpern mit Oxy- oder Aminogruppe mit Hilfe einer „Wasserstoffbrücke" R · OH ... oder R_2NH ... (engl. „hydrogen bond", „chelated compound" = „Scherenbindung"; auch als „Einelektronenbindung" bezeichnet) zustande kommende innere Ringbildung oder äußere Assoziation vgl. man weiter: Kohlrausch-Pongratz[743, 777, 1162], Freymann-Freymann[1114a], Barnes-Bonner-Condon[1114], Kahovec-Kohlrausch[1204, 1205], Bonino und Mitarbeiter[1225]. Der Effekt äußert sich im Spektrum einerseits durch Anomalien in der Valenzfrequenz der OH- bzw. NH-Bindung, andererseits bei Körpern mit an der H-Brücke beteiligten Carbonylgruppen in Anomalien der CO-Frequenz.

Über Hochpolymere haben gearbeitet: SIGNER-WEILER[552, 607, 634] und MIZUSHIMA-MORINO-INOUE[1166] an Polystyrol, HIBBEN[1218] an Metacrylsäure; für den Grad der Polymerisation charakteristisch ist die Intensitätsabnahme der C:C-Frequenz um 1600.

C. Beobachtungen über den Lösungs- bzw. Mischungseinfluß (wechselseitige Beeinflussung ungleichartiger Moleküle).

Hauptsächlichste *Literatur*: WHITING-MARTIN[446]: Binäre Mischungen von Pyridin + Essigsäure, Aceton + Schwefelkohlenstoff. KRISHNAMURTI[486]: Wäßrige Lösung von Pyridin, Essigsäure, Methylalkohol bei variierter Konzentration; bei gewissen Konzentrationen stellt sich ein Maximum an Beeinflussung von Linienlage und Intensität ein; Schluß auf Hydratbildung, z. B. $CH_3 \cdot OH \cdot 2\,H_2O$. GOUBEAU[667, 1173]: Aceton und Alkohole + Metallperchlorate; schwache Frequenzverschiebungen; Schluß auf Änderung von Bindefestigkeiten; Einwände gegen die Art der Schlußfolgerung bei KAHOVEC-KOHLRAUSCH[1183]. BRODSKII-SACK-BESUGLI[679, 856]: $AsCl_3 + C_6H_6$ sowie CCl_4 und Alkohole; Schluß auf Veränderung von Bindekraft und Form von $AsCl_3$ (unrichtige Zuordnung der $AsCl_3$-Frequenzen!). PARTHASARATHY[681]: Essigsäure und ihr Anhydrid in Alkohol. WEST-ARTHUR[730, 1122]: HCl, HBr, NH_3, SO_2 in verschiedenen Lösungsmitteln. VOGE[733]: Verschiebungen der Frequenzen von Methylalkohol in konzentrierter Lösung von LiBr, HBr. LEITMAN-UKHOLIN[787]: $C_6H_5 \cdot NO_2 + CCl_4$, kein Effekt; $H_3C \cdot CO \cdot OH + H_2O$, Intensitätsschwächung von $\Delta\nu = 623$; Schluß auf Assoziationskomplexe. BRIEGLEB-LAUPPE[805, 1132, 1220]: Molekülverbindungen HBr · Äthyläther, $SnCl_4$ · Äthyläther; Schluß auf Symmetriedeformation oder Behinderung der „freien Drehbarkeit"; Oxoniumverbindungen $\left[\begin{matrix}R\\R\end{matrix}\!\!>\!OH\right]^+ \cdot$ Halogen$^-$ und Oxanverbindungen $\begin{matrix}R\\R\end{matrix}\!\!>\!O\!<\!\begin{matrix}H\\\text{Halogen}\end{matrix}$. BURKARD[957]: $PCl_3 + PBr_3$; Frequenzverschiebungen und Linien von Mischmolekülen. FINKELSTEIN-KURNOSSOWA-ASCHKINASI[947a]: $AsCl_3$ bzw. $AsBr_3$ bzw. $SbCl_3$ in Äther und Benzol; Auftreten neuer Linien bei $SbCl_3 + C_6H_6$; Schluß auf das symmetrische System $Cl_3Sb \cdot C_6H_6 \cdot SbCl_3$. SIMON-FEHÉR[1077]: Dioxan in 10 Lösungsmitteln; Schluß auf elektrostatische

Beeinflussung, wobei nicht nur Dipolmoment und Polarisierbarkeit, sondern auch die Molekülgestalt und die Lage des Dipoles maßgebend sind. WOLKENSTEIN[1075, 1112]: Verschiedene Substanzen in NH_3 gelöst. CENNAMO-VITALE[1123]: Intensitätsmessungen in Benzol-Alkoholgemischen; für die meisten Linien Abweichungen von der Proportionalität der Intensität mit der Konzentration; Schluß auf Molekularassoziation.

Tabelle 32. Prozentuelle Frequenzverschiebung $\Delta\nu/\nu$ bei Lösung:

$H\cdot Cl$; $\nu = 2886$ (g)

L.M.	$SiCl_4$	PCl_3	$HCCl_3$	HCl (fl)	H_5C_2Br	$H_3C\cdot CO\cdot Cl$	SO_2
ε	2,5	4,2	7,0	8,85	14	20	22,4
$\Delta\nu/\nu$	−0,009	−0,020	−0,021	−0,030	−0,031	−0,028	−0,031

H_3N; $\nu = 3336$ (g)

L.M.	C_6H_{14}	$HCCl_3$	NH_3 (fl)	$H_3C\cdot OH$	H_2O
ε	1,8	7,0	25,4	31	80
$\Delta\nu/\nu$	−0,006	−0,006	−0,008	−0,006	−0,008

SO_2; $\nu_\pi = 1153$; $\nu_\sigma = 1361$ (g)

L.M.	$C_6H_5\cdot CH_3$	$HCCl_3$	HCl	$H_3C\cdot CO\cdot Cl$	SO_2 (fl)	$H_3C\cdot OH$	H_2O
ε	2,5	7,0	7,8	20,3	22,4	31	80
$\Delta\nu_\pi/\nu_\pi$	−0,003	0,000	0,000	−0,009	+0,001	−0,005	−0,013
$\Delta\nu_\sigma/\nu_\sigma$	−0,014	−0,010	−0,010	−0,024	−0,011	−0,014	−0,014

WEST-ARTHUR[730, 1122] teilen die Zahlen der Tabelle 32 mit; es handelt sich um Lösung von HCl, H_3N, SO_2 in verschiedenen Lösungsmitteln (L.M.) mit der Dielektrizitätskonstanten ε. Ein ungefährer Gang der prozentuellen Frequenzverminderung $\Delta\nu/\nu$ mit der Dielektrizitätskonstanten ε des Lösungsmittels ist mindestens für das stark polare HCl unverkennbar; allerdings derart, daß anscheinend ein nicht überschreitbarer Grenzwert angestrebt wird. In einer unmittelbar an [1122] anschließenden Ultrarot-Arbeit (Beobachtung bei viel geringerer Konzentration) wird gezeigt, daß ungefähr die folgende Beziehung (KIRKWOOD) erfüllt ist: $\Delta\nu/\nu = C(\varepsilon - 1)/(2\varepsilon + 1)$, wobei C vom Molekülmodell (Trägheitsmoment) abhängt. Man beachte weiters in Tabelle 32, daß bei SO_2 ν_π (ebenso das nicht eingetragene $\delta_\pi = 525$) viel weniger beeinflußt wird als die antisymmetrische ν_σ-Schwingung; etwas ähnliches scheint sich aus den Beobachtungen GOUBEAUs für die Kettenschwingungen von $H_3C\cdot H_2C\cdot OH$ zu ergeben.

VI. Schwingungsspektrum und Molekülbau.

§ 17. Zweiatomige Moleküle bzw. Ketten (S.R.E. § 48, 49, 50).

Tabelle 33. Zweiatomige Moleküle.

Nr.	S.V.	Molekül	ω	$f \cdot 10^{-5}$	ω_0	$x\,\omega_0$	$y\,\omega_0$	$f_0 \cdot 10^{-5}$	$r \cdot 10^{+8}$
1	I, 1	H·H	4160	5,07	4405	125	1,9	5,68	0,75
2	I, 1	H·D	3631	5,15	3817	95	1,5	5,68	0,75
3	I, 1	D·D	2993	5,24	3117	63	0,8	5,68	0,75
4	—	H·F	(3935)	8,62	4141	91		9,55	0,92
5	I, 17a	H·Cl	2886	4,74	2989	52		5,06	1,27
6	I, 35a	H·Br	2558	3,78	2650	44		4,06	1,41
7	I, 53a	H·J	2233	2,89	(2323)	(40)		3,14	1,62
8	I, 17	Cl·Cl	556	3,21	565	4		3,32	1,98
9	I, 8	O:O	1555	11,3	1579	12		11,7	1,22
10	I, 7g	N:O	1877	15,4	1907	15		15,9	1,15
11	I, 6a	C⋮O	2155	18,6	2181	13		19,1	1,15
12	I, 7	N⋮N	2329	22,2	2359	15		22,8	1,09
1	2	3	4	5	6	7	8	9	10

Zu Tabelle 33. Spalte 1: Fortlaufende Nummer; Spalte 2: Hinweis auf das Substanzverzeichnis (S.V.) und die dort angegebene Literatur; Spalte 3: Molekül; Spalte 4: Kernfrequenz ω in cm^{-1}, beobachtet am Gas (Ausnahmen: Nr. 4... extrapolierter Wert, Nr. 8... flüssiger Zustand); Spalte 6; Kernfrequenz ω_0, berechnet für unendlich kleine Amplituden (für Nr. 7 geschätzt); Spalte 7 und 8: Anharmonizitätskorrektur erster und zweiter Ordnung (vgl. Text); Spalte 5 bzw. 9: Federkraft f bzw. f_0 in Dyn/cm, berechnet aus ω bzw. ω_0; Spalte 10: Kernabstand r in der Gleichgewichtslage (STUART II, SPONER III).

In Tabelle 33 sind einige Angaben über zweiatomige Moleküle zusammengestellt. Die aus den beobachteten Frequenzen ω nach der Beziehung $n^2 = f/\mu$ [Gl. (1), § 9] berechneten Werte für die Federkraft f sind in der fünften Spalte enthalten. Beim Vergleich der f-Werte von Nr. 1, 2, 3 fällt auf, daß die für Isotope zu fordernde Konstanz von f nicht erfüllt ist. Das rührt daher, daß obige Beziehung für unendlich kleine Amplituden abgeleitet ist und nur für Schwingungen dieser Art angewendet werden darf. Sind die Schwingungen nicht unendlich klein, dann ist das Kraftgesetz nicht mehr harmonisch (vgl. etwa S.R.E. S. 165 und 274). Nach der Quantentheorie ist dann, wenn v die Schwingungsquantenzahl bedeutet, die Schwingungsenergie (in cm^{-1}) eines anharmonischen Oszillators (vgl. z. B. SPONER III, S. 163) gegeben durch:

$$E_v = \omega_0 (v + \tfrac{1}{2}) - x\,\omega_0 (v + \tfrac{1}{2})^2 + y\,\omega_0 (v + \tfrac{1}{2})^3 - \cdots \qquad (1)$$

Daraus folgt, wie bekannt, erstens, daß Obertöne auftreten, die aber anharmonisch (keine ganzzahligen Vielfache des Grundtones) sind. Denn bildet man die Energiedifferenzen $E_{v=1} - E_{v=0}$, $E_{v=2} - E_{v=0}$ usw., so erhält man, wenn man sich in (1) mit der ersten Näherung begnügt (Abbrechen der Reihe nach dem 2. Glied):

Grundton	1. Oberton	2. Oberton	3. Oberton
$\omega_0 (1 - 2x)$	$2\omega_0 (1 - 3x)$	$3\omega_0 (1 - 4x)$	$4\omega_0 (1 - 5x)$

Da der Klammerfaktor immer mehr abnimmt, rücken die Obertöne immer näher aneinander.

Zweitens sieht man, daß die Frequenz des Grundtones $\omega = \omega_0 (1 - 2x)$ niederer ist, als ω_0 (Frequenz für Schwingung mit unendlich kleiner Amplitude).

Drittens folgt aus (1), daß sich die Anharmonizität cet. par. um so weniger auswirkt, je größer die reduzierte Masse μ ist; denn x ist (vgl. SPONER, loc. cit.) proportional mit $1/\sqrt{\mu}$. Hat daher das Molekül vor Einführung eines schwereren Isotopes die reduzierte Masse μ_1, nachher die größere Masse μ_2, so gilt für den Grundton:

vorher: $\omega_1 = \omega_0 - 2x\omega_0$

nachher: $\omega_2 = \omega_0 \sqrt{\frac{\mu_1}{\mu_2}} - 2x\omega_0 \frac{\mu_1}{\mu_2}$.

Der Unterschied beider Frequenzen (die Isotopenverschiebung) beträgt also $\left(\text{mit } \varrho = \sqrt{\frac{\mu_1}{\mu_2}}\right)$:

$$\omega_1 - \omega_2 = \omega_0 (1 - \varrho) - 2x\omega_0 (1 - \varrho^2). \tag{2}$$

Gegenüber dem harmonischen Fall ($x = 0$) ist also die Isotopenverschiebung um den Betrag $2x\omega_0 (1 - \varrho^2)$ verkleinert ($\varrho < 1$); die Abweichung von der unendlichen Kleinheit der Amplituden ist unter sonst gleichen Umständen beim Molekül mit den schwereren Massen geringer.

Kennt man die Größe der Korrektionsglieder $x\omega_0$, $y\omega_0$ usw. in Gl. (1) (vgl. Spalte 7 und 8 in Tabelle 33) etwa aus der im Ultraroten gemessenen Konvergenz der Obertöne, dann kann man das beobachtete ω umrechnen auf ω_0 (Spalte 6) und auf diese zur unendlich kleinen Schwingung gehörige Frequenz die Gleichung $n^2 = f/\mu$ anwenden. Die so erhaltene Federkraft f_0 ist in Spalte 9 eingetragen. Sie ist für die Fälle Nr. 1, 2, 3 nun von gleicher Größe (bezüglich des Wasserstoffes vgl. man insbesondere TEAL-MACWOOD[947]).

Aus den in Tabelle 33 angegebenen Zahlenwerten für $x\omega_0$ ersieht man weiters, daß auch beim Vergleich verschiedener Moleküle das schwerere die geringere Anharmonizität zeigt. Rechnet man f statt aus ω_0 aus ω, dann erhält man Werte, die bei den Hydriden (Nr. 1 bis 7 in Tabelle 33) um rund 10%, bei den restlichen Molekülen Nr. 8 bis 12 nur um 2 bis 3% zu klein sind. In derselben Richtung liegt aber auch der zusätzliche Fehler, den man begeht, wenn man zur f-Berechnung ein am kondensierten Zustand gemessenes ω verwendet.

Dadieu-Kopper[852, 934, 969] haben auch an „schweren" Halogenwasserstoffen beobachtet; sie fanden an den verflüssigten Substanzen:

ω_1 für	HCl : 2822	HBr : 2504	HJ : 2176
ω_2 für	DCl : 2041	DBr : 1801	DJ : 1570
$(\omega_1 - \omega_2)_{\text{beob.}}$	781	703	606 cm^{-1}

Ihre Frequenzwerte für H · Hal. liegen höher als die in Tabelle 31 für den flüssigen Zustand angegebenen (HCl : 2800, HBr : 2487, HJ : 2165); sie sind jedoch bei Zimmertemperatur und hohem Druck beobachtet worden. Da aber ω_1 und ω_2 an der gleichen Apparatur und unter sonst gleichen Versuchsbedingungen beobachtet wurden, werden die Differenzen $\omega_1 - \omega_2$ vermutlich recht genau sein. Rechnet man mit Hilfe der in Tabelle 33 angegebenen Werte für ω_0 und $x\omega_0$ nach Gl. (2) die zu erwartende Isotopenverschiebung näherungsweise aus, so ergibt sich (für den Gaszustand):

$$(\omega_1 - \omega_2)_{\text{erw.}} = 800 \text{ bzw. } 722 \text{ bzw. } 611 \text{ cm}^{-1}$$

Die Erwartung ist in hinreichender Übereinstimmung mit der Beobachtung, der Unterschied beträgt 1 bis 3%. Eine Änderung in f beim Übergang H · Hal → D · Hal ist also innerhalb der Versuchsgenauigkeit auch hier nicht vorhanden.

Mit den Zahlen der Tabelle 33 kann man dann versuchen, empirische Zusammenhänge zwischen ω oder f und r zu finden (vgl. dazu die Literatur bei Sponer III, S. 275 oder neuerdings Penney-Sutherland[1059], Beutler-Mie*, Donzelot-Barriol**). Zum Beispiel ist in der Reihe der Wasserstoffhalogenide Nr. 4 bis 7 die folgende Beziehung annähernd erfüllt: $(4{,}86 - \sqrt{f_0})/r = \text{konst.}$

Um sich einen ersten Überblick über die Größenordnung von f zu verschaffen, kann man weiters Atomgruppen wie CH_3, CH_2, CH, NH_2, NH, OH als einheitliche Massen ansehen, also so

* Beutler, H., K. Mie, Naturwiss. **22**, 419, 1934.

** Donzelot, P., J. Barriol, C. R. Acad. Sci., Paris **204**, 1867, 1937.

behandeln, wie wenn die H-Atome unendlich fest gebunden wären. In Tabelle 34 sind Beispiele für solche zweiatomige Ketten zusammengestellt. Der Fehler, den man dadurch begeht, daß man die Wechselwirkung der CH-Schwingungen mit der Kettenschwingung unberücksichtigt läßt, wird durch die Annahme unendlich fester Bindung der H-Atome (m z. B. von CH_3 gleich 15 gesetzt) nicht ganz kompensiert und man erhält zu kleine Werte für f; Näheres hierüber in § 20, C. Die Moleküle Nr. 1 bis 10 und 15 bis 19 werden noch an anderer Stelle (§ 18 bis 21) besprochen. Bezüglich der ionisierten Moleküle Nr. 11 bis 14 vgl. EDSALL[1152], KAHOVEC-KOHLRAUSCH[1204].

Tabelle 34. Moleküle mit zweiatomiger Kette.

Nr.	Molekül	ω	f	r	Nr.	Molekül	ω	f	r
1	$H_3C\cdot NH_2$	1037	4,88	1,48	11	$H_3\overset{+}{N}\cdot \overset{+}{N}H_3$	1036	5,37	
2	$H_3C\cdot OH$	1032	4,86	1,49	12	$H_3\overset{+}{N}\cdot OH$	1006	4,90	
3	$H_3C\cdot CH_3$	992	4,34	1,52	13	$H_3\overset{+}{N}\cdot CH_3$	995	4,63	
4	$H_3C\cdot F$	[1010]	5,04	1,43	14	$H_3\overset{+}{N}\cdot NH_2$	965	4,53	
5	$H_3C\cdot Cl$	710	3,12	1,85	15	$H_3Si\cdot SiH_3$	435	1,74	2,34
6	$H_3C\cdot SH$	704	3,01		16	$H_2C:CH_2$	1620 ?	10,7 ?	1,3
7	$H_3C\cdot Br$	594	2,61	2,0	17	$H_2C:O$	1715 ?	12,9 ?	1,21
8	$H_3C\cdot J$	522	2,15	2,28	18	HC⋮CH	1975	14,9	1,2
9	$H_2N\cdot NH_2$	876	3,59	~1,5	19	HC⋮N	2094	17,3	1,16
10	HO·OH	877	3,83	~1,4					

Zu Tabelle 34: ω für Nr. 4 extrapoliert. Darüber, ob in Nr. 16 ω = 1620 als „C : C-Frequenz" anzusehen ist, sind die Meinungen geteilt. Nr. 15, 16, 18 Messungen am Gas, sonst am verflüssigten bzw. gelösten Zustand. r = Abstand der Kettenatome.

§ 18. Dreiatomige Moleküle bzw. Ketten (S.R.E. § 51, 52).

Modellmäßige Behandlung von Dreimassensystemen: Vgl. S.R.E. § 51 und 52; ferner die Formeln für Valenzkraftsysteme in § 9, C und die dort angegebene Literatur. Weitere Literaturbeispiele: DADIEU-KOHLRAUSCH[512], CROSS-VAN VLECK[651], PAI[769, 833], SUTHERLAND-DENNISON[849a], ENGLER-KOHLRAUSCH[1056], SUTHERLAND-PENNEY[1059], BONNER[796, 1156], KAHOVEC-KOHLRAUSCH[1183].

A. Lineare Systeme.

Nach den Auswahlregeln (§ 7, Nr. 28) gilt im linearen symmetrischen System das Alternativverbot; ω_2 und ω_3 in CO_2 und CS_2 (Nr. 1 und 5 von Tabelle 35) sind im Ramaneffekt verboten. Bei pseudosymmetrischen Systemen ($r_{12} \simeq r_{23}$, $f_{12} \simeq f_{23}$, $m_1 \simeq m_3$) treten ω_2 und ω_3, wenn überhaupt, nur schwach auf; vgl. in Tabelle 35, Beispiel 2 (Isocyanat-Ion), 3 (Acid-Ion), 4 (Stickoxydul). Beim

Tabelle 35. Lineare dreiatomige Moleküle.

Nr.	S.V.	Molekül 1 2 3	ω_2	ω_1	ω_3	f_{12}	f_{23}	r_{12}	r_{23}
1	I, 6b	O:C:O	(668)	[1336]	(2350)	14,1 ⟷	16,7	1,16	1,16
2	XV, 1g	$(O:C:N)^-$	[616]	1302 (st.)	2206 (s.)	12,2 ⟷	14,9	—	—
3	I, 7e	$(N:N:N)^-$	[629]	1348 (st.)	(2040) ?	11,1 ⟷	14,9	1,11	1,26
4	I, 7h	O:N:N	[589]	1287 (st.)	2223 (s.)	13,9 ⟷	14,6	$r_{12}+r_{23}=2{,}38$	
5	I, 6d	S:C:S	(397)	657 (st.)	(1523)	6,9 ⟷	8,1	1,54	1,54
6	I, 6c	S:C:O	527 (s.)	859 (st.)	2055 (s.)	8,0	13,6	1,56	1,16
7	XV, 1	H·C⋮N	(712)	2094 (st.)	3213 (s.)	5,40	17,9	1,06	1,16
8	XV, 1	D·C⋮N	(570)	1906	(2630)	6,10	16,9		
9	XVI, 1a	Cl·C⋮N	397 (m.)	729 (st.)	2201 (s.st.)	5,15	16,7	~1,8	
10	XVI, 1b	Br·C⋮N	368 (m.)	580 (st.)	2187 (s.st.)	4,17	16,8	~1,9	
11	XVI, 1c	J·C⋮N	321 (s.)	470 (m.)	2158 (s.st.)	2,95	16,7	~2,2	
12	XV, 1	$(C⋮N)^-$			2083		16,5		
13	XV, 1h	$(O·C⋮N)^-$	[485]	857 (s.)	2192 (st.)	4,69	16,6	~1,4	
14	XV, 1i	$(S·C⋮N)^-$	[398]	750 (m.)	2066 (st.)	5,34	14,4		
15	XV, 1l	$(Se·C⋮N)^-$	?	575	2052	4,14	14,6		

Zu Tabelle 35: Bedeutung der mit „Nr., S.V., Molekül, ω, f, r" überschriebenen Spalten dieselbe wie bei Tabelle 33; stets sind die Werte für ω in cm^{-1}, für f in 10^5 Dyn/cm, für r in 10^{-8} cm angegeben. Die Indizierung der ω entspricht der bei den Schwingungsformen in Abb. 7, Nr. 2 und 3 bzw. bei den Formeln des § 9, C gebrauchten. Die eckig geklammerten ω-Werte sind indirekt (aus Oberton oder sonst durch Berechnung) bestimmt, die rund geklammerten aus Ultrarotmessungen übernommen. Beispiel Nr. 12, das eigentlich in Tabelle 33 gehörte, wurde des Zusammenhanges wegen hier angeführt.

ausgesprochen unsymmetrischen System (die Beispiele Nr. 7 bis 15) sind ω_1 und ω_3 polarisiert, ω_2 depolarisiert zu erwarten. Die „C⋮N-Frequenz" gehört in den Systemen Nr. 7 und 8 zur Gegentaktschwingung ω_1 (§ 2b), in den Systemen Nr. 9 bis 11 zur Gleichtaktschwingung (vgl. Kahovec-Kohlrausch[1183]). Der Unterschied in den f-Werten für Nr. 7 und 8 ist wieder auf Rechnung der nicht berücksichtigten Anharmonizität (vgl. § 17) zu setzen.

Was die Anwendung der Valenzkraftformeln auf die Systeme der Tabelle 35 anbelangt, so ist zu bemerken: Die symmetrischen Moleküle Nr. 1 und 5 liefern *zwei* Werte für f, je nachdem, ob man von ω_1 oder ω_3 ausgeht; führt man aber (Engler-Kohlrausch[1056]) eine zusätzliche Kraft f_{13} zwischen den Außenatomen ein, die sich bei symmetrischen und pseudosymmetrischen Systemen nur bei der Pulsationsschwingung ω_1 bemerkbar machen kann, dann verschwindet diese Widersinnigkeit. Die Moleküle Nr. 2, 3, 4 geben mit den für unsymmetrische Systeme gültigen Valenzkraftformeln keine reellen f-Werte; als pseudosymmetrische Systeme aufgefaßt geben sie ebenso wie Nr. 1 und 5 *zwei* verschiedene Werte für f_{12} und f_{23}, die in Tabelle 35 eingetragen sind. Führt man eine (geschätzte) Zusatzkraft f_{13} ein, dann ändern sich die Verhältnisse wesentlich nur bei Nr. 3; es ergibt sich

5. Schwefelkohlenstoff $f_{12} = f_{23} = 6{,}88 \cdot 10^5$ $f_{13} = 0{,}63 \cdot 10^5$
1. Kohlendioxyd . . . $f_{12} = f_{23} = 12{,}2$ $f_{13} = 1{,}3 \cdot 10^5$
2. Isocyanat-Ion . . $f_{12} = 11{,}8$; $f_{23} = 12{,}6$ ($f_{13} = 1{,}3$ geschätzt)
3. Acid-Ion . . . . . $f_{12} = 8{,}7$; $f_{23} = 15{,}6$ ($f_{13} = 1{,}3$ geschätzt)
4. Stickoxydul . . . $f_{12} = 12{,}4$; $f_{23} = 14{,}2$ ($f_{13} = 1{,}3$ geschätzt)
   Stickstoffwasserstoffsäure HN:N⫶N (vgl. weiter unten) . . $f_{12} = 9{,}1$; $f_{23} = 20{,}4$ ($f_{13} = 1{,}3$ geschätzt)

Es wäre konsequent und vermutlich korrekter, wenn man eine solche Kraft f_{13} bei allen Molekülen der Tabelle 35 einführen würde; dies scheitert daran, daß man bei den nichtsymmetrischen Formen nur zwei experimentelle Größen, nämlich ω_1, ω_3 zur Verfügung hat und daraus nicht drei Unbekannte f_{12}, f_{23}, f_{13} bestimmen kann.

Man beachte weiter, daß die näherungsweise Behandlung des als „zweiatomig" aufgefaßten Systems HC⫶N in Tabelle 34 den Wert $f = 17{,}3$, die korrektere Behandlung als dreiatomiges Molekül jedoch den etwas größeren Wert $f = 17{,}9$ (Tabelle 35) ergibt.

Ergänzungen zu den Angaben der Tabelle 35.

Zu Nr. 1 und 5, Kohlendioxyd und Schwefelkohlenstoff. Eingehende Diskussion der einschlägigen Verhältnisse bei Placzek VI, S. 323f., Stuart II, S. 295f.). Dort auch die Termschemata, deren Übergänge die folgenden, unerwartet linienreichen Spektren erklären (Langseth-Nielsen[620, 687, 784, 802] bzw. Langseth-Sorensen-Nielsen[753]; vgl. auch die am flüssigen und festen Zustand gemachten Erfahrungen; Literaturangaben bei I, 6b und I, 6d):

CO_2; $\Delta\nu$ = 1241 (s.s.s.), 1265,2 (s.), 1285,8 (st., ϱ = 0,18), 1305,1 (s.s.), 1325,0 (s.s.), 1344,1 (s.s.), 1369,4 (s.s.), 1388,9 (s.st., ϱ = 0,14).

CS_2; $\Delta\nu$ = 383, 395 (0,5, ϱ = 0,80), 403, 641, 648, 657 (189, ϱ = 0,15), 781 (1), 796 (15, ϱ = 0,18), 805 (5), 813 (1).

Bei CO_2 bewirkt der Umstand, daß $\omega_1 = 1336$ gleich $2\,\omega_2$ ($\omega_2 = 668$) ist, Resonanzaufspaltung (vgl. § 8 A). Bei CS_2 wird $\Delta\nu = 796$ als Oktav von $\omega_2 = 397$ gedeutet; im festen Zustand wurde auch (Durchbrechung der Auswahlregeln oder Deformation des Moleküles) ω_3 im Ramaneffekt beobachtet.

Zu Nr. 3, 4 Acid-Ion und Stickstoffoxydul. Für das Acid-Ion N_3 wurden im Ramanspektrum gefunden (Langseth-Nielsen-Sorensen[784]) $\Delta\nu$ = 1258 (s.s.), 1348 (st., ϱ = 0,16); erstere Linie wird als Oberton $2\,\omega_2$ aufgefaßt; die aus Ultrarotmessungen stammende Frequenz 2040 ist umstritten. Diskussion bei Sutherland-Penney[1059]. An gasförmigem Stickstoffoxydul N_2O fanden Langseth-Nielsen[582, 687] $\Delta\nu$ = 1170 (s.) (= $2\,\omega_2$), 1185 (s.), 1260 (s.), 1282 (s.), 1287 (s.st.) (= ω_3), 1315 (s.), 2210 (s.), 2223 (m.); vgl. dazu Barker[510], Bender[745], Schluß auf unsymmetrische Form in § 12.

Zu Nr. 2, 6, 13, 14, 15. Bezüglich Isocyanat-Ion Nr. 2 und Cyanat-Ion Nr. 13 vgl. GOUBEAU[877], bezüglich Kohlenoxysulfid Nr. 6 DADIEU-KOHLRAUSCH[512], bezüglich des Rhodanid-Ions Nr. 14 LANGSETH[784], bezüglich des Selencyanid-Ions Nr. 15 KONDRATJEW-SSETKINA[999] und SPACU[1096].

NIELSEN-WARD[1155] finden im Gegensatz zu GHOSH-DAS[555a] in einer Lösung von metaborsaurem Na nur eine einzige Linie $\Delta\nu = 749$, schließen daraus auf lineare Struktur des Ions $\bar{O} \cdot \overset{+}{B} \cdot \bar{O}$ und berechnen $f = 5{,}29 \cdot 10^5$.

Unter der nur für die Quecksilberhalogenide durch Dipolmomentmessungen einigermaßen gestützten Voraussetzung, daß die Halogenide XY_2 von $X = Cd, Zn, Hg$ lineare Struktur besitzen, ist in Tabelle 36 die dann aus dem beobachteten ω berechenbare Federkraft f angegeben (VENKATESWARAN[887]). Die Beobachtungen erfolgten an Lösungen (vgl. dazu S.R.E. S. 183, Tabelle 49). Die aus der Tabelle 36 ersichtliche Zunahme der elastischen Festigkeit für die Hg-Y-Bindungen wird mit der größeren Stabilität der Hg-Salze in Verbindung gebracht (PAI[833]).

Tabelle 36. Dihalogenide XY_2.

X / Y	Zink		Cadmium		Quecksilber		
	ω	f	ω	f	ω	f	$r_{Hg \cdot Y}$
Chlorid . . .	278	1,6	237	1,2	330	2,3	2,28
Bromid . .	173	1,4	160	1,2	205	1,9	2,38
Jodid . . .	—	—	119	1,05	142	1,5	2,55
S.V.	I, 30		I, 48		I, 80		

Beispiele für Moleküle mit *dreiatomiger linearer Kette* sind in Tabelle 37 zusammengestellt. Die vollständigen Spektren der wichtigen Grundkörper Allen, Methylacetylen, Acetonitril sind:

Allen $\Delta\nu = 1074\ (15),\ 1436\ (3\,b),\ 2998\ (15),\ 3066\ (4\,b)$.

	1	2	3	4	5	6
Methylacetylen . .	336 (9b)	643 (5b)	930 (8)	—	1383 (6)	1448 (2b)
Acetonitril .	380 (5)	—	918 (4)	1124 (00 ?)	1376 (3)	1440 (1b)

	7	8	9	10	11	12
Methylacetylen . .	2124 (11)	2736 (1b)	2867 (6)	2926 (10)	2971 (4b)	3305 (2)
Acetonitril .	2249 (6)	2725 (0)	—	2942 (12)	2999 (4b)	—

Nach GLOCKLER-DAVIS[795] bzw. REITZ-SABATHY[1226] soll die Zuordnung gelten: Nr. 1 und 4: Knickschwingungen der Kette; Nr. 2: δ (CH, Methingruppe); Nr. 3: $\nu(C \cdot C)$; Nr. 5 und 6: δ (CH) der Methylgruppe; Nr. 7: $\nu(C\vdots C)$ bzw. $\nu(C\vdots N)$; Nr. 8: Oberton; Nr. 9, 10, 11: $\nu(CH)$ der Methylgruppe; Nr. 12: $\nu(CH)$ der Methingruppe.

Tabelle 37. Moleküle mit linearer dreiatomiger Kette.

Nr.	S.V.	Molekül 1 2 3	ω_2	ω_1	ω_3	f_{12}	f_{23}	r_{12}	r_2
1	XVIII, 3a	$H_2C:C:CH_2$	?	1074 (st.)	?	9,45		1,3	1,3
2	XXII, 2	$H_2C:C:O$	?	1130 (st.)	2049 (s.)	~11,0			
3	XXIII, 3	$H_3C\cdot C\vdots CH$	336	930 (st.)	2124 (st.)	5,35	14,7	1,46	~1,2
4	XV, 2f	$H_3C\cdot N\vdots C$	290 (st.)	928 (m.)	2161 (st.)	5,21	16,3		
5	XV, 2	$H_3C\cdot C\vdots N$	376 (m.)	917 (m.)	2250 (st.)	5,18	17,3		
6	XV, 1d	$H_2N\cdot C\vdots N$	?	912 (s.)	2233 (m.)	5,38	17,0		
7	XV, 1d	$[HN\cdot C\vdots N]^-$	?	?	2092 (st.)	?	?		
8	I, 7d	$HN:N\vdots N$	?	1300 (m.)	2389 (s.)	9,12	20,4	1,26	1,10

Zu Tabelle 37. Nr. 1, Allen (BOURGUEL-PIAUX[573], KOPPER-PONGRATZ[621]); Nr. 2, monomeres Keten (KOPPER[1103]); Nr. 3, Methylacetylen (GLOCKLER-DAVIS[795], GLOCKLER-WALL[1158]); Nr. 4, Methylisonitril und Nr. 5, Acetonitril (DADIEU[368], LECHNER[547], REITZ-SKRABAL[1181]); Nr. 6 und 7, Cyanamid und sein Ion (KAHOVEC-KOHLRAUSCH[1183]); Nr. 8, Stickstoffwasserstoffsäure (ENGLER-KOHLRAUSCH[1056]).

B. Gewinkelte Systeme.

Für gewinkelte dreiatomige Moleküle liegen folgende Beispiele vor; H_2O, HOD, D_2O, H_2S, HSD, D_2S, H_2Se, HSeD, D_2Se, SO_2. Letztere Substanz wurde schon in S.R.E. S. 185 besprochen; Polarisationsmessungen CABANNES-ROUSSET[631] ergaben: $\omega_2 = 525$ (0, $\varrho = 0{,}60$), $\omega_1 = 1145$ (8, $\varrho = 0{,}14$), $\omega_3 = 1334$ (1 b, $\varrho = 0{,}80$) und bestätigten die in S.R.E. unter a) angegebene Zuordnung; als Valenzwinkel wurde, ebenfalls in Übereinstimmung, inzwischen $\alpha = 122 \pm 5°$ bestimmt* (Diskussion bei DADIEU-KOHLRAUSCH[512], SUTHERLAND-PENNEY[1059]). Die am flüssigen H_2O und D_2O gemessenen Werte wurden bereits in § 16, B angegeben. Für bei Zimmertemperatur verflüssigtes H_2S bzw. H_2Se fanden DADIEU-KOPPER-ENGLER[859, 890, 891] die folgenden Frequenzen:

H_2S:	—	2583 cm^{-1}	H_2Se:	—	2312 cm^{-1}
HSD:	1880	2585	HSeD:	1671	2313
D_2S:	1875	—	D_2Se:	1665	—

Die in Tabelle 38 zur f-Berechnung verwendeten Zahlenwerte für ω beziehen sich auf den gasförmigen Zustand, abgesehen von Nr. 6 und 7; letztere beide Fälle sind mit den anderen nicht recht vergleichbar, weil sie sich erstens auf Radikale beziehen (bezüglich

* CROSS, P. C., L. O. BROCKWAY, J. chem. Phys. 3, 821, 1935.

Tabelle 38. Gewinkelte dreiatomige Moleküle.

Nr.	S.V.	Molekül 1 2 3	ω_2	ω_1	ω_3	f	$2d$	α	r
1	I, 16e	O:S :O	525	1145	1334	9,56	1,60	~120°	1,46
2	I, 8b	H·O ·H	1595	3650	3750	7,55	1,37	[105°]	0,96
3	I, 8b	D·O ·D	1179	2666	2784	7,75	1,38	[105°]	
4	I, 16a	H·S ·H	(1260)	2615	(2630)	3,91	0,90	[92°]	1,35
5	I, 34a	H·Se·H	?	[2350]	?	3,20	—	[90° ?]	
6	—	H·N ·H	1113 ?	3313	3367	6,10	0,67 ?	~104°	~1,04
7	—	H·C ·H	1440	2854	2945	4,55	1,09	[110°]	1,08

Zu Tabelle 38. Nr. 1 Schwefeldioxyd; Nr. 2, 3 Wasser; Nr. 4, 5 Schwefel- und Selenwasserstoff; Nr. 6 Aminogruppe; Nr. 7 Methylengruppe. Für Nr. 5 wurde der an der Flüssigkeit beobachtete Wert ω_1 auf Dampf extrapoliert. Die eckig geklammerten Werte für den Valenzwinkel α stammen von anderen Erfahrungen. Die Zuordnung von $\omega_2 = 1113$ in Nr. 6 ist noch unsicher.

der Aminogruppe Nr. 6 vgl. KOHLRAUSCH[1037], bezüglich der Methylengruppe Nr. 7 vgl. S.R.E. S. 193) und weil zweitens am flüssigen Zustand gemessen wurde. Die Werte für die Valenzkraft f und die Deformationskraft $2\,d$ wurden bei den Hydriden Nr. 2 bis 7 nach den in S.R.E. S. 185 gegebenen Näherungsformeln gerechnet. Zu bemerken ist, daß die Bestimmung des Valenzwinkels α bei solchen Rechnungen zwar wenig genau ist, aber doch in Fällen, die anderen Bestimmungen nicht zugänglich sind, einen ersten Anhaltspunkt gibt. Die Anharmonizitätskorrektur ist an den Beobachtungen noch nicht angebracht, daher auch die Nichtübereinstimmung der f-Werte für Nr. 2 und 3.

Ein wesentlich größeres Beobachtungsmaterial liegt für *gewinkelte dreiatomige Ketten* vor; Beispiele für den symmetrischen Fall enthält Tabelle 39. In den meisten der angegebenen Fälle

Tabelle 39. Gewinkelte dreiatomige symmetrische Ketten.

Nr.	S.V.	Molekül 1 2 3	$\omega_2\,(p)$	$\omega_1\,(p)$	$\omega_3\,(dp)$	f	$2d$	α	r_{12}
1	VII, 2	H_3C· O ·CH_3	416 (0)	922 (5)	1098 (1/2)	4,53	0,68	116	1,43
2	IXa, 2a	H_3C·NH ·CH_3	390 (1)	931 (4)	1078 (0)	4,24	0,64	114	1,48
3	IXb, 2a	H_3C·$\overset{+}{N}H_2$·CH_3	412 (2)	895 (4)	1029 (2)	4,08	0,89	116	
4	II, 3	H_3C·CH_2·CH_3	373 (1b)	867 (8)	1053 (3b)	3,84	0,67	116	1,54
5	VIIIb, 2	H_3C· S ·CH_3	283 (6b)	691 (12)	741 (6)	3,05	0,46	104	
6	I, 34d	H_3C· Se ·CH_3	236 (2)	587 (12)	602 (6)	2,59	0,41	99	
7	III, 1a	Cl·CH_2·Cl	285 (5)	700 (6)	736 (3)	2,61	1,09	108	1,8
8	IV, 1a	Br·CH_2·Br	173 (8)	576 (10)	637 (4b)	2,13	0,82	113	2,0
9	V, 1a	J·CH_2·J	119 (8)	487 (10)	573 (4)	1,76	0,55	114	2,2

Zu Tabelle 39. 1 Dimethyläther, 2 Dimethylamin, 3 Ion von Dimethylammoniumchlorid (EDSALL[1152]), 4 Propan, 5 Dimethylsulfid, 6 Dimethylselenid; 7, 8, 9 Methylenchlorid, -bromid, -jodid. Zur Berechnung vgl. z. B. KOHLRAUSCH[1037].

ist die Zuordnung (ω_3 soll depolarisiert sein) durch Polarisationsmessungen gesichert. Die Molekülkonstanten: Valenzkraft f, Deformationskonstante $2\,d$, Valenzwinkel α sind aus den drei Frequenzen mit Hilfe der Formeln (5) des § 9 gerechnet. Die Werte für α haben durchaus die richtige Größenordnung; für (gasförmigen) Dimethyläther wurde z. B. mittels Elektroneninterferenzen* der Wert $111 \pm 4°$ bestimmt. Auch die Winkelabnahme von $O(CH_3)_2$, über $S(CH_3)_2$ nach $Se(CH_3)_2$ entspricht der Erwartung (vgl. dazu auch PAI[769] und STUART**).

In Tabelle 40 sind die von CROSS-VAN VLECK[651] behandelten Fälle *unsymmetrischer* gewinkelter Dreierketten zusammengestellt. Sie sind nach den Formeln (4) des § 9 gerechnet; dabei wurde der Valenzwinkel $\alpha = 110°$, $r_{12} = 1{,}54\,(r_{C \cdot C})$ und $r_{23}\,(r_{C \cdot X})$ vorgegeben und f_{12}, f_{23}, $2d$ bestimmt. Dadurch wird dem Problem ein Zwang auferlegt und die aus den optimalen Werten für f und d zurückgerechneten Frequenzen (jeweils obere Zeile in Tabelle 40) stimmen mit den beobachteten (jeweils untere Zeile) nicht ganz überein; ausführliche Diskussion bei CROSS-VAN VLECK. LECHNER hat in seiner unveröffentlichten Dissertation das Beispiel Nr. 2 ohne Vorgabe des Winkels durchgerechnet und durch ein Näherungsverfahren die vier Unbekannten f_{12}, f_{23}, $2d$, α aus den drei Frequenzen bestimmt; er fand $f_{12} = 3{,}61$, $f_{23} = 2{,}50$, $2d = 0{,}72$, $\alpha = 122°$. Die Schwingungsformen für $H_3C \cdot H_2C \cdot Cl$ sind in Abb. 7, Nr. 4 dargestellt.

Tabelle 40. Gewinkelte dreiatomige unsymmetrische Ketten ($r_{12} = 1{,}54$, $\alpha = 110°$).

Nr.	S.V.	Molekül 1 2 3	ω_2	ω_1	ω_3	f_{12}	f_{23}	$2\,d$	r_{23}
1	VI, 2	$H_3C \cdot H_2C \cdot OH$	430	910	1020	3,6	4,1	1,04	1,37
			433 (1)	879 (8)	1049 (3)				
2	III, 2	$H_3C \cdot H_2C \cdot Cl$	335	660	980	3,9	2,2	0,88	1,74
			335 (5)	656 (10)	968 (3)				
3	IV, 2	$H_3C \cdot H_2C \cdot Br$	285	570	970	3,8	1,6	0,88	1,9
			292 (3)	560 (10)	960 (1)				
4	V, 2	$H_3C \cdot H_2C \cdot J$	245	510	960	3,8	1,2	0,72	2,1
			262 (6)	500 (12)	951 (2)				

In Abb. 15 sind die Ramanspektren von Molekülen $H_3C \cdot X \cdot CH_3$ und von Äthylderivaten $H_3C \cdot H_2C \cdot X$ mit einfachem Substituenten

* L. E. SUTTON,, L. O. BROCKWAY, J. Amer. chem. Soc. **57**, 473, 1937.
** STUART, H. A., Z. phys. Chem. Abt. B. **36**, 155, 1937.

graphisch wiedergegeben. Man beachte die typische Verschiedenheit in der Lage der CH-Valenzfrequenzen, die sich im oberen Feld (Nr. 1 bis 4) bei Variation der Mittelmasse einstellt. Man beachte ferner im unteren Feld (Nr. 5 bis 12) erstens die Störungen, die in den Spektren der Substanzen mit X = NH_2, SH, SeH im Frequenzgebiet 600 bis 1200 auftreten (mit * gekennzeichnet), zweitens

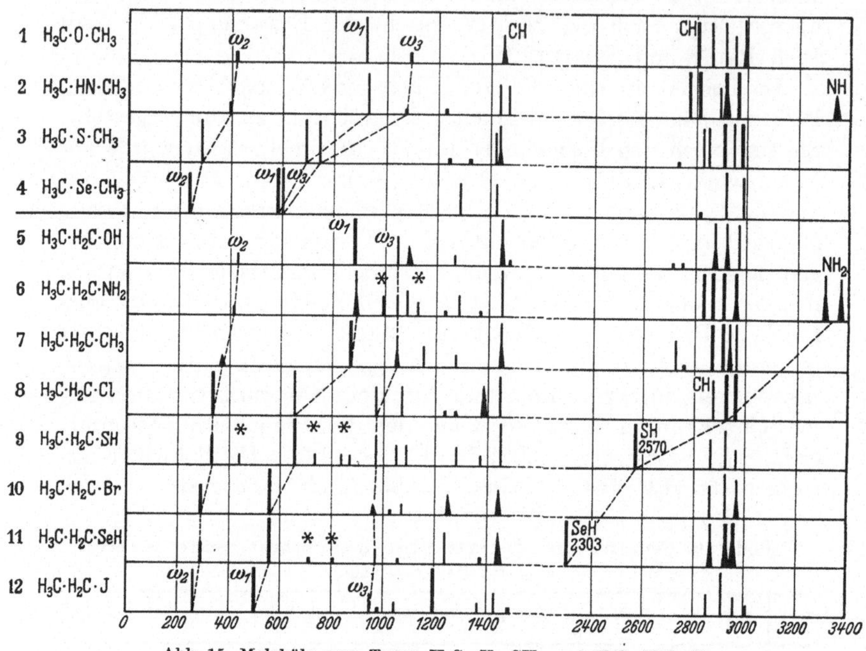

Abb. 15. Moleküle vom Typus $H_3C \cdot X \cdot CH_3$ und $H_3C \cdot H_2C \cdot X$.

den Umstand, daß die Kettenfrequenzen den Wert 1100 nicht übersteigen, daß vielmehr drittens bei offenen gesättigten Ketten im Gebiet ober 1050 nur mehr CH, OH, NH, SH, SeH-Frequenzen vorkommen (dabei ist zunächst von den erwähnten Störungen abzusehen).

C. Der Begriff „charakteristische Frequenz".

Unter einer „charakteristischen Schwingungsform" eines vielatomigen Moleküles wird (vgl. S.R.E. S. 152) eine solche verstanden, an der *vorwiegend* nur die zu einer bestimmten Gruppe (Bindung) des Moleküles gehörigen Massen teilnehmen. Die zugehörige Frequenz ist insoferne charakteristisch für die betreffende Gruppe, als sie *vorwiegend* von den Federkräften und Massen der Gruppe und nur in geringem, in günstigen Fällen vernachlässigenswerten Maße von den mechanischen Eigenschaften des Molekülrestes abhängt. Gibt es eine solche „charakteristische Frequenz" für eine gewisse Gruppe, dann kann man aus ihren eventuellen Veränderungen sofort auf Veränderungen in den Eigenschaften dieser Gruppe (Massenänderung bei Einführung von Isotopen, Federkraftänderung, Änderung im Valenzwinkel bei mehratomigen Gruppen) zurückschließen. Solche qualitative oder halbquantitative Schlüsse sind oft von großem Wert; daher wird von diesem Begriff „charakteristische Frequenz" sehr häufig Gebrauch gemacht.

Empirisch eingeführt wurde er zunächst (S.R.E. S. 150) für Gruppen wie CH, C ⋮ N, C : O usw., deren Eigenfrequenzen höher liegen als die des Molekülrestes; später auch für tiefere Eigenfrequenzen durch die systematischen Untersuchungen monosubstituierter Paraffine (Harkins-Bowers [441, 481, 581], Kohlrausch und Mitarbeiter[548, 576, 586, 587, 680, 806]), durch die festgestellt wurde[576], daß sich Gruppen OH und NH_2 in spektraler Hinsicht — natürlich abgesehen von den „inneren XH-Schwingungen" — als nahe gleichwertig mit der Gruppe CH_3 erweisen, diese also ohne wesentliche Änderungen des Kettenspektrums ersetzen können; daß sich aber in den Spektren der monohalogenierten Paraffine R · X die Valenzfrequenzen der restlichen Kette R von der Valenzfrequenz der Bindung C · Halogen isolieren lassen und daß letztere eine ganz analoge Abhängigkeit von f/μ dieser Bindung zeigt, wie im Falle der Methylderivate (vgl. die Abb. 26 und 27 in § 26). Theoretisch wurde diese Frage dann von Bartholomé-Teller[619a], Bauermeister-Weizel[1004] behandelt (vgl. § 9, G, 24) und gezeigt, unter welchen Bedingungen solche charakteristische Frequenzen auftreten: Im wesentlichen dann, wenn die Eigenfrequenz der betreffenden Bindung groß oder klein ist gegen jene Eigenfrequenzen der Kette, die von gleicher Symmetrie sind. Dies ist mit hinreichender Näherung für die Valenzfrequenzen der X · H-Bindungen (OH, NH_2, CH_3) oder der Valenzfrequenzen der C · X-Bindungen (X = Cl, Br, J, SH, SeH) der Fall; es ist aber *nicht* der Fall für die Bindungen C · OH, C · NH_2, C · CH_3.

Mit Rücksicht darauf, daß trotz der erfolgten Klarstellung dieser Verhältnisse immer wieder Arbeiten erscheinen, in denen in unstatthafter Weise vom Begriff der „charakteristischen Frequenz" Gebrauch gemacht wird, sei erstens auf die Durchrechnung des speziellen Beispieles X · C ⋮ N bei Kahovec-Kohlrausch[1183] verwiesen und zweitens im folgenden das Beispiel einer gewinkelten Dreierkette in seinen Einzelheiten besprochen.

Zu diesem Zwecke wurde im Laboratorium des Verf. von Herrn O. Burkard mit den Formeln (4) des § 9 ein gewinkeltes Valenzkraftsystem $m_1 - m_2 - m_3$ durchgerechnet, wobei alles (f_{12}, f_{23}, $2d$, α, m_1, m_2) konstant gehalten und nur die Masse m_3 zwischen Null und Unendlich variiert wurde. Bestimmt wurden: Die Frequenzwerte ω_1, ω_2, ω_3, die Schwingungsformen und die Verteilung der potentiellen Energie auf die „Federn" f_{12}, f_{23}, d in Abhängigkeit vom variierten m_3.

Als charakteristisch wird man eine Systemfrequenz dann bezeichnen, wenn sie sich in bezug auf die Abhängigkeit von den für die Gruppe charakteristischen Größen, nämlich f und μ, so verhält, wie die Gruppenfrequenz ω_0 selbst. Aus der Abb. 16 folgt diesbezüglich: Im Abszissengebiet 0 → etwa 0,2 ($m_3 = \infty \rightarrow$ etwa 25) ist ω_1 für die Bindung $m_2 \cdot m_3$, ω_3 für $m_1 \cdot m_2$

charakteristisch, im Abszissengebiet von etwa 0,35 bis 1 (m_3 = etwa 8 bis 1) ist dagegen ω_1 für die Bindung $m_1 \cdot m_2$, ω_3 für $m_2 \cdot m_3$ charakteristisch. Im Zwischengebiet ist eine solche „Zuordnung“ nicht möglich und sinnlos. Im nicht gezeichneten Frequenzgebiet $1/\sqrt{m} > 1$ $(1 > m_3 > 0)$ gehen sowohl ω_3 als ω_1 gegen ∞; nur ω_2 bleibt endlich (Grenzwert 1024) und wird nun charakteristisch für die Bindung $m_1 \cdot m_2$; dabei wird die ursprüngliche Deformationsfrequenz ω_3 durch allmähliche Änderung der Schwingungsform zu einer Valenzfrequenz.

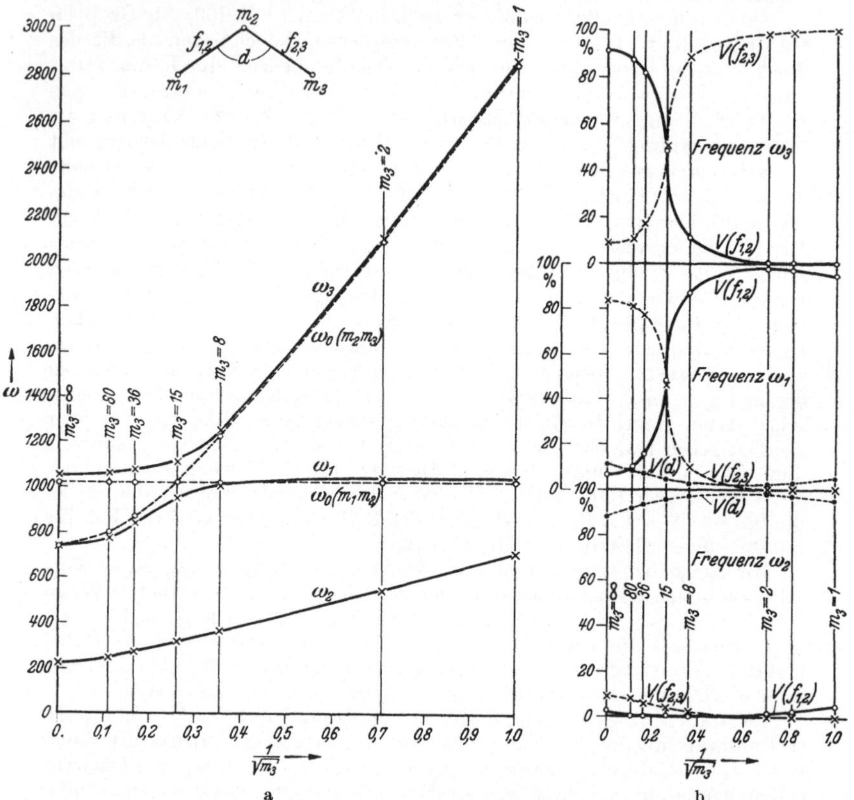

Abb. 16a. Abszisse: $1/\sqrt{m_3}$, Ordinate: Frequenzwerte in cm^{-1}. Dabei ist $m_1 = 15$, $m_2 = 14$, m_3 = variabel, $f_{12} = f_{23} = 4{,}45 \cdot 10^5$, $2\,d = 0{,}50 \cdot 10^5$ Dyn/cm, $\alpha = 110°$. Die ausgezogenen Kurven gehören zu den Frequenzen ω_1 (symmetrisch), ω_2 (symmetrisch), ω_3 (antisymmetrisch) des Dreimassensystems. Die gestrichelten Kurven zu jenen Frequenzen $\omega_0\,(m_2 m_3)$, $\omega_0\,(m_1, m_2)$, die die Zweimassensysteme $m_1 \cdot m_2$ und $m_2 \cdot m_3$ ausführen würden, wenn sie nicht miteinander gekoppelt wären.

Abb. 16b. Verteilung der potentiellen Energie V auf die einzelnen Federkräfte f_{12}, f_{23}, d bei den zu den Frequenzen ω_3, ω_1, ω_2 gehörigen Schwingungsformen. Abszisse: $1/\sqrt{m_3}$; Ordinate: Potentialbeitrag in Prozenten. Kurven für $V(f_{12})$ ausgezogen, für $V(f_{23})$ gestrichelt, für $V(d)$ punktiert. Bei ω_3 ist $V(d) = 0$.

In gleicher Weise liest man aus der im rechten Teil der Abbildung graphisch dargestellten Verteilung der Energie auf die gegen die Kräfte f_{12}, f_{23}, d zu leistenden Arbeiten ab, wann man eine Schwingung als charakteristisch für eine Bindung ansehen darf. Man wird verlangen, daß dann der Großteil der Schwingungsenergie in dieser Bindung konzentriert sein muß. Wieder ergibt sich, daß dies bei den zur Frequenz ω_3 gehörigen Schwingungsformen für große Massen bezüglich der Feder f_{12}, für kleine Massen bezüglich der Feder f_{23} zutrifft, während es bei ω_1 gerade umgekehrt ist. Im Zwischengebiet aber nimmt zwar, abgesehen vom Schnittpunkt der V-Kurven

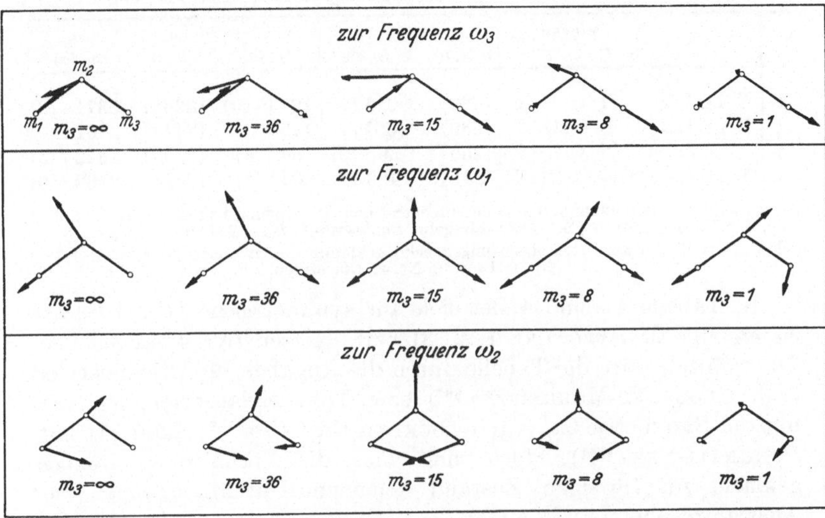

Abb. 17. Die Änderung der Schwingungsformen eines gewinkelten Dreiersystemes m_1, m_2, m_3 bei Änderung der Masse m_3; ω_3, ω_1 gehören zur Valenz-, ω_2 zur Deformationsschwingung.

($m_3 = 15$, symmetrischer Fall), bald die eine, bald die andere Feder mehr Energie auf, der Unterschied ist aber viel zu wenig ausgesprochen, als daß man von einer vom Molekülrest nicht beeinflußten charakteristischen Schwingung reden könnte.

Will man endlich klar darüber werden, wie das System es zuwege bringt, daß z. B. bei ω_1 je nach dem Gewicht von m_3 einmal die eine, dann die andere Bindung den Hauptanteil an der potentiellen Energie übernimmt, dann muß man die Schwingungsformen rechnen. Sie sind für die Beispiele $m_3 = \infty$, 36, 15, 8, 1 in Abb. 17 dargestellt. In der Hauptsache läßt sich bei den Valenzschwingungen ω_3 und ω_1 die Änderung der Schwingungsform durch die Feststellung beschreiben, daß sich die Schwingungsrichtung der Mittelmasse m_2 von links nach rechts gelesen ($m_3 = \infty \rightarrow m_3 = 1$) *im Sinne des Uhrzeigers* derart dreht, daß beim Durchgang durch die Mitte der Abbildung Symmetrie herrscht und f_{12} und f_{23} gleichartig beansprucht werden; dadurch wird bei ω_3 links vorwiegend f_{12}, rechts f_{23} beansprucht, während es bei ω_1 umgekehrt ist; gleichzeitig wächst die relative Amplitude von m_3.

§ 19. Vieratomige Moleküle bzw. Ketten (S.R.E. § 53, 54).

Über Modellrechnungen vgl. S.R.E. § 53; Valenzkraftsysteme in § 9, Formeln Nr. 8 bis 15; dazu Schwingungsformen Nr. 8 bis 15 in Abb. 7 und 8. Weitere Literatur: MENZIES[521], FERMI[555], HEMPTINNE[569], SALANT-ROSENTHAL[643], HOWARD-WILSON[783], HOWARD[843], ROSENTHAL[869], HEMPTINNE-DELFOSSE[1141], MORINO-MIZUSHIMA[884].

A. Ebene Systeme.

Tabelle 41. Lineare vieratomige Moleküle bzw. Ketten.

Nr.	S.V.	Molekül 1 2 3 4	ω_5 (v, a)	ω_3 (p, ia)	ω_1 (p, ia)	ω_4 (v, a)	ω_2 (p, ia)
1	XXIII, 2	H·C⋮C·H	(729)	615 (0)	1973 (10)	(3288)	3371 (3)
2	XXIII, 2	D·C⋮C·D	(539)	[505]	1762	[2414]	2701
3	XV, 2*d*	N⋮C·C⋮N	[250]	506 (9)	842 (4)	(2153)	2322 (15)
4	XXIII, 4*c*	HC⋮C·C⋮CH	231 (0)	488 (2)	644 (2)	(2024)	2183 (10)

Zu Tabelle 41. Bezeichnung der ω entsprechend den Schwingungsformen in Nr. 9, Abb. 7 bzw. den Formeln (9) in § 9. Auswahlregeln: Punktgruppe $D_{\infty h}$, Tabelle 27 in § 7. Rund geklammerte Werte aus Ultrarotmessungen, eckig geklammerte berechnet. Nr. 1, 2: Acetylen; Nr. 3: Dicyan; Nr. 4: Diacetylen.

In Tabelle 41 sind 4 Beispiele für symmetrische $[D_{\infty h}]$ *lineare vieratomige Moleküle* (Nr. 1, 2, 3) bzw. Ketten (Nr. 4) angegeben. Zu ergänzen wäre die Tabelle durch die Angaben für Dijodacetylen (vgl. GLOCKLER-MORRELL[742, 867]) bzw. Dimethylacetylen, letzteres mit der Symmetrie C_{3v} (vgl. GLOCKLER-DAVIS[795, 1158]; KOHLRAUSCH-PONGRATZ-SEKA[1161]); doch sind hier die Verhältnisse weniger geklärt; im flüssigen Zustand scheinen Durchbrechungen der Auswahlregeln vorzukommen.

In bezug auf die Deutung des Acetylenspektrums vgl. man S.R.E. S. 210, ferner: OLSON-KRAMERS[543], LEWIS-HOUSTON[693], BHAGAVANTAM-RAO[513, 1010], COLBY[868], CHILDS-JAHN[1184], FUNKE*. Bezüglich Dicyan: MECKE[311] (V, S. 376), TIMM-MECKE[838, 952], WOO-LIU-CHU[899], WU-SHEN[1134], BARTHOLOMÉ-KARWEIL[1211], WOO[1237], REITZ-SABATHY[1236]; die von den letzteren Autoren gegebene Deutung wurde in Tabelle 41 verwendet. Für die Moleküle 1 und 3 ergibt sich (ohne Anharmonizitätskorrektur):

Acetylen: $f_{12}(\mathrm{HC}) = 5{,}82$; $f_{23}(\mathrm{C} \vdots \mathrm{C}) = 15{,}6$; $[r_{12} = 1{,}06$; $r_{23} = 1{,}2]$.

Dicyan: $f_{12}(\mathrm{N} \vdots \mathrm{C}) = 17{,}0$; $f_{23}(\mathrm{C} \cdot \mathrm{C}) = 5{,}17$; $f_{13} = 0{,}65$; $2d = 0{,}38$ $[r_{12} = 1{,}2$; $r_{23} = 1{,}5]$.

Die starke ultrarote Bande $\omega = 741$ in Dicyan wird dabei als $3\,\omega_5$ gedeutet. — Man vergleiche den oben angegebenen Wert:

* FUNKE, G., Dissertation Stockholm 1937.

$f(C:C) = 15{,}6$ mit dem in Tabelle 34 des § 17 näherungsweise gerechneten: $f(C:C) = 14{,}9$, der wieder um einige Prozent zu nieder ist.

Zu *gewinkelten* vieratomigen Molekülen gehört z. B. HO · OH (Tabelle 34); jedoch tritt in diesem Falle, ebenso wie in den zahlreichen Molekülen mit unverzweigter gesättigter, vieratomiger Kette (Typus: $H_3C \cdot H_2C \cdot H_2C \cdot X$ oder $Y \cdot H_2C \cdot CH_2 \cdot X$), die schwierige und umstrittene Frage der Verdrehbarkeit beider Molekülhälften gegeneinander um die zentrale Einfachbindung auf; ist diese Verdrehbarkeit verwirklicht, dann hat man es mit „Rotationsisomeren“ zu tun. Auf diese Frage soll in § 26 eingegangen werden. Ist die zentrale Bindung jedoch eine Doppelbindung, dann ist die Drehbarkeit insoweit eingeschränkt, daß sich höchstens zwei ebene Rotationsisomere, die cis- oder Wannenform bzw. die trans- oder Sesselform ausbilden können. Da es sich um einen Fall von grundsätzlichem Interesse handelt, dessen nähere theoretische Behandlung

Tabelle 42. Moleküle mit ebener unverzweigter vieratomiger Kette.

trans-Form				cis-Form			
Zuordnung	Dichloräthylen ω	Dichloräthylen $\Delta\omega/\omega$ %	Dibrom ω	Zuordnung	Dichloräthylen ω	Dichloräthylen $\Delta\omega/\omega$ %	Dibrom ω
ω'_3 $(p,\ ia)$	350 (3, p)	1,1	218 (10)	ω_3 $(p,\ a)$	175 (8, p)	2,3	109 (5)
ω'_6 $(v,\ a)$	(619)			ω_6 $(dp,\ ia)$	405 (5, dp)	9,1	372 (3)
γ'_2 $(dp,\ ia)$	762 (2, p?)			ω_5 $(dp,\ a)$	563 (2, dp)	8,5	460 (2)
ω'_4 $(v,\ a)$	(819)			ω_4 $(dp,\ a)$	(694)		
ω'_2 $(p,\ ia)$	845 (3, p)	9,5	748 (5)	ω_2 $(p,\ a)$	711 (6, p)	3,1	580 (8)
γ'_1 $(v,\ a)$	(916)			γ_2 $(dp,\ a)$	(855)		
δ'_2 $(v,\ a)$	(1199)			$\omega_2 + \omega_3$?	875 (1, p)		
δ'_1 $(p,\ ia)$	1271 (5, p)	21,9	1246 (5)	δ_1 $(p,\ a)$	1179 (5, p?)	27,9	1150 (2)
ω'_1 $(p,\ ia)$	1576 (5, p)	0,4	1578 (4)	δ_2 ? $(dp,\ a)$	(1305)		
$\omega'_3 + \delta'_1$?	1626 ($^1/_2$, p)	18,6		ω_1 $(p,\ a)$	1586 (5, p)	1,0	1584 (5)
$2\,\omega'_2$?	1694 ($^1/_2$, p)	9,1		?	1688 (1, p)	10,7	
ν'_1 $(p,\ ia)$	3072 (5, p)	24,3	3084 (1)	ν_1 $(p,\ a)$	3078 (10, p)	24,4	3084 (1)
ν'_2 $(v,\ a)$	(3090)			ν_2 $(dp,\ a)$	(3088)		
$2\,\omega'_1$?	3142 (1, p)	0		$2\,\omega_1$?	3158 (1, p)	0,3	

Zu Tabelle 42. Bezüglich der Schwingungsformen der cis- und trans-Kette vgl. Nr. 10 und 11 in Abb. 8; in gleicher Weise sind in der Spalte „Zuordnung“ die ω' (trans) und ω (cis) beziffert; in Klammern beigesetzt die Auswahlvorschriften: Für trans (C_{2h}) Tabelle 5 in § 7, für cis (C_{2v}) Tabelle 4 in § 7. Die Bezeichnungen γ, δ, ν beziehen sich auf Frequenzen, die fehlen würden, wenn keine H-Atome vorhanden wären ($\nu \sim$ Valenz-, $\delta \sim$ ebene, $\gamma \sim$ nicht ebene Deformationsschwingungen). In den mit ω überschriebenen Spalten sind die beobachteten Raman- bzw. Ultrarot (geklammert)-Frequenzen eingetragen, zugleich mit relativer Intensität und Polarisationszustand. Die Spalte $\Delta\omega/\omega$ enthält die im Ramanspektrum beobachtete prozentuelle Isotopenverschiebung bei Ersatz von H durch D. Über die Zuordnung, die nicht ganz gesichert ist, vgl. S.R.E. § 60, ferner TRUMPY[714, 986], PAULSEN[763]; Modellversuche bei TRENKLER[874].

noch aussteht, sind in Tabelle 42 die Spektren von Dichlor- und Dibromäthylen X · HC : CH · X angegeben.

Den freiwilligen Übergang (Isomerisation) trans-Dibromäthylen → cis-trans-Gleichgewichtsgemisch haben CONRAD-BILLROTH-KOHLRAUSCH-PONGRATZ[550] an der zeitlichen Veränderung des Ramanspektrums verfolgt und zur Bestimmung der Isomerisationskonstanten verwendet. Es ist ausdrücklich darauf zu verweisen, daß sowohl nach der Theorie als nach dem Experiment nicht nur die Auswahlregeln sondern auch die Frequenzen selbst für die cis- und trans-Form im allgemeinen *verschieden* sind. Berechnet man (O. BURKARD, unveröffentlicht) mit den Formeln eines Valenzkraftsystems die Frequenzen der beiden Formen einer Viererkette $m \cdot M : M \cdot m$ unter passender Wahl für f_{12}, f_{23}, α, M und bei Variation von m, so ergibt sich z. B. für die ebenen Schwingungen ω_1 bis ω_5:

		ω_1	ω_2	ω_3	ω_4	ω_5
$m = 1$	cis	2946	1558	827	2934	1027
	trans	2947	1566	990	2932	857
$m = 15$	cis	1671	925	233	1119	569
	trans	1665	1034	435	1071	313
$m = 36$	cis	1658	769	155	992	503
	trans	1653	932	303	914	267

Man beachte dabei wieder, daß sich bei Vergrößerung von m die Schwingungsform so ändert, daß z. B. ω_1 zuerst zu einer ν(CH)-, dann zur ν(C:C)-Schwingung gehört. Das Rechnungsergebnis steht, mindestens was den Unterschied zwischen cis und trans und die Frequenzänderung bei Variation von m anbelangt, durchaus im qualitativen Einklang mit dem Experiment.

Von den *verzweigten ebenen Viererketten* (die Ringe werden in § 23 behandelt) sei als Beispiel der praktisch wichtige Fall $\begin{matrix}X\\Y\end{matrix}\!\!>\!C=O$ besprochen. Systematische Bearbeitung dieses Molekültypus, insbesondere bei KOHLRAUSCH und Mitarbeitern (KOHLRAUSCH-KÖPPL-PONGRATZ[642]: organische Säuren R · CO · OH; KOHLRAUSCH-KÖPPL-PONGRATZ[672]: Säureester R · CO · OR; KOHLRAUSCH-PONGRATZ[677]: Säurechloride R · CO · Cl usw.; CHENG[701]: Halogenessigsäureester, Hal · H_2C · CO · OR; KOHLRAUSCH-KÖPPL[704]: Ketone R · CO · R′, Aldehyde H · CO · R; CHENG[757]; Acetylverbindungen; KOHLRAUSCH-PONGRATZ[793]: Typus X · CO · Y und Diskussion der Ergebnisse). Das Wesentliche an der Sache ist aus Abb. 18 abzulesen.

Der Zusammenhang zwischen den einzelnen Spektren ist durch gestrichelte Verbindungslinien angedeutet; die Zuordnung stützt sich einerseits auf die Ergebnisse der Modellberechnung (oberstes Feld), andererseits auf Polarisationsmessungen. Sie wurde neuerlich im wesentlichen bestätigt durch die Messungsergebnisse an schwerem Aceton, Acetylchlorid und Essigsäure (ANGUS-LECKIE-

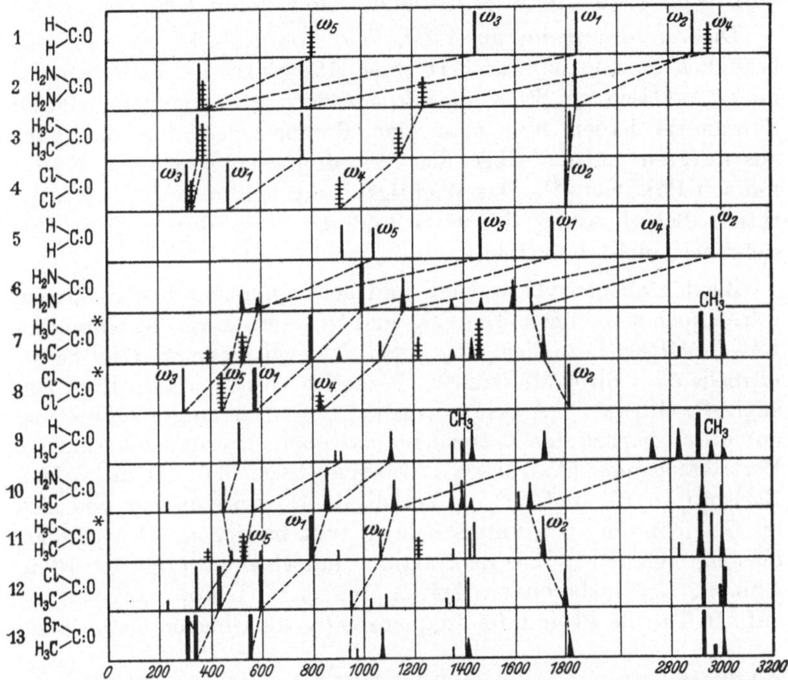

Abb. 18. *Oberstes* Feld: Nach den Gln. (12) des § 9 mit passend gewählten Werten für die Massen, Winkel und Federkräfte berechnete Spektren für den symmetrischen Fall X · CO · X (KOHLRAUSCH-PONGRATZ[793]). Bezifferung der Frequenzen entsprechend den schematischen Schwingungsformen (etwa für $H_3C \cdot CO \cdot CH_3$ gültig) in Nr. 12 von Abb. 8; quergestrichelte Linien werden depolarisiert *erwartet*. Im *Mittelfeld*: Ramanspektren symmetrischer Moleküle; Spektrum Nr. 5 (Formaldehyd) ist ganz unsicher; Nr. 6 Harnstoff, Nr. 7 Aceton, Nr. 8 Phosgen; für die letztgenannten (mit * bezeichnet) liegen Polarisationsmessungen vor: quergestrichelte Linien wurden depolarisiert *beobachtet*. *Unterstes Feld*: Acetylverbindungen. Nr. 9 Acetaldehyd, Nr. 10 Acetamid, Nr. 11 wie Nr. 7, Nr. 12 und 13 Acetylchlorid und -bromid.

WILSON[858], WOOD[1074, 1168], insbesondere ENGLER[1028]), aus welchen man die zu CH-Schwingungen gehörigen Linien kennen lernt. Insbesondere beachte man, daß nach der Modellberechnung die „C:O-Frequenz" zu einer von dem restlichen Molekül nur wenig abhängigen Schwingungsform gehört, denn ihr Wert ist fast unempfindlich gegen die Variation der Massen von X; wenn daher das mittlere Feld eine starke Variation von ω(C:O) zeigt, dann ist dies entweder auf eine Konfigurations-(Winkel-)änderung oder auf eine Änderung der Federkraft f(C:O) zurückzuführen; da ersteres nach anderen Erfahrungen (Beugung von Röntgenstrahlen oder Elektronen) nicht statthat, muß eine „konstitutive Beeinflussung" der elastischen Festigkeit der C:O-Bindung eingetreten sein. Vgl. dazu S.R.E. S. 157 und weiter unten § 24.

Die Zuordnung im untersten Feld von Abb. 18 ist wohl nur bezüglich ω_1 und ω_2 gesichert; hier läßt einen die Modellberechnung praktisch im Stich, da alle 5 ebenen Schwingungen gleiche Symmetrie haben und man eine Frequenzgleichung 5. Grades auszuwerten hätte. Über den Zuordnungsvorgang vgl. KOHLRAUSCH-PONGRATZ[793]. Das Wichtigste, der Schluß auf die konstitutive Beeinflussung der C:O-Bindung, wird durch diese Unsicherheit nicht betroffen.

Zu den ebenen verzweigten und hochsymmetrischen Systemen wären noch zu rechnen: Das CO_3- und NO_3-Ion, sowie das Guanidin-Ion $C(NH_2)_3$; bezüglich CO_3 und NO_3 vgl. man S.R.E. S. 202 (Tabelle 53) sowie MENZIES[521], bezüglich des Guanidin-Ions EDSALL[1120], GUPTA[1116], ANANTHAKRISHNAN[1147]. Ein interessantes und gut durchgearbeitetes Beispiel für das ebene Sternmodell sind die Bortrihalogenide (ANDERSON-LASSETTRE-YOST[1089]). Da die beiden Borisotopen B^{11} und B^{10} im Verhältnis 4:1 vorkommen und sich im Gewicht um 10% unterscheiden, tritt bei jenen Schwingungsformen, bei denen das Zentralatom mitschwingt (vgl. Nr. 13 in Abb. 8), also insbesondere bei ω_6 und $\omega_{2,4}$, Isotopenaufspaltung auf. In Tabelle 43 sind die Frequenzen (ω_6 als Oberton beobachtet;

Tabelle 43. Frequenzen und Kraftkonstante für die Halogenide von B^{11}.

Nr.	S.V.	Molekül	$\omega_{3,5}$ (dp, a)	ω_6 (v, a)	ω_1 (p, ia)	$\omega_{2,4}$ (dp, a)
1	I, 5a	BF_3 (g)	440 (4sb)	[697]?	[835] (7)	1038 (1)
2	I, 5b	BCl_3 (fl)	253 (8)	[451]	471 (10)	946 (3b)
3	I, 5c	BBr_3 (fl)	151 (8)	[372]	279 (10)	806 (3b)

Nr.	[r]	Molekül	f	$2d$	$2g$	K'
1	1,42	BF_3	4,24	1,20	1,76	1,73
2	1,73	BCl_3	3,30	0,55	0,87	0,65
3	1,87	BBr_3	2,50	0,50	0,54	0,61

ω_1 bei BF_3 doppelt wegen Resonanzaufspaltung, da $\omega_1 \simeq 2\,\omega_{3,5}$) und die daraus abgeleiteten Kraftkonstanten angegeben; letztere wurden aus dem Potentialansatz (vgl. § 9 A)

$$2\,U = f\,\Sigma\,(\Delta\,s)^2 + d\,\Sigma\,(s\,\Delta\,\delta)^2 + g\,\Sigma\,(s\,\Delta\gamma)^2 + 2\,K'\,\Sigma\,\Delta\,s_i\,\Delta\,s_j$$

berechnet; dabei ist $\Delta\,\delta$ eine Winkeländerung *in* der, $\Delta\gamma$ eine solche *senkrecht* zur Molekülebene; das letzte Glied ist ein Wechselwirkungsglied.

B. Räumliche Systeme; speziell XY_3 mit der Symmetrie C_{3v} (S.R.E. § 53 und 54).

Im Pyramidenmodell (vgl. Nr. 15 in Abb. 8) treten zwei einfache (ω_1, ω_6) und zwei zweifach entartete ($\omega_{3,5}$, $\omega_{2,4}$) Schwingungen auf; erstere sollen polarisiert, letztere depolarisiert, alle ultrarot-aktiv sein. Beispiele für solche Moleküle sind in Tabelle 44 zusammengestellt; nur die Beobachtungen an NH_3, ND_3 beziehen sich auf den gasförmigen Zustand, alle anderen auf den flüssigen; ω_6 ist bei NH_3 doppelt, was als Folge des Umklappens des Moleküles in die spiegelbildliche Form gedeutet wird* („Tunneleffekt", das N-Atom durchschlägt beim Schwingen die Ebene der H-Atome, Diskussion bei PLACZEK VI, S. 333).

Ein Teil der in Tabelle 44 angeführten Spektren wurde zur Berechnung von Molekülkonstanten verwertet; und zwar nach einem verfeinerten Valenzkraftmodell mit dem Potentialansatz

$$2\,U = f\,\Sigma\,(\Delta\,s_i)^2 + d\Sigma\,(s\cdot\Delta\,\delta_i)^2 + 2\,K'\,\Sigma\,(\Delta\,s_i\cdot\Delta\,s_j) + 2\,H'\,\Sigma\,(s^2\,\Delta\,\delta_i\,\Delta\,\delta_j).$$

Setzt man darin die Koeffizienten K' und H' der „Wechselwirkungsglieder" gleich Null, dann erhält man jenen Ansatz, der zu den Frequenzgleichungen Nr. 15 des § 9 führt. HEMPTINNE-DELFOSSE[1141] berechneten NH_3, PH_3, AsH_3 aus für Anharmonizität korrigierten Frequenzen und setzten dabei $K' = 0$; HOWARD-WILSON[783] berechneten mit obigem Ansatz die Moleküle Nr. 7 bis 13. Die Ergebnisse sind in Tabelle 45 zusammengestellt. Die Werte für den Valenzwinkel α wurden dabei aus anderen Messungen übernommen.

---

* HUND, F., Z. Phys. **43**, 805, 1927. — DENNISON, D. M. u. Mitarbeiter, Phys. Rev. **39**, 938, 1932; **42**, 313, 1932. — ROSEN, N., P. M. MORSE, Phys. Rev. **42**, 210, 1932. — AMALDI-PLACZEK[628].

Tabelle 44. Frequenzen und Polarisationsverhältnisse in Pyramidenmolekülen XY_3.

Nr.	S.V.	Molekül	$\omega_{3,5}$ (*dp*)	ω_6 (*p*)	ω_1 (*p*)	$\omega_{2,4}$ (*dp*)
1	I, 7a	NH_3 (g)	(1630) (s.)	950 (m., dopp.)	3334 (st.)	
2	I, 15a	PH_3	1115 (1)	979 (2)	2306 (10)	
3	I, 33a	AsH_3	987	897	2096	
4	I, 7a	ND_3 (g)	1191	748	2421	2555
5	I, 15a	PD_3	807	728	1668	
6	I, 33a	AsD_3	707	645	1508	
7	I, 15b	PF_3	486 (3)	531 (3)	890 (10)	840 (10)
8	I, 33b	AsF_3	274 (4)	341 (2)	707 (10)	644 (9)
9	I, 15c	PCl_3	190 (10, *dp*)	257 (6, *p*)	510 (10, *p*)	480 (3, *dp*)
10	I, 33c	$AsCl_3$	159 (8, *dp*)	193 (6, *p*)	410 (10, *p*)	370 (7b, *dp*)
11	I, 51a	$SbCl_3$	134 (st.)	165 (m.)	360 (st.)	320 (st.)
12	I, 83a	$BiCl_3$	96 (8b)	130 (m.)	288 (10)	242 (2b)
13	I, 15d	PBr_3	116 (6, *dp*)	162 (5, *p*)	380 (4, *p*)	400 (2, *dp*)
14	I, 33d	$AsBr_3$	96	129	273 (10)	
15	II, 4a	$HC(CH_3)_3$	371 (4b, *dp*)	437 (2, *p*)	795 (10, *p*)	964 (5b, *dp*)
16	IXa, 3b	$N(CH_3)_3$	423 (3, *dp*)	365 (2, *p*)	827 (5, *p*)	1036 (2b, *dp*)
17	IXb, 3a	$H\overset{+}{N}(CH_3)_3$	406 (1, *dp*)	468 (1/2, *p*)	821 (5, *p*)	987 (4, *dp*)
18	I, 83b	$Bi(CH_3)_3$	171 (4)		460 (8)	
19	III, 1b	$HCCl_3$	261 (6, *dp*)	366 (5, *p*)	667 (6, *p*)	762 (4b, *dp*)
20	I, 14g	$HSiCl_3$	179 (5, *dp*)	250 (4, *p*)	489 (8, *p*)	587 (3, *p*?)
21	I, 32c	$HGeCl_3$	131	162	251	315
22	I, 50f	$HSnCl_3$	112	218	265	312
23	IV, 1b	$HCBr_3$	154 (6, *dp*)	222 (7, *p*)	539 (6, *p*)	655 (4b, *p*?)
24	I, 14h	$HSiBr_3$	115 (s.)	166 (m.)	362 (s.st.)	470 (st.)
25	I, 32d	$HGeBr_3$	80—110	180	200	232
26	I, 50g	$HSnBr_3$	60—95	160	180	215

Tabelle 45. Kraftkonstante für Pyramidenmoleküle XY_3.

Nr.	Molekül	*f*	2*d*	*K'*	*H'*	[α]	[*r*]
1	NH_3	7,09	1,36	—	—0,12	108°	1,01
2	PH_3	3,36	0,75	—	0	100°	
3	AsH_3	2,80	0,53	—	—0,01	96°	
7	PF_3	4,56	2,14	0,39	0,04	100°	1,64
8	AsF_3	3,90	0,80	0,34	0,06	97°	1,80
9	PCl_3	2,11	0,62	0,28	0,06	102°	2,14
10	$AsCl_3$	2,01	0,46	0,19	0,02	96°	2,24
11	$SbCl_3$	1,75	0,34	0,16	0,02	94°	2,30
12	$BiCl_3$	1,17	0,20	0,15	0,02	93°	2,46
13	PBr_3	1,62	0,54	0,05	0,07	104°	2,31

Über das Spektrum des Ammoniaks (vgl. die Diskussion bei Stuart, II, S. 321) existiert eine sehr große theoretische und experimentelle Literatur; aus letzterer seien noch die Veränderungen des Spektrums bei Veränderung des Molekülzustandes angeführt; es wurde gefunden:

gasförmiges NH_3 . . .	943 (3)	964 (4)	—	(1630)	3219 (2)	3334 (10)	—
in H_2O gelöstes NH_3 .	—	—	1073 (s.)	1615?	3222 (s.)	3310 (st.)	3388 (s.)
verflüssigtes NH_3, gewöhnliche Temperatur	—	—	1070 (s.)	1585 (s.)	3212 (3)	3302 (5)	3382 (2)
verflüssigtes NH_3, tiefe Temperatur	—	—	1070 (s.)	1580 (s.)	3210 (st.)	3310 (st.)	3380 (st.)
festes NH_3, tiefe Temperatur	—	—	—	1585 (s.)	3203 (1)	—	3369 (4)

Zweifellos hat man es bei dichterer Packung nicht mehr mit dem ungestörten NH_3-Molekül (vgl. S.R.E. S. 131), sondern mit Assoziationskomplexen zu tun.

Bezüglich der Spektren der wahrscheinlich hierher gehörigen Ionen PO_3, AsO_3, SO_3, SeO_3, ClO_3, BrO_3, JO_3 sei auf die im Substanzverzeichnis zusammengestellte Literatur verwiesen.

§ 20. Fünfatomige Moleküle bzw. Ketten (S.R.E. § 55, 56).

Modellmäßige Behandlung: Valenzkraftsysteme vgl. Abschnitt E in § 9; Zentralkraftsystem vgl. S.R.E. § 55. Allgemeinere Modelle und Diskussion zu bestimmten Molekülen: Urey-Bradley[487], Biswas[542] zu CH_4; Lechner[669], Horiuti[674] zu CCl_4; Nath[725], Wilson[834], Kohlrausch[848] zum Übergang $XY_4 \rightarrow XZ_4$; Sutherland-Dennison[849a], Anderson[991], Rosenthal und Rosenthal-Voge[643, 716, 988, 1039], Vedder-Mecke*.

A. Von gesichert linearen Systemen

scheint nur eines bekannt zu sein: Kohlenstoffsuboxyd $\overset{1}{O}:\overset{2}{C}:\overset{3}{C}:\overset{4}{C}:\overset{5}{O}$ (Engler-Kohlrausch[1056]; vgl. dazu Lord-Wright**). Zu den in Nr. 16 der Abb. 9 skizzierten Valenzschwingungen wurden die Frequenzwerte und daraus die Federkräfte gefunden:

$$\omega_1\,(p, ia) = 2200\,(2); \quad \omega_2\,(p, ia) = 843\,(4); \quad \omega_3\,(v, a) = (2290, \text{s.st.}); \quad \omega_4\,(v, a) = (1570, \text{st.}).$$

Daraus ergibt sich:

$$f_{12} = 13{,}7; \quad f_{23} = 9{,}1; \quad f_{13} = 1{,}2; \quad f_{24} = 2{,}5.$$

B. Tetraedrische Moleküle mit der Symmetrie T_d.

Die Systeme XY_4 mit der Symmetrie T_d sollen 4 Frequenzen aufweisen: ω_1 (p, ia; Pulsationsschwingung, nicht entartet, ruhendes

* Vedder, H., R. Mecke, Z. Phys. **86**, 137, 1933.

** Lord, R. C., N. Wright, J. chem. Phys. **5**, 642, 1937.

Tabelle 46. Frequenzen von tetraedrischen Molekülen, Ketten und Ionen.

Nr.	S.V.	Molekül	$\omega_{2,3}$ (*dp*, *ia*)	$\omega_{4,5,6}$ (*dp*, *a*)	ω_1 (*p*, *ia*)	$\omega_{7,8,9}$ (*dp*, *a*)
1	II, 1	CH_4 (g)	[1520]	[1304]	2915 (20)	3022 (5)
2	I, 14a	SiH_4 (g)	978 (s.)	(910)	2187 (s.st.)	(2183)
3	II, 1	CD_4	[1054]	—	2085	2258
4	III, 1g	CF_4	437 (1)	635 (1)	904 (10)	[1200]
5	I, 14b	SiF_4	[285]	[431]	800	[1000]
6	III, 1c	CCl_4	217 (8, *dp*)	313 (8, *dp*)	459 (10, *p*)	775 (3, dopp., *dp*)
7	I, 14c	$SiCl_4$	150 (5, *dp*)	221 (5, *dp*)	424 (10, *p*)	608 (2b, *dp*)
8	I, 32a	$GeCl_4$	134 (4)	172 (6)	396 (9)	453 (3)
9	I, 50a	$SnCl_4$	104 (8, *dp*)	134 (7, *dp*)	366 (10, *p*)	403 (4, *dp*)
10	I, 22a	$TiCl_4$	120 (3, *dp*)	141 (2, *dp*)	386 (5, *p*)	495 (2b, *dp*)
11	IV, 1c	CBr_4	123 (5)	183 (4,) dopp.	267 (5)	672 (1, dopp.)
12	I, 14d	$SiBr_4$	90 (3)	137 (3)	249 (4)	487 (1b)
13	I, 32b	$GeBr_4$	78	111	234	328
14	I, 50b	$SnBr_4$	64 (2)	88 (3)	220 (4)	279 (3b)
15	II, 5b	$C(CH_3)_4$	332 (4b)	416 (1)	731 (10)	921 (7b)
16	I, 14f	$Si(CH_3)_4$	202 (20b)	239 (15b)	598 (20)	696 (15), 863 (10)
17	I, 50h	$Sn(CH_3)_4$	152 (7)	262 (4)	506 (8)	526 (5?)
18	I, 82a	$Pb(CH_3)_4$	130 (8b, *dp*)		460 (10, *p*)	473 (2, *dp*)
19	IXb, 4a	$\overset{+}{N}(CH_3)_4$	372 (1, *dp*)	455 (2, *dp*)	752 (6, *p*)	955 (6, *dp*)
20	I, 16o	$(SO_4)^{--}$	451 (2)	613 (1)	981 (4)	1104 (1)
21	I, 34i	$(SeO_4)^{--}$	339 (m.)	416 (m.)	834 (st.)	875 (s.)
22	I, 24f	$(CrO_4)^{--}$	—	—	855 (m.)	—
23	I, 42f	$(MoO_4)^{--}$	330 (m.)	[845 (m.)]	894 (m.)	944 (st.)
24	I, 74	$(WoO_4)^{--}$	371 (2)	583 ?	932 (m.)	?
25	I, 17c	$(ClO_4)^{-}$	462 (m.)	628 (m.)	935 (st.)	1102 (s.)
26	I, 15l	$(PO_4)^{---}$	363 (s.s.)	515 (s.s.)	980 (m.)	1082 (s.)
27	I, 33g	$(AsO_4)^{---}$	349 (s.)	462 (m.)	837 (st.)	—

Zu Tabelle 46. S.V. Substanzverzeichnis; Frequenzen in runder Klammer aus Ultrarot-Beobachtung, in eckiger Klammer aus Rechnung. Zuordnung nicht immer gesichert.

Zentralatom X); $\omega_{2,3}$ (*dp*, *ia*; zweifach entartete Deformationsschwingung, ruhendes Zentralatom X); $\omega_{4,5,6}$ (*dp*, *a*; dreifach entartete Deformationsschwingung); $\omega_{7,8,9}$ (*dp*, *a*; dreifach entartete Valenzschwingung). Schwingungsformen in Borns Lehrbuch der Optik und in Abb. 20. Eine Anzahl solcher Moleküle ist unter Angabe der Frequenzen und der wahrscheinlichen Zuordnung in Tabelle 46 zusammengestellt; einzelne dieser Fälle sind in der Literatur eingehend diskutiert; insbesondere CCl_4, für welches Polarisationsmessungen (Simons[578], Cabannes-Rousset[631],

ORNSTEIN-STOUTENBEEK[649], PAULSEN[763], RAO[917], ROUSSET[1011], REITZ[1079, 1235]), Präzisionsmessungen der Frequenz (vgl. die Literatur im Substanzverzeichnis III, 1c), Intensitätsmessungen, Messungen der Obertöne (ORNSTEIN-WENT[625], ANANTHAKRISHNAN[962], LANDSBERG-MALYSEV[1080]), des Temperatureinflusses (SUTHERLAND[646a], SIRKAR[1019], ANANTHAKRISHNAN[1045]), des Isotopeneffektes (LANGSETH[475]) vorliegen. Die Verdoppelung von $\omega_{7,8,9}$ wird wohl als Resonanzaufspaltung ($775 \sim \omega_{4,5,6} + \omega_1$) gedeutet (PLACZEK), doch sind die Meinungen diesbezüglich geteilt.

Einige dieser Spektren wurden zur Berechnung der Kraftkonstanten herangezogen; diesbezügliche Ergebnisse in Tabelle 47. Spalte 1: TRUMPY (S.R.E. Tabelle 56, S. 215), nach den Formeln des Zentralkraftsystems (S.R.E. S. 213). Spalte 2: UREY-BRADLEY[487], nach den Formeln eines Valenzkraftsystems (Nr. 19, § 9), ergänzt durch Zentralkräfte $f' \sim 2\gamma_3$ zwischen den Außenatomen Y; es dürfte nach Ansicht des Verfassers dabei ein Rechenfehler unterlaufen sein, derart, daß die von den Autoren angegebenen Werte für die

Tabelle 47. Kraftkonstante für Tetraedermoleküle nach verschiedenen Potentialansätzen.

	TRUMPY			UREY-BRADLEY			NATH				ROSENTHAL				
	f	f'	P	f	$2\gamma_3$	$2d$	f	f'	$2d$	$-K''$	f	f_3	f_2	$-f_4$	r
CH_4	—	—	—	—	—	—	4,75	0,066	0,814	0	4,66	0,076	1,73	0,027	1,1
CCl_4	2,00	0,60	0,12	1,74	0,652	0,242	1,89	0,645	0,348	0,056	1,78	0,638	0,281	0,094	1,76
$SiCl_4$	2,42	0,31	0,09	2,58	0,268	0,198	2,72	0,283	0,206	0,038	2,86	0,275	0,163	0,057	2,1
$TiCl_4$	2,20	0,22	0,03	2,28	0,194	0,096	2,48	0,155	0,110	0,005	2,41	0,164	0,170	0,002	2,3
$GeCl_4$	—	—	—	—	—	—	2,42	0,232	0,142	0,028	—	—	—	—	
$SnCl_4$	2,00	0,20	0,02	2,31	0,114	0,124	2,35	0,129	0,110	0,018	2,27	0,123	0,082	0,038	2,3
CBr_4	1,41	0,47	0,11	1,40	0,474	0,236	—	—	—	—	1,38	0,481	0,234	0,077	2,0
$SnBr_4$	1,73	0,14	0,03	1,83	0,110	0,092	—	—	—	—	1,83	0,111	0,082	0,022	
$SO_4^=$	—	—	—	—	—	—	—	—	—	—	6,00	0,750	1,11	0,328	
ClO_4^-	—	—	—	—	—	—	—	—	—	—	6,20	0,498	1,50	0,423	
	I			II			III				IV				

Deformationskonstante $[k_2]$ noch mit $^4/_3$ zu multiplizieren sind, um das in der Tabelle eingetragene $2d$ zu geben. Spalte 3: NATH[725]; ähnlicher Potentialansatz wie bei UREY-BRADLEY, jedoch zuzüglich eines Wechselwirkungsgliedes $2\,K'''\Sigma\Delta\,\alpha_{12}\cdot\Delta\,\alpha_{34}$. Spalte 4: ROSENTHAL[1039]; allgemeinster Potentialansatz und Vernachlässigung der nicht bestimmbaren 5. Konstanten.

In allen Fällen ist die Federkraft f der Bindung XY gleichartig definiert, die Zahlenwerte sind also vergleichbar; für die Federkraft f' der „Kantenbindung" Y—Y trifft dies genau nur für Spalte 1 und 3 zu; für die Deformationskonstante $2d$ nur für 2 und 3.

Es ergibt sich aus Tabelle 47, daß für die Hauptvalenzkraft f der XY-Bindung nach allen Potentialansätzen im wesentlichen gleiche Werte erhalten werden; jedesmal stellt sich das unerwartete Ergebnis heraus, daß f beim Übergang $CCl_4 \rightarrow SiCl_4$ zunimmt, obwohl die Atomentfernungen r dabei kräftig ansteigen. Die f'-Werte (bzw. $2\,\gamma_3$ in Spalte 2 und f_3 in Spalte 4) nehmen in der gleichen Richtung schnell ab; dies entspricht der Erwartung, da die Kantenlängen Cl—Cl in CCl_4 2,87, in $SiCl_4$ 3,29, in $TiCl_4$ 3,61, in $SnCl_4$ 3,81 betragen (Diskussion bei UREY-BRADLEY). — Würde man nach den einfachen Valenzkraftformeln des § 9, Nr. 19 rechnen, so erhielte man f-Werte, die im wesentlichen um den Betrag $4\,f'$ zu groß ausfielen.

C. Tetraedrische Moleküle mit der Symmetrie C_{3v}.

Wird z. B. in CH_4 ein H-Atom durch X ersetzt, dann entstehen die Methylderivate $H_3C\cdot X$ mit der Symmetrie C_{3v}. Sie sind unter den Molekülen dieser Klasse rechnerisch deshalb am einfachsten zu behandeln, weil die Wechselwirkung der hohen CH-Valenzfrequenzen mit den übrigen Schwingungsformen vernachlässigbar gering ist. Das Molekül sollte drei polarisierte Einfachschwingungen $\omega_1, \omega_6, \omega_7$, (p, a) und drei depolarisierte Doppelschwingungen $\omega_{2,3}$, $\omega_{4,5}$, $\omega_{8,9}$ (dp, a) aufweisen. Im Laboratorium des Verfassers wurden kürzlich die Spektren dieser Körpergruppe sorgfältig neuaufgenommen (J. WAGNER, unveröff.). Das Ergebnis ist unter Verwendung der Polarisationsmessungen von CABANNES-ROUSSET[631] in Abb. 19, untere Hälfte eingetragen. In der oberen Hälfte sind die Modellspektren eingezeichnet, die man mit Hilfe der Gl. (20) in § 9 unter Einsetzung passend gewählter Modellkonstanten und unter der Voraussetzung erhält, daß sich bei den vier gerechneten Fällen nichts anderes ändert als nur die Masse von X ($m_x = 17$, 36, 80, 129).

Es sind nun alle Frequenzen, die in Ultrarot gemessen wurden (vgl. S.R.E. S. 208, Tabelle 55), auch im Ramaneffekt beobachtet; überdies noch einige schwache, unerklärte Linien; speziell in

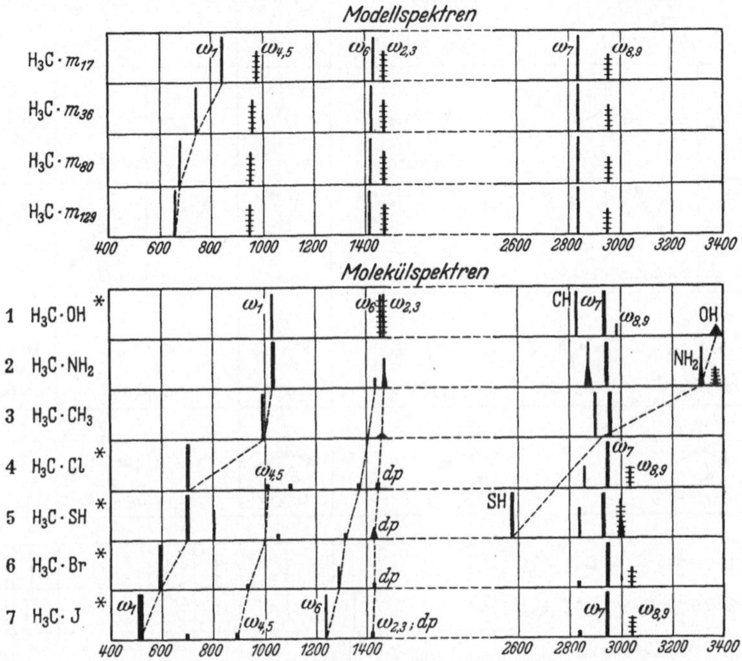

Abb. 19. Obere Hälfte: Spektren von Valenzkraftsystemen $H_3C \cdot X$, die sich *nur* durch die Masse m_x unterscheiden; quergestrichelte Linien (zu entarteten Schwingungen gehörig) werden depolarisiert erwartet. Untere Hälfte: Ramanspektren von Methylderivaten; für die mit * bezeichneten liegen Polarisationsmessungen vor; quergestrichelte oder mit *dp* bezeichnete Linien wurden depolarisiert beobachtet.

$H_3C \cdot SH$ die Frequenz ~ 800, die vermutlich etwas mit der SH-Gruppe zu tun hat (vgl. auch Abb. 15). Der Vergleich mit den gerechneten Spektren und die Kenntnis von Polarisationszustand bzw. Form der ultraroten Absorptionsbande machen die Zuordnung eindeutig. Zu beachten ist, daß Äthan die Symmetrie S_{6u} besitzt und trotz seiner vergrößerten Atomzahl ebenfalls nur drei totalsymmetrische (p) und drei zweifach entartete (dp) Frequenzen im Rameneffekt liefern soll, von denen allerdings nur ein Teil gefunden wurde (vgl. p. 152).

Der Vergleich der Molekülspektren mit den Modellspektren lehrt weiter, daß im Molekül die Kraftkonstanten sowohl der CX- als der CH-Bindung sich von Molekül zu Molekül ändern; denn

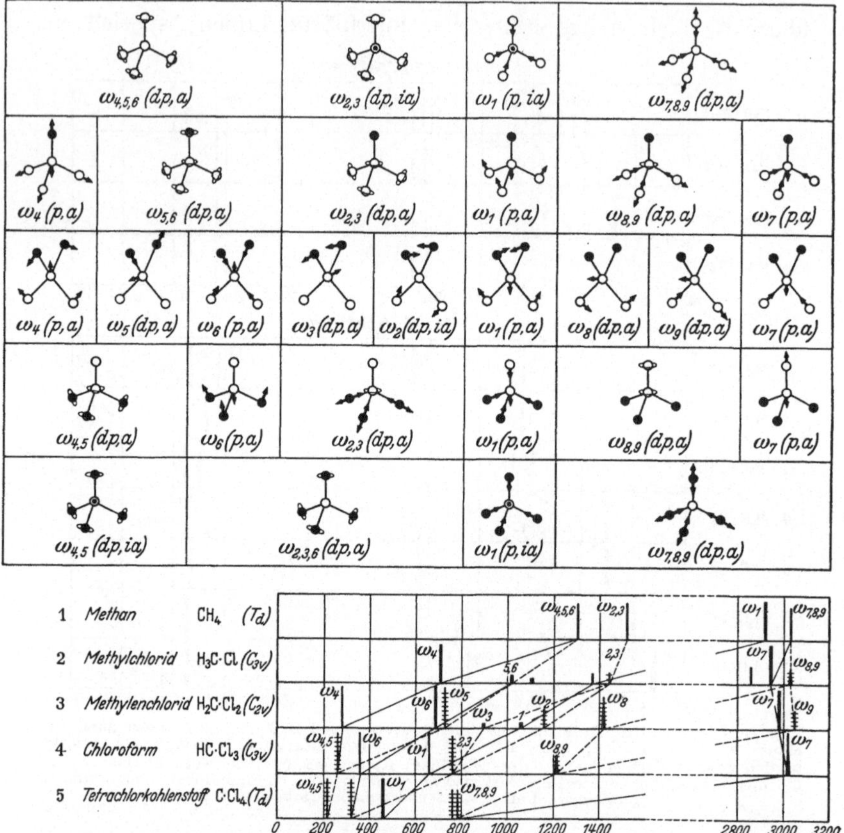

Abb. 20. Obere Hälfte: Schematische Schwingungsformen und Auswahlregeln beim Übergang $CH_4 \rightarrow Cl \cdot CH_3 \rightarrow Cl_2CH_2 \rightarrow Cl_3CH \rightarrow Cl_4C$. Das Prinzip, die Zusammengehörigkeit der Frequenzen aus der Ähnlichkeit der Schwingungsformen abzuleiten (KOHLRAUSCH[848]) läßt sich nicht aufrechterhalten. In der unteren Hälfte ist die Zusammengehörigkeit der Spektrallinien durch Verbindungsstriche angegeben; ausgezogene Linien verbinden totalsymmetrische Schwingungsformen. (Die Verhältnisse sind hier dadurch kompliziert, daß sich beim adiabatischen Übergang $CX_4 \rightarrow CY_4$ [$m_x = 1$, m_y groß] die entarteten Frequenzen $\omega_{4,5,6}$ und $\omega_{2,3}$ überkreuzen.)

würde sich *nur* die Masse von X ändern, dann könnten keine so starken Frequenzverschiebungen eintreten. Endlich kann man die Modellfrequenzen, für die man den Wert $f(C \cdot X)$ vorgegeben hat, dazu verwenden, um den Fehler abzuschätzen, der in Tabelle 34 begangen wurde, wo $f(\mathrm{C}\cdot\mathrm{X})$ aus ω_1 nach der Näherungsformel $n^2 = f/\mu$ berechnet wurde. Es ergibt sich, daß man auf diese Art alle f zu nieder berechnet, und zwar um etwa 5% für X = J, 6% für X = Cl, und ungefähr 9 bis 12% bei X = OH oder CH_3. — Den Umstand, daß im Gebiet der CH-Valenzfrequenzen gewöhnlich mehr als zwei Linien gefunden werden (vgl. dazu S.R.E. S. 209 und CABANNES-ROUSSET[631]), führen ADEL-BARKER[778] auf Resonanzaufspaltung ($\omega_7 \simeq 2\,\omega_{2,3}$) zurück.

Analoge Verhältnisse (C_{3v}), wie in den Spektren der Methylderivate, herrschen in den Spektren der Substanzreihen $X\cdot CCl_3$, $X\cdot CBr_3$, $X\cdot SiCl_3$, $X\cdot C(CH_3)_3$, in welchen sich ebenfalls ohne Schwierigkeiten die 6 Grundfrequenzen des Moleküles bzw. der Kette identifizieren lassen. In Abb. 20 soll noch kurz der Übergang von $XY_4\,(T) \rightarrow Z\cdot X\cdot Y_3\,(C_{3v}) \rightarrow Z_2X_2Y_2\,(C_{2v}) \rightarrow Z_3XY\,(C_{3v}$ $\rightarrow Z_4X\,(T)$ am Beispiel X = C, Y = H, Z = Cl graphisch dargestellt und erläutert werden.

§ 21. Hochsymmetrische Moleküle mit mehr als 5 Atomen.

Der Äthylentypus $\genfrac{}{}{0pt}{}{H}{H}\!\!>\!C\!=\!C\!<\!\!\genfrac{}{}{0pt}{}{H}{H}$. Frequenzgleichungen für das einfache Valenzkraftsystem: Nr. 22 in § 9; dort auch weitere Literatur. Schwingungsformen in Abb. 9, Nr. 22. Auswahlregeln für D_{2h} in Tabelle 2 von § 7. Zuordnung:

Ebene Schwingungen:

$$\left.\begin{aligned}\omega_1 &= 1342\,(p, ia)\\ \omega_2 &= 1621\,(p, ia)\\ \omega_3 &= 3019\,(p, ia)\end{aligned}\right\}A_{1g} \qquad \left.\begin{aligned}\omega_6 &= 950\,(dp, ia)\\ \omega_7 &= 3069\,(dp, ia)\end{aligned}\right\}B_{1g}$$

$$\left.\begin{aligned}\omega_4 &= 1444\,(v, \mathfrak{M}_x)\\ \omega_5 &= 2988\,(v, \mathfrak{M}_x)\end{aligned}\right\}B_{3u} \qquad \left.\begin{aligned}\omega_8 &= 950\,(v, \mathfrak{M}_y)\\ \omega_9 &= 3107\,(v, \mathfrak{M}_y)\end{aligned}\right\}B_{2u}$$

Nicht ebene Schwingungen:

$$\gamma_1 \simeq 820\,(v, ia)\,A_{1u} \qquad \gamma_3 \simeq 950\,(v, \mathfrak{M}_z)\,B_{1u}$$
$$\gamma_2 \simeq 1100\,(dp, ia)\,B_{2g}$$

C:C-Abstand 1,37, CH-Abstand 1,04; Trägheitsmomente $J_1 = 33{,}2$, $J_2 = 27{,}5$, $J_3 = 5{,}7\cdot 10^{-40}$.

Mit einem 12 Konstante enthaltenden Potentialansatz berechnen MANNEBACK-VERLEYSEN[1084] zunächst ohne Anharmonizitätskorrektur folgende Werte für die Hauptkonstanten, die auch im einfachen Potentialansatz der Gl. (22) in § 9 auftreten (*d* und *D* sind etwas anders definiert):

$F(C:C) = 8{,}67$; $f(C \cdot H) = 4{,}99$; $2d = 1{,}1$; $2D = 1{,}92 \cdot 10^5$ Dyn/cm.

Vergleiche dazu auch die Ergebnisse der Rechnungen von SUTHERLAND-DENNISON[849a], DELFOSSE[885], BONNER[906a]. VERLEYSEN-MANNEBACK[1187] und LEMAITRE-MANNEBACK-TSCHANG[1233] haben mit diesen Konstanten die Frequenzen und Schwingungsformen von $H_2C:CHD$, $H_2C:CD_2$, $HDC:CDH$ (cis und trans), $D_2C:CD_2$ vorausberechnet. Beim Vergleich mit dem experimentellen Spektrum von $H_2C:CHD$ (DELFOSSE usw.[1193]) stellte sich die Notwendigkeit heraus, der Anharmonizität Rechnung zu tragen.

DUCHESNE[1154] hat das gleiche Formelsystem auf $Cl_2C:CCl_2$ und auf $O_2N \cdot NO_2$ (SUTHERLAND*) angewendet. Von der Mitteilung der Ergebnisse wird abgesehen, da nach des Verfassers Meinung der verwendete Potentialansatz nur für H-Atome als Substituenten der C:C-Bindung physikalisch sinnvoll ist. Die Grundfrequenzen der ebenen Schwingungen von Stickstofftetroxyd sind nach SUTHERLAND:

$\omega_1 = 283$ (s.st., R.), $\omega_2 = 813$ (st., R.), $\omega_3 = 1360$ (m., R.),
$\omega_4 = 752$ (st., Ur.), $\omega_5 = 1265$ (st., Ur.) $\omega_6 = 500$ (m., R.),
$\omega_7 = 1724$ (m., R.), $\omega_8 = 380$ (—, Ur.), $\omega_9 = 1749$ (st., Ur.).

Eine dem N_2O_4 ähnliche Struktur weist GUPTA[1026, 1124] dem Ion der Oxalsäure $\genfrac{}{}{0pt}{}{O}{O}\!\!>C \cdot C<\!\!\genfrac{}{}{0pt}{}{O}{O}$ zu; vgl. auch RAO[844], HIBBEN[932], ANGUS-LECKIE[984], ANAND[1115]. Bei Hydrazin $H_2N \cdot NH_2$ dagegen sollen nach PENNEY-SUTHERLAND** die beiden Aminogruppen gegeneinander so verdreht sein, daß das Molekül nicht mehr eben ist. Vgl. dazu KAHOVEC-KOHLRAUSCH[1035, 1204]. Bei allen den Molekülen oder Ketten $X_2Y \cdot YX_2$ mit zentraler Einfachbindung $Y \cdot Y$ (z. B. $Cl_2HC \cdot CHCl_2$) besteht überdies die Möglichkeit der „freien Drehbarkeit“ (vgl. § 26).

Äthantypus $H_3C \cdot CH_3$. Modellmäßige Behandlung bei HOWARD***; Schwingungsformen bei SITT-YOST[1126]. Auch hier herrscht Meinungsverschiedenheit bezüglich des Einflusses der freien Drehbarkeit; vgl. BARTHOLOMÉ-SACHSSE[938] sowie die bei HOWARD

* SUTHERLAND, G. B. B. M., Proc. roy. Soc., Lond. **141**, 342, 1933.

** PENNEY, W. G., G. B. B. M. SUTHERLAND, Trans. Faraday Soc. **30**, 898, 1934; J. chem. Phys. **2**, 492, 1934.

*** HOWARD, J. B., Phys. Rev. **51**, 503, 1937; J. chem. Phys. **5**, 442, 1937.

angegebene Literatur. Letzterer leitet mit den Formeln des Valenzkraftsystemes die Kraftwerte ab:

$$f(\mathrm{C \cdot C}) = 5{,}62; \quad f(\mathrm{C \cdot H}) = 4{,}79; \quad 2d = 0{,}92.$$

Zum gleichen Molekültypus gehören C_2Cl_6, Si_2H_6, Si_2Cl_6.

Typus XY_5. REDLICH-KURZ-ROSENFELD[606] weisen dem $SbCl_5$-Ion die Form einer quadratischen Pyramide zu; MOUREU-MAGAT-WÉTROFF[1221] dem flüssigen PCl_5 eine ganz andere Form, die wesentlich verschieden sein soll von der Form des festen PCl_5. Die Verhältnisse bedürfen wohl noch der Klärung.

Typus XY_6. Beispiele: Die Ionen $SbCl_6$, $SnCl_6$ (REDLICH-KURZ-ROSENFELD[606, 779], GUERON[804]); $SnBr_6$, $SeCl_6$ (REDLICH-KURZ-STRICKS[1034, 1232]); SiF_6 (SYRKIN-WOLKENSTEIN[861]); SeF_6, SF_6, TeF_6 (YOST-STEFFENS-GROSS[729a], EUCKEN-AHRENS-SAUTER[765], SACHSSE-BARTHOLOMÉ[845]). Modellmäßige Behandlung bei REDLICH[606], NATH[725], YOST[729a], EUCKEN-SAUTER[765]. Dort auch Schwingungsfiguren. Insoweit die aufgezählten Moleküle die höchstmögliche Symmetrie aufweisen (gesichert für die Hexafluoride von S, Se, Te) gehören sie zur Oktaedergruppe O_h und bilden einen wegen der hohen Symmetrie interessanten Sonderfall. Aus Tabelle 28 in § 7 leitet man mit $c_y = 1$, $\delta = 1$ (F in den 6 Ecken, S im Schwerpunkt des Oktaeders) die Erwartung ab:

Im Ramanspektrum:

1 einfache Schwingung A_{1g}, $\varrho = 0$, *ia*; ω_1
1 zweifache Schwingung E_g, *dp*, *ia*; ω_2
1 dreifache Schwingung F_{2g}, *dp*, *ia*; ω_3

Im Absorptionsspektrum:

2 dreifache Schwingungen F_{1u}, *v*, *a*; ω_5, ω_6.

Außerdem (ω_4) eine Schwingung F_{2u}, die *v* und *ia* ist, also nur aus Kombinationstönen erhältlich ist. Für SF_6 bestimmten EUCKEN-AHRENS aus Raman- und Ultrarotspektrum:

$$\omega_1 = 775\,(\mathrm{st.}),\ \omega_2 = 645\,(\mathrm{s.}),\ \omega_3 = 525\,(\mathrm{s.}),\ \omega_4 = 363,\ \omega_5 = 617,$$
$$\omega_6 = 965.$$

Bei EUCKEN-SAUTER findet man dann eine eingehende Analyse und modellmäßige Verwertung dieses Befundes.

§ 22. Die Spektren der offenen Kohlenwasserstoffketten.

Bei der Orientierung im Ramanspektrum einer nicht cyclischen organischen Substanz (substituierte Paraffine) X · R mit

$R = C_nH_{2n+1}$ spielt die Kenntnis des Spektrums der Kohlenwasserstoffkette R eine wesentliche Rolle. Die diesen Ketten zuzuschreibenden Frequenzen wurden von KOHLRAUSCH und Mitarbeitern durch systematische Untersuchung und Vergleich solcher Substanzen unter Variation sowohl von X, als von R abgeleitet (KOHLRAUSCH-KÖPPL-PONGRATZ[642, 672]: Säuren und Ester mit

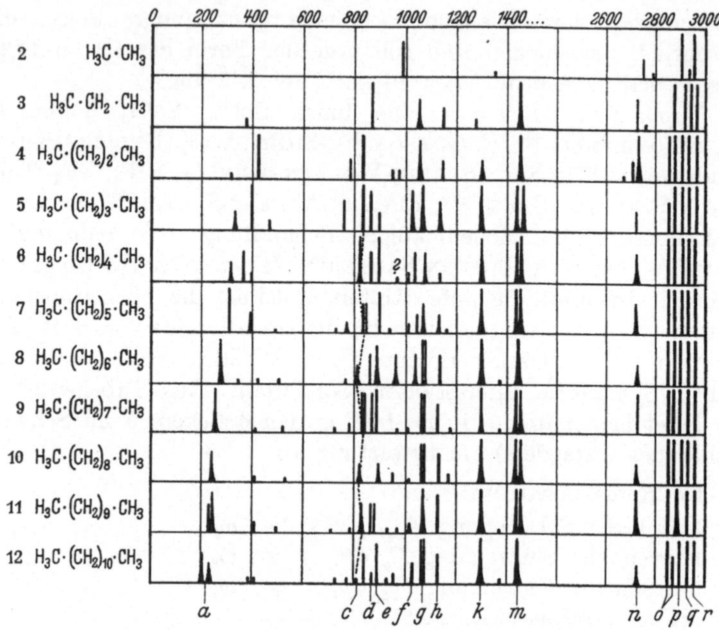

Abb. 21. Die Ramanspektren der Paraffine C_nH_{2n+2}.

$X = CO \cdot OH$, $CO \cdot OCH_3$, $CO \cdot OC_2H_5$; KOHLRAUSCH-PONGRATZ[677]; Säurechloride mit $X = CO \cdot Cl$; KOHLRAUSCH-KÖPPL[704], Ketone und Aldehyde mit $X = CO \cdot CH_3$ und $CO \cdot H$; ferner die schon in § 18, C erwähnten Literaturnummern [548, 576, 586, 587, 680, 806] für $X = OH$, NH_2, Cl, SH, Br, J; endlich REITZ-SKRABAL[1181] und REITZ-SABATHY[1226] für $X = C \vdots N$). Es ergab sich, daß etwa ab $n = 3$ die Spektren der aliphatischen Reste C_nH_{2n+1} fast identisch sind mit den Spektren der Paraffine C_nH_{2n+2} selbst. Die letzteren wurden an meist synthetisch hergestellten Substanzen von KOHLRAUSCH-KÖPPL[746] bestimmt und sind in Abb. 21 graphisch wiedergegeben.

Die Deformationsfrequenzen der *offenen*, nicht verzweigten Kette liegen im Gebiet unter 600 cm^{-1}, die Valenzfrequenzen im Gebiet zwischen 700 und ungefähr 1100; im Frequenzgebiet ober 1100 sind nur mehr CH-Deformations- (bis 1500) und Valenzfrequenzen (2600 bis 3000) anzutreffen. Man bemerkt an den Deformationsfrequenzen der Kette ein deutliches Absinken mit zunehmender Kettenlänge; da ganz dasselbe für die substituierte Kette eintritt, kann man die Lage dieser Linie zu Aussagen über die Kettenlänge ausnützen. Bei den niederen Valenzfrequenzen macht sich ein Oszillieren der Lage bemerkbar. Die CH-Valenzfrequenzen (besser die Schwerpunkte der bandenartigen Linien) rücken mit zunehmender Kettenlänge ganz wenig nach tieferen Werten. KOHLRAUSCH-KÖPPL verweisen darauf, daß diese Spektren hinsichtlich der Linienzahl nicht jenen Erwartungen entsprechen, die aus der wechselnden Symmetrie (C_{2h} für n gerade, C_{2v} für n ungerade) zu folgern wären, *wenn* es sich um ebene Zick-Zack-Ketten handelt. In der Literatur wird wiederholt daran erinnert, daß die Verhältnisse unübersichtlich werden müssen, wenn infolge einer freien oder „halbfreien“ Drehbarkeit die Kette gegen Verbiegungen aus der Ebene wenig widerstandsfähig ist.

SIMONS[882] hat Zuordnungsversuche gemacht, jedoch seinen Überlegungen die Theorie eines gestreckten Systemes (vgl. Nr. 23 in § 9, G) zugrunde gelegt. MECKE[1207] hatte dasselbe Ziel und verwendete (vgl. Nr. 24 in § 9, G und Abb. 10) als Modell eine starre, nicht verbiegbare Zick-Zack-Kette. Nach des Verfassers Ansicht wird dem Problem durch diese zu starken Vereinfachungen Gewalt angetan und gerade das verwischt und als nicht existent vorweggenommen, was die Schwingungsspektren lehren könnten: Die Veränderlichkeit der Federkräfte je nach den molekularen Verhältnissen, denen die Bindung unterworfen ist. Vgl. ferner KASSEL[857] und GLOCKLER-WALL[1238].

§ 23. Ringe.

Wenn man von den bezüglich ihrer Struktur noch umstrittenen Substanzen Ozon O_3 (vgl. die Diskussion bei STUART, II, S. 314, sowie SUTHERLAND[646a]) und Nitrit-Ion $\overline{NO_2}$ (isoster mit O_3, vgl. LANGSETH-WALLES[791]) absieht, kommen hier im wesentlichen nur ringförmige *Ketten* in Frage. Der im folgenden gegebene kurze Überblick gliedert sich in die Abschnitte: A. Gesättigte Ringe, B. Ungesättigte Ringe, C. Der aromatische (Benzol-)Ring. Es sei weiters auf die Abschnitte C_1, C_2, C_3, C_4 des Substanzverzeichnisses verwiesen, in denen weitere Beispiele, vor allem Abkömmlinge der weiter unten behandelten Ringsysteme mit der zugehörigen Literatur zu finden sind.

A. Gesättigte Ringe.

Schon das Spektrum des einfachsten Ringes, Cyclopropan Nr. 9, bietet der Deutung gewisse Schwierigkeiten; das Molekül hat die

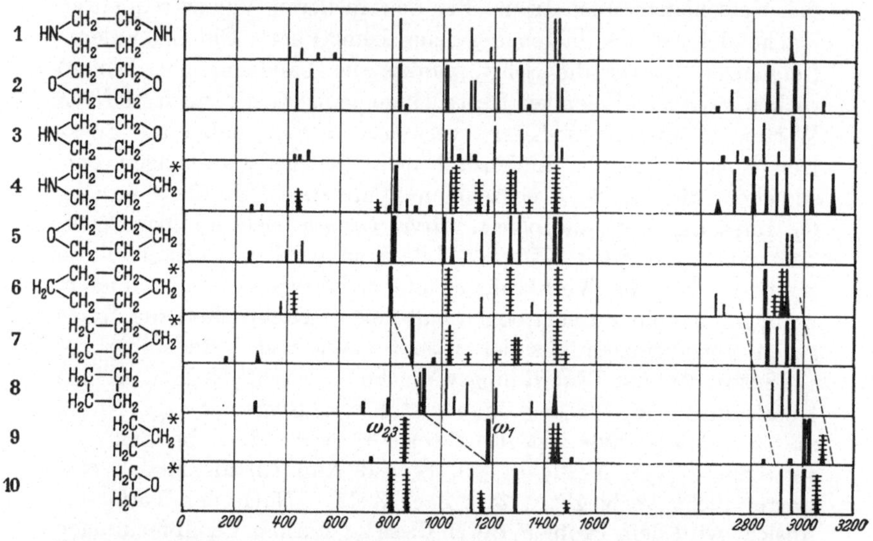

Abb. 22. Ramanspektren gesättigter Ringe. 1. Piperidin, 2. Dioxan, 3. Morpholin, 4. Piperazin, 5. Pentamethylenoxyd, 6. Cyclohexan, 7. Cyclopentan, 8. Cyclobutan, abgeleitet aus Cyclobutylderivaten, 9. Cyclopropan, 10. Äthylenoxyd. Zu den heterocyclischen Sechserringen der Abb. 22 vgl. man insbesondere MÉDARD[1060a], KAHOVEC-KOHLRAUSCH[1131], speziell zu Dioxan SIMON-FEHÉR[989, 1077], KOHLRAUSCH-STOCKMAIR[990], zu Äthylenoxyd LESPIEAU[640], TIMM-MECKE[952], ANANTHAKRISHNAN[1069], zu Cyclohexan TRUMPY[809], KOHLRAUSCH-STOCKMAIR[990], zu Cyclopentan KOHLRAUSCH-REITZ-STOCKMAIR[1015], GODCHOT-CAUQUIL-CALAS[1025], REITZ[1040, 1244], zu Cyclobutan KOHLRAUSCH-SKRABAL[1036, 1148, 1169], SKRABAL[1182], zu Cyclopropan LESPIEAU-BOURGUEL-WAKEMAN[518], HARRIS-ASHDOWN-ARMSTRONG[1020], KOHLRAUSCH-SKRABAL[1180], ANANTHAKRISHNAN[1069], Ringe mit 7 und 8 Gliedern bei GODCHOT-CANALS-CAUQUIL[571].

Symmetrie D_{3h} (Tabelle 8, in § 7) und sollte an polarisierten Linien aufweisen: ω_1 (Pulsationsfrequenz der Kette vgl. Nr. 7 in Abb. 7 und § 9), δ (CH), ν (CH); an depolarisierten Linien: $\omega_{2,3}$ (entartete Kettenschwingung), 2 γ (CH), 2 δ (CH), 2 ν (CH); insgesamt also 10 Linien, von denen einige wegen zufälliger Entartung zusammenfallen oder wegen zu geringer Intensität unbeachtet bleiben könnten. Es wurden aber 11 Linien gefunden, darunter allerdings 4 sehr schwache. Zweifellos richtig ist die Zuordnung der Kettenfrequenzen:

$\omega_{2,3} = 864$ (7 b, *dp*), $\omega_1 = 1186$ (11, *p*); daraus ergibt sich $f = 3{,}85$, $2d = 0{,}17$.

Rechnet man andererseits aus $\omega = 886$ (Pulsationsschwingung des Cyclopentanringes) die Federkraft f(C · C) zwischen den Ringgliedern, so erhält man nach Gl. (18), § 9 in derselben Näherung den Wert $f = 4{,}67$. — Es ist also die auf Abb. 22 ersichtliche Zunahme der Pulsationsfrequenz von Nr. 7 über Nr. 8 (nicht zur Rechnung verwendet, weil ein Radikalspektrum) nach Nr. 9 nicht so stark, wie sie bei konstant bleibendem f zu erwarten wäre. Hieraus, sowie aus der gleichzeitig eintretenden Zunahme der ν(CH)-Valenzfrequenzen wird geschlossen, daß bei zunehmender Ringspannung (abnehmende Ringgliederzahl) die Federkraft f(C·C) *im* Ring abnimmt, die Federkraft f(C · H) *am* Ring zunimmt (vgl. § 25).

Auch Äthylenoxyd Nr. 10 gibt ein Spektrum, das der Erwartung nicht ganz entspricht. Man wird erwarten, daß $\omega_{2,3}$ von Nr. 9 beim Übergang nach dem weniger symmetrischen Molekül Nr. 10 (C_{2v}) aufspaltet; das trifft auch zu und TIMM-MECKE[952], sowie ANANTHAKRISHNAN[1069] deuten die beiden tiefen Frequenzen 808 und 869 als ω_2 bzw. ω_3; jedoch sollte ω_2 polarisiert sein, während beide Linien von ANANTHAKRISHNAN als depolarisiert angegeben werden. Allerdings sind seine diesbezügliche Beobachtungen nur qualitativ und müßten erst durch quantitative Messungen bestätigt werden.

Von Nr. 6 an aufwärts sind die Moleküle der Abb. 22 nicht mehr eben; sie weisen eine bemerkenswerte Ähnlichkeit ihrer Spektren auf, woraus einerseits wieder auf die „mechanische Gleichwertigkeit“ der O-, NH-, CH_2-Gruppen zu schließen ist, andererseits darauf, daß die Raumform aller dieser Ketten die gleiche ist. Durch eingehende Diskussion speziell des Spektrums von Cyclohexan haben KOHLRAUSCH-STOCKMAIR[990] gezeigt, daß es sich mit größter Wahrscheinlichkeit um die gewellte „Sesselform“ handelt, die bei Cyclohexan zur Symmetriegruppe S_{6u}, bei Dioxan und Piperazin zu C_{2h}, bei Pentamethylenoxyd und Piperidin zu C_s, bei α-Trioxymethylen zu C_{3v} führen würde (vgl. auch die Diskussion bei KAHOVEC-KOHLRAUSCH[1131]).

B. Ungesättigte Ringe.

In den ersten drei Zeilen der Abb. 23 ist der spektrale Übergang Cyclohexen → $\Delta^{1,3}$-Cyclohexadien → Cyclohexatrien (Benzol) dargestellt; Nr. 1 und Nr. 2 dürften keine ebenen Moleküle sein. Die starke Vereinfachung des Spektrums beim Übergang nach Nr. 3 rührt von der sprunghaften Erhöhung der Symmetrie her, die Entartungen und Linienverbot zur Folge hat. Auch beim Übergang zum $\Delta^{1,4}$-Cyclohexadien könnte schon eine Vereinfachung eintreten, da dieses Molekül (wenn es überhaupt starr ist) die Symmetrie C_{2h} besitzen könnte; doch ist das bezügliche Spektrum

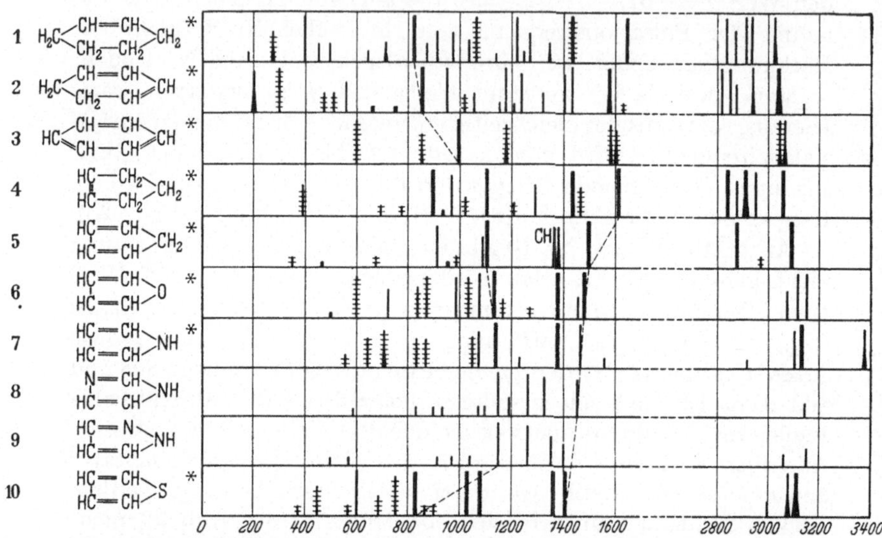

Abb. 23. Spektren ungesättigter Sechs- und Fünfringe. Nr. 1: Cyclohexen; Nr. 2: $\Delta^{1,3}$-Cyclohexadien (BONINO-MANZONI[758, 888], KOHLRAUSCH-SEKA[842]); Nr. 3: Cyclohexatrien = Benzol (vgl. Abschnitt C); Nr. 4: Cyclopenten (S. V. XXV, 5); Nr. 5: Cyclopentadien (TRUCHET-CHAPRON[752], KOHLRAUSCH-SEKA[1012], REITZ[1040]); Nr. 6: Furan; Nr. 7: Pyrrol; Nr. 8: Imidazol (unveröffentlicht); Nr. 9: Pyrazol; Nr. 10: Tiophen. Literatur zu Nr. 6, 7, 9, 10 insbesondere BONINO und Mitarbeiter[652, 721, 947b, 958, 959, 1058, 1091, 1092], STERN-THALMAYER[985], REITZ[1040, 1285]. Derivate dieser und ähnlicher Ringe im S.V. XXV und XXXIII.

noch nicht hinreichend bekannt (KOHLRAUSCH-SEKA[842]). In allen Fällen befinden sich im Gebiet um 1600 kräftige Linien, die, abgesehen vom Benzol (vgl. Abschnitt C), als C:C-Frequenzen zu deuten sind.

Die Erwartung, daß sich beim Übergang zu den ebenen Fünfringen übersichtliche Verhältnisse einstellen, erfüllt sich nicht. Im Gegenteil: Trotz ausführlichster Diskussion von verschiedenen Autoren, insbesondere von seiten BONINOs[652, 721, 1091, 1213], trotz Beobachtung an möglichst vielen Derivaten und an mechanischen Modellen (REITZ[1151]) ist eine endgültige Klärung bisher nicht erfolgt.

Aus den Polarisationsverhältnissen (REITZ[1235, 1244]) kann man nur schließen, daß eine höhere Symmetrie als C_{2v} nicht vorhanden ist; daß also, mindestens vom Standpunkt des Ramanspektroskopikers aus, kein Grund vorhanden ist, die in Abb. 23 gezeichnete Konfiguration der Moleküle 4 bis 10 abzulehnen. Wird damit die Existenz von Doppelbindungen postuliert, dann muß man wohl das Absinken der Frequenzen von 1600 in Cyclopenten nach 1500 in Cyclopentadien und weiter bis 1400 in Thiophen auf einen für diese Fünferringe charakteristischen Effekt schieben, z. B. (KOHLRAUSCH-SEKA) auf die vergrößerte Ringspannung.

C. Der aromatische Ring.

In bezug auf Einzelheiten muß auf den ausführlichen Bericht von KOHLRAUSCH[982] vom Jahre 1936 verwiesen werden, zu dem als Ergänzung noch die bemerkenswert ausführlichen Untersuchungen im INGOLDschen Laboratorium (ANGUS usw. [1051, 1052]) über das Ultrarot-, Raman-, Fluorescenz-Absorptionsspektrum des Benzols hinzuzunehmen sind.

Nach dem einmal Polarisationsmessungen durchgeführt waren (SIMONS[578], CABANNES-ROUSSET[631]) und durch die Beobachtungen an „schwerem Benzol“ C_6D_6 (KLIT-LANGSETH[886], ANGUS usw. [900], WOOD[902]) gezeigt worden war, daß von den Ramanlinien des normal exponierten Benzolspektrums:

$$a=606\ (\text{m.}, dp),\ b=849\ (\text{s.}, dp),\ c=992\ (\text{s.st.}, \varrho=0{,}07),\ d=1178\ (\text{m.}, dp),\ e=1585\ (\text{m.}, dp)\ \text{und}\ 1606\ (\text{m.}, dp),\ f=3047\ (\text{st.}, dp),\ g=3062\ (\text{s.st.}, p)$$

die Linien b, d und natürlich auch f und g zu Schwingungen der CH-Gruppen gehören, also nur a, c, e als Ringfrequenzen anzusehen sind, war der Weg zur Deutung des Spektrums gewiesen. Durch Ermittlung der Schwingungsformen und Frequenzformeln des ebenen Sechserringes C_6 (vgl. 21 in § 9 und Abb. 9) und dann des Benzoles C_6H_6 selbst haben MANNEBACK[824, 825] und WILSON[727] die rechnerischen Hilfsmittel zu quantitativen Betrachtungen beigestellt. Fußend auf diesen Vorarbeiten und den von ANGUS[900] und WILSON[767] getroffenen Zuordnungen haben KOHLRAUSCH[955] und MANNEBACK[972], später auch LORD-ANDREWS* das Benzolspektrum ausgewertet. Bezeichnen F, D, G die Kraftkonstanten

* LORD, R. C., D. H. ANDREWS, J. phys. Chem. **41**, 149, 1937.

(Dehnung, Biegung in der Ebene, Biegung ⊥ zur Molekülebene) der C—C-Bindungen, f, d, g die analogen Größen für die CH-Bindungen, so wurde aus C_6H_6 bzw. C_6D_6 (ohne Anharmonizitätskorrektur) errechnet:

KOHLRAUSCH . .	C_6H_6	$F = 7{,}58$	$f = 5{,}02$	$D = 0{,}64$	$d = 0{,}74$	$g = 0{,}34$
	C_6D_6	7,65	5,10	0,64	0,86	0,34
MANNEBACK . .	C_6H_6	7,80	5,00	0,69	0,70	
LORD - ANDREWS	C_6H_6	7,58	5,05	0,65	0,76	0,34
	C_6D_6	7,62	5,11	0,65	0,78	0,34

Die mit diesen Konstanten berechneten Frequenzwerte (nach LORD-ANDREWS; bei KOHLRAUSCH, S. 308, Formel (19), ein Druckfehler: Im ersten Summand gehört 3/4 als Faktor) sind in Tabelle 48

Tabelle 48. Berechnetes und beobachtetes Benzolspektrum.

ν	Auswahl	Zuordnung	C_6H_6 ber.	C_6H_6 beob.	C_6D_6 ber.	C_6D_6 beob.	zu σ_y
1	A_{1g} p, ia	ω_4 (C·C)	993*	993*	947*	947*	s
2	A_{1g} p, ia	ν (C·H)	3062*	3062*	2292*	2292*	s
3	A_{2g} v, ia	δ (C·H)	1190	—	930	—	as
4	B_{2g} v, ia	γ_1 (C·C)	—	—	—	—	s
5	B_{2g} v, ia	γ (C·H)	—	—	—	—	s
6a, b	E_g^+ dp, ia	$\omega_{1,2}$ (C·C)	608	606	580	582	as, s
7a, b	E_g^+ dp, ia	ν (C·H)	3107	3048	2324	2267	as, s
8a, b	E_g^+ dp, ia	$\omega_{7,8}$ (C·C)	1645	1595	1616	1555	as, s
9a, b	E_g^+ dp, ia	δ (C·H)	1170	1175	863	870	as, s
10a, b	E_g^- dp, ia	γ (C·H)	850*	850*	662*	662*	s, as
11	A_{2u} v, a	γ (C·H)	783	(670)	580	(503)	s
12	B_{1u} v, ia	ω_3 (C·C)	1008*	—	960*	—	s
13	B_{1u} v, ia	ν (C·H)	3063	—	2294	—	s
14	B_{2u} v, ia	ω_9 (C·C)	1854	—	1844	—	as
15	B_{2u} v, ia	δ (C·H)	1145	—	816	—	as
16a, b	E_u^+ v, ia	$\gamma_{2,3}$ (C·C)	—	—	—	—	as, s
17a, b	E_u^+ v, ia	γ (C·H)	—	—	—	—	as, s
18a, b	E_u^- v, a	δ (C·H)	1030	(1025)	800	(813)	s, as
19a, b	E_u^- v, a	$\omega_{5,6}$ (C·C)	1480*	(1477)*	1330*	(1333)*	s, as
20a, b	E_u^- v, a	ν (C·H)	3080	(3077)	2294	(2294)	s, as
1	2		3		4		5

Zu Tabelle 48. Die in der ersten, mit ν überschriebenen Spalte gegebene Bezifferung bezieht sich auf die der Schwingungsfiguren (bzw. Frequenzgleichungen) von WILSON (Abb. 24). In Spalte 2: Typus und Auswahlregeln nach Tabelle 20, § 7; die Zuordnung gibt an, ob die Frequenz wesentlich einer Ringschwingung (ω und γ, beziffert entsprechend Abb. 9, Nr. 21) oder einer ν (Valenz-), δ (ebene Deformations-), γ (⊥ Deformations-) Schwingung der CH-Bindung angehört. Spalte 3 und 4: Vergleich von Rechnung und Beobachtung; Zahlen mit * dienten zur Berechnung der Kraftkonstanten; rund geklammerte Zahlen aus Ultrarotbeobachtung; Frequenz 1008 nach KOHLRAUSCH aus Derivatspektren abgeleitet. Spalte 5: Symmetrie der betreffenden Schwingungsform gegenüber einer durch eine Ringdiagonale gelegten senkrechten Ebene σ_y; wird weiter unten benötigt. Die entarteten Schwingungen spalten bei einer entsprechenden Symmetriestörung auf: z. B. 6a, b in 6a (as) und 6b (s).

den beobachteten gegenübergestellt; weniger deshalb, um zu zeigen, wie gut die Übereinstimmung ist — denn sie ist noch nicht sehr gut und an manchen Stellen verbesserungsbedürftig —,

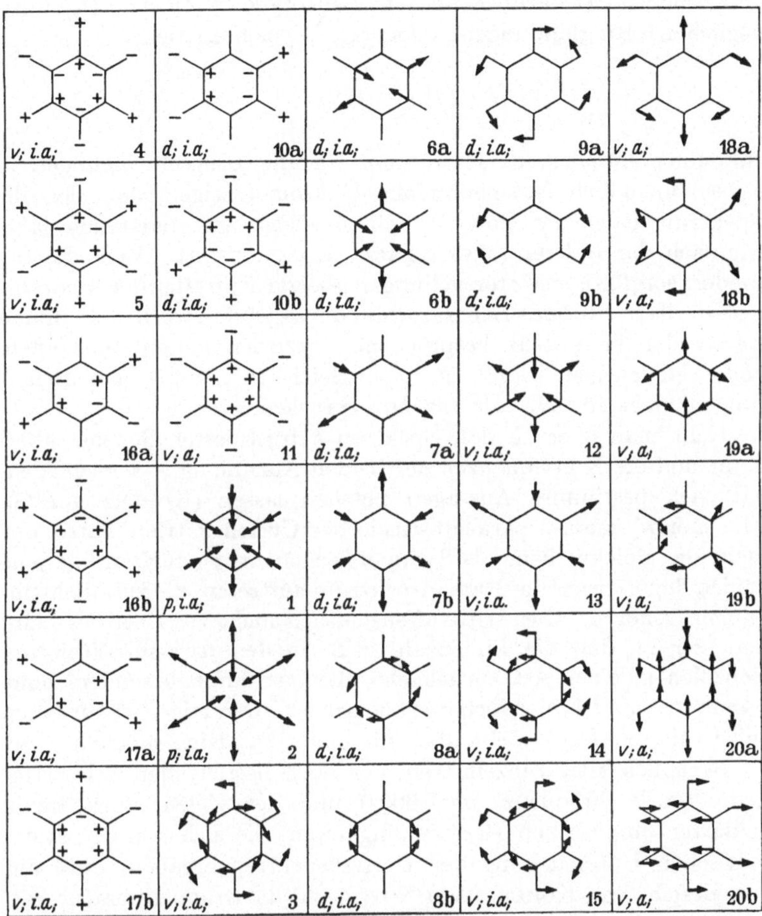

Abb. 24. Schwingungsformen des Benzols C_6H_6. Nur die Formen, die als einzige Vertreter ihrer Rasse vorkommen, sind durch die Symmetrie allein eindeutig gegeben (z. B. ν_{11}); bei den anderen hängt die Form noch vom Kraftfeld ab. Je zwei durch a und b unterschiedene Formen entarten miteinander und sind frequenzgleich.

sondern deshalb, weil die dadurch gegebene Orientierung im Benzolspektrum, ebenso wie die (ungefähre) Kenntnis der Schwingungsformen, die nach Wilson in Abb. 24 wiedergegeben sind, für jeden, der auf diesem Gebiete weiterarbeiten will (etwa Behandlung der Derivatspektren, vgl. weiter unten), unentbehrlich ist.

Die Übereinstimmung zwischen Rechnung und Beobachtung entscheidet *nicht* darüber, ob dem Benzol die Symmetrie D_{6h} (ausgeglichene Ringbindungen) oder D_{3h} (Cyclohexatrien):

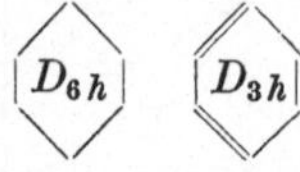

zukommt. Mindestens kann man für die Ringschwingungen ω selbst (unendlich fest gebundene H-Atome) zeigen, daß sich ihr Spektrum nach der einen Annahme ebenso gut darstellen läßt, wie nach der anderen (Manneback, Kohlrausch). Auch die besonders sorgfältigen Untersuchungen über das Zutreffen der Auswahlregeln, die in Ingolds Laboratorium durchgeführt wurden, kommen wegen der in § 8, B besprochenen Schwierigkeiten zu keinem völlig eindeutigen Ergebnis, wenngleich in summa alle Erfahrungen mehr für D_{6h} als für D_{3h} sprechen.

Geht man aber zu den Spektren substituierter Benzole über, dann sind die Konsequenzen der beiden Annahmen so verschieden, daß sich bestimmte Aussagen machen lassen (Kohlrausch[982]). Ein mono-, meta-, para-substituiertes Cyclohexatrien hätte nur mehr die Molekülebene als Symmetrieelement; es dürften *nur* jene Linien depolarisiert im Ramanspektrum auftreten, die zu γ-Schwingungen gehören. Dies trifft offensichtlich nicht zu; überdies kann man zeigen, daß die Linienzahl z. B. in den para-substituierten Benzolen in einer Art zurückgeht, die nur durch besonders hohe Symmetrie und Linienverbot erklärbar ist. Derartiges ist für einen substituierten D_{6h}-, nicht aber für einen D_{3h}-Ring möglich.

Bezüglich aller Einzelheiten, der noch bestehenden Schwierigkeiten (z. B. Frequenz um 1600!) und der vielen, noch wenig geklärten empirischen Gesetzmäßigkeiten, die sich aus der systematischen Untersuchung der Derivatspektren ergaben, muß auf den Bericht von Kohlrausch[982] bzw. auf die Originalliteratur verwiesen werden. Unter letzterer seien insbesondere hervorgehoben: Die Stellungnahme der Chemiker zum Benzolstrukturproblem (Bonino[647a], X/14, [896]; Dupont-Dulou[1062]), ferner die aufschlußreichen Beobachtungen an Deuteriumderivaten (Murray usw. [790], Redlich-Stricks[971, 1029, 1048]; Bailey usw. [1149]), sowie die älteren Versuche, sog. „vollständige“ Benzolspektren zu erhalten (Krishnamurti[511], Wood-Collins[613], Grassmann-Weiler[695], Weiler[735]).

Nur beispielhaft sei kurz der Fall des Monoderivates C_6H_5X besprochen. In Abb. 25 ist für X = H das Benzolspektrum (Bereich unter 1700 cm^{-1}) selbst eingetragen; quergestrichelte Linien sind depolarisiert, längsgestrichelte aus Absorption, *o* aus Rechnung bekannt (*v*, *ia*). Die darüber geschriebenen Bezeichnungen bedeuten: ω Ringfrequenzen, beziffert nach Abb. 9, Nr. 21; γ, δ, bezieht sich auf CH-Deformationsfrequenzen; I, II einfache, zweifache Schwingungen. Die Derivatspektren kann man nun entweder unter Vernachlässigung der CH-Schwingungen behandeln, so wie es im „Bericht" unter Anlehnung an die Modellversuche TRENKLERs[1013] geschehen ist. Oder

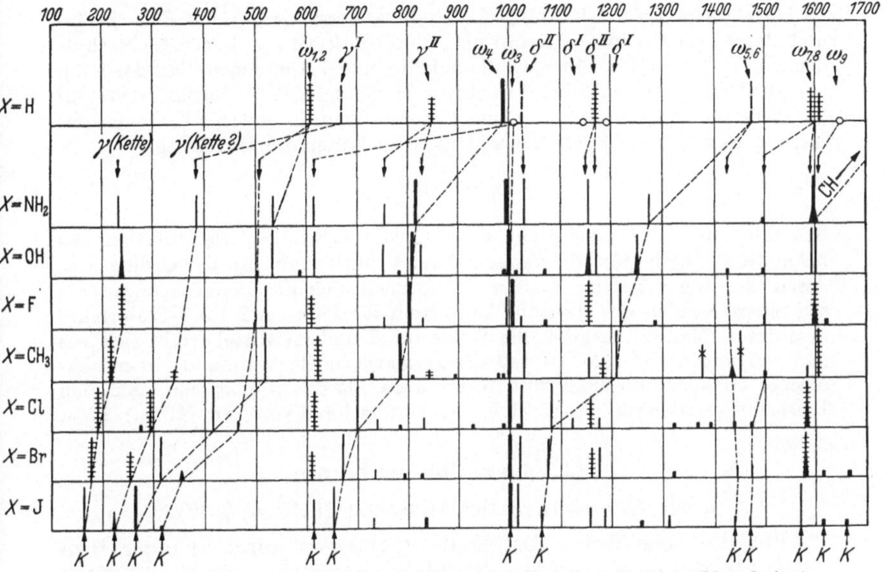

Abb. 25. Zusammenhang zwischen den Spektren des Benzols und seiner Monoderivate.

man kann das Benzolspektrum in das Derivatspektrum übergehen lassen durch allmähliche Vergrößerung der Masse eines H-Atoms. Dabei geht die Symmetrie von D_{6h} nach C_{2v} und alle entarteten Schwingungen müssen zerfallen in solche, die zu σ_v symmetrisch bzw. antisymmetrisch sind (Spalte 5 in Tabelle 48). Ferner geht je eine ν(CH), δ(CH), γ(CH) Schwingung über in eine Kettenschwingung. Die „Übergangslinien" (in Abb. 25 punktiert) von Benzol zum Derivat sind so zu zeichnen, daß (vgl. § 3) erstens die Frequenzen stets abnehmen (es sei denn, daß durch konstitutive Einflüsse Bindungen verstärkt werden) und daß sie sich zweitens, soweit sie Frequenzen verbinden, die zu Schwingungen gleicher Rasse gehören, nicht überschneiden. Man kommt dann — nicht mit voller Sicherheit, weil nicht von allen Benzol- und Derivatfrequenzen die Lage gesichert ist — mit ziemlicher Sicherheit zu dem in Abb. 25 angegebenen Zusammenhang. „*K*" am Fuß der Abbildung bedeutet „Kettenfrequenz". Insbesondere herrscht noch Unklarheit bezüglich der Linien um 1600 und bezüglich der

Ketten-γ-Frequenzen. Überdies ergeben sich Störungen bei $X = F$ und $X = SH$ (vgl. die Literatur im Substanzverzeichnis XXVII, 1a, XXVIII, 1a).

Hat man einmal die Kettenfrequenzen zugeordnet, dann kann man halbquantitative Angaben über die Federkraft der aromatischen C · X-Bindung machen (KOHLRAUSCH[997]). Aus der für ein Valenzkraftsystem aufgestellten Säkulardeterminante für die sechs totalsymmetrischen Schwingungen der *Kette* $C_6 \cdot X$ läßt sich leicht der Wert von $\Sigma\, \omega_i^2$ ableiten:

$$\Sigma\, \omega_i^2 = \frac{f}{\mu} + \frac{F}{M}\left(\frac{9}{2} + k\right) + \frac{D}{M}\left(\frac{33}{2} + 9k\right) = \frac{f}{\mu} + R$$

f/μ bezieht sich auf die Bindung C · X, alle anderen Größen auf Federkräfte und Massen des C-Ringes. Kennt man die Federkraft f' z. B. für die Methylderivate (§ 17), und macht man die naheliegenden Annahmen, daß der Ring konstitutiv nicht beeinflußt, R in obiger Gleichung also bei Variation von f/μ konstant ist, sowie, daß sich f und f' durch einen in erster Näherung konstanten Faktor $r = f/f'$ unterscheiden, dann lautet die Gleichung:

$$\Sigma\, \omega_i^2 = \frac{1}{\mu} f' r + R.$$

Stimmen die Annahmen, dann sollte $\Sigma\, \omega_i^2$ aufgetragen als Funktion des bekannten f'/μ eine Gerade ergeben, deren Schnittpunkt mit der Ordinate R, deren Neigung r liefert. In der Tat ordnen sich die Beobachtungswerte auf einer Geraden an; dasselbe kann man für Para- und 1,3,5-Triderivate ausführen. Man erhält sinnvolle Werte für R und im Mittel ergibt sich aus den Neigungen $r = 1{,}20$, so daß die aromatische C · X-Bindung in mechanischer Hinsicht um rund 20% fester wäre, als die aliphatische. Aus den Dissoziationsarbeiten ergibt sich ein Unterschied von (im Mittel) 17%.

VII. Spezielle Probleme.

§ 24. Konstitutive Beeinflussung (S.R.E. § 49).

Für die „elastische Festigkeit" (gemessen durch f) einer Bindung AB sind in erster Linie die direkt verketteten Atome A und B maßgebend; doch machen sich auch entferntere Atome des Moleküles durch „konstitutive Beeinflussung" von f bemerkbar. Ob dies der Fall ist und in welchem Ausmaße, wird man im allgemeinen dadurch zu ermitteln haben, daß man mit Hilfe des *ganzen* Schwingungsspektrums und einer „richtigen" modellmäßigen Theorie den Wert von f berechnet. Dies ist jedoch, vgl. § 17 bis 23 des Abschnittes VI, derzeit nur für einfache Moleküle hoher Symmetrie praktisch durchführbar.

Ein vereinfachtes Ersatzverfahren wird ermöglicht, wenn das Spektrum Frequenzen aufweist, die in dem in § 18, C erläuterten Sinne für gewisse Bindungen im Molekül „charakteristisch" sind; da die Höhe einer solchen Frequenz ebenfalls in erster Linie von der elastischen Festigkeit der betreffenden Bindung abhängt, wird sie auf Festigkeitsänderungen ansprechen. Da aber auch hier der Einfluß des Molekülrestes bzw. der mit der AB-Schwingung gekoppelten sonstigen Molekülschwingungen im allgemeinen nicht gänzlich zu vernachlässigen sein wird — grundsätzlich handelt es sich bei jeder Schwingung, also auch bei der AB-Schwingung um Bewegungen des *ganzen* Moleküles — so muß eigentlich zuerst eine sorgfältige Untersuchung dieses Einflusses vorgenommen werden, bevor man die Lagenänderung einer charakteristischen Frequenz auf die Änderung *allein* der Bindungsfestigkeit zurückführen darf.

Die schwächste Koppelung mit dem Molekülrest haben Bindungen, deren Eigenfrequenzen weit außerhalb des Gebietes der zum Molekülrest gehörigen Frequenzen gleicher Symmetrie liegen. In dieser Hinsicht nehmen die *XH-Valenzfrequenzen* (insbesondere für X = N, O, C) eine Sonderstellung ein; so geben die in S.R.E. Tabelle 40 zusammengestellten CH-Frequenzen verschiedener Moleküle durch ihre Lagenänderung* in der Tat ein fast unmittelbares Maß der Festigkeitsänderung in der CH-Bindung. Auch die genauere Berechnung zeigt, daß die Frequenzverschiebung von 2915 in CH_4 nach 3213 in HC⋮N nach 3371 in HC⋮CH (vgl. Tabelle 47, 41, 35) mit einer Änderung in f(CH) von 4,7 nach 5,4 nach 5,8 verbunden ist (vgl. dazu MATSUNO-HAN[707]).

Als Bindungen mit hoher Eigenfrequenz kommen dann weiters die ungesättigten, und unter ihnen zunächst die *Dreifachbindungen* C⋮N und C⋮C in Betracht. Sie sind verhältnismäßig wenig konstitutiv empfindlich; auch haben sie den Nachteil, daß der Substituent ungewinkelt angesetzt ist, wodurch stärkere Koppelung und Abhängigkeit vom mitschwingenden Substituenten bewirkt wird als im Falle gewinkelter Systeme. Man erkennt aus Tabelle 35, Beispiele Nr. 9 bis 11, daß die Abnahme der CN-Frequenz in ClCN, BrCN, JCN *keine* Abnahme der Federkraft beinhaltet. Trotzdem dürfte es richtig sein, wenn die bei Konjugation von C⋮N mit C:C eintretende Frequenzverminderung als eine konstitutive Beeinflussung aufgefaßt wird (Tabelle 41 in S.R.E., ferner z. B. PIAUX[744], CHENG[757], REITZ[1181, 1226, 1236]; bezüglich C⋮C vgl. GRÉDY[654, 853]).

Von den *Doppelbindungen* C:C, C:O, C:N (zu letzterer vgl. KOHLRAUSCH-SEKA[1203]) sind die Carbonyl- und Äthylengruppe am

* Dieselben Verhältnisse wurden später von MECKE und Mitarbeitern im photographischen Ultrarot untersucht und bestätigt. Z. Phys. **96**, 559, 1935; **99**, 189, 204, 217, 1936.

besten untersucht; erstere vorwiegend von KOHLRAUSCH und Mitarbeitern[642, 662, 672, 677, 690, 704, 743, 762, 777, 793, 920, 965, 1148, 1180, 1205], letztere vorwiegend von BOURGUEL-PIAUX-GRÉDY[560, 599, X/10, 737, 873, 875, 927, 998, 1055, 1129].

Für mono-substituiertes Äthylen $H_2C:CH \cdot X$ ergibt sich bezüglich der C:C-Frequenz z. B. folgendes:

für X =	CH_3	C_nH_{2n+1}	$CO \cdot OH$	C_6H_5	H	$CO \cdot H$	Cl	Br
$\omega(C:C)=$	1647	1642	1638	1631	1620	1618	1608	1598

Sehr eigenartig ist auch im ersten Augenblick das Verhalten der C:C-Frequenz bei vierfacher Substitution:

Molekül:	$H_2C:CH_2$	$(H_3C)_2C:C(CH_3)_2$	$Cl_2C:CCl_2$
$\omega(C:) =$	1623	1676	1569

Jedoch darf man nicht übersehen, daß beim Übergang vom ersten zum zweiten Molekül (zuerst $m_H \ll C$ dann $m_{CH_3} \simeq C$, schließlich $m_{Cl} > C$) die Schwingungsform ebenso wechselt, wie dies in § 18 C bzw. in Abb. 16 an einem anderen Beispiel besprochen wurde, und daß auch modellmäßig für den leichten Substituenten $X = H$ eine kleinere C:C-Frequenz zu erwarten ist, als für $X = CH_3$. Dies ist ein Beispiel, an dem man sieht, daß man nicht ohne weiteres aus dem Verhalten der „charakteristischen" Frequenz auf die elastische Festigkeit schließen darf. Dagegen ist der Rechnung nach die C:C-Frequenz für cis- und trans-Substitution (vgl. § 19 A) im Modell in anderer Art empfindlich als beim Molekül:

Modell, $m_x = 15$:	cis $\omega(C:C) = 1671$	trans $\omega(C:C) = 1665$
Molekül, $X = R$:	cis $\omega(C:C) = 1658$	trans $\omega(C:C) = 1674$

Ob dies auf konstitutive Beeinflussung oder auf das nicht hinreichend getreue Modell zurückzuführen ist, läßt sich derzeit nicht entscheiden. Überhaupt sind in dieser Hinsicht die Verhältnisse bei der Äthylengruppe weniger durchsichtig als bei der Carbonylgruppe, die nur zweifach substituiert werden kann.

Bezüglich letzterer dürfte es kaum angezweifelt werden können, daß der in § 19 A und an Hand der Abb. 18 beschriebene Unterschied im Verhalten der CO-Frequenz in den Molekülen $X \cdot CO \cdot X$ konstitutiven Einflüssen, d. h. Änderungen der „CO-Feder" zuzuschreiben ist. Schwieriger ist die Entscheidung, wenn z. B. Substanzen wie $H \cdot CO \cdot X$ und $R \cdot CO \cdot X$ miteinander verglichen werden. Immerhin dürfte aber der Hauptteil der aus Tabelle 49 ersichtlichen Änderungen der CO-Frequenz in Molekülen $X \cdot CO \cdot Y$ auf Veränderungen der Festigkeit der CO-Bindung infolge Beeinflussung durch die variierenden Substituenten X und Y zurückzuführen sein. Bezüglich der Diskussion sei auf KOHLRAUSCH-PONGRATZ[793] verwiesen.

Tabelle 49. Verhalten der Carbonylfrequenz ω (C:O) in Molekülen X · CO · Y.

Nr.	X	$H_2N \cdot CO \cdot X$	$H_3C(H)C:C(H) \cdot CO \cdot X$	$C_6H_5 \cdot CO \cdot X$	$R \cdot CO \cdot X$	$H \cdot CO \cdot X$	$RO \cdot CO \cdot OX$	$Cl \cdot CO \cdot X$
1	OH	— —	1652	1647 (3)	1656 (3)	1657 (5)	—	—
2	NH_2	1593 (2) 1655 (0)	1658 (12)	1652 (3)	1662 (4)	1671 (2)	1680 (3)	1731 (2)
3	C_6H_5	— 1652 (3)	1649 (4)	1653 (10)	1680 (12)	1696 (15)	1716 (9)	1768 (11)
4	SH	— —	—	1676 (3)	1692 (3)	—	—	—
5	CH_3	1611 (2) 1660 (3)	1668 (14)	1678 (12)	1708 (4)	1715 (3)	1736 (3)	1798 (4)
6	C_2H_5	1606 (2) 1664 (4)	—	1682 (13)	1710 (4)	1722 (3)	1732 (3)	1786 (3)
7	H	1599 (1/2) 1671 (2)	1685 (17)	1696 (15)	1718 (3)	—	1716 (4)	—
8	OC_2H_5	— 1692 (3)	1713 (7)	1715 (8)	1733 (3)	1715 (5)	1743 (1/2)	1772 (3)
9	OCH_3	— 1688 (3)	1715 (2)	1718 (10)	1735 (3)	1717 (5)	1746 (1)	1780 (2)
10	Cl	— —	1744 (4)	1727 (7)	—	—	—	—
		— 1731 (2)	1761 (7)	1768 (11)	1792 (3)	—	1776 (3)	1810 (4)
11	Br	— —	—	1769 (10)	1814 (2)	—	—	—
		a	b	c	d	e	f	g

Zu Tabelle 49. Es wurden der Vergleichbarkeit wegen nur Messungen aufgenommen, die mit ein und derselben Apparatur ausgeführt wurden. Einige der Substanzen enthalten die Gruppe $N(CH_3)_2$ statt NH_2. Man beachte die relativ hohen Intensitäten (Zahlen in Klammern), die bei Konjugation C : C · C : O auftreten (Zeile 3 bzw. Spalte b und c); in dieser Hinsicht und bezüglich des konstitutiven Einflusses nach außen verhält sich der aromatische Ring so, wie wenn er wahre Doppelbindungen besäße (KOHLRAUSCH[982]). Ob die erste Zeile (X = OH) überhaupt in diese Tabelle gehört, ist mehr als fraglich, da die starke Erniedrigung der CO-Frequenz in der Carboxylgruppe höchstwahrscheinlich auf andere Ursachen zurückzuführen ist (vgl. § 16). Die Verdopplung der Frequenz in Spalte a ist wohl auf die Ausbildung einer zweiten Molekülform (Mesomerie ?) zurückzuführen; die Verdopplung in Zeile 10 ist noch wenig geklärt.

§ 25. Die Ringspannung.

Nahe verwandt mit der aus Tabelle 49 ersichtlichen konstitutiven Wirkung einer konjugierten ungesättigten Bindung ist der Einfluß der Ringspannung; auch hier hat es den Anschein, als ob die mit der Ringverengung verbundene modellmäßige „Spannung" Einfluß hätte auf die Festigkeit erstens der an der Ringbildung beteiligten, zweitens der außen an den Ring unmittelbar angesetzten, drittens der mit dem Ring konjugierten Bindungen; für die ersteren erfolgt Lockerung, für die zweiten Verstärkung, für die dritten wieder Lockerung der Festigkeit. Theoretische

Überlegungen hierzu bei FÖRSTER*. Sechserringe können sich noch räumlich einstellen und einer Spannung ausweichen; gesättigte Fünferringe sind, wenn sie sich in die Ebene einstellen, fast ungespannt. Ungesättigte Fünferringe, sowie die Vierer- und Dreierringe weisen zunehmende modellmäßige „Ringspannung" auf, d. h. die Valenzrichtungen müssen zwecks Ringschlusses immer mehr und mehr aus ihrer Normallage herausgebracht und zur Bildung kleinerer Valenzwinkel gezwungen werden.

Am typischen Beispiel des Di-Cyclopentadiens, von dessen zwei Doppelbindungen b schwach, a stark gespannt ist (an der Hydrierungswärme beurteilt ist der Energieinhalt von *a* um

a b

7,4 kcal/Mol größer als von b), konnten KOHLRAUSCH-SEKA[1012] zeigen: Erstens, daß $\omega(C{:}C)_a = 1570$, $\omega(C{:}C)_b = 1611$ ist, zweitens, daß zur CH-Bindung an a die Frequenz $\nu(CH) = 3142$, zur CH-Bindung an b die Frequenz $\nu(CH) = 3056$ gehört. Desgleichen wurde bereits in § 23 darauf verwiesen, daß aus dem Vergleich der Spektren von Cyclopentan und Cyclopropan gefolgert werden kann, daß im ersteren die Ringbindungen fester, die CH-Bindungen lockerer sind. KOHLRAUSCH-SKRABAL[1169] untersuchten das Verhalten der CO-Frequenz in esocyclischen Ketonen (Typus ◇=O) und fanden in Übereinstimmung mit dem, was nach dem obigen Befund über die CH-Frequenzen zu erwarten war:

	(offen) Aceton	Cyclohexanon	Cyclopentanon	Cyclobutanon
ω(C : O)	1706	1703	1733	1774

Allerdings ist ein Teil dieser Frequenzerhöhung lediglich auf die mit der Konfigurationsänderung verknüpfte Winkelveränderung zurückzuführen; auch das *offene* Aceton müßte seine CO-Frequenz erhöhen, wenn man *ohne* Ringschluß den Winkel zwischen den beiden Substituentenbindungen verringern würde. KAHOVEC-KOHLRAUSCH[1170] beobachteten an gespannten und ungespannten inneren Anhydriden (Typus [Strukturformel: Ring mit zwei C=O und O]) und fanden wieder Zunahme der C:O-Frequenz mit zunehmender Ringspannung. KAHOVEC-MARDASCHEW[1171] verglichen cis- und trans-Hexahydrophthalsäure-

* FÖRSTER, TH., Naturwiss. 25, 366, 1937.

anhydrid; letzteres ist gespannt und weist die höheren CO-Frequenzen auf. Endlich untersuchten KOHLRAUSCH-SKRABAL[1148, 1180] das Verhalten ungesättigter Bindungen, die in Konjugation mit dem Ring stehen (Typus ◇—CO · X), und erhielten z. B. für X = Cl (Säurechloride) je nach der Gliederzahl n des Ringes:

	$n = 5$	$n = 4$	$n = 3$	$n = 2$
ω(CO)	1791	1789	1770	1752

Sie folgern daraus: Der an der Fähigkeit zur konstitutiven Beeinflussung nach außen beurteilte Grad der Ungesättigtheit von Kohlenstoffringen nimmt mit der Ringspannung bis zum Höchstwert im „Zweierring“ (Äthylenderivat) zu.

Durch diese Feststellungen: „Erniedrigung der Festigkeit der Bindungen *im* Ring, Erhöhung der Festigkeit der Bindungen *am* Ring, konstitutiver Einfluß nach außen, wie bei einer Zunahme der Ungesättigtheit“ ist derzeit der Einfluß der Ringspannung auf das Schwingungsspektrum charakterisiert (vgl. dazu auch: AUBERT[1099], BIQUARD[1197]).

§ 26. Freie Drehbarkeit bzw. Rotationsisomerie und Schwingungsspektrum.

Zur Erklärung gewisser bei Kohlenstoffverbindungen auftretender Isomerieerscheinungen wird von der organischen Chemie postuliert, daß Molekülteile, die miteinander durch eine C—C-*Einfach*bindung verkettet sind, sich um diese Bindung als Drehachse leicht gegeneinander verdrehen können, während eine Verdrehung um eine verkettende *Mehrfach*bindung nicht stattfinden soll. Wird bei dieser Verdrehung um die Einfachbindung Arbeit geleistet, dann spricht man von einer mehr oder weniger „behinderten (inneren) Drehbarkeit“; dann ist die potentielle Energie des Moleküles je nach der Stellung der verdrehbaren Molekülteile verschieden und kann ein Minimum haben oder deren mehrere. Im letzteren Fall entstehen „Rotationsisomere“, die je nach der Tiefe der betreffenden Potentialmulden mehr oder weniger stabil sind.

Über die Stabilität dieser Rotationsisomeren gehen die derzeitigen Ansichten auseinander. Von seiten der Theorie ist keine Hilfe zu erwarten: Denn man kann zwar unter bestimmten Annahmen über das innermolekulare Potential und seine Abhängigkeit von der relativen Stellung der verdrehbaren Molekülteile bestimmte Aussagen ableiten; doch kann, da über das innermolekulare Potential bzw. über den Mechanismus, der die freie Drehbarkeit behindert oder gänzlich hemmt, viel zu wenig bekannt ist, die *Richtigkeit* dieser Aussagen und die Zweckmäßigkeit der ihnen zugrunde gelegten Annahmen nur durch das Experiment erwiesen werden*. Die Aussagen des Experimentes (Elektronenbeugung, spezifische Wärmen, Dipolmomente, Kerreffekt) sind nicht einheitlich und wahrscheinlich in vielen Fällen auch nicht eindeutig.

Was nun das Ramanspektrum anbelangt, so vertritt KOHLRAUSCH[576] die Ansicht, daß im flüssigen Zustand, z. B. im Butan[746] und speziell bei halogenierten Paraffinen, deren Spektren leichter zu deuten sind, eine „freie" Drehbarkeit nicht vorhanden sei, daß vielmehr mehr oder weniger stabile Rotationsisomere auftreten. Da es sich um eine Erscheinung handelt, die einerseits von grundsätzlichem Interesse, andererseits für den Spektroskopiker von praktischer Wichtigkeit ist, seien die Gründe für diese Ansicht kurz skizziert.

Wie aus Abb. 26 abzulesen ist, weisen die Isopropylderivate nur *eine* C·X-Valenzfrequenz (*) auf; setzt man eine neue Methylgruppe an, so ist die spektrale Wirkung davon abhängig, ob dies zu X in α- oder β-Stellung geschieht. Im ersteren Fall gelangt man zu den tertiären Butylderivaten, deren Spektren ebenfalls nur eine CX-Linie zeigen, im letzteren Fall entstehen die sekundären Butylderivate, die im Bereich der CX-Frequenzen *drei* Linien aufweisen. Daß hier das Spektrum überhaupt linienreicher ist, liegt zum Teil an der geringeren Symmetrie. Die Zahl der Kettenschwingungen sollte bei allen drei Butylderivaten 9 betragen, von denen für die Symmetrie C_{3v} [$(H_3C)_3 \cdot C \cdot X$] je drei frequenzgleich sind (vgl. § 20); die zugehörigen Frequenzen sind für $X \neq H$ im Gebiet unter 1100 zu erwarten. Während für das tertiäre Derivat in der Tat 6 bis 7 Linien in diesem Intervall gefunden werden, wird die erwartete Linienzahl 9 bei den beiden anderen Butylderivaten deutlich überschritten; man beobachtet

* Daher ist es nicht verantwortbar, wenn z. B. behauptet wird: „Die Möglichkeit, daß beim $ClH_2C \cdot CH_2Cl$ ein cis-trans-Gemisch vorliegt, ist ausgeschlossen (!), weil die cis-Stellung wegen der starken Abstoßung der Cl-Atome instabil ist." Wer kann heute das Vorhandensein noch anderer und vielleicht wirksamerer Ursachen neben diesen Abstoßungskräften „ausschließen"?

11 bzw. 13 Linien. Diese Überschreitung der erwarteten Linienzahl und das Auftreten von mehr als nur einer C·X-Valenzfrequenz wurde in allen bisher untersuchten Fällen — und es sind bereits sehr viele — stets beobachtet, *wenn die Kette so beschaffen ist, daß sich verschiedene rotationsisomere Formen ausbilden können.*

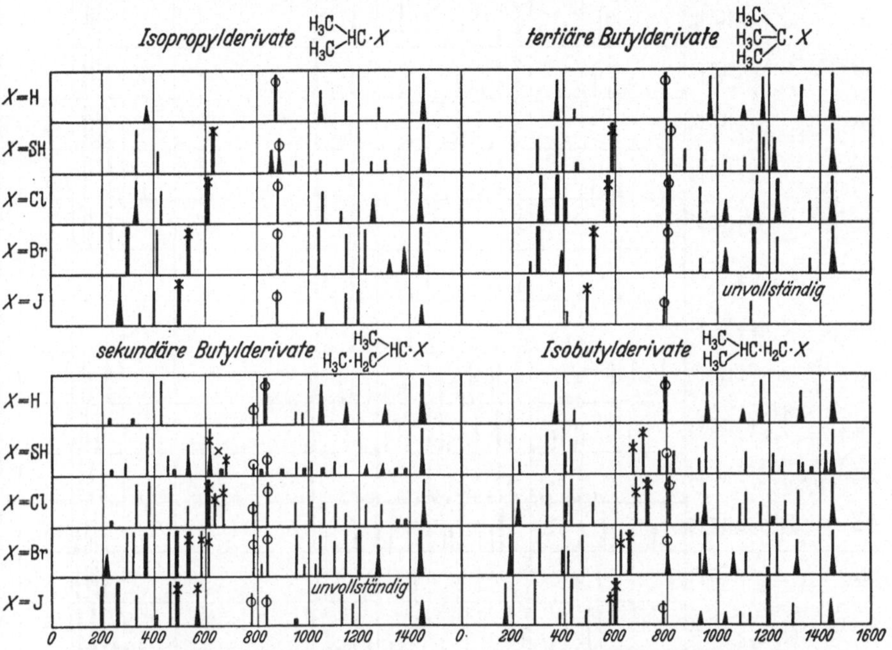

Abb. 26. In den jeweils ersten Zeilen (X = H) der oberen und unteren Figurenhälfte sind die Spektren der nichtsubstituierten Paraffinkette eingetragen (Propan und Isobutan bzw. Butan und Isobutan). Der Ersatz des H-Atoms durch die Substituenten SH, Cl, Br, J läßt, abgesehen von Symmetriestörungen (unteres Feld), die Valenzfrequenzen der Kette (die Pulsationsfrequenz ist geringelt) im wesentlichen ungeändert und bewirkt das Auftreten neuer Linien, von denen die mit * bezeichneten der C · X-Valenzfrequenz zuzuschreiben sind; charakteristisch für sie ist einerseits die im allgemeinen hohe Intensität, andererseits die Abhängigkeit des Frequenzganges vom Gewicht des Substituenten bzw. von f/μ der Bindung.

Am besten durchgearbeitet ist die Reihe der Monochlorparaffine, deren Ramanspektren in Abb. 27 zusammengestellt sind. In allen Fällen, mit Ausnahme von 1a, 2a, 3b, 4d *und* 5d, treten mehr als nur eine C·Cl-Linie auf. Die ausgenommenen Fälle 1a, 2a, 3b, 4d sind jene, bei denen die Drehbarkeit keine Verschiedenheit in der Konfiguration des Moleküles bewirken kann; der Fall 5d fügt sich jedoch der allgemeinen Regel nicht; offenbar wird hier eine bestimmte Konfiguration (vermutlich C·Cl in trans-Stellung zu C·CH_3) eindeutig bevorzugt.

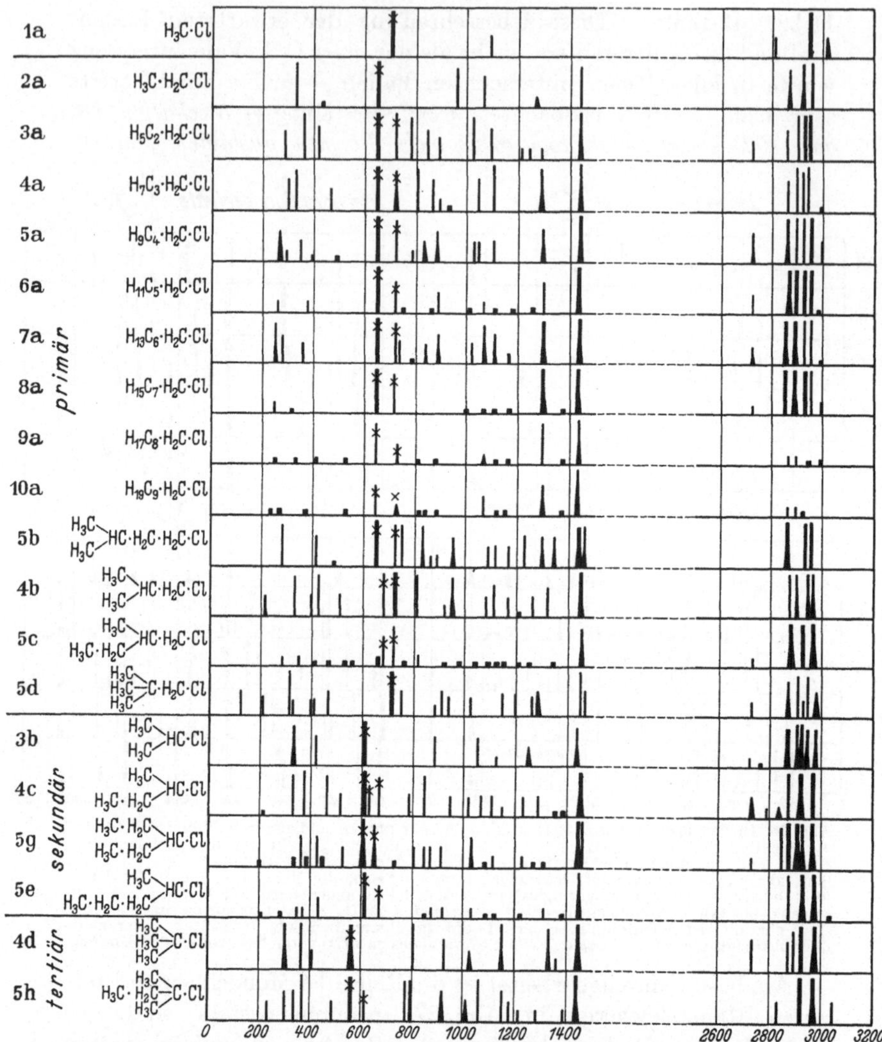

Abb. 27. Die Ramanspektren der Monochlorparaffine. (Die links beigesetzte Numerierung bezieht sich auf das S.V.). Man beachte die Lagenkonstanz der beiden C · Cl-Valenzfrequenzen (mit * gekennzeichnet) in den Spektren 3a bis 10a.

Die Untersuchung wurde ausgedehnt auf die Molekülformen $R \cdot CHCl_2$ mit 2 C·Cl-Valenzfrequenzen für *eine* Raumform, mit mehr als zwei Frequenzen bei Rotationsisomerie (KOHLRAUSCH-

KÖPPL[806]), $XH_2C \cdot CH_2Y$ (KOHLRAUSCH-YPSILANTI[907]), $H_2C:CH \cdot CH_2 \cdot X$ (KOHLRAUSCH-STOCKMAIR[908]), $X \cdot H_2C \cdot H_2C \cdot CH_2 \cdot Y$ (KOHLRAUSCH-YPSILANTI[1018]). Wenn auch in manchen dieser Fälle die Verhältnisse so kompliziert werden, daß eine nähere Deutung nicht mehr möglich ist, so stützen doch alle Beobachtungen die obige allgemeine Regel.

Insbesondere die Erfahrungen an den Äthanderivaten $X \cdot H_2C \cdot CH_2 \cdot X$ im Vergleich mit $X \cdot H_2C \cdot CH_2 \cdot Y$, deren Polarisationsverhältnisse von TRUMPY[837], CHENG[910], ANANTHAKRISHNAN[1167], deren Ultrarotspektren von CHENG-LECOMTE[918, 931] untersucht wurden, lassen die Aussage zu: 1. Es gibt Linien, die *v*, *a* sind; daraus folgt, daß die Symmetrie C_{2h} (ebene trans-Form) realisiert sein muß. 2. Es gibt aber viel mehr Linien, als durch die trans-Form allein erklärt werden können, darunter depolarisierte; daraus folgt, daß mindestens noch *eine* zweite Form vorhanden sein muß, die Symmetrieeigenschaften besitzt; und dies kann nur die cis-Form sein.

Aus all dem folgert KOHLRAUSCH, daß es im flüssigen Zustand stabile rotationsisomere Formen gäbe; hinreichend stabil müssen sie sein, sonst könnten die Spektren keine scharfen Linien aufweisen*. Die Temperaturabhängigkeit der relativen Intensität der zu den verschiedenen Formen gehörigen Linien wird als zu erwartende Temperaturabhängigkeit des Häufigkeitsverhältnisses der Formen interpretiert; derart, daß bei ganz tiefen Temperaturen (im festen Zustand) die Form mit höherem Energiegehalt unter Umständen ganz verschwinden kann („Einfrieren“ der anderen Form).

Dagegen wird von BARTHOLOMÉ[938, 1211] (X/28) unter dem Einfluß der EUCKENschen Messungen der spezifischen Wärme das Vorhandensein von mehr oder weniger freier Drehbarkeit vertreten, während MIZUSHIMA und Mitarbeiter[797, 813, 1021, 1054, 1175, 1188, 1230] sich hauptsächlich von ihrer Interpretation der Temperatur- und Lösungsmittelabhängigkeit des Dipolmomentes

* Der Einwand, daß auch Äthan, obwohl bei diesem „freie“ Drehbarkeit nachgewiesen sei, scharfe Linien gibt, ist hinfällig. Denn selbst wenn freie Drehbarkeit vorhanden wäre, was durchaus nicht nachgewiesen erscheint, würde sie sich bei einem Kreiselmolekül nicht auf die Linienlage bzw. Linienschärfe auswirken. Über die Wirkung von Instabilität auf das Spektrum vgl. z. B. KASSEL[857], BAUERMEISTER-WEIZEL[1004], HOWARD (J. chem. Phys. 5, 442, 1937).

leiten lassen und die im flüssigen und festen Zustand gemessenen Ramanspektren dementsprechend anders deuten: Nach ihnen soll z. B. für $X \cdot H_2C \cdot CH_2 \cdot X$ die trans-Stellung realisiert sein, doch sollen wegen des durch die Drehbarkeit noch ermöglichten Oszillierens um die trans-Lage die Auswahlregeln nicht gelten; beim Übergang zum festen Zustand verschwindet das Oszillieren.

Dem Verfasser will scheinen, daß zu einer endgültigen Stellungnahme eine gründliche und kritische, das Für und Wider jeder Auffassung abwägende Diskussion der ganzen Frage nötig wäre, für die aber hier nicht der geeignete Ort ist.

Man vgl. noch: TRUMPY[986], TRISCHMANN[1098], BRIEGLEB-LAUPPE[1132, 1220], SITT-YOST[1126], MORINO-MIZUSHIMA[1178, 1202, 1230], CHAUDURI[1208].

§ 27. Ausgewählte Beispiele für Strukturuntersuchungen.

A. Analysenempfindlichkeit des Ramanspektrums.

Es ist wohl selbstverständlich, daß die Untersuchung des Schwingungsspektrums im allgemeinen nicht imstande ist, die chemische Analyse zu ersetzen. Jedoch gibt es Fälle (Nachweis chemisch schwer trennbarer Isomeren), bei denen das Ramanspektrum ein außerordentlich wertvolles Hilfsmittel, ja geradezu ein Führer für das chemische Arbeiten werden kann. Ein klassisches Beispiel hierfür sind DUPONTs Untersuchungen der Terpene. Die im allgemeinen nicht sehr große Empfindlichkeit dieser spektralen Methode kann an folgenden Zahlen beurteilt werden: LESPIEAU-BOURGUEL-WAKEMAN[474] konnten noch 2% ungesättigter Beimischungen in Cyclopropanderivaten, WEILER[532] 0,4% Styrol in Äthylbenzol, BIRKENBACH-GOUBEAU[583] 1% Metaxylol in einem ortho-para-Gemisch nachweisen; dazu CRIGLER[589]. Man vgl. weiter zu diesem Thema: ANDANT[800], DUPONT-DULOU[930], GOUBEAU[994a], HANLE-HEIDENREICH[1068], WRIGHT-LEE[1174]; darunter Arbeiten, in denen diese Methodik zur Analyse von Gärungsalkohol, Kohlenwasserstoffen usw. verwendet wird.

B. cis-trans-Isomerie der Äthylenderivate (S.R.E. § 60).

Dichloräthylen ClHC:CHCl; TRUMPY[714, 862a, 986], PAULSEN[763], HANLE-HEIDENREICH[943].

Dibromäthylen BrHC:CHBr; CONRAD-BILLROTH-KOHLRAUSCH-PONGRATZ[550], „Filmung" des freiwilligen Überganges der reinen trans-Form in ein cis-trans-Gemisch.

Dialkyläthylene RHC:CHR'; BOURGUEL-PIAUX[560, 599, 927], GRÉDY[647, 737, 875, 998, 1005, 1055, 1129], THOMPSON-SHERRILL[981], DELABY-PIAUX-GUILLEMONAT[1243].

Crotonaldehyd $H_3C \cdot HC:CH \cdot CO \cdot H$; GRÉDY-PIAUX[737].

Crotonsäurenitril $H_3C \cdot HC:CH \cdot C⋮N$; HEMPTINNE-WOUTERS[684], REITZ-SABATHY[1236].

Fumarsäuredinitril N⋮C·HC:CH·C⋮N (nur trans); REITZ-SABATHY[1236].

Nerol-Geraniol $\begin{matrix} C_6H_{11} \\ H_3C \end{matrix}\!\!>\!C:CH \cdot CH_2OH$ (cis und trans); HAYASHI[897].

C. Andere Stereo-Isomerien.

Dimethylcyclohexan (cis-trans) (o, m, p); MILLER-PIAUX[683, 916].

Methylcyclohexanol (cis-trans) (o, m, p); TABUTEAU[977].

Dekalin (Dekahydronaphthalin) (cis-trans); JATKAR[870].

Isoeugenol (cis-trans); SUSZ-PERROTTET[1070].

Hexahydrophthalsäureanhydrid (cis-trans); KAHOVEC-MARDASCHEW[1171].

D. Verschiedene Strukturprobleme (S.R.E. § 62).

Terpene: BONINO usw.[422, 531, 659, 879b, 947b], VENKATESWARAN[636], MATSUNO-HAN[860, 1064], HAYASHI[897], SRINIVASAN[906], JATKAR-PADMANABHAN[951] und insbesondere DUPONT und seine Schule[461, 552a, 611a, 638a, 700a, 715a, 751, 800a, 963a].

Citronellol-Rhodinal; GRÉDY[604], NAVES-BRUS-ALLARD[862].

Dehydrierungsprodukt von Phenyl-cyclohexyl-carbinol; PRÉVOST-DONZELOT-BALLA[734].

Diazotierungsprodukt von Cyclobutylamin; SKRABAL[1182].

Nitrobenzol, zwei Modifikationen? WOLFKE-ZIEMECKI[539], THORNE-BAYLEY[600], HERTLEIN[713].

Kumulierte Doppelbindung; BOURGUEL[573, 603], PIAUX[873], KOPPER-PONGRATZ[621].

Säure-Anhydride, innere und äußere; KOHLRAUSCH-PONGRATZ-SEKA[629], KAHOVEC-KOHLRAUSCH[1170], KAHOVEC-MARDASCHEW[1171].

Ozonide; BRINER-PERROTTET[1024].

Intramolekulare Atomverschiebungen: Keto-Enol- und Ketimid-Enamin-Tautomerie: HAYASHI[661], KOHLRAUSCH-PONGRATZ[662, 690, 743, 777, 1162], MILONE[783b]; Bernsteinsäurechlorid, Hydracetylaceton: KOHLRAUSCH-PONGRATZ-SEKA[1161]; Phthalsäurechlorid: KOHLRAUSCH-PONGRATZ-STOCKMAIR[965], KAHOVEC-KOHLRAUSCH[1205]; Mesomerie in Säureamiden: KOHLRAUSCH-PONGRATZ[743], FREYMANN-FREYMANN[1114a], KOHLRAUSCH-SEKA[1203].

E. Struktur und elektrolytische Dissoziation anorganischer Säuren (S.R.E. § 64).

Vergleiche die Zusammenstellung und Literatur im Abschnitt I des Substanzverzeichnisses, sowie insbesondere: SPECCHIA[448], WOODWARD[464, 697] (X/22), KRISHNAMURTI[479], FADDA[556], OLLANO[597], RAO[678], SIMONS[723], NAYAR-SHARMA[756], VENKATESWARAN[901, 980, 1023], CATALAN-YZU[993], SHAFFER-CAMERON[1046], FONTEYNE[1102], BERSTEIN usw.[1140], HIBBEN[1157].

VIII. Alphabetisch geordnetes Substanzverzeichnis.

Die kursiv gedruckten Ziffern verweisen auf die Nummern des Substanzverzeichnisses (Abschnitt IX); über gesperrt gedruckte Substanzen findet man Angaben im Text; die gewöhnlich gedruckten Ziffern verweisen auf die Seitenzahl.

IX. Sachlich geordnetes Substanzverzeichnis.

Einteilung.

I. A. Anorganische Substanzen.

(Geordnet nach Elementen.)

B_1. Gesättigte aliphatische Verbindungen.

II. Kohlenwasserstoffe.
III. Fluor- und Chlorverbindungen.
IV. Bromverbindungen.
V. Jodverbindungen.
VI. Alkohole.
VII. Äther.
VIII. Schwefelverbindungen.
IX. Alkylamine und verwandte Verbindungen.
X. Nitroverbindungen.
XI. Fettsäuren, Salze und Ester.
XII. Säure-Anhydride.
XIII. Säure-Amide und Verwandtes.
XIV. Säure-Halogenide.
XV. Cyanverbindungen.
XVI. Aldehyde.
XVII. Ketone.

B_2. Ungesättigte aliphatische Verbindungen.

XVIII. Kohlenwasserstoffe der Äthylenreihe.
XIX. Halogenverbindungen der Äthylenreihe.
XX. Alkohole, Äther, Thioäther, Amine der Äthylenreihe.
XXI. Säuren und Säurederivate der Äthylenreihe.
XXII. Ketone und Aldehyde der Äthylenreihe.
XXIII. Verbindungen der Acetylenreihe.

XXIV. **C_1. Gesättigte carbocyclische Verbindungen.**

XXV. **C_2. Ungesättigte carbocyclische Verbindungen.**

C_3. Aromatische Verbindungen.

XXVI. Aromatische Kohlenwasserstoffe.
XXVII. Aromatische Halogenverbindungen.
XXVIII. Aromatische Alkohole, Äther, Schwefelverbindungen.
XXIX. Aromatische Amino-, Nitro-, Cyanverbindungen.
XXX. Aromatische Säuren und Säurederivate.
XXXI. Aromatische Aldehyde und Ketone.
XXXII. Mehrkernige aromatische Verbindungen.

XXXIII. **C_4. Heterocyclische gesättigte und ungesättigte Verbindungen.**

XXXIV. **D. Terpene.**

XXXV. **E. Verschiedenes.**

Abkürzungen: (g), (fl), (fe), (kr) gasförmig, flüssig, fest, krystallisiert; (D) Beobachtung an der Deuteriumverbindung; (P) Polarisationsmessung; (lP) bzw. (zP) mit linear bzw. zirkular polarisiertem Licht.

I. Anorganische Verbindungen.

(Geordnet nach Elementen.)

Die beigesetzten Ziffern verweisen auf die Nummern des Literaturnachweises in S.R.E. und in Abschnitt X; „u“ bedeutet eigene unveröffentlichte Beobachtungen.

1. Wasserstoff; H_2; 82, 134, 138, 142, 455, 513, 635; (D̲) 855, 947, 953.

3. Lithium; Li.
   a) -fluorid; LiF; 100, 283.
   b) -Chlorid; LiCl; 295, 563.

5. Bor; B, B^{10} u. B^{11}; 1089.
   a) -trifluorid; BF_3; 1089.
   b) -trichlorid; BCl_3; 470, 1089 (P).
   c) -tribromid; BBr_3; 1069, 1089.
   d) -oxyd; B_2O_3; 815, 1246, 1289.
   e) Borsäure; $B(OH)_3$; 1069, 1147, 1289. Salz; 970.
   f) Borsäure-ester; $B(OR)_3$.
      Methylester; $R = CH_3$; 970, 1060b, 1069 (P), 1289.
      Äthylester; $R = C_2H_5$; 970, 1060b, 1069, 1289.
      Butylester; $R = C_4H_9$; 970, 1289.
      Amyl (n, i); $R = C_5H_{11}$; 970, 1289.
      Phenylester; $R = C_6H_5$; 970.
   g) Metaborsäure; HBO_2.
      Salz; 555a, 1155.
   h) Tetraborsäure; $B_4H_2O_7$.
      Salz (Borax); 815.

6. Kohlenstoff; C.
      Diamant; 261, 272, 279, 292, 313, 332, 345.
      Halogenide: siehe III, IV, V.
   a) Kohlenoxyd; CO; 86, 89, 618, 627.
   b) Kohlendioxyd; CO_2; 7, 27, 86, 155, 413 (P), 447, 513, 585, 594a, 601, 687, 745, 747, 765, 802 (P), 1033 (P), 1047.
   c) Kohlenoxysulfid; COS; 512, 601.
   d) Schwefelkohlenstoff; SCS; 49, 104, 158, 174, 297, 365 (g), 386, 446, 500, 527 (lP), 544, 601, 609 (zP), 613, 631 (P), 637 (P), 667, 753, 814 (g), 875a, 894 (P), 1019 (fe).
   e) Metakohlensäure [HO·CO·OH]; Salze; Carbonate; $MeCO_3$; in Lösung 65, 87, 96, 338, 653, 1140.
      Kalkspat (Calcit) (hexagonal); $CaCO_3$; 11, 28, 29, 45, 65, 79, 87, 96, 103, 174, 200, 338, 339, 364, 409, 411, 462 (P), 495 (P), 504, 553, 555, 630, 839, 1130.
      Aragonit; $CaCO_3$ (rhombisch); 65, 339, 411, 553, 630.
      Magnesit; $MgCO_3$; 339.
      Cerussit; $PbCO_3$; 339.
      Ester der Metakohlensäure XI/1c.

7. Stickstoff; N_2; 82, 138, 142, 413, 1033 (P), 1047.
   a) Ammoniak; NH_3; Lösung; 38, 426, 473, 514, 523, 577, 609 (zP), 611, 1009, 1112; (fe) 646a; (fl) 155, 200, 267, 268, 271 (P), 512, 1009 (P), 1030; (g) 124, 135, 155, 628, 693; (D̲): 890, 1113.
   b) Hydrazin; $H_2N \cdot NH_2$; 366, 416, 440, 1035; ∼ Hydrat 262, 416, 440, 1035; ∼ Hydrochlorid 1014a, 1083, 1093, 1147, 1152; Sulfat 1147.
   c) Hydroxylamin; $H_2N \cdot OH$; 740; ∼ Hydrochlorid 1014a, 1083 (P), 1093, 1147, 1152; ∼ Sulfat 1083 (P); 1147.

B_1. Gesättigte aliphatische Verbindungen.

II. Gesättigte Kohlenwasserstoffe (K.W.).

III. Fluor- und Chlorderivate der gesättigten K.W.

8. n-Octylchlorid; $H_3C \cdot (H_2C)_6 \cdot H_2C \cdot Cl$; 680.
9. n-Nonylchlorid; $H_3C \cdot (H_2C)_7 \cdot H_2C \cdot Cl$; 680.
10. n-Decylchlorid; $H_3C \cdot (H_2C)_8 \cdot H_2C \cdot Cl$; 680.

IV. Bromderivate der gesättigten K.W.

1. Methylbromid; $H_3C \cdot Br$; 244, 274, 335, 376, 631 (P), 637 (P); 1287.
1a. Methylenbromid; H_2CBr_2; 274, 631 (P), 714 (P), 878, 907; (D) 1017.
1b. Bromoform; $HCBr_3$; 158, 199, 232, 267, 271 (P), 631 (P), 637 (P); (D) 1000.
1c. Tetrabromkohlenstoff; CBr_4; 373, 475, 1199.
1d. Chlor-tribrom-methan $ClCBr_3$; 1199.
1e. Dichlor-brom-methan; $Cl_2HC \cdot Br$; 432, 806, 1199.
1f. Trichlor-brom-methan; $Cl_3C \cdot Br$; 783a, 1199.
2. Äthylbromid; $H_3C \cdot H_2C \cdot Br$; 199, 207, 232, 376, 733; u
2a. 1,1-Dibrom-äthan; $Br_2HC \cdot CH_3$; 376, 878.
2b. 1,2-Dibrom-äthan; $BrH_2C \cdot CH_2Br$; 199, 232, 376, 837 (P), 907, 910 (P), 1021 (fe), 1167 (P).
2e. 1,1,2,2-Tetrabrom-äthan; $Br_2HC \cdot CHBr_2$; 199, 376, 878, 986 (P), 1167 (P).
2h. Hexabrom-äthan; $Br_3C \cdot CBr_3$; 878.
2i. 1,2-Chlorbrom-äthan; $ClH_2C \cdot CH_2Br$; 907, 910 (P), 1054 (fe).
2k. Tetrachlor-dibrom-äthan; ${}^{Cl}_{Cl}{>}BrC \cdot CBr{<}^{Cl}_{Cl}$ 1175.
2l. Meso-dichlor-dibrom-äthan; ${}^{Cl}_{Br}{>}HC \cdot CH{<}^{Cl}_{Br}$; 907.
3. n-Propylbromid; $H_3C \cdot H_2C \cdot H_2C \cdot Br$; 199, 207, 232, 481; u
3a. i-Propylbromid; $(H_3C)_2HC \cdot Br$; 481, 548.
3c. 1,2-Dibrom-propan; $BrH_2C \cdot CHBr \cdot CH_3$; 878, 1018.
3d. 1,3-Dibrom-propan; $BrH_2C \cdot CH_2 \cdot CH_2Br$; 373, 1018.
3e. 2,2-Dibrom-propan; $(H_3C)_2CBr_2$; u
3f. 1,2,3-Tribrom-propan (Tribromhydrin); $BrH_2C \cdot CHBr \cdot CH_2Br$; 621; u
3g. 1,3-Chlorbrom-propan; $ClH_2C \cdot CH_2 \cdot CH_2Br$; 1018.
4. n-Butylbromid; $H_3C \cdot H_2C \cdot H_2C \cdot H_2C \cdot Br$; 210, 481, 588, 613; u
4a. i-Butylbromid; $(H_3C)_2HC \cdot H_2C \cdot Br$; 232, 481, 586.
4b. sek. Butylbromid; ${}^{H_3C}_{H_5C_2}{>}HC \cdot Br$; 481, 587.
4c. tert. Butylbromid; $(H_3C)_3C \cdot Br$; 481, 548.
4f. 1,2-Dibrom-n-butan; $BrH_2C \cdot CHBr \cdot CH_2 \cdot CH_3$; u
4g. 1,2-Dibrom-i-butan; $BrH_2C \cdot BrC(CH_3)_2$; u
4h. 2,3-Dibrom-butan; ${}^{H_3C}_{Br}{>}HC \cdot CH{<}^{CH_3}_{Br}$; 1018, 1098.
5. n-Amylbromid; $H_3C \cdot (H_2C)_3 \cdot H_2C \cdot Br$; 481, 587.
5a. i-Amylbromid; $(H_3C)_2HC \cdot H_2C \cdot H_2C \cdot Br$; 481, 587.
5f. tert. Amylbromid; $BrC{\begin{smallmatrix} CH_3 \\ C_2H_5 \\ CH_3 \end{smallmatrix}}$; 548.
6. n-Hexylbromid; $H_3C \cdot (H_2C)_4 \cdot H_2C \cdot Br$; 588.
7. n-Heptylbromid; $H_3C \cdot (H_2C)_5 \cdot H_2C \cdot Br$; 746.

V. Jod-Derivate der gesättigten K.W.

VI. Gesättigte Alkohole.

5a. i-Amylalkohol; $(H_3C)_2HC \cdot H_2C \cdot H_2C \cdot OH$; 50, 158, 587, 696.
5b. sek. Butylcarbinol; $\genfrac{}{}{0pt}{}{H_5C_2}{H_3C}{>}HC \cdot H_2C \cdot OH$; 680, 696, 879.
5c. tert. Butylcarbinol; $(H_3C)_3C \cdot H_2C \cdot OH$; 680.
5d. Methyl-n-Propylcarbinol; $\genfrac{}{}{0pt}{}{H_3C}{H_7C_3}{>}HC \cdot OH$; 680, 696.
5e. Diäthyl-carbinol; $(H_5C_2)_2HC \cdot OH$; 680, 696, 846.
5f. Dimethyl-äthylcarbinol; $\begin{matrix}H_3C\\ H_5C_2\\ H_3C\end{matrix}{>}C \cdot OH$; 548, 696.
5g. Methyl-i-Propylcarbinol; $\genfrac{}{}{0pt}{}{H_3C}{(H_3C)_2HC}{>}HC \cdot OH$; 680.
6. n-Hexylalkohol; $H_3C \cdot (H_2C)_4 \cdot H_2C \cdot OH$; 613.
6c. Methyl-diäthylcarbinol; $\begin{matrix}H_5C_2\\ H_3C\\ H_5C_2\end{matrix}{>}C \cdot OH$; 973.
6d. tert. Amylcarbinol; $\begin{matrix}H_3C\\ H_5C_2\\ H_3C\end{matrix}{>}C \cdot H_2C \cdot OH$; 680.
6e. d-Sorbit; $HO \cdot H_2C \cdot (CH \cdot OH)_4 \cdot CH_2 \cdot OH$; 1104.
7. n-Heptylalkohol; $H_3C \cdot (H_2C)_5 \cdot H_2C \cdot OH$; 613.
8. n-Octylalkohol; $H_3C \cdot (H_2C)_6 \cdot H_2C \cdot OH$; 557, 613, 696.
8a. 20 Isomere des Octylalkohols; 557, 696, 937.
9. n-Nonylalkohol; $H_3C \cdot (H_2C)_7 \cdot H_2C \cdot OH$; 613.
9a. 4 Isomere des Nonylalkohols; 937.
10. n-Decylalkohol; $H_3C \cdot (H_2C)_8 \cdot H_2C \cdot OH$; 613.
10a. Dazu 2 Isomere; 937.
11a. 2,4,7 - Trimethyl - octanol - 4; $(H_3C)_2HC \cdot H_2C \cdot (H_3C)C(OH) \cdot CH_2 \cdot CH_2 \cdot CH(CH_3)_2$ 937.
12. n-Dodecylalkohol; $H_3C \cdot (H_2C)_{10} \cdot H_2C \cdot OH$; 613.

VII. Äther.

2. Dimethyläther; $H_3C \cdot O \cdot CH_3$; 316, 546, 1037, 1167 (P); 1145; dazu Chlor- und Bromhydrat $(H_3C)_2O \cdot HCl$ 1145, 1220.
2a. Chlor-dimethyläther; $ClH_2C \cdot O \cdot CH_3$; 907.
3. Methyl-äthyläther; $H_3C \cdot O \cdot CH_2 \cdot CH_3$; 1037.
3a. Äthylenglykol-monomethyläther; $H_3C \cdot O \cdot H_2C \cdot H_2C \cdot OH$; 394, 1018.
3b. Methylen-dimethyläther; $H_3C \cdot O \cdot CH_2 \cdot O \cdot CH_3$; 1018.
4. Diäthyläther; $H_5C_2 \cdot O \cdot C_2H_5$; 27, 158, 199, 200, 244, 376, 484, 546, 578 (P), 609 (z P), 939, 1173;
dazu Chlor- und Bromhydrat; 1220.
4a. Äthylenglykol-äthyläther; $H_5C_2 \cdot O \cdot H_2C \cdot H_2C \cdot OH$; 394.
5. Äthylenglykol-propyläther; $H_7C_3 \cdot O \cdot H_2C \cdot H_2C \cdot OH$; 394.
5a. Methylendiäthyläther $H_2C(OC_2H_5)_2$ 1153.
6. Di-n-propyläther; $H_7C_3 \cdot O \cdot C_3H_7$; 478.
6a. Di-i-propyläther; $(H_3C)_2HC \cdot O \cdot CH(CH_3)_2$; 478.
6b. Äthyliden-diäthyläther (Acetal); $H_3C \cdot HC(OC_2H_5)_2$; 1153.
8. Di-n-butyläther; $H_9C_4 \cdot O \cdot C_4H_9$; 1224.
10. Di-n-amyläther; $H_{11}C_5 \cdot O \cdot C_5H_{11}$; 478.
11a. Di-i-amyläther; $(H_3C)_2HC \cdot (H_2C)_2 \cdot O \cdot (CH_2)_2 \cdot CH(CH_3)_2$; 478.

VIII. Schwefelverbindungen.

a) Mercaptane; R·SH.

1. Methylmercaptan; $H_3C \cdot SH$; 330, 637; 1287.
2. Äthylmercaptan; $H_3C \cdot H_2C \cdot SH$; 330; u; (D) 934.
3. n-Propylmercaptan; $H_3C \cdot H_2C \cdot H_2C \cdot SH$; 330.
3a. i-Propylmercaptan; $(H_3C)_2HC \cdot SH$; 548.
4. n-Butylmercaptan; $H_3C \cdot H_2C \cdot H_2C \cdot H_2C \cdot SH$; 330.
4a. i-Butylmercaptan; $(H_3C)_2HC \cdot H_2C \cdot SH$; 330, 586.
4b. sek. Butylmercaptan; $\begin{matrix} H_3C \\ H_5C_2 \end{matrix} > HC \cdot SH$; 680.
4c. tert. Butylmercaptan; $(H_3C)_3C \cdot SH$; 680.
5. n-Amylmercaptan; $H_3C \cdot (H_2C)_3 \cdot H_2C \cdot SH$; 587, 588.
5a. i-Amylmercaptan; $(H_3C)_2HC \cdot H_2C \cdot H_2C \cdot SH$; 330, 568, 587.
5f. tert. Amylmercaptan; $\begin{matrix} H_3C \\ H_5C_2 \\ H_3C \end{matrix} \!\!-\!\! C \cdot SH$; 680.
6. n-Hexylmercaptan; $H_3C \cdot (H_2C)_4 \cdot H_2C \cdot SH$; 588.
7. n-Heptylmercaptan; $H_3C \cdot (H_2C)_5 \cdot H_2C \cdot SH$; 588.

b) Thio-äther.

2. Dimethylsulfid; $H_3C \cdot S \cdot CH_3$; 386, 429, 1037, 1137.
3. Methyl-äthylsulfid; $H_3C \cdot S \cdot CH_2 \cdot CH_3$; 386.
4. Diäthylsulfid; $H_5C_2 \cdot S \cdot C_2H_5$; 381, 386, 429, 568, 1008.
6. Di-n-propylsulfid; $H_7C_3 \cdot S \cdot C_3H_7$; 429, 568..
8. Di-n-butylsulfid; $H_9C_4 \cdot S \cdot C_4H_9$; 429.
8a. Di-i-butylsulfid; $(H_3C)_2HC \cdot H_2C \cdot S \cdot CH_2 \cdot CH(CH_3)_2$; 429, 568.

c) Alkyl-polysulfide.

2a. Dimethyl-disulfid; $H_3C \cdot S \cdot S \cdot CH_3$; 429, 758, 1137.
2b. Dimethyl-trisulfid; $H_3C \cdot S \cdot S \cdot S \cdot CH_3$; 758, 766a.
4a. Diäthyl-disulfid; $H_5C_2 \cdot S \cdot S \cdot C_2H_5$; 429, 758, 1008.
4b. Diäthyl-trisulfid; $H_5C_2 \cdot S \cdot S \cdot S \cdot C_2H_5$; 758, 766a, 1008.
4c. Diäthyl-tetrasulfid; $H_5C_2 \cdot S \cdot S \cdot S \cdot S \cdot C_2H_5$; 758.

d) Sulfone, Sulfoxyde.

4a. Diäthyl-sulfon; $H_5C_2 \cdot SO_2 \cdot C_2H_5$; 1008.
4b. Diäthyl-sulfoxyd; $H_5C_2 \cdot SO \cdot C_2H_5$; 1008.
4c. Diäthyl-disulfoxyd; $H_5C_2 \cdot SO \cdot SO \cdot C_2H_5$; 1008.

IX. Alkylamine und verwandte Verbindungen.

a) Alkylamine.

1. Methylamin; $H_3C \cdot NH_2$; 244, 285, 631 (P), 1037, 1152; ~ Hydrochlorid 966, 1109 (P).
2. Äthylamin; $H_3C \cdot H_2C \cdot NH_2$; 244, 285, 1037, 1152; ~ Hydrochlorid 966.
2a. Dimethylamin; $H_3C \cdot NH \cdot CH_3$; 274, 1037, 1152; dazu Hydrochlorid 1152 (P), 1109 (P).
2b. Äthylendiamin; $H_2N \cdot H_2C \cdot CH_2 \cdot NH_2$; 316, 806, 1167, 1208 (P); Komplexsalze; 1165.

3. n-Propylamin; $H_3C\cdot H_2C\cdot H_2C\cdot NH_2$; 316, 1037; ~ Hydrochlorid; 966, 1152 (P).
3a. i-Propylamin; $(H_3C)_2HC\cdot NH_2$; 548.
3b. Trimethylamin; $N(CH_3)_3$; 316, 1037, 1083 (P), 1152; dazu Hydrochlorid; 1152 (P), 1109 (P).
4. n-Butylamin; $H_3C\cdot H_2C\cdot H_2C\cdot H_2C\cdot NH_2$; 691, 806.
4a. i-Butylamin; $(H_3C)_2HC\cdot H_2C\cdot NH_2$; 586.
4b. sek. Butylamin; $\genfrac{}{}{0pt}{}{H_3C}{H_5C_2}{>}HC\cdot NH_2$; 680, 691.
4d. Diäthylamin; $H_5C_2\cdot NH\cdot C_2H_5$; 316, 1208 (P).
5. n-Amylamin; $H_3C\cdot (H_2C)_3\cdot H_2C\cdot NH_2$; 587.
5a. i-Amylamin; $(H_3C)_2HC\cdot H_2C\cdot H_2C\cdot NH_2$; 587.
6a. Di-n-propylamin; $H_7C_3\cdot NH\cdot C_3H_7$; u
6d. Triäthylamin; $N(C_2H_5)_3$; 285, 316, 743, 1208 (P).
7. n-Heptylamin; $H_3C\cdot (H_2C)_5\cdot H_2C\cdot NH_2$; 691.

b) Verwandte Verbindungen.

1. Methyl-ammonium-chlorid; $[H_3C\cdot NH_3]^+\cdot Cl^-$; 966, 1109 (P).
1a. Methyl-hydrazin $H_3C\cdot HN\cdot NH_2$; 1204.
2. Äthyl-ammonium-chlorid; $[H_5C_2\cdot NH_3]^+\cdot Cl^-$; 1109 (P), 1152.
2a. Dimethyl-ammonium-chlorid; $[(H_3C)_2\cdot NH_2]^+\cdot Cl^-$; 1109 (P), 1152.
2b. 1,1-Dimethyl-hydrazin $(H_3C)_2N\cdot NH_2$; 1204.
2c. 1,2-Dimethyl-hydrazin; $H_3C\cdot HN\cdot NH\cdot CH_3$; 1204.
2d. Azomethan; $H_3C\cdot N:N\cdot CH_3$; 1204.
3a. Trimethyl-ammonium-chlorid; $[(H_3C)_3NH]^+\cdot Cl^-$; 1109 (P), 1152.
3b. Trimethyl-aminoxyd-hydrochlorid $(H_3C)_3\overset{+}{N}(OH)\cdot\overline{Cl}$; ·1152.
4a. Tetramethyl-ammonium-chlorid; $[(H_3C)_4\cdot N]^+\cdot Cl^-$; 1109 (P), 1152 (P).
8a. Tetraäthyl-ammonium-jodid; $[(H_5C_2)_4\cdot N]^+\cdot J^-$; 861.

X. Nitro-Verbindungen.

1. Nitromethan; $H_3C\cdot NO_2$; 104, 158, 244, 767a.
1b. Trinitromethan; $HC(NO_2)_3$; 767a.
1c. Tetranitromethan; $C(NO_2)_4$; 158, 650, 767a.
1d. Trichlor-nitromethan (Chlorpikrin); $Cl_3C\cdot NO_2$; 650, 767a.
1e. Tribrom-nitromethan (Brompikrin); $Br_3C\cdot NO_2$; 650.
2. Nitroäthan; $H_3C\cdot H_2C\cdot NO_2$; 389.
3. Nitropropan; $H_3C\cdot H_2C\cdot H_2C\cdot NO_2$; 389.
4. Nitrobutan; $H_3C\cdot H_2C\cdot H_2C\cdot H_2C\cdot NO_2$; 389.
5. Nitropentan; $H_3C\cdot (H_2C)_3\cdot H_2C\cdot NO_2$; 389.

XI. Säuren, Salze, Säure-ester.

1. Ameisensäure; $H\cdot CO\cdot OH$; 95, 158, 244, 472, 637 (P), 642, 966, 1006, 1076 (P), 1178.
Salze (Formiate); 443, 577a, 966, 979, 1006, 1076 (P), 1178.
Methyl-Ester; $R = CH_3$; 244, 516, 672, 732.
Äthylester; $R = C_2H_5$; 95, 262, 443, 577a, 672, 732.
n-Propylester; $R = C_3H_7$; 516, 677, 732.
i-Propylester; $R = CH(CH_3)_2$; 677.

n-Butylester; $R = C_4H_9$; 427, 677, 732.
i-Butylester; $R = CH_2 \cdot CH(CH_3)_2$; 516, 677.
sek. Butylester; $R = CH<\genfrac{}{}{0pt}{}{CH_3}{C_2H_5}$; 677.
n-Amylester; $R = C_5H_{11}$; 677.
i-Amylester; $R = CH_2 \cdot CH_2 \cdot CH(CH_3)_2$; 244, 677, 732.

1a. Chlorameisensäure- (Chlorkohlensäure-)Ester; $Cl \cdot CO \cdot OR$.
Methylester; $R = CH_3$; 677, 1240.
Äthylester; $R = C_2H_5$; 316, 677, 1240.
n-Propylester; $R = C_3H_7$; 677, 1240.
i-Butylester; $R = CH_2 \cdot CH(CH_3)_2$; 677.
i-Amylester; $R = CH_2CH_2CH(CH_3)_2$; 677.
Trichlormethylester; $R = CCl_3$; 1240.

1b. Carbaminsäure-Ester; $H_2N \cdot CO \cdot OR$.
Methylester; $R = CH_3$; 793.
Äthylester (Urethan); $R = C_2H_5$; 793.
n-Propylester; $R = C_3H_7$; 793.

1c. (Meta-) Kohlensäure-Ester; $R_1O \cdot CO \cdot OR_2$.
Dimethylester; $R_1 = R_2 = CH_3$; 244, 690, 1202.
Methyl-äthylester; $R_1 = CH_3$, $R_2 = C_2H_5$; 793.
Diäthylester; $R_1 = R_2 = C_2H_5$; 244, 262, 690, 1202.
Diisopropylester; $R_1 = R_2 = CH(CH_3)_2$; u
Dipropylester; $R_1 = R_2 = C_3H_7$; u
Dibutylester; $R_1 = R_2 = C_4H_9$; u
Diamylester; $R_1 = R_2 = C_5H_{11}$; u

1d. Ortho-Ameisensäure-Ester; $HC(OR)_3$.
Trimethylester; $R = CH_3$; 1289.
Triäthylester; $R = C_2H_5$; 1153.

1f. Imidokohlensäure-Ester; $HN:C(OR)_2$;
Diäthylester; $R = C_2H_5$; 1203.

1g. Hydrazin-monocarbonsäure-Ester; $H_2N \cdot NH \cdot CO \cdot OC_2H_5$; 1204.

2. Essigsäure; $H_3C \cdot CO \cdot OH$; 46, 95, 158, 200, 244, 269, 443, 511, 578 (P), 609 (z P); 642, 681, 748, 808, 858, 910 (P), 966, 1028; (D) 858, 1028, 1057.
Salze (Acetate); 149, 210, 443, 473, 577a, 966, 979, 1006, 1009a, 1076 (P).
Methylester; $R = CH_3$; 95, 200, 443, 516, 672, 701, 732, 966.
Äthylester; $R = C_2H_5$; 95, 200, 443, 578 (P), 672, 681, 701, 732, 910 (P), 1173.
n-Propylester; $R = C_3H_7$; 200, 701, 732.
i-Propylester; $R = CH(CH_3)_2$; 701.
n-Butylester; $R = C_4H_9$; 427, 516, 701, 732.
i-Butylester; $R = CH_2 \cdot CH(CH_3)_2$; 516, 701.
sek. Butylester; $R = CH(CH_3) \cdot C_2H_5$; 701.
tertiär-Butylester; $R = C(CH_3)_3$; 1180.
n-Amylester; $R = C_5H_{11}$; 701.
i-Amylester; $R = CH_2 \cdot CH_2 \cdot CH(CH_3)_2$; 95, 701, 732.

2a. Chloressigsäure; $ClH_2C \cdot CO \cdot OH$; 427, 443, 577a, 642, 681, 808, 966, 1009a, 1038.
Salze; 443, 966.
Methylester; $R = CH_3$; 701.
Äthylester; $R = C_2H_5$; 262, 427, 701, 910 (P).

n-Propylester; R = C_3H_7; 701.
i-Propylester; R = $CH\cdot(CH_3)_2$; 701.
n-Butylester; R = C_4H_9; 701.
n-Amylester; R = C_5H_{11}; 701.

2b. Dichloressigsäure; $Cl_2HC\cdot CO\cdot OH$; 425, 427, 464, 642, 1009a.
Methylester; R = CH_3; 701.
Äthylester; R = C_2H_5; 701, 910 (P).
n-Propylester; R = C_3H_7; 701.
i-Propylester; R = $CH(CH_3)_2$; 701.
n-Butylester; R = C_4H_9; 701.
n-Amylester; R = C_5H_{11}; 701.

2c. Trichloressigsäure; $Cl_3C\cdot CO\cdot OH$; 464, 642, 681, 808, 1009a, 1140.
Salze; 443, 1006, 1076 (P).
Methylester; R = CH_3; 701.
Äthylester; R = C_2H_5; 701, 910 (P).
n-Propylester; R = C_3H_7; 701.
i-Propylester; R = $CH(CH_3)_2$; 701.
n-Butylester; R = C_4H_9; 701.
n-Amylester; R = C_5H_{11}; 701.

2d. Bromessigsäure; $BrH_2C\cdot CO\cdot OH$; 701, 1038.
Methylester; R = CH_3; 701, 733.
Äthylester; R = C_2H_5; 701.
n-Propylester; R = C_3H_7; 701.
i-Propylester; R = $CH(CH_3)_2$; 701.
n-Butylester; R = C_4H_9; 701.

2e. Aminoessigsäure (Glykokoll, Glycin); $H_2N\cdot H_2C\cdot CO\cdot OH$; 940, 966, 1038, 1147, 1174.
Salze; 1152.
Chlorhydrat; 966.
Methylester-chlorhydrat; R = CH_3; 1038.
Äthylester; R = C_2H_5; 1038.
i-Propylester; R = $CH(CH_3)_2$; 1038.
n-Butylester; R = C_4H_9; 1038.

2f. N-Methyl-carbaminsaures Äthyl; $H_3C\cdot HN\cdot CO\cdot OC_2H_5$; 1162.

2g. Oxy-Essigsäure (Glykolsäure); $HO\cdot H_2C\cdot CO\cdot OH$; 808, 1038.
Salze; 808.
Methylester; R = CH_3; 1038.
Äthylester; R = C_2H_5; 1038.
i-Propylester; R = $CH(CH_3)_2$; 1038.
n-Butylester; R = C_4H_9; 1038.

2h. Thioglykolsäure; $HS\cdot H_2C\cdot CO\cdot OH$; 568.

2i. Thioessigsäure; $H_3C\cdot CO\cdot SH$; 568, 793.

2k. Oxalsäure; $HO\cdot OC\cdot CO\cdot OH$; 473, 844, 932, 984, 1026, 1115, 1147, 1192.
Salze; 473, 577a, 1026, 1192.
Dimethylester; $R_1 = R_2 = CH_3$; 577a, 690.
Diäthylester; $R_1 = R_2 = C_2H_5$; 210, 425, 577a, 690.

2l. Acet-imido-ester (-äther); $H_3C\cdot C\begin{smallmatrix}\diagup NH\\ \diagdown OR\end{smallmatrix}$

3l. Malonsäure; $HO\cdot OC\cdot CH_2\cdot CO\cdot OH$; 443, 1115, 1192, (D) 1192.
Salze; 443, 1192.
Dimethylester; $R_1 = R_2 = CH_3$; 629.
Diäthylester; $R_1 = R_2 = C_2H_5$; 210, 262, 443, 629.

3m. Brenztraubensäure; $H_3C\cdot CO\cdot CO\cdot OH$; 244, 690.
Methylester; $R = CH_3$; 743.
Äthylester; $R = C_2H_5$; 743.

3o. Propion-imido-ester (-äther); $H_5C_2\cdot C \begin{smallmatrix} \diagup NH \\ \diagdown OR \end{smallmatrix}$
Äthyläther; $R = C_2H_5$; 1203.

4. n-Buttersäure; $H_3C\cdot H_2C\cdot H_2C\cdot CO\cdot OH$; 46, 95, 158, 642.
Methylester; $R = CH_3$; 672, 732.
Äthylester; $R = C_2H_5$; 95, 578 (P), 672, 732.
Isopropylester; $R = CH(CH_3)_2$; 1281.
tertiär Butylester; $R = C(CH_3)_3$; 1180.

4a. i-Buttersäure; $(H_3C)_2HC\cdot CO\cdot OH$; 586, 642.
Methylester; $R = CH_3$; 672.
Äthylester; $R = C_2H_5$; 672.
n-Propylester; $R = C_3H_7$; 1180.
i-Propylester; $R = CH(CH_3)_2$; 1180.
tert. Butylester; $R = C(CH_3)_3$; 1180.

4b. α-Amino-n-Buttersäure; $\begin{smallmatrix} H_5C_2 \\ H_2N \end{smallmatrix}\!>\!HC\cdot CO\cdot OH$; 966.
Chlorhydrat; 966.
Äthylester; $R = C_2H_5$; 966.

4c. α-Amino-i-Buttersäure; $\begin{smallmatrix} H_3C \\ H_2N \\ H_3C \end{smallmatrix}\!\!>\!C\cdot CO\cdot OH$; 966.
Chlorhydrat; 966.
Äthylester; $R = C_2H_5$; 966.

4d. N-Dimethyl-amino-essigsäure; $(H_3C)_2N\cdot H_2C\cdot CO\cdot OH$; 1038.
Methylester; $R = CH_3$; 1038.
Äthylester; $R = C_2H_5$; 1038.

4e. Acetessigsäure; $H_3C\cdot CO\cdot CH_2\cdot CO\cdot OH$.
Methylester; $R = CH_3$; 743, 783b.
Äthylester; $R = C_2H_5$; 262, 278, 743.
Chlor-acetessigester; $H_3C\cdot CO\cdot CH(Cl)\cdot CO\cdot OR$; 783b.

4f. Methyl-malonsaures Diäthyl; $H_5C_2O\cdot OC\cdot CH(CH_3)\cdot CO\cdot OC_2H_5$; 743.

4g. Bernsteinsäure; $HO\cdot OC\cdot H_2C\cdot CH_2\cdot CO\cdot OH$; 808, 1115.
Salze (Succinate); 808.
Dimethylester; $R_1 = R_2 = CH_3$; 690.
Diäthylester; $R_1 = R_2 = C_2H_5$; 210, 690, 808.

4h. Weinsäure; $HO\cdot OC\cdot (OH)HC\cdot CH(OH)\cdot CO\cdot OH$; 808, 1192.
Salze (Tartrate); 488, 808, 1192.
Diäthylester; $R_1 = R_2 = C_2H_5$; 808, 1161.

4i. Methan-tricarbonsäure; $HC(CO\cdot OH)_3$.
Trimethylester; $R_1 = R_2 = R_3 = CH_3$; 690.
Triäthylester; $R_1 = R_2 = R_3 = C_2H_5$; 690.

4k. Asparaginsäure; $HO \cdot OC \cdot H_2C \cdot CH(NH_2) \cdot CO \cdot OH$; 1192.
Salz; 1192.

4l. α-Methoxypropionsäure; $\frac{H_3C}{H_3C \cdot O} > HC \cdot CO \cdot OH$; 1281.
Methylester; $R = CH_3$; 1281.
Äthylester; $R = C_2H$; 1281.

5. n-Valeriansäure; $H_9C_4 \cdot CO \cdot OH$; 642.
Methylester; $R = CH_3$; 672.
Äthylester; $R = C_2H_5$; 672.

5a. i-Valeriansäure; $(H_3C)_2HC \cdot H_2C \cdot CO \cdot OH$; 642.
Methylester; $R = CH_3$; 672.
Äthylester; $R = C_2H_5$; 672.

5b. sek. Valeriansäure; $\frac{H_3C}{H_5C_2} > HC \cdot CO \cdot OH$; 642.
Methylester; $R = CH_3$; 672.
Äthylester; $R = C_2H_5$; 672.

5c. tert. Valeriansäure (Trimethyl-essigsäure); $(H_3C)_3C \cdot CO \cdot OH$; 642.
Methylester; $R = CH_3$; 672.
Äthylester; $R = C_2H_5$; 672.

5d. Methyl-acetessigsäure-Ester; $H_3C \cdot CO \cdot CH(CH_3) \cdot CO \cdot OR$.
Methylester; $R = CH_3$; 783b.
Äthylester; $R = C_2H_5$; 743, 783b.

5e. Laevulinsäure; $H_3C \cdot CO \cdot CH_2 \cdot CH_2 \cdot CO \cdot OH$; 690.
Methylester; $R = CH_3$; 690.
Äthylester; $R = C_2H_5$; 690.

5f. Aceton-dicarbonsaures Dimethyl; $H_3CO \cdot OC \cdot H_2C \cdot CO \cdot CH_2 \cdot CO \cdot OCH_3$; 743.

5g. Methan-tetracarbonsaures Tetraäthyl; $C(CO \cdot OC_2H_5)_4$; 690.

5h. Dimethyl-malonsaures Diäthyl; $(H_3C)_2C < \frac{CO \cdot OC_2H_5}{CO \cdot OC_2H_5}$; 743.

5i. α-Amino-isovaleriansäure (Valin) $\frac{(H_3C)_2HC}{H_2N} > HC \cdot CO \cdot OH$ (dl); 1174.

5k. Glutaminsäure; $HO \cdot OC \cdot H_2C \cdot H_2C \cdot CH(NH_2) \cdot CO \cdot OH$; 1192.
Salz; 1192.

6. n-Capronsäure; $H_{11}C_5 \cdot CO \cdot OH$; 642.
Methylester; $R = CH_3$; 672.
Äthylester; $R = C_2H_5$; 672.

6a. i-Capronsäure; $(H_3C)_2HC \cdot H_2C \cdot H_2C \cdot CO \cdot OH$; 642.
Methylester; $R = CH_3$; 672.
Äthylester; $R = C_2H_5$; 672.

6b. tert. Capronsäure; $\begin{matrix} H_3C \\ H_5C_2 \\ H_3C \end{matrix} > C \cdot CO \cdot OH$; 642.
Methylester; $R = CH_3$; 672.
Äthylester; $R = C_2H_5$; 672.

6c. Äthyl-acetessigsäure; $H_3C \cdot CO \cdot CH(C_2H$ $O \cdot OH$.
Methylester; $R = CH_3$; 783b.
Äthylester; $R = C_2H_5$; 783b.

6d. Dimethyl-acetessigsäure; $H_3C \cdot CO \cdot C(CH_3)_2 \cdot CO \cdot OH$.
Methylester; $R = CH_3$; 690, 743.
Äthylester; $R = C_2H_5$; 743, 783b;
weitere dialkylierte Acetessigester; 783b.
6e. Tricarballylsäure; $CH_2(CO \cdot OH) \cdot CH(CO \cdot OH) \cdot CH_2(CO \cdot OH)$; 1192.
Salz; 1192.
Trimethylester; 690.
6f. Citronensäure; $HO \cdot OC \cdot H_2C \cdot (HO)C(CO \cdot OH) \cdot CH_2 \cdot CO \cdot OH$; 488, 1009a, 1192.
Salz; 1192.
6g. Dimethyl-bernsteinsaures Diäthyl; $H_5C_2O \cdot OC \cdot (CH_3)HC \cdot CH(CH_3) \cdot CO \cdot OC_2H_5$; u
6h. α-Amino-isocapronsäure (Leucin); $\genfrac{}{}{0pt}{}{(H_3C)_2HC \cdot H_2C}{H_2N} > HC \cdot CO \cdot OH$; 1174.
6i. Adipinsaures Diäthyl; $H_5C_2O \cdot OC(CH_2)_4CO \cdot OC_2H_5$; 1224.
7. n-Heptylsäure; $H_{13}C_6 \cdot CO \cdot OH$; 642.
Methylester; $R = CH_3$; 672.
Äthylester; $R = C_2H_5$; 672.
7a. Allyl-acetessigester; $H_3C \cdot CO \cdot CH(CH_2 \cdot CH{:}CH_2) \cdot CO \cdot OR$; 783b.
7b. tertiär Butylmalonsäure-Diäthylester; $(H_3C)_3C \cdot HC < \genfrac{}{}{0pt}{}{CO \cdot OR}{CO \cdot OR}$; u
8. n-Octylsäure (Caprylsäure); $H_{15}C_7 \cdot CO \cdot OH$; 642.
Methylester; $R = CH_3$; 672.
Äthylester; $R = C_2H_5$; 672.
8a. n- und i-Butyl-acetessigsaures Äthyl; $H_3C \cdot CO \cdot CH(C_4H_9) \cdot CO \cdot OR$; 783b.
8b. Diacetyl-bernsteinsaures Diäthyl; $\begin{array}{l} H_3C \cdot CO \cdot CH \cdot CO \cdot OR \\ \quad\quad\quad\quad\;\, | \\ H_3C \cdot CO \cdot CH \cdot CO \cdot OR \end{array}$; 743.
8c. Cystin; $HO \cdot OC \cdot CH < \genfrac{}{}{0pt}{}{NH_2}{CH_2 \cdot S \cdot S \cdot H_2C} \genfrac{}{}{0pt}{}{H_2N}{} > HC \cdot CO \cdot OH$; 940.
9. n-Nonylsäure (Pelargonsäure); $H_{17}C_8 \cdot CO \cdot OH$; 642.
Methylester; $R = CH_3$; 672.
9a. i-Amyl-acetessigsaures Äthyl; $H_3C \cdot CO \cdot CH(C_5H_{11}) \cdot CO \cdot OR$; 783b.
10. n-Decylsäure (Caprinsäure); $H_{19}C_9 \cdot CO \cdot OH$; 642.
Methylester; $R = CH_3$; 672.

XII. Säure-Anhydride.

4. Essigsäure-Anhydrid; $\genfrac{}{}{0pt}{}{H_3C \cdot CO}{H_3C \cdot CO} > O$; 425, 629, 681, 858, 943 (z P).
4a. Bernsteinsäure-Anhydrid; $\begin{array}{l} H_2C \cdot CO \\ \;\;\;\, | \\ H_2C \cdot CO \end{array} > O$; 629.
4b. Monochlor-essigsäure-Anhydrid; $\genfrac{}{}{0pt}{}{ClH_2C \cdot CO}{ClH_2C \cdot CO} > O$; u
5a. Methyl-bernsteinsäure-Anhydrid; $\begin{array}{l} H_3C \cdot HC \cdot CO \\ \quad\quad\;\; | \\ \quad\; H_2C \cdot CO \end{array} > O$; 629.
6. Propionsäure-Anhydrid; $\genfrac{}{}{0pt}{}{H_3C \cdot H_2C \cdot CO}{H_3C \cdot H_2C \cdot CO} > O$; 629.

6a. Dimethyl-bernsteinsäure-Anhydrid; $\begin{matrix} H_3C\cdot HC\cdot CO \\ | \\ H_3C\cdot HC\cdot CO \end{matrix}\!\!>\!O$; u

6b. Methoxy-essigsäure-Anhydrid; $\begin{matrix} H_3C\cdot O\cdot H_2C\cdot CO \\ H_3C\cdot O\cdot H_2C\cdot CO \end{matrix}\!>\!O$; u

8. n-Buttersäure-Anhydrid; $\begin{matrix} H_7C_3\cdot CO \\ H_7C_3\cdot CO \end{matrix}\!>\!O$; 629.

8a. i-Buttersäure-Anhydrid; $\begin{matrix} (H_3C)_2HC\cdot CO \\ (H_3C)_2HC\cdot CO \end{matrix}\!>\!O$; 629.

10a. i-Valeriansäure-Anhydrid; $\begin{matrix} (H_3C)_2HC\cdot H_2C\cdot CO \\ (H_3C)_2HC\cdot H_2C\cdot CO \end{matrix}\!>\!O$; 629.

12. n-Capronsäure-Anhydrid; $\begin{matrix} H_{11}C_5\cdot CO \\ H_{11}C_5\cdot CO \end{matrix}\!>\!O$; 629.

XIII. Säure-Amide und Verwandtes.

1. Formamid; $H\cdot CO\cdot NH_2$; 199, 316, 793, 912.
1a. Harnstoff (Carbamid); $H_2N\cdot CO\cdot NH_2$; 262, 473, 479, 577a, 793, 912, 966, 1147; ~ Hydrochlorid; 479.
1b. Guanidin $(H_2N)_2C{:}NH$.
Hydrochlorid; 1120, 1116 (P), 1147; Nitrat; 1116.
1c. Thioharnstoff; $H_2N\cdot CS\cdot NH_2$; 1120.
2. Acetamid; $H_3C\cdot CO\cdot NH_2$; 199, 793, 912, 1147.
2a. N-Methyl-Harnstoff; $H_3C\cdot HN\cdot CO\cdot NH_2$; 1120, 1162.
2b. Thioacetamid; $H_3C\cdot CS\cdot NH_2$; 1120.
2c. Methyl-guanidin-Hydrochlorid; $H_3C\cdot HN\cdot \overset{+}{C}(NH_2)_2\cdot Cl$; 1120.
3. Propionamid; $H_3C\cdot H_2C\cdot CO\cdot NH_2$; 793, 1147.
3a. N-Methyl-acetamid; $H_3C\cdot CO\cdot NH\cdot CH_3$; 1162.
3b. N-Dimethyl-carbaminsäure-chlorid; $(H_3C)_2N\cdot CO\cdot Cl$; 793.
4a. N-Dimethyl-acetamid; $H_3C\cdot CO\cdot N(CH_3)_2$; 1162.
4b. Di-acetamid; $H_3C\cdot CO\cdot NH\cdot CO\cdot CH_3$; 629.
4c. Succinimid; $\begin{matrix} H_2C\text{—}CO \\ | \\ H_2C\text{—}CO \end{matrix}\!\!>\!NH$; 629.
4d. N-Äthyl-acetamid; $H_3C\cdot CO\cdot NH\cdot C_2H_5$; 1203.
5a. N-Tetramethyl-Harnstoff; $(H_3C)_2N\cdot CO\cdot N(CH_3)_2$; 1162.
6. N-Butyl-acetamid; $H_3C\cdot CO\cdot NH\cdot C_4H_9$; 1114a.
6a. Dipropyl-carbodiimid; $H_7C_3\cdot N{:}C{:}N\cdot C_3H_7$; 1183.

XIV. Säurehalogenide.

1. Phosgen (Chlorameisensäure-chlorid); $Cl\cdot CO\cdot Cl$; 204, 373, 1167 (P).
2. Acetylchlorid; $H_3C\cdot CO\cdot Cl$; 244, 677, 1057, (D) 1057.
2a. Chloracetylchlorid; $ClH_2C\cdot CO\cdot Cl$; 316, 757.
2b. Dichloracetylchlorid; $Cl_2HC\cdot CO\cdot Cl$; 757.
2c. Trichloracetylchlorid; $Cl_3C\cdot CO\cdot Cl$; 757.
2d. Acetylbromid; $H_3C\cdot CO\cdot Br$; 244, 793.
2e. Bromacetylbromid; $BrH_2C\cdot CO\cdot Br$; 1209.
2k. Oxalylchlorid; $ClCO\cdot CO\cdot Cl$; 743, 1185.
3. Propionylchlorid; $H_3C\cdot H_2C\cdot CO\cdot Cl$; 677.
3a. Propionylbromid; $H_3C\cdot H_2C\cdot CO\cdot Br$; 793.

XV. Cyan-Verbindungen.

XVI. Aldehyde.

3. Propionaldehyd; $H_5C_2 \cdot CO \cdot H$; 199, 704.
Propionaldoxim; $H_5C_2 \cdot CH:N \cdot OH$; 1194.
4. n-Butyraldehyd; $H_7C_3 \cdot CO \cdot H$; 427, 704.
4a. i-Butyraldehyd; $(H_3C)_2HC \cdot CO \cdot H$; 704.
4b. β-Oxy-butyraldehyd (Aldol); $\genfrac{}{}{0pt}{}{H_3C}{HO}{>}HC \cdot H_2C \cdot CO \cdot H$; 591.
5. n-Valeraldehyd; $H_9C_4 \cdot CO \cdot H$; 704.
5a. i-Valeraldehyd; $(H_3C)_2HC \cdot H_2C \cdot CO \cdot H$; 704.
5b. sek. Valeraldehyd; $\genfrac{}{}{0pt}{}{H_3C}{H_5C_2}{>}HC \cdot CO \cdot H$; 704.
Methyläthylacetaldoxim; $\genfrac{}{}{0pt}{}{H_3C}{H_5C_2}{>}HC \cdot HC:N \cdot OH$; 1226.
5c. tert. Valeraldehyd; $(H_3C)_3C \cdot CO \cdot H$; 704.
6. n-Capronaldehyd; $H_{11}C_5 \cdot CO \cdot H$; 704.
6a. i-Capronaldehyd; $(H_3C)_2HC \cdot H_2C \cdot H_2C \cdot CO \cdot H$; 704.
6d. tert. Capronaldehyd; $\begin{matrix}H_3C\\H_5C_2\\H_3C\end{matrix}{>}C \cdot CO \cdot H$; 704.
7. n-Heptylaldehyd; $H_{13}C_6 \cdot CO \cdot H$; 476, 704.
8. n-Octylaldehyd; $H_{15}C_7 \cdot CO \cdot H$; 704.
9. n-Nonylaldehyd; $H_{17}C_8 \cdot CO \cdot H$; 704.
10. n-Decylaldehyd; $H_{19}C_9 \cdot CO \cdot H$; 704.
11. n-Undecylaldehyd; $H_{21}C_{10} \cdot CO \cdot H$; 758.
12. n-Dodecylaldehyd; $H_{23}C_{11} \cdot CO \cdot H$; 758.
12a. Methyl-n-Nonyl-acetaldehyd; $H_{19}C_9 \cdot HC(CH_3) \cdot CO \cdot H$; 758.

XVII. Ketone.

3. Aceton; $H_3C \cdot CO \cdot CH_3$; 95, 113, 140, 149, 158, 167, 200, 210, 446, 546, 578 (P), 609 (zP), 809 (P), 966, 1028, 1173; (D) 1028, 1057, 1078; dazu Iso-Nitroso-Verbindung $H_3C \cdot CO \cdot C(:N \cdot OH) \cdot H$; 1143.
3a. Chloraceton; $ClH_2C \cdot CO \cdot CH_3$; 757.
3b. Dichloraceton; $Cl_2HC \cdot CO \cdot CH_3$; 757.
4. Methyl-äthyl-keton; $H_3C \cdot CO \cdot C_2H_5$; 130, 149, 158, 578 (P), 704; dazu Isonitroso-Verbindung $H_3C \cdot CO \cdot C(:N \cdot OH) \cdot CH_3$; 1143.
Methyl-äthyl-ketoxim; $\genfrac{}{}{0pt}{}{H_3C}{H_5C_2}{>}C:N \cdot OH$; 659.
dazu Methyläther; $\genfrac{}{}{0pt}{}{H_3C}{H_5C_2}{>}C:N \cdot OCH_3$; 659.
4a. Diacetyl; $H_3C \cdot CO \cdot CO \cdot CH_3$; 661, 743.
5. Methyl-n-propyl-keton; $H_3C \cdot CO \cdot C_3H_7$; 158, 704;
dazu Ketoxim $H_3C \cdot C(:N \cdot OH) \cdot C_3H_7$; 659;
dazu Isonitroso-Verbindung $H_3C \cdot CO \cdot C(:N \cdot OH)C_2H_5$; 1143.
5a. Methyl-i-propyl-keton; $H_3C \cdot CO \cdot CH(CH_3)_2$; 704.
5b. Diäthyl-keton; $H_5C_2 \cdot CO \cdot C_2H_5$; 149, 158, 704.
Diäthyl-ketoxim $(H_5C_2)_2C:N \cdot OH$; 1194;
dazu Isonitroso-Verbindung $H_5C_2 \cdot CO \cdot C(:N \cdot OH)CH_3$; 1143.
5c. Acetyl-aceton; $H_3C \cdot CO \cdot CH_2 \cdot CO \cdot CH_3$; 661, 662, 690, 777.
5d. Acetol-acetat; $H_3C \cdot CO \cdot CH_2 \cdot O \cdot CO \cdot CH_3$; 1161.

5e. Hydracetyl-aceton; $\frac{H_3C}{HO}>HC\cdot H_2C\cdot CO\cdot CH_3$; 1161.

6. Methyl-n-butyl-keton; $H_3C\cdot CO\cdot C_4H_9$; 704.
Methyl-n-butyl-ketoxim; $\frac{H_3C}{H_9C_4}>C:N\cdot OH$; 659;
dazu Isonitroso-Verbindung $H_3C\cdot CO\cdot C(:N\cdot OH)\cdot C_3H_7$; 1143.

6a. Methyl-i-butyl-keton; $H_3C\cdot CO\cdot CH_2\cdot CH(CH_3)_2$; 704;
dazu Isonitroso-Verbindung $H_3C\cdot CO\cdot C(:N\cdot OH)\cdot CH(CH_3)_2$; 1143.

6b. Methyl-sek.-butyl-keton; $H_3C\cdot CO\cdot CH<\frac{CH_3}{C_2H_5}$; 704.

6c. Methyl-tert.-butyl-keton (Pinakolin); $H_3C\cdot CO\cdot C(CH_3)_3$; 704.

6d. Äthyl-n-propyl-keton; $H_5C_2\cdot CO\cdot C_3H_7$; 783b;
dazu Isonitroso-Verbindung $H_5C_2\cdot CO\cdot C(:N\cdot OH)\cdot C_2H_5$; 1143.

6e. Äthyl-i-propyl-keton; $H_5C_2\cdot CO\cdot CH(CH_3)_2$; 783b.

6f. Monomethyl-acetyl-aceton; $H_3C\cdot CO\cdot CH(CH_3)\cdot CO\cdot CH_3$; 777.

6g. Acetonyl-aceton; $H_3C\cdot CO\cdot CH_2\cdot CH_2\cdot CO\cdot CH_3$; 661, 690.

7. Methyl-n-amyl-keton; $H_3C\cdot CO\cdot C_5H_{11}$; 704;
dazu Isonitroso-Verbindung $H_3C\cdot CO\cdot C(:N\cdot OH)C_4H_9$; 1143.

7a. Methyl-i-amyl-keton; $H_3C\cdot CO\cdot CH_2\cdot CH_2\cdot CH(CH_3)_2$; 704.

7b. Methyl-tert.-amyl-keton; $H_3C\cdot CO\cdot C(CH_3)(C_2H_5)(CH_3)$; 704.

7d. Äthyl-n-butyl-keton; $H_5C_2\cdot CO\cdot C_4H_9$; 783b.

7e. Äthyl-i-butyl-keton; $H_5C_2\cdot CO\cdot CH_2\cdot CH(CH_3)_2$; 783b.

7f. Di-n-propyl-keton; $H_7C_3\cdot CO\cdot C_3H_7$; 704.
Di-n-propyl-ketoxim $(H_7C_3)_2C:N\cdot OH$; 1194.

7g. Di-i-propyl-keton; $(H_3C)_2HC\cdot CO\cdot CH(CH_3)_2$; 704.

7h. Dimethyl-acetyl-aceton; $H_3C\cdot CO\cdot C(CH_3)_2\cdot CO\cdot CH_3$; 743.

8. Methyl-n-hexyl-keton; $H_3C\cdot CO\cdot C_6H_{13}$; 704.

8d. Äthyl-n-amyl-keton; $H_5C_2\cdot CO\cdot C_5H_{11}$; 783b.

8e. Äthyl-i-amyl-keton; $H_5C_2\cdot CO\cdot CH_2\cdot CH_2\cdot CH(CH_3)_2$; 783b.

9c. Di-i-butyl-keton; $(H_3C)_2HC\cdot H_2C\cdot CO\cdot CH_2\cdot CH(CH_3)_2$; 704.

9d. Äthyl-n-hexyl-keton; $H_5C_2\cdot CO\cdot C_6H_{13}$; 783b.

9e. Äthyl-i-hexyl-keton; $H_5C_2\cdot CO\cdot (CH_2)_3\cdot CH(CH_3)_2$; 783b.

11. Methyl-n-nonyl-keton; $H_3C\cdot CO\cdot C_9H_{19}$; 704.

18d. Äthyl-n-pentadecyl-keton; $H_5C_2\cdot CO\cdot C_{15}H_{31}$; 783b.

B_2. Ungesättigte aliphatische Verbindungen.

XVIII. Kohlenwasserstoffe der Äthylenreihe.

2. Äthylen (Äthen); $H_2C:CH_2$; (g) 155, 906a; (fl) 73, 200; (D̲) 1193, 1219.

3. Methyl-äthylen (Propylen, Propen); $H_2C:CH\cdot CH_3$; 927, 1044 (P).

3a. Allen; $H_2C:C:CH_2$; 573, 621.

4. Äthyl-äthylen (α-Butylen, Buten-1); $H_2C:CH\cdot C_2H_5$; 908, 927.

4c. Methyl-allen; $H_2C:C:CH\cdot CH_3$; 573.

4d. Butadien $\triangle^{1,3}$ (Divinyl, Erythren); $H_2C:CH\cdot HC:CH_2$; 278.

5. n-Propyl-äthylen (α-Amylen, Penten-1); $H_2C:CH\cdot C_3H_7$; 179, 873.

5a. i-Propyl-äthylen; (3-Methyl-buten-1); $H_2C:CH\cdot CH(CH_3)_2$; 424, 875.

5b. 1-Methyl-2-Äthyl-äthylen (Penten-2); $H_3C\cdot HC:CH\cdot C_2H_5$; 873 (cis) 875, 1161.
5c. 2-Methyl-2-Äthyl-äthylen (2-Methyl-buten-1); $H_2C:C{<}^{CH_3}_{C_2H_5}$; 573, 981.
5d. Trimethyl-äthylen (3-Methyl-buten-2); $H_3C\cdot HC:C(CH_3)_2$; 293, 573, 981.
5e. 1,3-Dimethyl-allen; $H_3C\cdot HC:C:CH\cdot CH_3$; 621.
5f. 1,1-Dimethyl-allen; $(H_3C)_2C:C:CH_2$; 573.
5g. Äthyl-allen; $H_2C:C:CH\cdot C_2H_5$; 621.
5h. 1-Methyl-butadien (Piperylen); $H_3C\cdot HC:CH\cdot HC:CH_2$; 278.
5i. 2-Methyl-butadien (Isopren); $H_2C:C(CH_3)\cdot HC:CH_2$; 278, 573, 906.
5k. Pentadien-1,4; $H_2C:CH\cdot CH_2\cdot HC:CH_2$; 873.
6. n-Butyl-äthylen (α-Hexylen, Hexen-1); $H_2C:CH\cdot C_4H_9$; 873.
6a. 1-Methyl-2-n-propyl-äthylen (Hexen-2); $H_3C\cdot HC:CH\cdot C_3H_7$; 647, 873, 875 (cis).
6b. 1-Methyl-2-i-propyl-äthylen (Methyl-4-penten-2); $H_3C\cdot HC:CH\cdot CH(CH_3)_2$; 647, 873, 875 (cis, trans).
6c. 3-Methyl-penten-2; $H_3C\cdot HC:C{<}^{CH_3}_{C_2H_5}$; 647, 873, 973.
6d. 2-Methyl-penten-2; $(H_3C)_2C:CH\cdot C_2H_5$; 647, 873.
6e. Tetramethyl-äthylen; $(H_3C)_2C:C(CH_3)_2$; 647, 722, 873.
6f. n-Propyl-allen; $H_2C:C:CH\cdot C_3H_7$; 573.
6g. 2,3-Dimethyl-butadien; $H_2C:C(CH_3)\cdot(H_3C)C:CH_2$; 278.
6h. Hexadien-1,5 (Diallyl); $H_2C:CH\cdot H_2C\cdot CH_2\cdot HC:CH_2$; 873.
6i. Hexen-3; $H_5C_2\cdot HC:CH\cdot C_2H_5$; 1129.
7. n-Amyl-äthylen (Hepten-1); $H_2C:CH\cdot C_5H_{11}$; 927.
7a. Methyl-n-butyl-äthylen (Hepten-2); $H_3C\cdot HC:CH\cdot C_4H_9$; 875 (cis, trans).
7f. n-Butyl-allen; $H_2C:C:CH\cdot C_4H_9$; 573.
8. n-Hexyl-äthylen (Octen-1); $H_2C:CH\cdot C_6H_{13}$; 927.
8a. Allyl-cyclopentan; $H_2C:CH\cdot CH_2\cdot C_5H_9$; 873.
8b. Methyl-n-amyl-äthylen (Octen-2); $H_3C\cdot HC:CH\cdot C_5H_{11}$; 875 (cis), 1055 (trans).
8c. 2,4-Dimethyl-hexen-4; $H_3C\cdot HC:C{<}^{CH_2\cdot CH(CH_3)_2}_{CH_3}$; 937.
8d. 2,5-Dimethyl-hexen-2; $(H_3C)_2C:CH\cdot CH_2\cdot CH(CH_3)_2$; 937.
8e. 2,2,4-Trimethyl-penten-3; $(H_3C)_3C\cdot HC:C(CH_3)_2$; 846.
8f. 2,2,4-Trimethyl-penten-4; $(H_3C)_3C\cdot {}^{H_3C}_{H_2C}{>}C:CH_2$; 846.
9. n-Heptyl-äthylen (Nonen-1); $H_2C:CH\cdot C_7H_{15}$; 927.
9a. Allyl-cyclohexan; $H_2C:CH\cdot CH_2\cdot C_6H_{11}$; 873.
9b. Methyl-n-hexyl-äthylen (Nonen-2); $H_3C\cdot HC:CH\cdot C_6H_{13}$; 875 (cis).
9c. 2,4-Dimethyl-hepten-4; $(H_3C)_2HC\cdot {}^{H_3C}_{H_2C}{>}C:CH\cdot C_2H_5$; 937.
9d. 2,5-Dimethyl-hepten-5; $(H_3C)_2HC\cdot H_2C\cdot {}^{H_3C}_{H_2C}{>}C:CH\cdot CH_3$; 937.
9e. 2,3,5-Trimethyl-hexen-2; $(H_3C)_2C:C{<}^{CH_3}_{CH_2\cdot CH(CH_3)_2}$; 937.
9f. 3-Methyl-octen-2; $H_3C\cdot HC:C{<}^{CH_3}_{C_5H_{11}}$; 875.
9g. 2-Methyl-octen-2; $(H_3C)_2C:CH\cdot C_5H_{11}$; 875.

XIX. Halogenverbindungen der Äthylenreihe.

XX. Alkohole, Äther und Acetate, Thioäther, Amine der Äthylenreihe.

XXI. Säuren und Säure-derivate der Äthylenreihe.

4b. Isocrotonsäure (Methyl-acrylsäure, cis); $\begin{matrix}H\\H_3C\end{matrix}>C:C<\begin{matrix}H\\CO\cdot OH\end{matrix}$; 390.
Methylester; $H_3C\cdot HC:CH\cdot CO\cdot OCH_3$; 390.
Nitril; $H_3C\cdot HC:CH\cdot CN$; 684, 1236.

4c. β-Chlor-crotonsäure; $\begin{matrix}H_3C\\Cl\end{matrix}>C:C<\begin{matrix}H\\CO\cdot OH\end{matrix}$; 390.

4d. β-Chlor-iso-crotonsäure; $\begin{matrix}Cl\\H_3C\end{matrix}>C:C<\begin{matrix}H\\CO\cdot OH\end{matrix}$; 390.
Äthylester; $R = C_2H_5$; 793.

4e. β-Amino-crotonsäure; $\begin{matrix}H_3C\\H_2N\end{matrix}>C:C<\begin{matrix}H\\CO\cdot OH\end{matrix}$.
Äthylester; $R = C_2H_5$; 743.

4f. Vinyl-essigsäure-Nitril (Vinyl-aceto-nitril, Allylcyanid); $H_2C:CH\cdot CH_2\cdot CN$; 684, 908.

4g. Fumarsäure; $\begin{matrix}HO\cdot OC\\H\end{matrix}>C:C<\begin{matrix}H\\CO\cdot OH\end{matrix}$.
Salz; 321, 1192.
Dimethylester; $R_1 = R_2 = CH_3$; 390.
Diäthylester; $R_1 = R_2 = C_2H_5$; 291, 390, 1024, 1218; Ozonid 1024.
Dinitril; $N⋮C\cdot HC:CH\cdot C⋮N$; 1236.

4h. Maleinsäure; $\begin{matrix}H\\HO\cdot OC\end{matrix}>C:C<\begin{matrix}H\\CO\cdot OH\end{matrix}$; 1192.
Salz; 321, 1192.
Dimethylester; $R_1 = R_2 = CH_3$; 390.
Diäthylester; $R_1 = R_2 = C_2H_5$; 291, 390, 1024, 1218; Ozonid; 1024.
Anhydrid; $\begin{matrix}HC—CO\\ \| \\ HC—CO\end{matrix}>O$; 629, 1170.

4i. Methacrylsäure; $H_2C:C<\begin{matrix}CH_3\\CO\cdot OH\end{matrix}$.
Methylester; $R = CH_3$; 1218.
Nitril; $H_2C:C(CH_3)\cdot CN$; 1236.

5a. β,β-Dimethyl-acrylsaures Methyl; $(H_3C)_2C:CH\cdot CO\cdot OCH_3$; 690.
Nitril; $(H_3C)_2C:CH\cdot C⋮N$; 1236.

5b. N-Methyl-β-amino-crotonsaures Äthyl; $\begin{matrix}H_3C\\H_3C\cdot HN\end{matrix}>C:C<\begin{matrix}H\\CO\cdot OR\end{matrix}$; 743.

5c. Mesaconsäure; $\begin{matrix}HO\cdot OC\\H_3C\end{matrix}>C:C<\begin{matrix}H\\CO\cdot OH\end{matrix}$; Salz; 321.

5d. Citraconsäure; $\begin{matrix}H_3C\\HO\cdot OC\end{matrix}>C:C<\begin{matrix}H\\CO\cdot OH\end{matrix}$; Salz; 321.
Dimethylester; $R_1 = R_2 = CH_3$; 1170.
Anhydrid; $\begin{matrix}H_3C\cdot C—CO\\ \| \\ HC—CO\end{matrix}>O$; 1170.

6a. β-Äthoxy-crotonsaures Äthyl; $\begin{matrix}H_3C\\H_5C_2O\end{matrix}>C:C<\begin{matrix}H\\CO\cdot OR\end{matrix}$; 743.

6b. N-Dimethyl-amino-crotonsaures Äthyl; $\begin{matrix}H_3C\\(H_3C)_2N\end{matrix}>C:C<\begin{matrix}H\\CO\cdot OR\end{matrix}$; 743.

6c. Dimethyl-maleinsäure-Anhydrid; $\begin{matrix}H_3C\cdot C—CO\\ \| \\ H_3C\cdot C—CO\end{matrix}>O$; 1170.

6d. Aconitsaures Triäthyl; $RO\cdot OC\cdot HC:C<^{CO\cdot OR}_{CH_2\cdot CO\cdot OR}$; 690.

6e. Dimethyl-maleinsäure-Diäthylester; $\begin{matrix} H_3C\cdot C\cdot CO\cdot OC_2H_5 \\ \| \\ H_3C\cdot C\cdot CO\cdot OC_2H_5 \end{matrix}$; 1170.

11a. Undecilensäure-methylester; $H_2C:CH\cdot(CH_2)_8\cdot CO\cdot OCH_3$; 1161.

18a. Ölsäure-methylester; $H_{17}C_8\cdot HC:CH\cdot(CH_2)_7\cdot CO\cdot OCH_3$; 1161.

XXII. Ketone und Aldehyde der Äthylenreihe.

2. Keten; $H_2C:C:O$; 1103 (dimeres Keten, siehe Cyclobutan-dion).
3. Kohlenstoff-suboxyd (-dicarbonyl); $O:C:C:C:O$; 1056.
3a. Acrolein; $H_2C:CH\cdot CO\cdot H$; 603.
4a. Croton-aldehyd; $H_3C\cdot HC:CH\cdot CO\cdot H$; 591, 737, 793.
5. Äthyliden-aceton; $H_3C\cdot HC:CH\cdot CO\cdot CH_3$; 793.
5a. β-Amino-äthyliden-aceton; $^{H_3C}_{H_2N}>C:CH\cdot CO\cdot CH_3$; 1162.
5b. 1,2-Dimethyl-acrolein; $H_3C\cdot HC:C<^{CH_3}_{CO\cdot H}$; 875.
5c. 1-Äthyl-acrolein; $H_5C_2\cdot HC:CH\cdot CO\cdot H$; 1129.
6a. N-Methyl-β-amino-äthyliden-aceton; $^{H_3C}_{H_3C\cdot HN}>C:CH\cdot CO\cdot CH_3$; 1162.
6b. 1-Methyl-2-Äthyl-acrolein; $H_3C\cdot HC:C<^{C_2H_5}_{CO\cdot H}$; 875.
6c. 1-Äthyl-2-Methyl-acrolein; $H_5C_2\cdot HC:C<^{CH_3}_{CO\cdot H}$; 875.
6d. Mesityloxyd; $(H_3C)_2C:CH\cdot CO\cdot CH_3$; 690.
7a. N-Dimethyl-amino-äthyliden-aceton; $^{H_3C}_{(H_3C)_2N}>C:CH\cdot CO\cdot CH_3$; 1162
9. Phoron; $(H_3C)_2C:CH\cdot CO\cdot HC:C(CH_3)_2$; 758, 777.
11a. Undecylen-aldehyd; $H_2C:CH\cdot(CH_2)_8\cdot CO\cdot H$; 758.

XXIII. Verbindungen der Acetylenreihe.

2. Acetylen (Äthin); $HC\vdots CH$; (g) 318, 364, 413 (P), 455, 513, 543, 693, 867, 1010; (fl) 774, 867; Lösung 200, (D) 867, 936.
2a. Dijod-acetylen; $JC\vdots CJ$; 742, 867.
3. Methyl-acetylen (Propin); $HC\vdots C:CH_3$; 596, 795, 1158.
3a. Propargylalkohol; $HC\vdots C\cdot CH_2\cdot OH$; 654, 853;
   dazu Methyl-äther; $HC\vdots C\cdot CH_2\cdot O\cdot CH_3$; 654, 853.
3b. Propiolsäure; $HC\vdots C\cdot CO\cdot OH$; u
   dazu Methylester; u
   dazu Äthylester; u
4a. 1,2-Dimethyl-acetylen (Butin-2); $H_3C\cdot C\vdots C\cdot CH_3$; 654, 795, 853, 1158, 1161.
4b. Vinyl-acetylen; $H_2C:CH\cdot C\vdots CH$; 795, 838.
4c. Di-acetylen; $HC\vdots C\cdot C\vdots CH$; 838.
5. n-Propyl-acetylen (Pentin-1); $HC\vdots C\cdot C_3H_7$; Tables Annuelles, S. 58.
5a. i-Propyl-acetylen; $HC\vdots C\cdot CH(CH_3)_2$; 875.
5b. Methyl-äthyl-acetylen (Pentin-2); $H_3C\cdot C\vdots C\cdot C_2H_5$; 654, 853.

11a. n-Propyl-n-hexyl-acetylen (Undecin-4); $H_7C_3 \cdot C \vdots C \cdot C_6H_{13}$; 654, 853.
11b. n-Butyl-n-amyl-acetylen (Undecin-5); $H_9C_4 \cdot C \vdots C \cdot C_5H_{11}$; 654, 853.
11c. 3-Methyl-decin-4, ol-3; $\begin{matrix} H_5C_2 \\ HO \\ H_3C \end{matrix}\!>\!C \cdot C \vdots C \cdot C_5H_{11}$; 853;
dazu Methyläther; 853.
11d. 5-Cyclohexyl-pentin-3, ol-2; $\begin{matrix} H_3C \\ HO \end{matrix}\!>\!HC \cdot C \vdots C \cdot CH_2 \cdot C_6H_{11}$; 654, 853;
dazu Methyläther; 853.
12a. n-Butyl-n-hexyl-acetylen (Dodecin-5); $H_9C_4 \cdot C \vdots C \cdot C_6H_{13}$; 654, 853.
12b. 5-Cyclohexyl-2-methyl-pentin-3, ol-2; $\begin{matrix} H_3C \\ HO \\ H_3C \end{matrix}\!>\!C \cdot C \vdots C \cdot CH_2 \cdot C_6H_{11}$; 853;
dazu Methyläther; 853.
15. Pentadeca-diin-6,9, ol-8; $H_{11}C_5 \cdot C \vdots C \cdot CH(OH) \cdot C \vdots C \cdot C_5H_{11}$; 853.
22. Triheptinyl-carbinol; $[H_{11}C_5 \cdot C \vdots C]_3C \cdot OH$; 853.

XXIV. C_1. Gesättigte carbocyclische Substanzen.

3. Cyclopropan; C_3H_6; (Dreieck 1, 2, 3); 518, 746, 925, 1020, 1043, 1069 (P) (fl, g).
3a. Methylcyclopropan; $C_3H_5 \cdot CH_3$; 518.
3b. Cyclopropyl-cyanid; $C_3H_5 \cdot CN$; 1181.
3k. Cyclopropancarbonsäure; $C_3H_5 \cdot CO \cdot OH$; 1180.
Methylester; $R = CH_3$; 1180.
Äthylester; $R = C_2H_5$; 1180.
n-Propylester; $R = C_3H_7$; 1180.
i-Propylester; $R = CH(CH_3)_2$; 1180.
tert. Butylester; $R = C(CH_3)_3$; 1180.
Chlorid; $C_3H_5 \cdot CO \cdot Cl$; 1180.
3l. Cyclopropan-1,1-dicarbonsäure-diäthylester; 1182.
3m. Cyclopropyl-carbaminsaures Methyl; $C_3H_5 \cdot HN \cdot CO \cdot OCH_3$; 1182.
3n. 1,2-Dimethylcyclopropan; $H_3C \cdot C_3H_4 \cdot CH_3$; 518.
3o. 1-Methyl-2-äthylcyclopropan; $H_3C \cdot C_3H_4 \cdot C_2H_5$; 518.
3p. 1-Methyl-2-propyl-cyclopropan; $H_3C \cdot C_3H_4 \cdot C_3H_7$; 518.
4. Cyclobutan; C_4H_8 (Quadrat 1, 2, 3, 4).
4a. Cyclobutylamin; $C_4H_7 \cdot NH_2$; 1182.
4b. Cyclobutanol; $C_4H_7 \cdot OH$; 1182.
4c. N-Dimethyl-cyclobutylamin; $C_4H_7 \cdot N(CH_3)_2$; 1182.
4d. Cyclobutyl-carbaminsäure-Methylester; $C_4H_7 \cdot HN \cdot CO \cdot OCH_3$; 1182.
4k. Cyclobutan-carbonsäure; $C_4H_7 \cdot CO \cdot OH$; 1148.
Methylester; $R = CH_3$; 1148.
Äthylester; $R = C_2H_5$; 1148.
n-Propylester; $R = C_3H_7$; 1148.
i-Propylester; $R = CH(CH_3)_2$; 1148.
tert. Butylester; $R = C(CH_3)_3$; 1148.
Säurechlorid; $C_4H_7 \cdot CO \cdot Cl$; 1148.

6m. Cyclohexanon; $C_6H_{10}:O$; $CH_2<{CH_2-CH_2 \atop CH_2-CH_2}>C:O$; 711, 800a, 1169.
Methylcyclohexanon; $H_3C \cdot C_6H_9:O$; (o, m, p); 711.
6n. Dimethyl-cyclohexan; $C_6H_{10}(CH_3)_2$.
1,1-Dimethyl; 916; 1,2-Dimethyl..530, 683 (cis und trans).
1,3-Dimethyl..530, 916 (cis und trans); 1,4-Dimethyl..530, 916 (cis und trans).
6o. Dicyclohexyl; $C_6H_{11} \cdot C_6H_{11}$; 758, 968.
6p. Dicyclohexyl-äthan; $C_6H_{11} \cdot CH_2 \cdot CH_2 \cdot C_6H_{11}$; 758.
6q. Cyclohexan-oxyde, vgl. Epoxy-cyclohexan.
6r. Hexahydrophthalsäure-Anhydrid; [Strukturformel: C=O, O, C=O]; (cis und trans); 1171.
6s. Hexahydrophthalsäure-Diäthylester; [Strukturformel: CO · OR, CO · OR]; (cis und trans); 1171.
6t. Tetramethyl-aceton-dicarbonsäure-anhydrid; $O{=}C<{C(CH_3)_2-C{=}O \atop C(CH_3)_2-C{=}O}>O$; u
6u. Dibrom-cyclohexan; $C_6H_{10}Br_2$; 1161.
7. Cycloheptan; C_7H_{14}; 571.
7a. Methylcycloheptan; $C_7H_{13} \cdot CH_3$; 571.
7r. 2,5-Endomethylen-hexahydro-benzoesäure-methylester; 1012; [Strukturformel: $CO \cdot OCH_3$]
7s. α-cis-3,6-Endomethylen-hexahydro-phthalsäure-dimethylester; 1012; [Strukturformel: $CO \cdot OCH_3$, $CO \cdot OCH_3$]
8. Cyclooctan; C_8H_{16}; 571.
8a. Methyl-cyclooctan; $C_8H_{15} \cdot CH_3$; 571.
10. Dekahydro-naphthalin; $C_{10}H_{18}$; [Strukturformel]; 431, 830 870 (cis und trans), 968, 1111.
10a. Tetrahydro-α-dicyclopentadien; $C_{10}H_{16}$; 1012. [Strukturformel]
12. Dekahydro-acenaphthen; $C_{12}H_{20}$; 968; [Strukturformel]
16. Perhydro-pyren; $C_{16}H_{26}$; 968; [Strukturformel]

XXV. C_2. Ungesättigte carbocyclische Verbindungen.

5. Cyclopenten; C_5H_8 (Ring, Atome 1–5, Doppelbindung 1=2); 468, 646, 744, 1012, 1040, 1244 (P).

5a. Methyl-cyclopenten; $C_5H_7 \cdot CH_3$; 1-Methyl-c; 646, 744, 873, 1041; 5-Methyl-c; 1041; 4-Methyl-c; 1041.

5b. 1-Äthyl-cyclopenten; $C_5H_7 \cdot C_2H_5$; 646.

5c. 1-Propyl-cyclopenten; $C_5H_7 \cdot C_3H_7$; n- und i-Propyl; 1041.

5d. Cyclopenten-1-aldehyd; $C_5H_7 \cdot CO \cdot H$; 744, 873.

5e. Cyclopenten-1-carbonsäure-methylester; $C_5H_7 \cdot CO \cdot OCH_3$; 744, 873.

5f. Cyclopenten-1-brom-methan; $C_5H_7 \cdot CH_2 \cdot Br$; 744, 873.

5g. Cyclopenten-1-methanol; $C_5H_7 \cdot CH_2 \cdot OH$; 744, 873; (Acetat).

5h. Cyclopenten-1-methyl-carbinol; $C_5H_7 \cdot CH\!<^{CH_3}_{OH}$; 744, 873.

5i. Cyclopenten-1-äthyl-carbinol; $C_5H_7 \cdot CH\!<^{C_2H_5}_{OH}$; 744, 873.

5k. 1-Cyan-cyclopenten; $C_5H_7 \cdot CN$; 744, 873.

5l. Cyclopentadien; C_5H_6; (Ring); 752, 1012, 1040, 1244 (P).

6. Cyclohexen; C_6H_{10}; (Ring, Atome 1–6, Doppelbindung 1=2); 297, 357, 424, 427, 613, 646, 1012, 1062.

6a. Methylcyclohexen; $C_6H_9 \cdot CH_3$; 1-Methyl-c; 646, 873; 4-Methyl-c; 646, 873.

6b. 1-Äthyl-cyclohexen; $C_6H_9 \cdot C_2H_5$; 646.

6c. 1-Propyl-cyclohexen; $C_6H_9 \cdot C_3H_7$; n- und i-Propyl; 1031.

6d. 1-Butyl-cyclohexen; $C_6H_9 \cdot C_4H_9$; 1031.

6e. 1-Cyclohexyl-cyclohexen; $C_6H_9 \cdot C_6H_{11}$; 1031.

6f. 1,4-Dimethyl-cyclohexen; $H_3C \cdot C_6H_8 \cdot CH_3$; 646.

6g. 1,4,6-Trimethylcyclohexen; $C_6H_7 \cdot (CH_3)_3$; 646.

6h. 1-Methyl-cyclohexen-ol-6; $H_3C \cdot C_6H_8 \cdot OH$; 873; dazu Äthyläther und Acetat; 873.

6i. 1-Äthyl-cyclohexen-ol-6; $H_5C_2 \cdot C_6H_8 \cdot OH$; und Acetat; 879.

6j. Äthoxy-cyclohexen; $C_6H_9 \cdot OC_2H_5$; 1161.

6k. 1-Methyl-cyclohexen-on-6; (Ring) $=O$, $-CH_3$; 873.

6l. 1-Äthyl-cyclohexen-on-6; $H_5C_2 \cdot C_6H_7 \cdot O$; 879.

6m. Cyclohexadien (Dihydro-benzol); C_6H_8.

$\Delta^{1,3}$-Cyclohexadien; (Ring); 758, 800, 811, 842, 888.

$\Delta^{1,4}$-Cyclohexadien; (Ring); 800, 842.

6n. β-Jonon; $H_2C\!<^{CH_2-H_2C}_{C(CH_3)=C}\!>C(CH_3)_2$ $\cdot CH:CH \cdot CO \cdot CH_3$; 507.

6o. Brom-1-cyclohexen-Δ^2; 1179.
6p. Dibrom-cyclohexen; 1179.
7. Cyclohepten; C_7H_{12}; 646.
7a. 1-Methyl-cyclohepten; $C_7H_{11} \cdot CH_3$; 646.

7r. 2,5-Endomethylen-Δ^3-tetrahydro-benzoesaures Methyl; 1012; CO·OCH₃

7s. α-cis-3,6-Endomethylen-$\triangle^4$-tetrahydro-phthalsaures Dimethyl; 1012; CO·OCH₃ CO·OCH₃

8. Cycloocten; C_8H_{14}; 646.

8r. 2,5-Endoäthylen-Δ^3-tetrahydro-benzaldehyd; u CO·H

8s. 3,6-Endoäthylen-Δ^4-tetrahydro-phthalsaures Dimethyl; u CO·OCH₃ CO·OCH₃

10a. Dicyclopentadien; $C_{10}H_{12}$; 752, 1012;

10b. Dihydro-dicyclopentadien; $C_{10}H_{14}$; 1012;

10c. 1,4-Dihydro-naphthalin; $C_{10}H_{10}$; 559;

10d. 1,2-Dihydro-naphthalin; $C_{10}H_{10}$; 722;

10e. Tetrahydro-naphthalin; $C_{10}H_{12}$; 431, 830, 944, 968;

12. Tetrahydro-acenaphthen; $C_{12}H_{14}$; 968;

12a. Dicyclohexadien; u

12b. Dihydro-dicyclohexadien; u

16. Dekahydro-pyren; $C_{16}H_{20}$; 968.

C_3. Aromatische Verbindungen.

XXVI. Aromatische Kohlenwasserstoffe.

0. Benzol; C_6H_6; (Strukturformeln mit Ringpositionen 1–6)

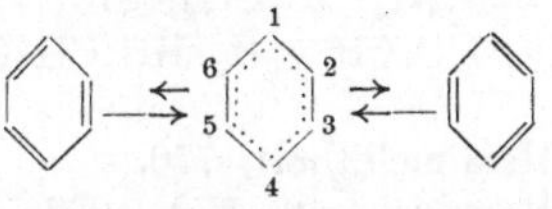

(fl): 12, 17, 30, 37, 45, 68, 72, 116, 125, 150, 154, 158, 168, 186, 189, 200, 207, 234, 326, 344, 346, 351 (P), 376, 392 (z P), 393 (z P), 396, 424, 467 (z P), 500, 511, 519, 527 (l P), 549 (P), 578 (P), 610, 613, 631 (P), 637 (P), 648, 679, 695, 917 (P), 955, 962, 968, 1051 (P), 1052, 1062, 1123.

(fe): 750, 1019; (g) 1139.

Feinstruktur: 496, 594, 675, 750, 866, 925, 962.

($\underline{D}$): 790, 886, 900, 902, 971, 987, 1048, 1051, 1149.

hydriert: vgl. Cyclohexadien, Cyclohexen, Cyclohexan; zusammenfassender Bericht über Benzol und Derivate: 982.

1. Toluol (Methyl-benzol); $C_6H_5{\cdot}CH_3$; 30, 37, 95, 116, 140, 158, 168, 189, 200, 207, 234, 396, 467 (P), 475, 496, 500, 578 (P), 583, 610, 631 (P), 715, 962, 1062, 1107.

1a. Äthyl-benzol; $C_6H_5{\cdot}C_2H_5$; 154, 158, 207, 552, 964, 1062.

1b. Vinyl-benzol (Styrol, Phenyl-äthylen); $C_6H_5{\cdot}HC{:}CH_2$; 357, 552, 873, 1166. Polystyrol; 552, 1166.

1c. Phenyl-acetylen; $C_6H_5{\cdot}C{\vdots}CH$; 356.

1d. n-Propyl-benzol; $C_6H_5{\cdot}C_3H_7$; 1062, 1107.

1e. i-Propyl-benzol (Cumol); $C_6H_5{\cdot}CH(CH_3)_2$; 1107.

1f. Cyclopropyl-benzol; $C_6H_5{\cdot}CH{<}\begin{matrix}CH_2\\|\\CH_2\end{matrix}$; 357, 518.

1g. Allyl-benzol; $C_6H_5{\cdot}H_2C{\cdot}HC{:}CH_2$; 299, 357, 927.

1h. Propenyl-benzol (Methyl-phenyl-äthylen; Phenyl-1-propen-1). $C_6H_5{\cdot}HC{:}CH{\cdot}CH_3$; 357, 873, 875, 1055; (cis und trans).

1i. Benzyl-acetylen; $C_6H_5{\cdot}H_2C{\cdot}C{\vdots}CH$; 356.

1k. Methyl-phenyl-acetylen; $C_6H_5{\cdot}C{\vdots}C{\cdot}CH_3$; 356, 654, 853.

1l. β,β-Dimethylstyrol; $C_6H_5{\cdot}HC{:}C(CH_3)_2$; 734, 973.

1m. Äthyl-phenyl-acetylen; $C_6H_5{\cdot}C{\vdots}C{\cdot}C_2H_5$; 654, 853.

1n. 1-Phenyl-cyclopenten-1; $C_6H_5{\cdot}C_5H_7$; 744, 873.

1o. Phenyl-allyl-acetylen (1-Phenyl-penten-4, in-1); $C_6H_5{\cdot}C{\vdots}C{\cdot}H_2C{\cdot}HC{:}CH_2$; 853.

1p. Phenyl-propyl-acetylen (1-Phenyl-pentin-1); $C_6H_5{\cdot}C{\vdots}C{\cdot}C_3H_7$; 654, 853.

1q. Cyclohexyl-benzol; $C_6H_5{\cdot}C_6H_{11}$; 968.

1r. 1-Phenyl-cyclohexen-1; $C_6H_5{\cdot}C_6H_9$; 758, 1031.

1s. 1-Benzyl-cyclopenten-1; $C_6H_5{\cdot}CH_2{\cdot}C_5H_7$; 744, 873.

1t. 1-Benzyl-cyclohexen-1; $C_6H_5{\cdot}CH_2{\cdot}C_6H_9$; 1031.

1u. Benzyliden-cyclohexan; $C_6H_5{\cdot}HC{:}C{<}\begin{matrix}CH_2-CH_2\\CH_2-CH_2\end{matrix}{>}CH_2$; 734.

1v. Phenyl-1-buten-1; $C_6H_5{\cdot}HC{:}CH{\cdot}C_2H_5$; (cis und trans); 1129.

2. Xylol (Dimethyl-benzol); $C_6H_4(CH_3)_2$; (o, m, p); 30, 32, 130, 148, 158, 200, 578 (P), 583, 609 (z P), 715, 909, 999a, 1062.

XXVII. Aromatische Halogenverbindungen.

3g. 1,4-Dichlor-2-Brom-benzol; $Cl_2C_6H_3 \cdot Br$; 963.
3h. 1,4-Dichlor-2-Jod-benzol; $Cl_2C_6H_3 \cdot J$; 963.
3i. 1,3-Dichlor-4-Brom-benzol; $Cl_2C_6H_3Br$; 963.
3k. 1,3-Dichlor-4-Jod-benzol; $Cl_2 \cdot C_6H_3 \cdot J$; 963.
3l. Trichlorbenzol; $C_6H_3 \cdot Cl_3$; [1,2,3; 1,2,4; 1,3,5]; 427, 598, 689.
3m. Tribrombenzol; $C_6H_3 \cdot Br_3$; [1,3,5]; 1107.
4. Tetrachlorbenzol; $C_6H_2Cl_4$; [1,2,3,4; 1,2,3,5; 1,2,4,5]; 598, 689.
5. Pentachlorbenzol; $C_6H \cdot Cl_5$; 598, 689.
6. Hexachlorbenzol; C_6Cl_6; 598, 689.

XXVIII. Aromatische Alkohole, Äther, Schwefelverbindungen.

1a. Phenylmercaptan (Thiophenol); $C_6H_5 \cdot SH$; 330, 1107, 1137.
1b. Phenyl-methyl-sulfid (~Thioäther); $C_6H_5 \cdot S \cdot CH_3$; 1107.
1c. Phenyl-äthyl-sulfid; $C_6H_5 \cdot S \cdot C_2H_5$; 1107.
1d. Benzyl-mercaptan; $C_6H_5 \cdot CH_2 \cdot SH$; 964.
1e. Benzolsulfosäure; $C_6H_5 \cdot SO_2 \cdot OH$; 396.
1f. Benzolsulfochlorid; $C_6H_5 \cdot SO_2 \cdot Cl$; 396, 964.
1g. Phenol; $C_6H_5 \cdot OH$; 41, 130, 140, 158, 168, 610, 715, 962, 1062, 1107; dazu Acetat ($C_6H_5 \cdot O \cdot CO \cdot CH_3$) und Butyrat ($C_6H_5 \cdot O \cdot CO \cdot C_3H_7$); 694.
1h. Anisol (Methoxybenzol); $C_6H_5 \cdot O \cdot CH_3$; 130, 158, 166, 168, 578 (P), 770.
1i. Phenetol (Äthoxybenzol); $C_6H_5 \cdot OC_2H_5$; 1107.
1k. Benzyl-alkohol (Phenylcarbinol); $C_6H_5 \cdot CH_2 \cdot OH$; 154, 394, 964; dazu Acetat und Chloracetat; 427.
1l. Methyl-phenyl-carbinol; $C_6H_5 \cdot CH <^{CH_3}_{OH}$; 707.
1m. Benzyl-methyl-äther; $C_6H_5 \cdot CH_2O \cdot CH_3$; 1107.
1n. Dimethyl-benzyl-carbinol; $C_6H_5 \cdot CH_2 \cdot C \begin{smallmatrix} CH_3 \\ OH \\ CH_3 \end{smallmatrix}$; 973.
1o. Zimtalkohol; $C_6H_5 \cdot HC{:}CH \cdot CH_2 \cdot OH$; (cis und trans); 998, 1055; dazu Acetat; 427, 1055.
1p. Methyläther des Zimtalkohols; $C_6H_5 \cdot HC{:}CH \cdot CH_2 \cdot O \cdot CH_3$; (cis und trans); 1055.
1q. 3-Phenyl-propin-2, ol-1; $C_6H_5 \cdot C \vdots C \cdot CH_2 \cdot OH$; 654.
1r. Dazu Methyläther; $C_6H_5 \cdot C \vdots C \cdot CH_2 \cdot O \cdot CH_3$; 654.
1s. 4-Phenyl-2-methyl-butin-3, ol-2; $C_6H_5 \cdot C \vdots C \cdot C \begin{smallmatrix} CH_3 \\ OH \\ CH_3 \end{smallmatrix}$; 853.
1t. Dazu Methyläther; 853.
1u. 4-Phenyl-butin-3, ol-2; $C_6H_5 \cdot C \vdots C \cdot CH <^{CH_3}_{OH}$; 654.
1v. Dazu Methyläther; 654.
2a. Toluolsulfosäure; $H_3C \cdot C_6H_4 \cdot SO_2 \cdot OH$; (p); 396.
2b. Kresol (Methyl-phenol, Oxy-toluol); $H_3C \cdot C_6H_4 \cdot OH$; (o, m, p); 715; dazu Acetat; $H_3C \cdot C_6H_4 \cdot O \cdot CO \cdot CH_3$; 694.
2c. Methylanisol; $H_3C \cdot C_6H_4 \cdot OCH_3$; (o, m, p); 478, 921.
2d. n-Propyl-anisol (Dihydro-anethol); $H_7C_3 \cdot C_6H_4 \cdot OCH_3$; (p); 1062.

2e. Dioxy-benzol; $C_6H_4(OH)_2$.
ortho: Brenzkatechin; 770.
meta: Resorzin; 661, 690.
para: Hydrochinon; 770.

2f. Methoxyphenol; $H_3CO\cdot C_6H_4\cdot OH$.
ortho: Brenzkatechin-monomethyläther (Guajakol); 921.
meta: Resorzin-monomethyläther; 921.
para: Hydrochinon-monomethyläther; 921.

2g. Dimethoxy-benzol; $H_3CO\cdot C_6H_4\cdot OCH_3$; (o, m, p); 770.

2h. Amino-anisol (Anisidin); $H_2N\cdot C_6H_4\cdot OCH_3$; (o, m, p); 921.

2i. Fluorphenol; $F\cdot C_6H_4\cdot OH$; 919; (p).

2k. Fluoranisol; $F\cdot C_6H_4\cdot OCH_3$; 921; (p).

2l. Chlorphenol; $Cl\cdot C_6H_4\cdot OH$; (o, m, p); 234, 427, 807.

2m. Chloranisol; $Cl\cdot C_6H_4\cdot OCH_3$; (o, p); 921.

2n. Bromphenol; $Br\cdot C_6H_4\cdot OH$; (o, p); 919.

2o. Bromanisol; $Br\cdot C_6H_4\cdot OCH_3$; (o, p); 921.

2p. Jodanisol; $J\cdot C_6H_4\cdot OCH_3$; (o, m, p); 921.

2q. Estragol; $H_2C{:}CH\cdot CH_2\cdot C_6H_4\cdot OCH_3$; (o); 847.

2r. Anethol; $H_3C\cdot HC{:}CH\cdot C_6H_4\cdot OCH_3$; (p); 722, 847, 1062.

3a. Xylenol (Dimethylphenol); $(H_3C)_2\cdot C_6H_3\cdot OH$; (6 Isomere); 537.

3b. Trioxy-benzol; $C_6H_3(OH)_3$.
1,2,3-Trioxy-b. (Pyrogallol); 770, 923, 1061.
1,2,4-Trioxy-b. (Oxyhydrochinon).
1,3,5-Trioxy-b. (Phloroglucin); 770.

3c. Trimethoxy-benzol; $C_6H_3(OCH_3)_3$; (1,2,3; 1,3,5) 770; (1,2,4) 1061.

3d. 1-Methyl-4-chlor-2-oxy-benzol; 963.

3e. Dichlorphenol; $Cl_2C_6H_3\cdot OH$; 963; [Cl—Cl—OH: 1,4,2; 1,3,4].

3f. Thymol (1-Methyl-4-isopropyl-5-oxy-benzol); 636.

3g. Eugenol; $\left.\begin{matrix}HO\ (4)\\ H_3CO\ (3)\end{matrix}\right\}C_6H_3\cdot CH_2\cdot CH{:}CH_2\ (1)$; 732, 847, 1062.

3h. Methyl-eugenol; $\left.\begin{matrix}H_3CO\ (4)\\ H_3CO\ (3)\end{matrix}\right\}C_6H_3\cdot CH_2\cdot CH{:}CH_2\ (1)$; 847, 1024.

3i. Iso-eugenol; $\left.\begin{matrix}HO\ (4)\\ H_3CO\ (3)\end{matrix}\right\}C_6H_3\cdot HC{:}CH\cdot CH_3\ (1)$; 722, 847, 1062, 1070; (cis und trans).

3k. Methyl-isoeugenol; $\left.\begin{matrix}H_3CO\ (4)\\ H_3CO\ (3)\end{matrix}\right\}C_6H_3\cdot HC{:}CH\cdot CH_3\ (1)$; 1024; dazu Ozonid; 1024.

3l. Dihydroeugenol; $\left.\begin{matrix}HO\ (4)\\ H_3CO\ (3)\end{matrix}\right\}C_6H_3\cdot C_3H_7\ (1)$; 1062.

3m. Safrol; $H_2C{<}\left.\begin{matrix}O\ (3)\\ O\ (4)\end{matrix}\right\}C_6H_3\cdot CH_2\cdot CH{:}CH_2\ (1)$; 427, 722, 847, 1062.

3n. Isosafrol; $H_2C{<}\left.\begin{matrix}O\ (3)\\ O\ (4)\end{matrix}\right\}C_6H_3\cdot HC{:}CH\cdot CH_3\ (1)$; 722, 847, 1062.

3o. Dihydrosafrol; $H_2C{<}\left.\begin{matrix}O\ (3)\\ O\ (4)\end{matrix}\right\}C_6H_3\cdot C_3H_7\ (1)$; 1062.

XXIX. Aromatische Amino-, Nitro-, Cyanverbindungen.

XXX. Aromatische Säuren und Säurederivate.

n-Propylester; R = C_3H_7; 694.
i-Propylester; R = $CH(CH_3)_2$; 694.
n-Butylester; R = C_4H_9; 694.
i-Butylester; R = $CH_2 \cdot CH(CH_3)_2$; 694.
i-Amylester; R = $CH_2 \cdot CH_2 \cdot CH(CH_3)_2$; 694.
n-Octylester; R = C_8H_{17}; 694.
Cyclohexylester; R = C_6H_{11}; 694.
o-Toluylester; R = $C_6H_4 \cdot CH_3$; 694.

1b. Benzoylchlorid; $C_6H_5 \cdot CO \cdot Cl$; 144, 154, 376, 425, 578 (P), 694, 762, 1085.

1c. Benzoylbromid; $C_6H_5 \cdot CO \cdot Br$; 762.

1d. Benzamid; $C_6H_5 \cdot CO \cdot NH_2$; 762, 912.

1e. Benzoesäure-Anhydrid; $C_6H_5 \cdot CO \cdot O \cdot OC \cdot C_6H_5$; 629.

1f. Thiobenzoesäure; $C_6H_5 \cdot CO \cdot SH$; 762.

1g. Phenylessigsäure; $C_6H_5 \cdot CH_2 \cdot CO \cdot OH$; 762, 1147.
Methylester; R = CH_3; 707, 762.
Äthylester; R = C_2H_5; 707, 762.

1h. Phenylessigsäurechlorid; $C_6H_5 \cdot CH_2 \cdot CO \cdot Cl$; 762.

1i. Phenyl-brom-essigsaures Methyl; $C_6H_5 \cdot CH(Br) \cdot CO \cdot OCH_3$; 733.

1k. Phenylpropionsäure (Hydro-zimtsäure); $C_6H \cdot CH_2 \cdot CH_2 \cdot CO \cdot OH$.
Methylester; R = CH_3; 1176.
Äthylester; R = C_2H_5; 707, 758, 762, 1176.

1l. Zimtsäure; $C_6H_5 \cdot HC{:}CH \cdot CO \cdot OH$; 762.
Methylester; R = CH_3; 762, 1176.
Äthylester; R = C_2H_5; 707, 762, 1176.
Isopropylester; R = $CH(CH_3)_2$; 707.

1m. Zimtsäurechlorid; $C_6H_5 \cdot HC{:}CH \cdot CO \cdot Cl$; 762.

1n. N-Dimethyl-zimtsäure-amid; $C_6H_5 \cdot HC{:}CH \cdot CO \cdot N(CH_3)_2$; 762.

1o. Phenyl-propiolsäure; $C_6H_5 \cdot C{\vdots}C \cdot CO \cdot OH$; 762.
Äthylester; R = C_2H_5; 762.

1p. Benz-imido-ester (aether) $C_6H_5 \cdot C\langle{}^{NH}_{OR}$
Methylaether R = CH_3; 1203.
Aethylaether R = C_2H_5; 1203.

1q. Phenyl-alanin $\frac{C_6H_5 \cdot H_2C}{H_2N}{>}HC \cdot CO \cdot OH$; 1174.

2a. Toluylsäure-ester; $H_3C \cdot C_6H_4 \cdot CO \cdot OR$; (o, m, p); Methyl und Äthyl; 715.

2b. Toluylsäure-chlorid; $H_3C \cdot C_6H_4 \cdot CO \cdot Cl$; (o, m, p); 965, 1085.

2c. Amino-benzoesaures Äthyl; $H_2N \cdot C_6H_4 \cdot CO \cdot OC_2H_5$; (o, m, p); 920.

2d. Oxy-benzoesäure-ester; $HO \cdot C_6H_4 \cdot CO \cdot OR$.
Methyl; R = CH_3; (o); 707.
Äthyl; R = C_2H_5; (o, m, p); 707, 920.

2e. Methoxy-benzoesaures Äthyl; $H_3CO \cdot C_6H_4 \cdot CO \cdot OC_2H_5$; (o, m, p); 1085, 1205.
Methylester; (o); 1205.

2f. Methoxy-benzoesäure-chlorid; $H_3CO \cdot C_6H_4 \cdot CO \cdot Cl$; (o, m, p); 965, 1205; (p); 1185.

2g. Chlorbenzoesaures Äthyl; $Cl \cdot C_6H_4 \cdot CO \cdot OC_2H_5$; (o, m, p); 758, 920.
2h. Chlorbenzoesäure-chlorid; $Cl \cdot C_6H_4 \cdot CO \cdot Cl$; (o, m, p); 965, 1085, 1185.
2i. Brombenzoesaures Äthyl; $Br \cdot C_6H_4 \cdot CO \cdot OC_2H_5$; (o, m, p); 758, 920.
2k. Brombenzoesäure-chlorid; $Br \cdot C_6H_4 \cdot CO \cdot Cl$; (o, m, p); 965.
Brombenzoesäure-bromid; $Br \cdot C_6H_4 \cdot CO \cdot Br$; (m); 1209.
2l. Jodbenzoesaures Äthyl; $J \cdot C_6H_4 \cdot CO \cdot OC_2H_5$; (o, m, p); 758.
2m. Nitrobenzoesäure; $O_2N \cdot C_6H_4 \cdot CO \cdot OH$; (o, m, p); 389.
Äthylester; $R = C_2H_5$; (o, m, p); 920.
2n. Nitrobenzoesäure-chlorid; $O_2N \cdot C_6H_4 \cdot CO \cdot Cl$; (o, m, p); 1085, 1205.
2o. Tyrosin; $HO \cdot C_6H_4 \cdot CH_2 \cdot CH{<}{NH_2 \atop CO \cdot OH}$; (p); 940.
2p. Phthalsäure; $C_6H_4(CO \cdot OH)_2$; [o...Phthalsäure; m...Isophthalsäure; p...Terephthalsäure].
Dimethylester; $R = CH_3$; (o, m, p); 629, 707, 922.
Diäthylester; $R = C_2H_5$; (o, m, p); 629, 707, 758, 922.
2q. Phthalsäure-chlorid; $C_6H_4(CO \cdot Cl)_2$; (o, m, p) 965; (o) 1185; asymm. 1205.
2r. o-Phthalsäure-Anhydrid; $C_6H_4{<}{CO \atop CO}{>}O$; 629.
2s. Phthalid; $C_6H_4{<}{CO \atop CH_2}{>}O$; 629.
2t. Phthalimid-Kalium; $C_6H_4{<}{CO \atop CO}{>}N \cdot K$; 629.
2u. Oxybenzoesäurechlorid; $HO \cdot C_6H_4 \cdot CO \cdot Cl$; (o); 1205.
3a. Benzol-tricarbonsäure-trimethylester; $C_6H_3(CO \cdot OCH_3)_3$; 922; (1,2,3; 1,3,5).
4a. Gallus-säure; [1,2,3-Trioxy-benzol-5-carbonsäure]; $(HO)_3C_6H_2 \cdot CO \cdot OH$; 923, 1061.
Methylester; $R = CH_3$; 1061; Äthylester; $R = C_2H_5$; 1061.
4b. 1,2,3-Trimethoxy-benzol-5-carbonsäure; $(H_3CO)_3C_6H_2 \cdot CO \cdot OH$; 1061.
Methylester; $R = CH_3$; 1061.
4c. 1,2,3-Triacetoxy-benzol-5-carbonsäure; $(H_3C \cdot CO \cdot O)_3C_6H_2 \cdot CO \cdot OH$; 1061.
Methylester; $R = CH_3$; 1061.

XXXI. Aromatische Aldehyde und Ketone.

1a. Acetophenon; $C_6H_5 \cdot CO \cdot CH_3$; 130, 158, 578 (P), 762.
Acetophenon-oxim; ${H_3C \atop C_6H_5}{>}C{:}N \cdot OH$; 659; Na-Salz; 659.
1b. Äthyl-phenyl-keton; $C_6H_5 \cdot CO \cdot C_2H_5$; 762.
1c. ω-Chlor-acetophenon; $C_6H_5 \cdot CO \cdot CH_2 \cdot Cl$; 762.
1d. Benzoyl-aceton; $C_6H_5 \cdot CO \cdot CH_2 \cdot CO \cdot CH_3$; 777.
1e. Benzoyl-essigsaures Äthyl; $C_6H_5 \cdot CO \cdot CH_2 \cdot CO \cdot OC_2H_5$; 777, 783b.
1f. Acetyl-benzoyl; $C_6H_5 \cdot CO \cdot CO \cdot CH_3$; 777.
1g. Benzoyl-ameisensaures Äthyl; $C_6H_5 \cdot CO \cdot CO \cdot OC_2H_5$; 777.
1h. Methyl-benzyl-keton; $C_6H_5 \cdot CH_2 \cdot CO \cdot CH_3$; 762.
1i. Äthyl-benzyl-keton; $C_6H_5 \cdot CH_2 \cdot CO \cdot C_2H_5$; 762.
1k. Benzal-aceton; $C_6H_5 \cdot HC{:}CH \cdot CO \cdot CH_3$; 762.
1l. Propenyl-phenyl-keton; $C_6H_5 \cdot CO \cdot HC{:}CH \cdot CH_3$; 793.

1m. Benzaldehyd; $C_6H_5 \cdot CO \cdot H$; 130, 140, 235, 262, 476, 578 (P), 609 (z P), 610, 685, 762.
Benzaldoxim; $C_6H_5 \cdot HC{:}N \cdot OH$; 659; Na-Salz; 659.

1n. Phenyl-acetaldehyd; $C_6H_5 \cdot CH_2 \cdot CO \cdot H$; 758, 762.

1o. Zimtaldehyd; C_6H_5 $HC{:}CH \cdot CO \cdot H$; 235, 762.

2a. Methyl-benzaldehyd (Toluyl-Ald.); $H_3C \cdot C_6H_4 \cdot CO \cdot H$; (o, m, p); 758, 1205.

2b. Oxy-benzaldehyd; $HO \cdot C_6H_4 \cdot CO \cdot H$; (o...Salicyl-Ald., m, p); 235, 758, 1205.

2c. Methoxy-benzaldehyd; $H_3CO \cdot C_6H_4 \cdot CO \cdot H$; 235 (p...Anisaldehyd); (o, m, p); 1205.

2d. Chlor-benzaldehyd; $Cl \cdot C_6H_4 \cdot CO \cdot H$; (o, m, p); 758, 1205.
o-Chlor-benzaldoxim; $Cl \cdot C_6H_4 \cdot CH{:}NOH$; 659; Na-Salz.

2e. Nitro-benzaldehyd; $O_2N \cdot C_6H_4 \cdot CO \cdot H$; (m, p); 389.

2f. Cuminaldehyd (p-Isopropyl-benzaldehyd); $(H_3C)_2HC \cdot C_6H_4 \cdot CO \cdot H$; 758.

2g. p-Benzochinon; $O = C \!<\! {CH{=}CH \atop CH{=}CH} \!>\! C{=}O$; 1161.

3a. Vanillin; $\left. {HO\ (4) \atop H_3CO\ (3)} \right\} C_6H_3 \cdot CO \cdot H\ (1)$; 847.

3b. Methyl-vanillin; $\left. {H_3CO\ (4) \atop H_3CO\ (3)} \right\} C_6H_3 \cdot CO \cdot H\ (1)$; 1024.

3d. Piperonal (Heliotropin); $H_2C \!<\! \left. {O\ (4) \atop O\ (3)} \right\} C_6H_3 \cdot CO \cdot H\ (1)$; 758, 847.

XXXII. Mehrkernige aromatische Verbindungen.

1. Diphenyl; $C_6H_5 \cdot C_6H$; 210, 344, 942; 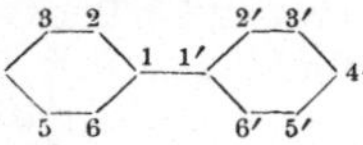
2. 2-Methyl-diphenyl; $H_3C \cdot C_6H_4 \cdot C_6H_5$; 758.
3. 3-Methyl-diphenyl; $H_3C \cdot C_6H_4 \cdot C_6H_5$; 758.
4. 4-Methyl-diphenyl; $H_3C \cdot C_6H_4 \cdot C_6H_5$; 758.
5. 2-Chlor-diphenyl; $Cl \cdot C_6H_4 \cdot C_6H_5$; 758.
6. 3-Chlor-diphenyl; $Cl \cdot C_6H_4 \cdot C_6H_5$; 758.
7. 4-Chlor-diphenyl; $Cl \cdot C_6H_4 \cdot C_6H_5$; 758.
8. 4-Brom-diphenyl; $Br \cdot C_6H_4 \cdot C_6H_5$; 758.
9. 2,2'-Dimethyl-diphenyl; $H_3C \cdot C_6H_4 \cdot C_6H_4 \cdot CH_3$; 758.
10. 3,3'-Dimethyl-diphenyl; $H_3C \cdot C_6H_4 \cdot C_6H_4 \cdot CH_3$; 758.
11. 3,3'-Dichlor-diphenyl; $Cl \cdot C_6H_4 \cdot C_6H_4 \cdot Cl$; 758.
12. 4,4'-Dichlor-diphenyl; $Cl \cdot C_6H_4 \cdot C_6H_4 \cdot Cl$; 758.
13. 2,2'-Dibrom-diphenyl; $Br \cdot C_6H_4 \cdot C_6H_4 \cdot Br$; 758.
14. Diphenyl-methan; $C_6H_5 \cdot CH_2 \cdot C_6H_5$; 493, 588, 942.
15. Diphenyl-äther; $C_6H_5 \cdot O \cdot C_6H_5$; 316, 506, 942.
16. Diphenyl-amin; $C_6H_5 \cdot NH \cdot C_6H_5$; 316.
17. Diphenyl-sulfid; $C_6H_5 \cdot S \cdot C_6H_5$; 506, 942.
18. Diphenyl-selenid; $C_6H_5 \cdot Se \cdot C_6H_5$; 942.
19. Diphenyl-sulfoxyd; $C_6H_5 \cdot SO \cdot C_6H_5$; 1008.
20. Diphenylselenoxyd; $C_6H_5 \cdot SeO \cdot C_6H_5$; 1008.
21. Diphenylsulfon; $C_6H_5 \cdot SO_2 \cdot C_6H_5$; 1008.

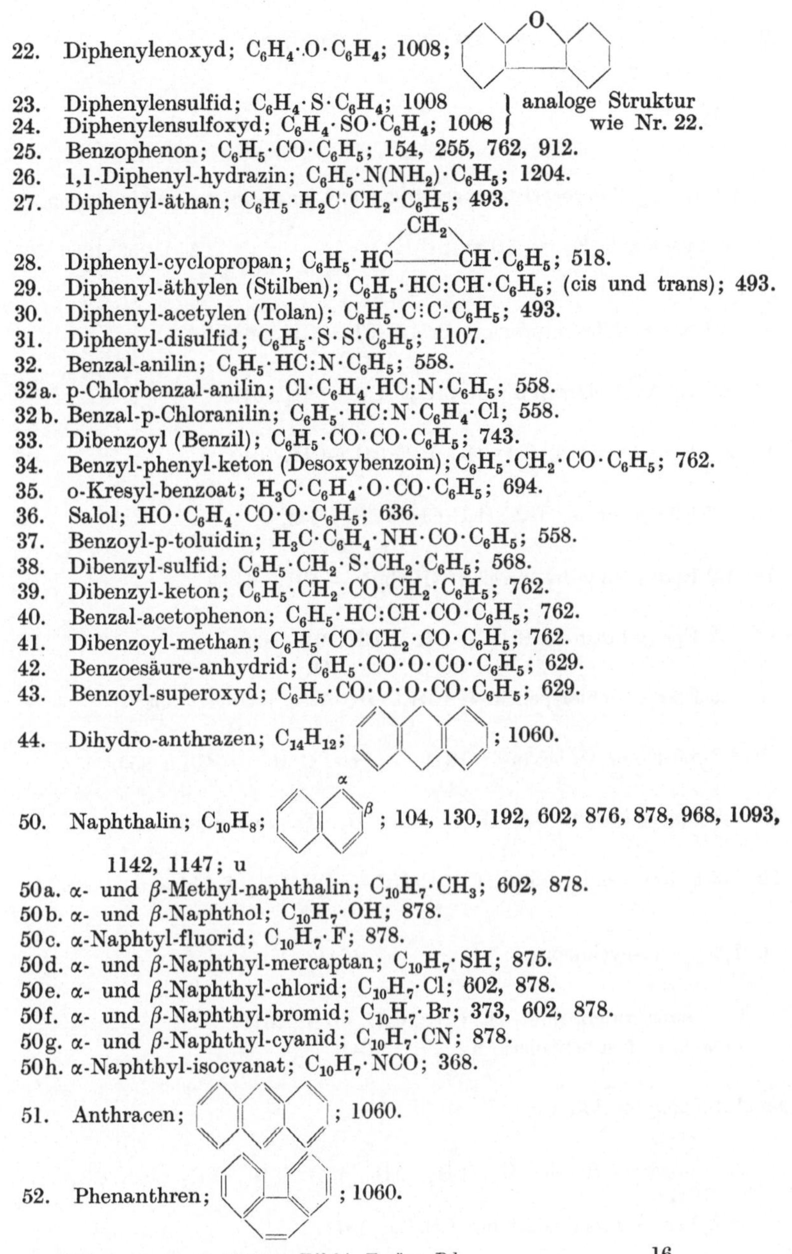

22. Diphenylenoxyd; $C_6H_4 \cdot O \cdot C_6H_4$; 1008;
23. Diphenylensulfid; $C_6H_4 \cdot S \cdot C_6H_4$; 1008 } analoge Struktur wie Nr. 22.
24. Diphenylensulfoxyd; $C_6H_4 \cdot SO \cdot C_6H_4$; 1008 } analoge Struktur wie Nr. 22.
25. Benzophenon; $C_6H_5 \cdot CO \cdot C_6H_5$; 154, 255, 762, 912.
26. 1,1-Diphenyl-hydrazin; $C_6H_5 \cdot N(NH_2) \cdot C_6H_5$; 1204.
27. Diphenyl-äthan; $C_6H_5 \cdot H_2C \cdot CH_2 \cdot C_6H_5$; 493.
28. Diphenyl-cyclopropan; $C_6H_5 \cdot HC$—(CH_2)—$CH \cdot C_6H_5$; 518.
29. Diphenyl-äthylen (Stilben); $C_6H_5 \cdot HC{:}CH \cdot C_6H_5$; (cis und trans); 493.
30. Diphenyl-acetylen (Tolan); $C_6H_5 \cdot C{\vdots}C \cdot C_6H_5$; 493.
31. Diphenyl-disulfid; $C_6H_5 \cdot S \cdot S \cdot C_6H_5$; 1107.
32. Benzal-anilin; $C_6H_5 \cdot HC{:}N \cdot C_6H_5$; 558.
32a. p-Chlorbenzal-anilin; $Cl \cdot C_6H_4 \cdot HC{:}N \cdot C_6H_5$; 558.
32b. Benzal-p-Chloranilin; $C_6H_5 \cdot HC{:}N \cdot C_6H_4 \cdot Cl$; 558.
33. Dibenzoyl (Benzil); $C_6H_5 \cdot CO \cdot CO \cdot C_6H_5$; 743.
34. Benzyl-phenyl-keton (Desoxybenzoin); $C_6H_5 \cdot CH_2 \cdot CO \cdot C_6H_5$; 762.
35. o-Kresyl-benzoat; $H_3C \cdot C_6H_4 \cdot O \cdot CO \cdot C_6H_5$; 694.
36. Salol; $HO \cdot C_6H_4 \cdot CO \cdot O \cdot C_6H_5$; 636.
37. Benzoyl-p-toluidin; $H_3C \cdot C_6H_4 \cdot NH \cdot CO \cdot C_6H_5$; 558.
38. Dibenzyl-sulfid; $C_6H_5 \cdot CH_2 \cdot S \cdot CH_2 \cdot C_6H_5$; 568.
39. Dibenzyl-keton; $C_6H_5 \cdot CH_2 \cdot CO \cdot CH_2 \cdot C_6H_5$; 762.
40. Benzal-acetophenon; $C_6H_5 \cdot HC{:}CH \cdot CO \cdot C_6H_5$; 762.
41. Dibenzoyl-methan; $C_6H_5 \cdot CO \cdot CH_2 \cdot CO \cdot C_6H_5$; 762.
42. Benzoesäure-anhydrid; $C_6H_5 \cdot CO \cdot O \cdot CO \cdot C_6H_5$; 629.
43. Benzoyl-superoxyd; $C_6H_5 \cdot CO \cdot O \cdot O \cdot CO \cdot C_6H_5$; 629.
44. Dihydro-anthrazen; $C_{14}H_{12}$; ; 1060.
50. Naphthalin; $C_{10}H_8$; (α, β); 104, 130, 192, 602, 876, 878, 968, 1093, 1142, 1147; u
50a. α- und β-Methyl-naphthalin; $C_{10}H_7 \cdot CH_3$; 602, 878.
50b. α- und β-Naphthol; $C_{10}H_7 \cdot OH$; 878.
50c. α-Naphtyl-fluorid; $C_{10}H_7 \cdot F$; 878.
50d. α- und β-Naphthyl-mercaptan; $C_{10}H_7 \cdot SH$; 875.
50e. α- und β-Naphthyl-chlorid; $C_{10}H_7 \cdot Cl$; 602, 878.
50f. α- und β-Naphthyl-bromid; $C_{10}H_7 \cdot Br$; 373, 602, 878.
50g. α- und β-Naphthyl-cyanid; $C_{10}H_7 \cdot CN$; 878.
50h. α-Naphthyl-isocyanat; $C_{10}H_7 \cdot NCO$; 368.
51. Anthracen; ; 1060.
52. Phenanthren; ; 1060.

53. Inden; [Strukturformel]; 722, 758, 968; u; (D): 1210.

54. Hydrinden; [Strukturformel]; u

XXXIII. C_4. Heterocyclische gesättigte und ungesättigte Verbindungen.

1. Äthylenoxyd (Epoxy-äthan); C_2H_4O; $H_2C\overset{O}{\triangle}CH_2$; 640, 952, 1069 (P).

1a. 2,3-Epoxy-1-brom-propan; $BrH_2C\cdot CH$—CH_2 (O-Brücke); 640.

1b. 2,3-Epoxy-1-chlor-propan; $ClH_2C\cdot CH$—CH_2 (O-Brücke); 640.

1c. 2,3-Epoxy-propan, ol-1; $HO\cdot H_2C\cdot CH$—CH_2 (O-Brücke); 640.

1d. 1,2-Epoxy-butan; $H_3C\cdot H_2C\cdot CH$—CH_2 (O-Brücke); 640.

1e. 1,2-Epoxy-2-methyl-propan; $(H_3C)_2C$—CH_2 (O-Brücke); 640.

1f. 1,2-Epoxy-butin-3; H_2C—$CH\cdot C⋮CH$ (O-Brücke); 640, 853.

1g. 2,3-Epoxy-1-chlor-pentin-4; $ClH_2C\cdot HC$—$CH\cdot C⋮CH$ (O-Brücke); 853.

1h. 1,2-5,6-Di-epoxy-hexin-3; H_2C—$CH\cdot C⋮C\cdot HC$—CH_2 (zwei O-Brücken); 853.

1i. 2,3-Epoxy-butan; $H_3C\cdot HC$—$CH\cdot CH_3$ (O-Brücke); Tables annuelles S. 54.

1k. 2,3-Epoxy-1-chlor-butan; $ClH_2C\cdot HC$—$CH\cdot CH_3$ (O-Brücke); Tables annuelles S. 54.

1l. 1,2-Epoxy-cyclopentan; [Strukturformel, Positionen 1–5]; 1041;
in 1 substituiert mit CH_3, C_2H_5, C_3H_7 (n, i); 1041;
in 3 bzw. 4 substituiert mit CH_3; 1041.

1m. 1,2-Epoxy-cyclohexan; [Strukturformel, Positionen 1–6]; 1041;
in 1 substituiert mit CH_3, C_2H_5, C_3H_7 (n, i); C_4H_9, C_6H_5, $C_6H_5\cdot CH_2$...; 1041;
in 3 bzw. 4 substituiert mit CH_3...; 1041.

2. Furan; $C_4H_4 \cdot O$; (Ring: O 1, 2, 3, 4, 5); 691, 708, 721, 1040, 1058, 1235 (P).

2a. 2-Furfur-alkohol (Furyl-carbinol); $(C_4H_3O) \cdot CH_2 \cdot OH$; 721, 771; dazu Acetat; $(C_4H_3O) \cdot CH_2 \cdot O \cdot CO \cdot CH_3$; 771; dazu Methyl-, Äthyl-äther; 1117.

2b. 2-Furyl-amin; $(C_4H_3O) \cdot NH_2$; 721.

2c. 2-Methyl-furan; $(C_4H_3O) \cdot CH_3$; 771.

2d. 2-Furfurol; $(C_4H_3O) \cdot CO \cdot H$; 476, 629, 708, 721, 771.

2e. Furan-2-carbonsäure; $(C_4H_3O) \cdot CO \cdot OH$.
Methylester; $R = CH_3$; 771.
Äthylester; $R = C_2H_5$; 721, 771.

2f. Furan-2-carbonsäure-chlorid; $(C_4H_3O) \cdot CO \cdot Cl$; 771, 1185.

2g. 2-Furfur-acrylsäure; $(C_4H_3O) \cdot HC{:}CH \cdot CO \cdot OH$; 771.
Methylester; $R = CH_3$; 771, 1176.
Äthylester; $R = C_2H_5$; 1176.

2h. 2,5-Dimethyl-furan; $H_3C(C_4H_2O) \cdot CH_3$; 721, 1117.

2i. Furyl-propionsaure Ester; $(C_4H_3O)H_2C \cdot H_2C \cdot CO \cdot OR$.
Methylester; $R = CH_3$; 1176.
Äthylester; $R = C_2H_5$; 1176.

2k. Furyl-aceton; $(C_4H_3O)H_2C \cdot H_2C \cdot CO \cdot CH_3$; 1117.

2l. Furyl-äthylen; $(C_4H_3O) \cdot HC{:}CH_2$; 1117.

2m. Furyl-cyanid; $(C_4H_3O) \cdot C{:}N$; 1117.

2n. Methyl-furyl-cyanid; $H_3C \cdot (C_4H_2O) \cdot C{:}N$; 1117.

2o. 2-Methyl-furan-carbonsaure Ester; $H_3C \cdot (C_4H_2O) \cdot CO \cdot OC_2H_5$; 1117.

3. Tetrahydro-2-furfuralkohol; $(C_4H_8O) \cdot CH_2OH$; (Ring mit O)—CH_2OH; 771;

vgl. weiter die Anhydride der Bernstein-, Malein-, Phthalsäure usw., die einen hydrierten Furan-Ring enthalten.

4. Pyrrol; $C_4H_4 \cdot NH$; (Ring: NH 1, 2, 3, 4, 5); 286, 637 (P), 652, 985, 1040, 1058, 1092, 1235 (P); (D): 1029, 1058.

4a. Methyl-pyrrol; $(C_4H_3 \cdot NH) \cdot CH_3$; 2-Methyl-p.; 652; 3-Methyl-p.; 985.

4a'. 2-Äthyl-pyrrol; $(C_4H_3NH) \cdot C_2H_5$; 985.

4b. Dimethyl-pyrrol; $(C_4H_2NH)(CH_3)_2$; 2,3... 985; 2,5... 652; 2,4... 652.

4c. 2,4-Diäthyl-pyrrol; 985.

4d. 2-Methyl-4-Äthyl-p.; 985; 2-Methyl-5-äthyl-p. (Opso-pyrrol); 652, 1142.

4e. 2,3,4-, sowie 2,3,5-Trimethyl-pyrrol; 652.

4f. 2,4-Dimethyl-3-äthyl-p. (Krypto-pyrrol); 652; 2,5-Dimethyl-3-äthyl-p.; 758, 958.

4g. 2,4-Dimethyl-3-propyl-p.; 652.

4h. 2,4-Diäthyl-3-methyl-p.; 985.

4i. 2,4-Diäthyl-3-propyl-p; 985.

4k. 2,4-Dimethyl-3,5-diäthyl-p.; 985.

4l. 2,3,4,5-Tetrachlor-pyrrol; 652.

4m. 2-Acetyl-pyrrol; $(C_4H_3NH)CO\cdot CH_3$; 652.
2,5-Diacetylpyrrol; 1225.
4n. 2-Formyl-pyrrol; $(C_4H_3NH)CO\cdot H$; 652, 1222.
2-Pyrrol-aldoxim; (unvollständig); 652.
4o. 2,4-Dimethyl-5-formyl-p.; $(H_3C)_2(C_4HNH)\cdot CO\cdot H$; 652, 961.
4o'. 2,4-Dimethyl-3-Äthyl-5-formyl-p.; 758, 961.
4p. 2,3,4-Trimethyl-5-formyl-pyrrol; 758, 961.
4q. 2-Methyl-3,4-diäthyl-5-formyl-pyrrol; 961.
4r. N-Methylpyrrol; $C_4H_4\cdot N\cdot CH_3$; 652.
4s. N-Äthylpyrrol; $C_4H_4\cdot N\cdot C_2H_5$; 758, 958.
N-Phenyl-pyrrol; $C_4H_4\cdot N\cdot C_6H_5$; 1222.
4t. N-Äthyl-2,5-dimethyl-pyrrol; 758, 958.
4u. N-Methyl-2,5-diäthyl-pyrrol; 758, 958.
4v. N-Allyl-pyrrol; $C_4H_4\cdot N\cdot H_2C\cdot HC{:}CH_2$; 758, 958.
4w. N-Acetyl-pyrrol; $C_4H_4\cdot N\cdot CO\cdot CH_3$; 652, 1225.

5. Dipyrryl-ketone; (Strukturformel: zwei Pyrrolringe NH, Positionen 2,3,4,5 und 2',3',4',5', über C=O in 2 und 2' verbunden)

5a. 3,3'-Diäthyl-5,5'-Dimethyl-pyrroketon; 652.
5b. 3,3'-Dimethyl-5,5'-Diäthyl-pyrroketon; 652.
5c. 3,3',5,5'-Tetramethyl-4,4'-dipropyl-pyrroketon; 652.

6. 2-Methyl-tetrahydro-pyrrol (2-Methyl-pyrrolidin); (Ring NH mit CH_3); 652.

7. Succinimid; (Ring: NH, O=C, C=O, H_2C—CH_2); 629.

8. Pyrazol; $C_3H_4N_2$; (Ring: NH 1, CH 2, CH 3, HC 4, N 5); 947b, 959.

8a. 2,4-Dimethyl-pyrazol; 959.
8b. 1,2,4-Trimethyl-pyrazol; 758, 959.
8c. 1,2,3,4-Tetramethyl-pyrazol; 758, 959.
8d. 1-Phenyl-pyrazol; 758, 1222.
8e. Dihydropyrazol (Pyrazolin); 959.

9. 1,3,4-Oxdiazol; $C_2H_2N_2O$; (Ring: O 1, CH 2, N 3, N 4, HC 5)

9a. 2,5-Dimethyl-oxdiazol; 663, 960.
9b. 2,5-Diphenyl-oxdiazol; 663.
9c. 2-Methyl-5-phenyl-oxdiazol; 663.

10. 1,2,4-Oxdiazol (Azoxim); $C_2H_2N_2O$; (Ring: O 1, N 2, CH 3, N 4, HC 5)

10a. 3-Methyl-5-phenyl-azoxim; 663.
10b. 3-Phenyl-5-methyl-azoxim; 663.
10c. 3,5-Diphenyl-azoxim; 663.

11. 1,2,5-Oxdiazol (Furazan); $C_2H_2N_2O$; O (1), N (5), N (2), HC (4), CH (3)

11a. 3,4-Dimethyl-furazan; 663, 960.
11b. 3,4-Methyl-äthyl-furazan; 663.
11c. 3,4-Diphenyl-furazan; 663.
11d. 3,4-Methyl-phenyl-furazan; 663.

12a. Antipyrin; O, $N \cdot C_6H_5$, C, $N \cdot CH_3$, HC, $C \cdot CH_3$; 758.

12b. Pyramidon; O, $N \cdot C_6H_5$, C, $N \cdot CH_3$, $(H_3C)_2N \cdot C$, $C \cdot CH_3$; 758.

13. Indol; 4, 5, 6, 7, 3 CH, 2 CH, 1 NH; 758, 895.

13a. 2-Methyl-indol; 3-Methyl-indol; 7-Methyl-indol; 758.
13b. 2-Indol-carbonsäure; 758; Äthylester; 758.
13c. 3,3-Diäthyl-2-methyl-indolenin; 758.
13d. 2,3-Dihydro-2-methyl-indol; 758.

14. Cardiazol (Pentamethylen-tetrazol); CH_2—CH_2—C, N—N, N—N, CH_2—CH_2—CH_2; 1161.

15. Thiophen; C_4H_4S; S (1), 2, 3, 4, 5; 286 (P), 636 (P), 721, 1040, 1058, 1062, 1091, 1235 (P).

15a. 2-Methyl-thiophen; 721.
15b. 2,5-Dibrom-thiophen; 721.
15c. 2,3,5-Trichlor-thiophen; 721.

16. Thionaphthen; C_8H_6S CH, CH, S; 758, 1222.

17. Dithian; $C_4H_8S_2$; $S<^{CH_2-H_2C}_{CH_2-H_2C}>S$; 1060a.

18. Thioxan; C_4H_8OS; $S<^{CH_2-H_2C}_{CH_2-H_2C}>O$; 1060a.

19. Pentamethylen-oxyd; $C_5H_{10}O$; $H_2C<^{CH_2-H_2C}_{CH_2-H_2C}>O$; 1131.

20. Dioxan; $C_4H_8O_2$; $O{<}\begin{matrix}CH_2-H_2C\\ CH_2-H_2C\end{matrix}{>}O$; 360, 939, 944, 989, 990, 1060a, 1216; in Lösung 1077.

20a. 2,3-Dichlor-dioxan; $C_4H_6O_2Cl_2$; 1060a.

21. α-Trioxymethylen; $C_3H_6O_3$; $H_2C{<}\begin{matrix}O-H_2C\\ O-H_2C\end{matrix}{>}O$; 433 (?), 1131.

21a. Paraldehyd; $[H_3C\cdot CO\cdot H]_3$; $H_3C\cdot HC{<}\begin{matrix}O-(H_3C)HC\\ O-(H_3C)HC\end{matrix}{>}O$; 140, 150, 235, 1131, 1168; D 1168.

22. Morpholin; C_4H_8ONH; $O{<}\begin{matrix}CH_2-H_2C\\ CH_2-H_2C\end{matrix}{>}NH$; 1060a.

23. Piperazin; $C_4H_8N_2H_2$; $HN{<}\begin{matrix}CH_2-H_2C\\ CH_2-H_2C\end{matrix}{>}NH$; 1131.

24. Piperidin; $C_5H_{10}NH$; $H_2C{<}\begin{matrix}CH_2-H_2C\\ CH_2-H_2C\end{matrix}{>}NH$; 181, 546, 990, 1071, 1208 (P).

25. Hexamethylen-tetramin (Urotropin); 473; Hydrochlorid; 479.

26. Pyridin; $C_5H_5\cdot N$; ; 104, 158, 166, 181, 188, 446, 511, 637 (P), 777, 962.
Hydrochlorid; 486.

26a. 2-Methyl-pyridin (α-Picolin); 166, 758, 926, 1161; ∼ Hydrochlorid; 758.

26b. 3-Methyl-pyridin (β-Picolin); 758, 926, 1161; ∼Hydrochlorid; 758.

26c. 2,4-Dimethyl-pyridin; 758; ∼Hydrochlorid; 758.

26d. 2,6-Dimethyl-pyridin; 758; ∼Hydrochlorid; 758.

26e. 2,4,6-Trimethyl-pyridin; 758; ∼Hydrochlorid; 758.

26f. 2-Chlorpyridin; 656.

26g. Dipyridyl; $C_5H_4\cdot N-C_5H_4N$; 758.

27a. 2,4,6-Trimethyl-1,4-dihydro-pyridin; $HN{<}\begin{matrix}C(CH_3)=HC\\ C(CH_3)=HC\end{matrix}{>}CH\cdot CH_3$; 1009b.

27b. 2,4,6-Trimethyl-1,4-dihydro-pyridin-dicarbonsaures Äthyl; 1009b. $HN{<}\begin{matrix}C(CH_3)=C-CO\cdot OC_2H_5\\ \qquad\qquad {>}CH\cdot CH_3\\ C(CH_3)=C-CO\cdot OC_2H_5\end{matrix}$

28a. 2-Methyl-1,4,5,6-tetrahydropyridin; $HN{<}\begin{matrix}CH_2-H_2C\\ C(CH_3)=HC\end{matrix}{>}CH_2$; 1009b.

29. Chinolin; C_9H_7N; ; 158, 554, 758, 926.

29a. 2-Methylchinolin (Chinaldin); 758, 926.

29b. 4-Methyl-chinolin; 758.

29c. 6-Methyl-chinolin; 758.

29c. 7-Methyl-chinolin; 758.

29d. 8-Methyl-chinolin; 758.

29e. 2,4-Dimethyl-chinolin; 758.

29f. 1,2,3,4-Tetrahydro-chinolin; 758.

30. Isochinolin; C_9H_7N; [Strukturformel]; 758, 926.

30a. 1,2,3,4-Tetrahydro-isochinolin; 758.

31. Peroxyd des Dialkyl-glyoxims; [Strukturformel: R·C, R'·C, N, O, O, N]; 1060b.

32. Cumaron; C_8H_6O; [Strukturformel]; 1222; u

33. Imidazol; [Strukturformel: NH, N, 2]; 1288.

33a. 2-Methyl-imidazol; 1288.

33b. N-Methyl-imidazol; 1288.

34. Benzimidazol; [Strukturformel: N, NH, 2]; 1288.

34a. 2-Methyl-benzimidazol; 1288.

XXXIV. D. Terpene.

1. Isopren; $H_2C:C(CH_3)\cdot HC:CH_2$; 278, 573, 906.
2. Myrcen; $(H_3C)_2C:CH\cdot CH_2\cdot CH_2C\langle^{CH_2}_{CH:CH_2}$; 904.
3. Ocimen; $H_2C:C(CH_3)\cdot CH_2\cdot CH_2\cdot CH:C(CH_3)\cdot CH:CH_2$; 906.
4. Allo-ocimen; $(H_3C)_2C:CH\cdot HC:CH\cdot(H_3C)C:CH\cdot CH_3$; 1062.
5. Citronellol; $C_{10}H_{20}\cdot O$; $H_2C:C(CH_3)\cdot CH_2\cdot CH_2\cdot CH_2\cdot CH(CH_3)\cdot CH_2\cdot CH_2\cdot OH$; 531, 604, 862.
6. Rhodinol; $C_{10}H_{20}O$; $(H_3C)_2C:CH\cdot CH_2\cdot CH_2\cdot CH(CH_3)\cdot CH_2\cdot CH_2\cdot OH$; 604.
7. Geraniol; $C_{10}H_{18}O$; $(H_3C)_2C:CH\cdot CH_2\cdot CH_2\cdot C(CH_3):CH\cdot CH_2\cdot OH$; 531, 897.
8. Nerol; Cis-form von Geraniol; $\frac{C_6H_{11}}{H_3C}\rangle C:C\langle\frac{CH_2OH}{H}$; 897.
9. Linalool; $C_{10}H_{18}\cdot O$; $(H_3C)_2C:CH\cdot CH_2\cdot CH_2\cdot C\langle^{OH}_{CH_3}-CH:CH_2$; 531.
10. Citronellal; $C_{10}H_{18}O$; $H_2C:C(CH_3)\cdot CH_2CH_2\cdot CH_2\cdot CH(CH_3)\cdot CH_2\cdot CO\cdot H$; 531, 862.
11. Rhodinal; $C_{10}H_{18}O$; $(H_3C)_2C:CH\cdot CH_2\cdot CH_2\cdot CH(CH_3)\cdot CH_2\cdot CO\cdot H$; 862.

12. α-Citral (Geranial); $C_{10}H_{16}O$; $(H_3C)_2C:CH\cdot CH_2\cdot CH_2\cdot C(CH_3):CH\cdot CO\cdot H$; 531.

13. β-Citral (Neral); $C_{10}H_{16}O$; Cis-form zu α-Citral; ${C_6H_{11} \atop H_3C}\rangle C:C\langle{CO\cdot H \atop H}$; 531.

14. Citronellsäure; $C_{10}H_{18}O_2$; 862.

15. d- und l-Limonen; $C_{10}H_{16}$; $H_3C\cdot C\langle{CH—CH_2 \atop CH_2—CH_2}\rangle CH—C\langle{CH_2 \atop CH_3}$; 299, 357, 422, 552a.

16. d,l-Limonen (Dipenten); $C_{10}H_{16}$; 638a; 906, 951.

17. Terpinolen; $C_{10}H_{16}$; $H_3C\cdot C\langle{CH—CH_2 \atop CH_2—CH_2}\rangle C=C(CH_3)_2$; 611a.

18. α-Terpinen; $C_{10}H_{16}$; $(H_3C)_2HC\cdot C\langle{CH—CH \atop CH_2—CH_2}\rangle C\cdot CH_3$; 611a.

20. γ-Terpinen; $C_{10}H_{16}$; $(H_3C)_2HC\cdot C\langle{CH—CH_2 \atop CH_2—CH}\rangle C\cdot CH_3$; 611a.

21. α-Phellandren; $C_{10}H_{16}$; $H_3C\cdot C\langle{CH—CH_2 \atop CH=CH}\rangle CH\cdot CH(CH_3)_2$; 552a.

23. Silvestren; $C_{10}H_{16}$; $H_2C\langle{C(CH_3)=CH \atop CH_2——CH_2}\rangle CH\cdot C\langle{CH_2 \atop CH_3}$; 552a.

24. Carvomenthen; $C_{10}H_{18}$; $H_3C\cdot C\langle{CH—CH_2 \atop CH_2—CH_2}\rangle CH\cdot CH(CH_3)_2$; 297, 357, 422, 552a.

25. p-Menthen; $C_{10}H_{18}$; $H_3C\cdot HC\langle{CH_2—CH \atop CH_2—CH_2}\rangle C\cdot CH(CH_3)_2$; 182.

25a. m-Menthen; $H_2C\langle{C(CH_3)=CH \atop CH_2——CH_2}\rangle CH\cdot CH(CH_3)_2$; 552a.

26. p-Menthan; $C_{10}H_{20}$; $H_3C\cdot HC\langle{CH_2—CH_2 \atop CH_2—CH_2}\rangle CH\cdot CH(CH_3)_2$; 422, 552a.

27. Menthol; $H_3C\cdot HC\langle{CH_2—CH\cdot OH \atop CH_2—CH_2}\rangle CH\cdot CH(CH_3)_2$; 700a;
dazu Formiat und Acetat; 700a.

28. α-Terpineol;
$C_{10}H_{17}\cdot OH$; $H_3C\cdot C\langle{CH—CH_2 \atop CH_2—CH_2}\rangle CH\cdot C\begin{matrix}CH_3 \\ —OH \\ CH_3\end{matrix}$; 700a, 1161
dazu Acetat; 700a

29. β-Terpineol;
$C_{10}H_{17}\cdot OH$; $H_3C\cdot (HO)C\langle{CH_2—CH_2 \atop CH_2—CH_2}\rangle CH\cdot C\langle{CH_2 \atop CH_3}$

30. γ-Terpineol;
$C_{10}H_{17}\cdot OH$; $H_3C\cdot (HO)C\langle{CH_2—CH_2 \atop CH_2—CH_2}\rangle C:C(CH_3)_2$

(28–30:) 531, 611a.

31. 1,8-Cineol (Eucalyptol); $H_3C\cdot C\{CH_2{-}CH_2;\ O{-}C(CH_3)_2;\ CH_2{-}CH_2\}CH$; 531.

33. Terpinenol-4; $H_3C\cdot C\{CH{-}CH_2;\ CH_2{-}CH_2\}C(OH)\cdot CH(CH_3)_2$; 1064.

34. Menthon; $C_{10}H_{18}O$; $H_3C\cdot HC\{CH_2{-}CO;\ CH_2{-}CH_2\}CH\cdot CH(CH_3)_2$; 531, 800a.

35. Carvenon; $C_{10}H_{16}O$; $H_3C\cdot HC\{CO{-}CH;\ CH_2{-}CH_2\}C\cdot CH(CH_3)_2$; 531.

36. Pulegon; $C_{10}H_{16}\cdot O$; $H_3C\cdot HC\{CH_2{-}CO;\ CH_2{-}CH_2\}C{:}C(CH_3)_2$; 531, 800a.

37. Carvon; $C_{10}H_{14}\cdot O$; $H_3C\cdot C\{CO{-}CH_2;\ CH{-}CH_2\}CH\cdot C\{CH_2;\ CH_3\}$; 531, 700a, 800a.

38. Sabinan; $C_{10}H_{18}$; $H_3C\cdot HC\{CH{-}CH_2;\ CH_2{-}CH_2\}C\cdot CH(CH_3)_2$; 422.

39. Sabinen; $C_{10}H_{16}$; $H_2C{:}C\{CH{-}CH_2;\ CH_2{-}CH_2\}C\cdot CH(CH_3)_2$; 422, 1064.

40. β-Thujon; $C_{10}H_{16}O$; $H_3C\cdot HC\{CH{-}CH_2;\ CO{-}CH_2\}C\cdot CH(CH_3)_2$; 531, 800a.

41. Caran; $C_{10}H_{18}$; $H_3C\cdot HC\{CH_2{-}CH;\ CH_2{-}CH_2\}CH$, $C(CH_3)_2$; 461.

42. Δ_3-Caren; $C_{10}H_{16}$; $H_3C\cdot C\{CH_2{-}CH;\ CH{-}CH_2\}CH$, $C(CH_3)_2$; 461.

43. Pinan; $C_{10}H_{18}$; $H_3C\cdot HC\{CH{-}C(CH_3)_2;\ CH_2{-}CH_2\}CH$; 422, 461.

44. α-Pinen; $C_{10}H_{16}$; $H_3C\cdot C\{CH{-}C(CH_3)_2;\ CH{-}CH_2\}CH$; 182, 216, 422, 461, 636, 729 (z P), 879b, 951, 1064.

45. β-Pinen; $C_{10}H_{16}$; $H_2C{:}C\{CH{-}C(CH_3)_2;\ CH_2{-}CH_2\}CH$; 461, 951.

46. Verbenol; $C_{10}H_{16}O$; $H_3C\cdot C\{CH{-}C(CH_3)_2;\ CH{-}CH\cdot OH\}CH$; 1064.

47. Myrtenol; $C_{10}H_{16}O$; $HO\cdot H_2C\cdot C\{CH{-}C(CH_3)_2;\ CH{-}CH_2\}CH$; 751.
In 8 substituiert mit Methyl, Äthyl, Phenyl; 963a.

48. Myrtanol; $C_{10}H_{18}O$; $HO \cdot H_2C \cdot HC\left\langle\begin{array}{l}CH—C(CH_3)_2\\ \quad\cdot\quad >CH\\ CH_2—CH_2\end{array}\right.$; 751; (cis und trans).

In 8 substituiert mit Methyl, Äthyl; cis und trans; sowie Acetate; 963a.

49. Myrtenal; $C_{10}H_{14}O$; $H \cdot OC \cdot C\left\langle\begin{array}{l}CH—C(CH_3)_2\\ \quad\cdot\quad >CH\\ CH—CH_2\end{array}\right.$; 751.

50. Verbenon; $C_{10}H_{14}O$; $H_3C \cdot C\left\langle\begin{array}{l}CH—C(CH_3)_2\\ \quad\cdot\quad >CH\\ CH—CO\end{array}\right.$; 751, 800a.

51. Nopinon; $OC\left\langle\begin{array}{l}CH—C(CH_3)_2\\ \quad\cdot\quad >CH\\ CH_2—CH_2\end{array}\right.$; 800a.

52. Camphan; $H_3C \cdot C\left\langle\begin{array}{l}CH_2—CH_2\\ \quad | \\ CH_2—CH_2\end{array}\right\rangle CH$; 461.

53. Camphen; $H_2C{:}C\left\langle\begin{array}{l}CH—CH_2\\ \quad\cdot \\ C(CH_3)_2—CH\end{array}\right\rangle CH_2$; 461.

54. Campher; $C_{10}H_{16}O$; $H_3C \cdot C\left\langle\begin{array}{l}CH_2—CH_2\\ \quad | \\ CO—CH_2\end{array}\right\rangle CH$; 800a, 947b, 951, 1239.

55. Campher-aldehyd; Isomerengemisch; 947b.

56. Campheroxim-methyläther; $H_3C \cdot C\left\langle\begin{array}{l}CH_2—CH_2\\ \quad | \\ C—CH_2\end{array}\right\rangle CH$; 659.
$H_3C \cdot ON{=}$ (an C)

57. Fenchon; $H_3C \cdot C\left\langle\begin{array}{l}CH_2—CH_2\\ \quad\cdot\quad >CH\\ CO—C(CH_3)_2\end{array}\right.$; 531, 800a, 951.

58. Cedren; $C_6H_{10}—C(CH_3)—CH_2—CH$
$CH_2—CH—CH_2—C(CH)_3$; 860.

59. Sesquichamen; $C_{15}H_{24}$; 1064.

60. Carvotan-aceton; $H_3C \cdot C\left\langle\begin{array}{l}CO—CH_2\\ CH—CH_2\end{array}\right\rangle CH \cdot CH(CH_3)_2$; 800a.

61. Dihydrocarvon; $H_3C \cdot HC\left\langle\begin{array}{l}CO—CH_2\\ CH_2—CH_2\end{array}\right\rangle CH \cdot C\left\langle\begin{array}{l}CH_2\\ CH_3\end{array}\right.$; 800a.

62. Tetrahydrocarvon (Carvomenthon); $H_3C \cdot HC\left\langle\begin{array}{l}CO—CH_2\\ CH_2—CH_2\end{array}\right\rangle CH \cdot CH(CH_3)_2$; 800a.

63. Camphenilon; $HC\left\langle\begin{array}{l}CO—C(CH_3)_2\\ \quad\cdot\quad >CH\\ CH_2—CH_2\end{array}\right.$; 715a, 800a.

63a. Pinocamphon; $H_3C \cdot HC\left\langle\begin{array}{l}CO—CH_2\\ \quad\cdot\quad >CH\\ CH—C(CH_3)_2\end{array}\right.$; 800a.

64. Camphenilen; $C\langle\begin{smallmatrix}CH—C(CH_3)_2\\ \cdot\\ CH_2—CH_2\end{smallmatrix}\rangle CH$; 715a.

65. Apobornylen; $HC\langle\begin{smallmatrix}CH=CH\\ |\\ CH_2—CH_2\end{smallmatrix}\rangle CH$; 715a.

66. Dihydrocarveol; $H_3C\cdot HC\langle\begin{smallmatrix}CH(OH)—CH_2\\ CH_2——CH_2\end{smallmatrix}\rangle CH\cdot C\langle\begin{smallmatrix}CH_2\\ CH_3\end{smallmatrix}$; 700a.

67. Carvomenthol; $H_3C\cdot HC\langle\begin{smallmatrix}CH(OH)—CH_2\\ CH_2——CH_2\end{smallmatrix}\rangle CH\cdot CH(CH_3)_2$; 700a.

68. Isopulegol; $H_3C\cdot HC\langle\begin{smallmatrix}CH_2—CH(OH)\\ CH_2—CH_2\end{smallmatrix}\rangle CH\cdot C\langle\begin{smallmatrix}CH_2\\ CH_3\end{smallmatrix}$; 700a;
dazu Formiat und Acetat; 700a.

69. Borneol; $H_3C\cdot C\langle\begin{smallmatrix}CH(OH)—CH_2\\ |\\ CH_2——CH_2\end{smallmatrix}\rangle CH$; 1239;
dazu Formiat, Acetat, Propionat, Butyrat; 700a.

70. Isoborneol, stereoisomer mit № 69;
dazu Formiat, Acetat, Propionat, Butyrat; 700a.

71. Myrtenyliden-aceton; $H_3C\cdot CO\cdot HC{:}CH\cdot C\langle\begin{smallmatrix}CH—C(CH_3)_2\\ \cdot\\ CH—CH_2\end{smallmatrix}\rangle CH$; 963a.

72. Camphersäure; 1231.

73. Camphersäureanhydrid; 1231.

XXXV. E. Verschiedenes.

1. α- und β-Carotin; (Naturfarbstoffe); 507 (unvollständig).
2. Xanthophyll; (Naturfarbstoff); 507 (unvollständig).
3. Lycopin; (Naturfarbstoff); 507 (unvollständig).
4. Xylose; $C_4H_5(OH)_4\cdot CO\cdot H$; 1104.
5. Glucose; $C_6H_{12}O_6$; $HOH_2C\cdot(CH\cdot OH)_4\cdot CO\cdot H$; 562, 1104.
6. Sorbose; $C_6H_{12}O_6$; 1104.
7. Arabinose; $C_4H_5(OH)_4\cdot CO\cdot H$; 1104.
8. Galactose; $C_6H_{12}O_6$; 562, 1104.
9. Lävulose (Fructose); $C_6H_{12}O_6$; 562, 1104.
10. Rhamnose; $CH_3(CH\cdot OH)_4\cdot COH$; 1104.
11. Mannose; $C_6H_{12}O_6$; 1104.
12. Saccharose; $C_{12}H_{22}O_{11}$; 525, 562 (unvollständig).
13. Maltose; $C_{12}H_{22}O_{11}$; 562 (unvollständig).
14. Raffinose; $C_{18}H_{32}O_{16}$; 562 (unvollständig).
15. Tannin; 923, 1061.
16. Gallo-tannin; 1061.
17. Balata; 904.
18. Gummi; 904.
19. Verschiedene Öle; 1095, 1190.
20. Luft, flüssig; 646a.

X. Literaturnachweis.

Zusammenfassende Darstellungen und Berichte.

I. Kohlrausch, K. W. F., Der Smekal-Raman-Effekt. (Struktur der Materie XII.) Berlin: Julius Springer 1931. Im Text zitiert als „S.R.E.".

II. Stuart, H. A., Molekülstruktur. (Struktur der Materie XIV.) Berlin: Julius Springer 1934.

III. Sponer, H., Molekülspektren (Struktur der Materie XV, XVI.) Berlin: Julius Springer 1935/1936.

IV. Herzfeld, K. F., Größe und Bau der Moleküle. Handbuch der Physik XXIV/2. Berlin: Julius Springer 1933.

V. Reinkober, O., E. Teller, W. Finkelnburg, R. Mecke, Molekül- und Krystallgitterspektren. Hand- und Jahrbuch der chemischen Physik IX/2. Leipzig: Akademische Verlagsgesellschaft 1934.

VI. Placzek, G., Rayleigh-Streuung und Raman-Effekt. Handbuch der Radiologie IV/2. Leipzig: Akademische Verlagsgesellschaft 1934.

VII. Hibben, J. H., Ramanspectra in anorganic and organic Chemistry. Chem. Rev. **13**, 345, 1933; **18**, 1, 1936.

VIII. Weiler, J., Landolt-Börnstein 3. Erg. Bd./II, Springer 1935.

IX. Magat, M., Tables Annuelles XI (1931 bis 1934).

X. Berichte:

1. Krüger, E., Fysisk Tidsskr. **29**, 85, 1931.
2. Andrews, D. H., Industr. Engng. Chem. **23**, 1232, 1931.
3. Elsen, G., Chem. Weekbl. Deel. **29**, 1932.
4. Weigle, J., Arch. Sci. phys. nat. **14**, 82, 1932.
5. Weiler, J., Phys. Z. **33**, 489, 1932.
6. Sirkar, S. C., Indian J. of Phys. **7**, 431, 1932 (Bibliographie).
7. Mecke, R., Freudenbergs Stereochemie, S. 135, 1932.
8. Dadieu, A., Freudenbergs Stereochemie, S. 164, 1932.
9. Kohlrausch, K. W. F., Scientia, Paris, S. 162, 1932.
10. Bourguel, M., Bull. Soc. chim. Fr. **53**, 1, 1933.
11. Daure, P., Monographie Paris 1933 (Ed. Rev. Opt.).
12. Kohlrausch, K. W. F., IX. Internat. Chemiker-Kongreß, Madrid 1934.
13. Cabannes, J., IX. Internat. Chemiker-Kongreß, Madrid 1934.
14. Bonino, G. B., IX. Internat. Chemiker-Kongreß, Madrid 1934.
15. Dupont, G., IX. Internat. Chemiker-Kongreß, Madrid 1934.
16. Henri, V., Structure des Molecules (Vorlesungen). Université de Liège 1934.
17. Henri, V., C. Manneback, Conférences Nr. 5 u. 7. Université de Liège 1934.

18. Kohlrausch, K. W. F., Z. Elektrochem. **40**, 429, 1934.
19. Hibben, J. H., Industr. Engng. Chem. **26**, 646, 1934.
20. Kohlrausch, K. W. F., Naturwiss. **22**, 161, 181, 196, 1934.
21. Weiler, J., Naturwiss. **23**, 125, 139, 1935.
22. Woodward, L. A., A. R. Progr. Chem. **21**, 1935.
23. Bhagavantam, S.: Current Sci. **3**, 526, 1935.
24. Piaux, L., Chim. et Ind. **33**, Nr. 3, 1935.
25. Susz, B., Ann. Guebhard-Severine **11**, 12, 1935.
26. Sirkar, C. S., D. Chakravarty, Indian J. of Phys. **9**, 553, 1935 (Bibliographie).
27. Dadieu, A., Z. angew. Chem. **49**, 344, 1936.
28. Bartholomé, E., Z. Elektrochem. **42**, 341, 1936.
29. Dupont, G., Bull. Soc. chim. Belg. **45**, 37, 1936.
30. Hibben, J., J. Wash. Acad. Sci. **27**, 269, 1937.

Originalarbeiten.

Anmerkung: Die Numerierung schließt an die im S.R.E. an; die Arbeiten sind im allgemeinen (bis auf 1936/37) chronologisch geordnet, wobei nach Tunlichkeit das Einreichungsdatum bestimmend war. Jedoch sind zur Raumersparnis häufig Arbeiten mit ähnlichem Inhalt in eine Nummer zusammengezogen. Aus dem gleichen Grunde wurde der Autorenvorname weggelassen (der im Autorenregister nachzuschlagen ist) und das Erscheinungsjahr der Zeitschrift nicht angegeben, da es mit dem Jahr der Einreichung meist übereinstimmt und überdies durch die Jahrgangsnummer gegeben ist. Um die Zitate möglichst in *einer* Zeile unterzubringen ist der Arbeitsinhalt nur schlagwortartig, unter Verwendung leicht verständlicher Abkürzungen angegeben. I = Intensität, ϱ = Depolarisationsgrad; g, fl, fe, kryst = gasförmig, flüssig, fest, krystallisiert; Sp = Spektrum; kl. Strg., kl. L. = klassische Streuung bzw. Linie; R. Strg., R.L. = Raman-Streuung; exp., theor. = experimentell, theoretisch; Kw = Kohlenwasserstoff.

Eingereicht 1931.

417. Dadieu, Kohlrausch, Naturwiss. **19**, 690, Salpetersre, Konstitution.
418. Brunetti, Ollano, Linc. Rend. **13**, 52, Salpetersre, Nitrate.
419. Anand, J. sci. Instrum. **8**, 258; **9**, 324, 1932, Apparatur.
420. Krishnamurti, Indian J. of Phys. **6**, 7, anorg. Krystalle.
421. Bhagavantam, Indian J. of Phys. **6**, 1, Gläser.
422. Bonino, Cella, Mem. Accad. Ital. II, Terpene.
423. Ganesan, Thatte, Z. Phys. **70**, 131, Aminoverbdgn.
424. Weiler, Z. Phys. **69**, 586, Kw.
425. Thatte, Ganesan, Phil. Mag. **12**, 823, Derivate organ. Srn.
426. Hollaender, Williams, Phys. Rev. **37**, 1367, Ammoniak in Lsg.
427. Morris, Phys. Rev. **38**, 141, verschied. organ. Verbdgn.
428. Bartels, Nordstrom, Z. Phys. **68**, 42, zur Methodik.
429. Venkateswaran, Indian J. of Phys. **6**, 51, organ. Sulfide, Disulfide.
430. Placzek, van Wijk, Z. Phys. **70**, 287, kontinuierl. Ugd.
431. Bonino, Cella, Linc. Rend. **13**, 784, hydriertes Naphthalin.
432. Bonino, Brüll, Linc. Rend. **13**, 789, Dichlor-brom-methan.

433. HIBBEN, J. Amer. chem. Soc. **53**, 2418, Formaldehyd, Glykol.
434. BELL, FREDRICKSON, Phys. Rev. **37**, 1562, Schwefelsre.
435. EULER, HELLSTRÖM, Z. phys. Chem. (Bodenstein-Festbd.), S. 731, Zwischen-Formen.
436. CREMER, POLANYI, Z. phys. Chem. (Bodenstein-Festbd.), S. 770, Bindungs-Lockerung.
437. SIRKAR, Indian J. of Phys. **6**, 133, I und Erregerfrequenz.
438. THATTE, SHAHANE, Indian J. of Phys. **6**, 155, organ. Chlor-Verbdgn.
439. KASPER, J. Amer. chem. Soc. **53**, 2424, OH-Bdg., Oxoniumion.
440. IMANISHI, Sci. Pap. Inst. phys. chem. Res., Tokio **16**, 1, Hydrazin.
441. HARKINS, BOWERS, J. Amer. chem. Soc. **53**, 2425, C.Br-Bdg.
442. THOMPSON, NIELSEN, Phys. Rev. **37**, 1669, OH-Frequenz.
443. GHOSH, KAR, J. phys. Chem. **35**, 1735, Salze von organ. Srn.
444. BÄR, Helv. phys. Acta **4**, 130, Zirkularpolarisation.
445. HANLE, Phys. Z. **32**, 556, dasselbe.
446. WHITING, MARTIN, Trans. roy. Soc. Canada **25**, 87, mehratomige Alkohole.
447. HOUSTON, LEWIS, Proc. nat. Acad. Sci., U.S.A. **17**, 229, CO_2 (g) Rotations.Sp.
448. SPECCHIA, Linc. Rend. **13**, 754, Schwefelsre., SO_4-Ion.
449. JOOS, DAMASCHUN, Phys. Z. **32**, 553, anorg. Komplexverbdgn.
449a. RAMAN, BHAGAVANTAM, Nature, Lond. **128**, 114, Photonen-Spin.
450. HULUBEI, CAUCHOIS, C. R. Acad. Sci., Paris **192**, 1640, Ultraviolett-Erregung.
451. FERMI, Z. Phys. **71**, 250; Cim. 8, 184, Resonanz-Aufspaltung.
452. TOMASCHEK, Nature, Lond. **128**, 495, Fluorit, Phosphoreszenz Sp.
453. RAY-CHAUDURI, Z. Phys. **72**, 242; **74**, 574, 1932, I, Richtungs-Abhängigkeit.
454. HIGH, POOL, Phys. Rev. **38**, 374, kontinuierl. Ugd.
455. DAURE, KASTLER, C. R. Acad. Sci., Paris **192**, 1721, Sp. von Gasen.
456. HATLEY, CALLIHAN, Phys. Rev. **38**, 909, Wasserbanden.
457. REKVELD, Arch. Néerl. **13**, 73, verschied. I-Probleme.
458. KRISHNAN, SARCAR, Indian J. of Phys. **6**, 193, kl. L., $\varrho = f(\nu_0)$.
459. GANGULI, Phil. Mag. **13**, 306; **15**, 193, 1933, I-Probleme, theor.
460. FERMI, RASETTI, Z. Phys. **71**, 689, Steinsalz.
461. DUPONT, DAURE, ALLARD, Bull. Soc. chim. Fr. **49**, 1401, Terpene.
462. CABANNES, OSBORNE, C. R. Acad. Sci., Paris **193**, 156, ϱ für Calcit.
463. CABANNES, CANALS, C. R. Acad. Sci., Paris **193**, 289, ϱ für kryst. Nitrat.
464. WOODWARD, Phys. Z. **32**, 777, elektrolyt. Dissoziation.
465. PLACZEK, Nature, Lond. **128**, 410, ϱ_z theor.
466. NEY, C. R. Soc. Polon. **5**, 389, kl. Strg., Verbreiterung.
467. HANLE, Ann. Phys., Lpz. **11**, 885, ϱ_z, exp.
468. WEILER, Z. Phys. **72**, 206, cyclische Kw.
469. SIRKAR, Indian J. of Phys. **6**, 295, I-Verhältnisse.
470. VENKATESWARAN, Indian J. of Phys. **6**, 275, anorg. Chloride.
471. BOSE, DATTA, Nature, Lond. **128**, 725, Koordinative Bdg.
472. PARTHASARATHY, Indian J. of Phys. **6**, 287, Ameisensre.
473. KRISHNAMURTI, Indian J. of Phys. **6**, 309, organ. Kryst. u. Lösgn.

474. LESPIEAU, BOURGUEL, WAKEMAN, C. R. Acad. Sci., Paris **193**, 238, Analysenempfindlichkeit.
475. LANGSETH, Nature, Lond. **128**, 225; Z. Phys. **72**, 350, R.L., Isotopie-Aufspaltung.
476. LU, Sci. Rep. Nat. Tsing Hua Univ. **1**, 25, Aldehyde.
477. GRASSMANN, Z. Phys. **72**, 240, Mikromethode.
478. HIGH, Phys. Rev. **38**, 1837, verschied. organ. Verbdgn.
479. KRISHNAMURTI, Indian J. of Phys. **6**, 346, hydrolyt. Dissoziation.
480. WERTH, Phys. Rev. **39**, 299, 1932, $I = f(\nu_0)$.
481. HARKINS, BOWERS, Phys. Rev. **38**, 1845; **39**, 182, 1932, aliph. Bromide.
482. HOLLAENDER, WILLIAMS, Phys. Rev. **38**, 1739, Gläser, gelöste Sulfate.
483. BHAGAVANTAM, Indian J. of Phys. **6**, 389, ϱ_z, Theorie.
484. BÄR, Helv. phys. Acta **4**, 366, tiefe Temperatur.
485. BÄR, Helv. phys. Acta **4**, 369, ϱ_z in Ugd.
486. KRISHNAMURTI, Nature, Lond. **128**, 639; Indian J. of Phys. **6**, 401, Hydratisierung.
487. UREY, BRADLEY, Phys. Rev. **38**, 1969, AB_4-Modell, theor.
488. NISI, Japan. J. Phys., Trans. **7**, 1, Krystalle, kryst. Wasser.
489. NIELSEN, Z. Phys. **76**, 55, wässr. Lsg., Na · OH, K · OH.
490. MEYER, Z. anorg. allg. Chem. **203**, 146, Schwefelverbdgn.
491. RAFALOWSKI, Nature, Lond. **128**, 546; Bull. Acad. Polon, S. 623, Wasserbanden.
492. VENKATESWARAN, Nature, Lond. **128**, 870, kl. Strg., ϱ_n.
493. DADIEU, KOHLRAUSCH, PONGRATZ, Wien. Ber. **140**, 647; Mh. Chem. **60**, 221, 1932, cis-trans-Isomere.
494. DADIEU, SCHNEIDER, Wien. Anz. Nr. 18, 1931, Nickelcarbonyl.
495. OSBORNE, Diss. Paris, Les Presses Univ. 1932, Calcit.
496. HOWLETT, Nature, Lond. **128**, 796; Canad. J. Res. **5**, 572, Benzol, R.L., Feinstruktur.
497. TRUMPY, Kong. Norske Vidensk. Selsk. Forh. **4**, 103, Mischmoleküle.
498. RAFALOWSKI, Nature, Lond. **128**, 495; Acta phys. polon. **1**, 117, 1932, kl. L., Feinstruktur.
499. RAMAN, BHAGAVANTAM, Nature, Lond. **128**, 545, 636, 727, 795; Indian J. of Phys. **6**, 353; Nature, Lond. **129**, 22, 1932, Photonen-Spin.
500. MESNAGE, J. Phys. Radium **2**, 403, Beob. mit großer Dispersion.
501. NISI, Proc. phys. math. Soc. Japan **14**, 214, 1932, Phosphate, Silicate.
502. MECKE, Leipzig. Vortr. 1931, 22. Ber.
503. PLACZEK, Z. Phys. **70**, 84; Leipzig. Vortr. 1931, 71, Polarisierbarkeits-Theorie.
504. RASETTI, Leipzig. Vortr. 1931, 59, Krystallstruktur.
505. CABANNES, J. Phys. Radium **2**, 381, ϱ_z, theor.
506. WOOD, Phys. Rev. **38**, 2168, Benzolderivate.
507. EULER, HELLSTRÖM, Z. phys. Chem. Abt. B **15**, 342, Carotinoide.
508. KASTLER, C. R. Acad. Sci., Paris **193**, 1075, ϱ_z, theor.
509. COTTON, C. R. Acad. Sci., Paris **193**, 1078, Magnetfeld-Einfluß.
510. BARKER, Nature, Lond. **129**, 132, 1932, Stickoxydul, Konstitution.
511. KRISHNAMURTI, Indian J. of Phys. **6**, 367, 543, u.r. und R.Sp.
512. DADIEU, KOHLRAUSCH, Phys. Z. **33**, 165, 1932, anorg. Verbdgn, Konstitution.

513. BHAGAVANTAM, Nature, Lond. **128**, 70, 188, 272; Indian J. of Phys. **6**, 319, 331, 557, Gase.
514. DAMASCHUN, Z. phys. Chem. Abt. B. **16**, 81, 1932, anorg. Komplexverbdgn.
515. CABANNES, OSBORNE, C. R. Acad. Sci., Paris **193**, 1410, ϱ in Krystallen, theor.
516. TRUMPY, Kong. Norske Vidensk. Selsk. Forh. **4**, 194, organ. Sre-Ester.
517. BHAGAVANTAM, Indian J. of Phys. **6**, 595, 1932, niedere Kw.
518. LESPIEAU, BOURGUEL, WAKEMAN, C. R. Acad. Sci., Paris **193**, 1087; Bull. Soc. chim. Fr. **51/52**, 400, 1932, Cyclopropanderivate.
519. SEGRÉ, Linc. Rend. **13**, 929, Wasser.
520. SAHA, BHARGAVA, Nature, Lond. **128**, 870, Photonenspin.
521. MENZIES, Proc. roy. Soc., Lond. **134**, 265, CO_3-, NO_3-Ion.
522. LEONTOWITSCH, Z. Phys. **72**, 247, kl. L., Feinstruktur, theor.
523. RICCA, Linc. Rend. **14**, 197, NH_3, wässr. Lösg.
524. RICCA, Cim. 8, 199; Linc. Rend. **14**, 288, H_2SO_4 im elektr. Feld.
525. POLARA, Linc. Rend. **14**, 293, Zucker-Lösgn.
526. BOURGUEL, Rev. Opt. **10**, 474; Rev. sci. Instrum. **3**, 215, 1932, Spektrograph.
527. PIENKOWSKI, Acta phys. polon. **1**, 87, 309, 1932, ϱ_l, exp.

Eingereicht 1932.

527a. CABANNES, ROUSSET, C. R. Acad. Sci., Paris **194**, 79, 786, ϱ_n, exp.
528. ALMASI, Phys. Z. **33**, 221, lichtstarke Apparatur.
529. JOHNSTON, WALKER, Phys. Rev. **39**, 535, Wasserdampf.
530. GODCHOT, CANALS, CAUQUIL, C. R. Acad. Sci., Paris **194**, 176, 327, methylierte Cyclohexane.
531. BONINO, CELLA, Mem. Accad. Ital. **3**, Terpene.
532. WEILER, Verh. dtsch. phys. Ges. **13**, 5, Analysen-Empfindl.
533. ELSEN, Ber. dtsch. chem. Ges. **65**, 525, Deutungsversuche.
534. RADAKOVIC, Wien. Ber. **141**, 41, Modell, theor.
535. MECKE, Z. phys. Chem. Abt. B. **16**, 409, 421; **17**, 1, Analyse von R.Sp.
536. MEYER, RAMM, Phys. Z. **33**, 270, kl. L., Feinstruktur.
537. DADIEU, KOHLRAUSCH, PONGRATZ, Wien. Ber. **141**, 113; Mh. Chem. **60**, 253, Benzolderivate I.
538. BÄR, Nature, Lond. **129**, 505, ϱ_n stets $< 6/7$.
539. WOLFKE, ZIEMECKI, Acta phys. polon. **1**, 271, Nitrobenzol.
540. BRUNETTI, OLLANO, Z. Phys. **75**, 415, Cer-Nitrat u. Chlorür.
541. BHAGAVANTAM, VENKATESWARAN, Nature, Lond. **129**, 580, ϱ_n stets $< 6/7$.
542. BISWAS, Phil. Mag. **13**, 455, Diskussion zu Methan.
543. OLSON, KRAMERS, J. Amer. chem. Soc. **54**, 136, Diskussion zu Acetylen.
544. BHAGAVANTAM, Phys. Rev. **39**, 1020, Diskussion zu CS_2.
545. KASTLER, C. R. Acad. Sci., Paris **194**, 858, Einfluß der Nachbarmoleküle.
546. SIRKAR, Indian J. of Phys. **7**, 61, 257, verschied. organ. Verbdgn.
547. LECHNER, Wien. Ber. **141**, 291, Dreimassenmodell, theor.
548. DADIEU, KOHLRAUSCH, PONGRATZ, Wien. Ber. **141**, 267; Mh. Chem. **61**, 369, Paraffinderivate 1.

549. Bhagavantam, Indian J. of Phys. **7**, 79, ϱ_n, exp.
550. Conrad-Billroth, Kohlrausch, Pongratz, Z. phys. Chem. Abt. B. **17**, 233, Isomerisation.
551. Ellenberger, Ann. Phys. **14**, 221, I-Probleme, exp.
552. Signer, Weiler, Helv. chim. Acta **15**, 649, hochpolymere Stoffe.
552a. Dupont, Daure, Lévy, Bull. Soc. chim. Fr. **51**, 921, Terpene.
553. Rasetti, Cim. **9**, 72, Krystalle, u.v. Erregung.
554. Bonino, Cella, Linc. Rend. **15**, 385, Chinolin.
555. Fermi, Mem. Accad. Ital. **3**, NO_3, CO_3-Ion.
555a. Ghosh, Das, J. phys. Chem. **36**, 586, anorgan. Verbdgn.
556. Fadda, Cim. **9**, 168, H_2SO_4, elektrolyt. Dissoz.
557. Collins, Phys. Rev. **40**, 829, Octanol, 19 Isomere.
558. Bonino, Cella, Linc. Rend. **15**, 568, C:N-Frequenz.
559. Bonino, Cella, Linc. Rend. **15**, 572, 1,4-Dihydro-Naphthalin.
560. Bourguel, C. R. Acad. Sci., Paris **193**, 934; **194**, 1736. C:C-Frequenz.
561. Carelli, Went, Z. Phys. **76**, 236, I, $\partial a/\partial Q$, exp.
562. Kutzner, Naturwiss. **20**, 331, Saccharide.
563. Silveira, C. R. Acad. Sci., Paris **194**, 1336; **196**, 416, 521, 652; **197**, 1035, 1933. Salz-Lsgn.
564. Hulubei, C. R. Acad. Sci., Paris **194**, 1474, Wasserbanden.
565. Bär, Helv. phys. Acta **15**, 174, Lichtfilter.
566. Cabannes, J. Chim. phys. **29**, 436; Ann. Phys., Paris **18**, 286, Polarisierbarkeits-Theorie.
567. Bradley, jr., Phys. Rev. **40**, 908, einfache Halogenide.
568. Thatte, Ganesan, Phil. Mag. **15**, 51, 1933, organ. Schwefelverbdgn.
569. Hemptinne, Bull. Acad. roy. Belg. **17**, 1107; Ann. de Brux. **52**, 185, Pyramidenmodell, theor.
570. Ganesan, Thatte, Nature, Lond. **129**, 905; Phil. Mag. **14**, 1070; organ. Nitrate.
571. Canals, Godchot, Cauquil, C. R. Acad. Sci., Paris **194**, 1574, cyclische Kw.
572. Bhagavantam, Nature, Lond. **129**, 167; Indian J. of Phys. **7**, 107, Photonen-Spin.
573. Bourguel, Piaux, C. R. Acad. Sci., Paris **193**, 1333; Bull. Soc. chim. Fr. **51**, 1041, Allenderivate.
574. Trumpy, Kong. Norske Vidensk. Selsk. Forh. **5**, 65, 183; **6**, 169, 1933, kl. L. u. Breite.
575. Pai, Indian J. of Phys. **7**, 285, 519, Jodide.
576. Kohlrausch, Z. phys. Chem. **18**, 61; **20**, 217, Drehbarkeit 1.
577. Langseth, Z. Phys. **77**, 60, NH_3, wässr. Lösg.
577a. Schneider, Diss. Graz, organ. Srn, Salze usw.
578. Simons, Soc. Sci. Fennica, Comm. Phys. Math. **6**, Nr. 13, ϱ_n exp.
579. Specchia, Cim. **9**, 133, Wasserbanden, ϱ_n.
580. McLennan, Smith, Wilhelm, Phil. Mag. **14**, 161, Helium, fl. organ. Chloride.
581. Harkins, Haun, J. Amer. chem. Soc. **54**, 3917, 3920, organ. Chloride.
582. Langseth, Nielsen, Nature, Lond. **130**, 92, Stickoxydul.
583. Birkenbach, Goubeau, Ber. dtsch. chem. Ges. **65**, 1140, Analysenempfindlichkeit.

584. CABANNES, C. R. Acad. Sci., Paris **194**, 706, ϱ in Krystallen, theor.
585. McLENNAN, SMITH, Canad. J. Res. **7**, 551, CO_2, fl., fe.
586. KOHLRAUSCH, KOPPER, SEKA, Wien. Ber. **141**, 465; Mh. Chem. **61**, 397, Paraffinderivate 2.
587. DADIEU, KOHLRAUSCH, PONGRATZ, Wien. Ber. **141**, 477; Mh. Chem. **61**, 409, Paraffinderivate 3.
588. CRIGLER, J. Amer. chem. Soc. **54**, 4199, 6 organ. Verbdgn.
589. CRIGLER, Phys. Rev. **38**, 1387; J. Amer. chem. Soc. **54**, 4207, Analysenempfindlichkeit.
590. GRASSMANN, Naturwiss. **20**, 560; Z. Phys. **77**, 616; **82**, 765, wässr. Nitrat-Lösgn.
591. HIBBEN, Proc. nat. Acad. Amer. **18**, 532, Zwischenformen.
592. HOLMES, Phys. Rev. **41**, 389, Salmiak-Krystall.
593. SUTHERLAND, GERHARD, Nature, Lond. **130**, 241, Ozon.
594. GERLACH, Münch. Ber. 1932, 39, Benzol, R.L., Feinstruktur.
594a. BHAGAVANTAM, Current Sci. **1**, 9, CO_2, fl.
595. TELLER, TISZA, Z. Phys. **73**, 791, Modellschwingung, theor.
596. GLOCKLER, DAVIS, Phys. Rev. **41**, 370, Methylacetylen.
597. OLLANO, Cim. **9**, 51; Z. Phys. **77**, 818, Hydroxonium-Ion.
598. DADIEU, KOHLRAUSCH, PONGRATZ, Wien. Ber. **141**, 747; Mh. Chem. **61**, 426, Benzolderivate 2.
599. BOURGUEL, GRÉDY, PIAUX, C. R. Acad. Sci., Paris **195**, 129, cis-trans-Isomere.
600. THORNE, BAYLEY, Phys. Rev. **41**, 376, Nitrobenzol.
601. CASSIE, BAILEY, Z. Phys. **79**, 35, Resonanz-Aufspaltung.
602. ZIEMECKI, Z. Phys. **78**, 123, Naphthalinderivate.
603. BOURGUEL, C. R. Acad. Sci., Paris **195**, 311, konjugierte Doppelbindung.
604. GRÉDY, C. R. Acad. Sci., Paris **195**, 313, Analyse isomerer Formen.
605. RANGANADHAM, Indian J. of Phys. **7**, 353, kl. Strg.; Rotation der Moleküle.
606. REDLICH, KURZ, ROSENFELD, Z. phys. Chem. Abt. B. **19**, 231; Naturwiss. **20**, 365, XY_5, XY_6 exp. u. theor.
607. WEILER, Helv. phys. Acta **5**, 302; Z. Phys. **80**, 617, Kieselsr.-Ester, SiO_4-Gruppe.
608. BOLLA, Nature, Lond. **128**, 546; **129**, 60; Cim. **9**, 290; **10**, 101, Wasserbanden.
609. HANLE, Ann. Phys., Lpz. **15**, 345, ϱ_z, exp.
610. CUJUMZELIS, Praktika **7**, 242, Benzolderivate.
611. WILLIAMS, HOLLAENDER, Phys. Rev. **42**, 379, NH_3, wässr. Lösg.
611a. DUPONT, GACHARD, Bull. Soc. chim. Fr. **51**, 1579, Terpene.
612. BHAGAVANTAM, Nature, Lond. **129**, 830; **130**, 740, Methan (g).
613. WOOD, COLLINS, Phys. Rev. **42**, 386, Alkohole.
614. BRAUNE, ENGELBRECHT, Z. phys. Chem. Abt. B. **19**, 303, anorgan. Halogenide.
615. KOHLRAUSCH, BARNÉS, An. Soc. Españ. Fis.-Quim. **30**, 733, $C(CH_3)_4$.
616. GROSS, KHVOSTIKOV, Phys. Rev. **42**, 579, kl. Strg., Feinstruktur u. Beob.-Richtung.
617. EMBIRIKOS, Phys. Z. **33**, 946, Wasserbanden.

618. AMALDI, Z. Phys. **79**, 492, CO (g).
619. BÄR, Z. Phys. **79**, 455, kontinuierl. Ugd.
619a. BARTHOLOMÉ, TELLER, Z. phys. Chem. **19**, 366, Kettenmodelle, theor.
620. LANGSETH, NIELSEN, Z. phys. Chem. **19**, 35, 427, CO_2 (g) exp., theor.
621. KOPPER, PONGRATZ, Wien. Ber. **141**, 840; Mh. Chem. **62**, 78, kumulierte Doppelbindung.
622. PFUND, Phys. Rev. **42**, 581, Lichtfilter.
623. ROUSSET, C. R. Acad. Sci., Paris **194**, 2299; J. Phys. Radium **3**, 555, kl. Strg., exp. u. theor.
624. GOLDSTEIN, C. R. Acad. Sci., Paris **195**, 703, Isotopeneinfluß, theor.
624a. KASTLER, Soc. sci. phys. natur. Bordeaux, 28. IV. 1932, $NH_4 \cdot X$-Krystalle.
625. ORNSTEIN, WENT, Proc. Acad. Sci., Amst. **35**, 1024, Obertöne in CCl_4.
626. PLACZEK, TELLER, Z. Phys. **81**, 209, 839, Rotationseffekte.
627. BHAGAVANTAM, Phys. Rev. **42**, 437, CO, NO (g).
628. AMALDI, PLACZEK, Naturwiss. **20**, 521; Z. Phys. **81**, 259, NH_3 (g, fl.).
629. KOHLRAUSCH, PONGRATZ, SEKA, Ber. dtsch. chem. Ges. **66**, 1, Carbonsr.-Anhydride.
630. NISI, Proc. phys. math. Soc. Japan **15**, 114, 463, Krystallpulver.
631. CABANNES, ROUSSET, Ann. Phys., Paris **19**, 229, ϱ_n, exp.
632. CARELLI, WENT, Z. Phys. **80**, 232, kl. Strg. u. kontinuierl. Ugd.
633. LECHNER, Wien. Ber. **141**, 633, Viermassenmodell, theor.
634. SIGNER, WEILER, Helv. chim. Acta **16**, 115, polymere Stoffe.
635. BHAGAVANTAM, Indian J. of Phys. **7**, 549, I u. ϱ_n in H_2 (g).
636. VENKATESWARAN, BHAGAVANTAM, Indian J. of Phys. **7**, 585, verschied. organ. Stoffe.
637. VENKATESWARAN, Phil. Mag. **15**, 258, 263, ϱ_n, exp.
638. CABANNES, C. R. Acad. Sci., Paris **195**, 1353, SO_4-Gruppe in Gips.

Eingereicht 1933.

638a. DUPONT, LÉVY, MAROT, Bull. Soc. chim. Fr. **53**, 393, Terpene.
639. ITTMANN, Physica, Haag **13**, 177, Resonanz-Aufspaltung.
640. LESPIEAU, GRÉDY, C. R. Acad. Sci., Paris **196**, 399, Äthylenoxyd-Derivate.
641. BÄR, Z. Phys. **81**, 785, Ugd. in Glycerin.
641a. HEMPTINNE, WOUTERS, FAYT, Bull. Acad. roy. Belg., S. 318, $BrSiCl_3$.
642. KOHLRAUSCH, KÖPPL, PONGRATZ, Z. phys. Chem. Abt. B. **21**, 242, organ. Säuren.
643. SALANT, ROSENTHAL, Phys. Rev. **39**, 161; **42**, 812; **43**, 581, Isotopeneffekt, theor.
644. ORNSTEIN, WENT, ATEN jr., Z. Phys. **82**, 750, $I = f(\nu_0)$.
645. WEST, FARNSWORTH, J. chem. Phys. **1**, 402, $X \cdot C : N$; $X = Cl, Br, J$.
646. GODCHOT, CANALS, CAUQUIL, C. R. Acad. Sci., Paris **196**, 780; **197**, 1407, ungesättigte cyclische Kw.
646a. SUTHERLAND, Proc. roy. Soc., Lond. **141**, 535, tiefe Temperatur.
647. RISSEGHEM, GRÉDY, PIAUX, C. R. Acad. Sci., Paris **196**, 938, cis-trans-Hexene.
647a. BONINO, Mem. Accad. Bologna, März 1933; Gazz. chim. Ital. **65**, 371, Benzolstruktur.

648. GRASSMANN, Z. Phys. **82**, 767, Benzollinie 992.
649. ORNSTEIN, STOUTENBEEK, Z. Phys. **85**, 759, ϱ_n exp.
650. MILONE, Gazz. chim. Ital. **63**, 453, Nitro-Körper.
651. CROSS, VLECK, J. chem. Phys. **1**, 350, 356, Dreimassenmodell, theor.
652. BONINO, MANZONI-ANSIDEI, PRATESI, Z. phys. Chem. Abt. B. **22**, 21; **25**, 348, Pyrrolderivate.
653. HANSEN-DAMASCHUN, Z. phys. Chem. Abt. B. **22**, 97, *I* u. Bindungscharakter.
654. GRÉDY, C. R. Acad. Sci., Paris **196**, 1119; **197**, 327; **198**, 98, 2254; **199**, 294, 1129, Acetylenderivate.
655. TRUMPY, Z. Phys. **84**, 282, O_2 (g), Rotations-Sp. u. Druck.
656. MURRAY, ANDREWS, J. chem. Phys. **1**, 406, Benzolderivate.
657. THATTE, GANESAN, Current Sci. **1**, 345; Indian J. of Phys. **8**, 341, anorgan. Nitrate, geschmolzen.
658. BLACKMAN, Naturwiss. **21**, 367, Steinsalz.
659. BONINO, MANZONI-ANSIDEI, Z. phys. Chem. Abt. B. **22**, 169; Mem. Accad. Ital. **4**, 759, Oxime.
660. RANK, J. chem. Phys. **1**, 504, Wasserdampf.
661. HAYASHI, Sci. Pap. Inst. phys. chem. Res., Tokio **21**, 69, Diketone, Resorcin.
662. KOHLRAUSCH, An. Soc. Españ. Fis.-Quim. **31**, 315, Acetylaceton.
663. MILONE, MÜLLER, Gazz. chim. Ital. **63**, 334, 456; **65**, 241, Oxdiazolderivate.
664. SIRKAR, Indian J. of Phys. **8**, 67, $I = f(\nu_e^2 - \nu_0^2)$.
665. SIRKAR, Indian J. of Phys. **8**, 377, ϱ_n u. elektrisches Feld.
666. SIRKAR, Indian J. of Phys. **8**, 415; Current Sci. **1**, 347, ϱ_n-Dispersion.
667. GOUBEAU, Naturwiss. **21**, 468, vergl. Nr. 1173.
668. SAMUEL, KHAN, Z. Phys. **84**, 87, komplexe Cyanide.
669. LECHNER, Wien. Anz. 1933, Nr. 14, Fünfmassenmodell, theor.
670. HOWDEN, MARTIN, Trans. roy. Soc. Canada **3**, 91, Ugd. in Glycerin.
671. OLLANO, FRONGIA, Cim. **10**, 306, Nitrat-Ion.
672. KOHLRAUSCH, KÖPPL, PONGRATZ, Z. phys. Chem. Abt. B. **22**, 359, Fettsre.-Ester.
673. RANK, J. chem. Phys. **1**, 572, $C(CH_3)_4$, $(H_3C)_3C \cdot CH_2Cl$.
674. HORIUTI, Z. Phys. **84**, 380, Resonanz-Aufspaltung in CCl_4.
675. BLOCH, BLOCH, C. R. Acad. Sci., Paris **196**, 1787, Benzollinie 992, Feinstruktur.
676. SWAINE, MURRAY, J. chem. Phys. **1**, 512, Dichlorbenzol.
677. KOHLRAUSCH, PONGRATZ, Z. phys. Chem. Abt. B. **22**, 373, Säurechloride usw.
678. RAO, Indian J. of Phys. **8**, 123, H_2SO_4, elektrolyt. Dissoz.
679. BRODSKII, SACK, BESUGLI, Phys. Z. Sowjet. **5**, 146, Lösgs.-Spektren.
680. KOHLRAUSCH, KÖPPL, Wien. Ber. **142**, 465; Mh. Chem. **63**, 255, Paraffinderivate 4.
681. PARTHASARATHY, Phil. Mag. **17**, 471, Lösgs.-Spektren.
682. BAUER, MAGAT, SILVEIRA, C. R. Acad. Sci., Paris **197**, 313, Nitrat-Ion.
683. MILLER, PIAUX, C. R. Acad. Sci., Paris **197**, 412, cis-trans-Dimethylcyclohexan.

684. HEMPTINNE, WOUTERS, Ann. de Brux. B. **53**, 215, ungesättigte Nitrile.
685. ALMASY, J. Chim. phys. **30**, 713, Benzaldehyd.
686. CARRELLI, CENNAMO, Cim. **10**, 329, Wasserbanden.
687. LANGSETH, NIELSEN, Phys. Rev. **44**, 326, 911, lineare, 3atomige Moleküle.
688. MÉDARD, C. R. Acad. Sci., Paris **197**, 582, Schwefelsre.
689. MURRAY, ANDREWS, J. chem. Phys. **2**, 119, 890, Benzolderivate.
690. KOHLRAUSCH, PONGRATZ, Ber. dtsch. chem. Ges. **66**, 1355, CO-Frequenz.
691. BAYLEY, Phys. Rev. **44**, 510, verschiedene organ. Stoffe.
692. BHAGAVANTAM, Indian J. of Phys. **8**, 197, kl. Strg., Rotation.
693. LEWIS, HOUSTON, Phys. Rev. **41**, 263, 389; **44**, 903, Rotations-Sp. in Gasen.
694. MATSUNO, HAN, Bull. chem. Soc. Japan **8**, 333, Benzoesäurederivate.
695. GRASSMANN, WEILER, Z. Phys. **86**, 321, Benzol-Sp.
696. NEVGI, JATKAR, Indian J. of Phys. **8**, 397, isomere Alkohole.
697. WOODWARD, HORNER, Proc. roy. Soc., Lond. **144**, 129, Schwefelsre.
698. MÉDARD, VOLKRINGER, C. R. Acad. Sci., Paris **197**, 833, Salpetersre.
699. RAO, Proc. roy. Soc., Lond. **144**, 159; Z. Phys. **90**, 650, Nitrate, kryst., geschm., gelöst.
700. RAO, Nature, Lond. **132**, 480; Phil. Mag. **17**, 1113, 1934; Proc. roy. Soc., Lond. **145**, 489, Wasserbanden, Temperatureinfluß.
700a. BONICHON, Thèse Bordeaux 1933, Terpenalkohole.
701. CHENG, Z. phys. Chem. Abt. B. **24**, 293, Ester d. Halogenessigsre.
702. ROUSSET, C. R. Acad. Sci., Paris **197**, 1033; **198**, 1227, kl. Strg.
703. PAI, Nature, Lond. **132**, 968, Fluorbenzol.
704. KOHLRAUSCH, KÖPPL, Z. phys. Chem. Abt. B. **24**, 370, aliph. Aldehyde, Ketone.
705. MÉDARD, PETITPAS, C. R. Acad. Sci., Paris **197**, 1221; **198**, 88, Salpetersre.
706. RAO, RAO, Z. Phys. **88**, 127, Ammoniumsalze.
707. MATSUNO, HAN, Bull. chem. Soc. Japan **9**, 88, Benzolderivate.
708. GLOCKLER, WIENER, J. chem. Phys. **2**, 47, Furan.
709. TISZA, Z. Phys. **82**, 48, Obertöne, theor.
710. CABANNES, RIOLS, C. R. Acad. Sci., Paris **198**, 30, Wasserbanden.
711. PIAUX, C. R. Acad. Sci., Paris **197**, 1647, Cyclopentanon.
712. BHAGAVANTAM, RAO, Indian J. of Phys. **8**, 437, kl. Strg., Rotationseffekt.
713. HERTLEIN, Z. Phys. **87**, 744, Nitrobenzol.
714. TRUMPY, Z. Phys. **88**, 226; **90**, 133, ϱ_n, exp.
715. KOHLRAUSCH, PONGRATZ, Wien. Ber. **142**, 637; Mh. Chem. **63**, 427, Benzolderivate 3.
715a. SNITTER, Thèse Bordeaux 1933, Camphenilon.

Eingereicht 1934.

716. ROSENTHAL, Phys. Rev. **45**, 426, 538; **46**, 730, Isotopieeffekt, theor.
717. YOST, SHERBORNE, J. chem. Phys. **2**, 125, AsF_3 exp.; AB_3 theor.
718. ADERHOLD, WEISS, Z. Phys. **88**, 83, Salpetersre.
719. RAMM, Phys. Z. **35**, 111, 756, kl. L., Feinstruktur.

720. WOOD, Nature, Lond. **132**, 392; **133**, 106; Phys. Rev. **45**, 297, 392, 565, 732, D-Wasser.
721. BONINO, MANZONI-ANSIDEI, Z. phys. Chem. Abt. B. **25**, 327, Pyrrolderivate.
722. HAYASHI, Sci. Pap. Inst. chem. phys. Res., Tokio **23**, 274; **25**, 31, 36, ungesätt. organ. Stoffe.
723. SIMONS, Soc. Sci. Fennica, Comm. Phys. Math. **VII/9**, 1, elektrolyt. Lösgn.
724. LANDAU, PLACZEK, Phys. Z. Sowjet. **5**, 172, kl. L., Struktur; theor.
725. NATH, Indian J. of Phys. **8**, 581; Proc. Indian Acad. **1**, 250, 333, AB_4-, AB_6-Modelle; theor.
726. DHAR, Indian J. of Phys. **9**, 189, I (R.L.)/I (kl. L.).
727. WILSON jr., Phys. Rev. **45**, 706, Benzolmodell. theor.
728. DUNCAN, MURRAY, J. chem. Phys. **2**, 146, 636, organ. Metallverbdgn.
729. DAURE, C. R. Acad. Sci., Paris **198**, 725, Pinen, ϱ_z exp.
729a. YOST, STEFFENS, GROSS, J. chem. Phys. **2**, 311, AB_6 exp., theor.
730. WEST, ARTHUR, J. chem. Phys. **2**, 215, HCl in Lösgn.
731. WILSON jr., Phys. Rev. **45**, 427, Isotopieeffekt in AB_4, theor.
732. PARANJPE, SAVANUR, Indian J. of Phys. **8**, 503, Ester d. Fettsrn.
733. VOGE, J. chem. Phys. **2**, 264, Lösungsmittel-Einfluß.
734. PRÉVOST, DONZELOT, BALLA, C. R. Acad. Sci., Paris **198**, 1041, Benzyliden-cyclohexan.
735. WEILER, Z. Phys. **89**, 58, Benzol.
736. ANDANT, LAMBERT, LECOMTE, C. R. Acad. Sci., Paris **198**, 1316, Hexan-Isomere.
737. GRÉDY, PIAUX, C. R. Acad. Sci., Paris **198**, 1235; Bull. Soc. chim. Fr. **1**, 1481, isomere Verbdgn.
738. WILSON jr., J. chem. Phys. **2**, 432, Normalschwgg., Auswahlregeln.
739. CALLIHAN, SALANT, J. chem. Phys. **2**, 317, HCl, HBr, (fe).
740. MÉDARD, C. R. Acad. Sci., Paris **198**, 1407; **199**, 421, OH-Frequenz.
741. MÉDARD, ALQUIER, J. Chim. phys. **31**, 281; **32**, 63, organ. Nitrate.
742. GLOCKLER, MORRELL, J. chem. Phys. **2**, 349, Dijod-acetylen.
743. KOHLRAUSCH, PONGRATZ, Ber. dtsch. chem. Ges. **67**, 976, Keto-Enol-Tautomerie.
744. PIAUX, C. R. Acad. Sci., Paris **198**, 1496; **199**, 66, 1127; Cyclopenten-Deriv.
745. BENDER, Phys. Rev. **45**, 732, Rotations-Sp. N_2O, CO_2.
746. KOHLRAUSCH, KÖPPL, Z. phys. Chem. Abt. B. **26**, 209, aliph. Kw.
747. HANSON, Phys. Rev. **46**, 122, I in CO_2; exp.
748. LAIRD, FRANKLIN, Phys. Rev. **45**, 738, Salz u. Sre. in Lösg.
749. KUDAR, Naturwiss. **22**, 418, Edelgase (fe); theor.
750. EPSTEIN, STEINER, Nature, Lond. **133**, 910; Z. phys. Chem. Abt. B. **26**, 131, tiefe Temperatur.
751. DUPONT, ZACHAREWICZ, DULOU, C. R. Acad. Sci., Paris **198**, 1699; **199**, 365; Bull. Soc. chim. Fr. **2**, 533, Terpene.
752. TRUCHET, CHAPRON, C. R. Acad. Sci., Paris **198**, 1934, Cyclo-, Dicyclopentadien.
753. LANGSETH, SORENSEN, NIELSEN, J. chem. Phys. **2**, 402, CS_2.

754. RAO, Z. Phys. **90**, 658, Wasserbanden; ϱ_n.
755. PENNEY, SUTHERLAND, J. chem. Phys. **2**, 492; Trans. Faraday Soc. **30**, 898, $H_2N \cdot NH_2$; $HO \cdot OH$; theor.
756. NAYAR, SHARMA, Z. anorg. allg. Chem. **220**, 169, Jodsre (Lösg., fe).
757. CHENG, Z. phys. Chem. Abt. B. **26**, 288, Acetyl-, Acetonitril-Verbdgn.
758. BONINO, MANZONI-ANSIDEI, Mem. Accad. Bologna, Febr. u. Mai **1934**, 95 organ. Stoffe.
759. RANK, LARSEN, BORDNER, J. chem. Phys. **2**, 464, D-Wasserdampf.
760. ADEL, Phys. Rev. **45**, 56; **46**, 222, Isotopieeffekt, theor.
761. KOHLRAUSCH, PONGRATZ, Wien. Ber. **143**, 275; Mh. Chem. **64**, 361, Benzoylderivate 4.
762. KOHLRAUSCH, PONGRATZ, Wien. Ber. **143**, 288; Mh. Chem. **64**, 374, Benzolderivate.
763. PAULSEN, Wien. Anz. 1934, Nr. 16; Z. phys. Chem. Abt. B. **28**, 123, Dichloräthylen; ϱ_n exp., theor.
764. ROUSSET, C. R. Acad. Sci., Paris **198**, 2152; **199**, 716; J. Phys. Radium **7**, 84, kl. Strg. in binären Gemischen.
765. EUCKEN, AHRENS, Z. phys. Chem. **26**, 297 }
EUCKEN, SAUTER, Z. phys. Chem. **26**, 463 } AB_6, exp., theor.
766. VENKATESWARAN, Proc. Indian Acad. **1**, 120, Schwefel (geschm., fe).
766a. PAI, Indian J. of Phys. **9**, 231, organ. Trisulfide.
767. WILSON jr., Phys. Rev. **46**, 146, Benzol-Sp., Diskussion.
767a. MÉDARD, J. Chim. phys. **32**, 136, Nitromethane.
768. WOODWARD, Phil. Mag. **18**, 823, Hg-, Tl-Nitrat.
769. PAI, Indian J. of Phys. **9**, 121, AB_2, Diskussion.
770. KOHLRAUSCH, PONGRATZ, Wien. Ber. **143**, 358; Mh. Chem. **65**, 6, Benzolderivate 5.
771. MATSUNO, HAN, Bull. chem. Soc. Japan **9**, 327, Furanderivate.
772. CRAWFORD, NIELSEN, J. chem. Phys. **2**, 567, Fluorbenzol.
773. BOLLA, Z. Phys. **89**, 513; **90**, 607, Äthylalkohol.
774. GLOCKLER, MORRELL, Phys. Rev. **46**, 233, Acetylen (fl).
775. VOLKRINGER, TCHAKIRIAN, FREYMANN, C. R. Acad. Sci. Paris, **199**, 292, Ge-, Sn-Chloroform.
776. MURRAY, J. chem. Phys. **2**, 618, 2 isomere Octane.
777. KOHLRAUSCH, PONGRATZ, Ber. dtsch. chem. Ges. **67**, 1465, Keto-Enol-Tautomerie.
778. ADEL, BARKER, J. chem. Phys. **2**, 627, Resonanzaufspaltung.
779. REDLICH, KURZ, ROSENFELD, J. chem. Phys. **2**, 619, AB_6, Diskussion.
780. YOST, ANDERSON, J. chem. Phys. **2**, 624, PH_3, PF_3.
781. ANDREWS, MURRAY, J. chem. Phys. **2**, 634, mechanische Modelle.
782. GANESAN, Proc. Indian Acad. **1**, 156, Selensre u. Salze.
783. HOWARD, WILSON jr., J. chem. Phys. **2**, 630, AB_3-Modell, theor.
783a. WOUTERS, Bull. Acad. roy. Belg. **20**, 782, $BrCCl_3$.
783b. MILONE, Gazz. chim. Ital. **64**, 868, 870; **65**, 339, Ketone, Ketosäureester.
784. LANGSETH, NIELSEN, SORENSEN, Z. phys. Chem. Abt. B. **27**, 100; Phys. Rev. **47**, 198, Acid-, Rhodanid-Ion.
785. BELL, JEPPESEN, J. chem. Phys. **2**, 711; **3**, 245, Schwefelsre.
786. TURNER, Diss. Berlin 1935, kl. Strg. in Benzol; I (exp.).

787. LEITMAN, UKHOLIN, J. chem. Phys. **2**, 825; C. R. Leningrad **1**, 12, Mischungseinfluß.
788. TEETS, ANDREWS, J. chem. Phys. **3**, 175, mechanische Modelle.
789. MURRAY, DEITZ, ANDREWS, J. chem. Phys. **3**, 180, mechanische Modelle.
790. MURRAY, SQUIRE, ANDREWS, J. chem. Phys. **2**, 714, D-Benzol.
791. LANGSETH, WALLES, Z. phys. Chem. Abt. B. **27**, 209, Nitrit-ion.
792. HABERL, Ann. Phys., Lpz. **21**, 285, $I = f(\nu_e^2 - \nu_0^2)$.
793. KOHLRAUSCH, PONGRATZ, Z. phys. Chem. Abt. B. **27**, 176, Typus A · CO · B.
794. RAO, Current Sci. **3**, 154; Indian J. of Phys. **9**, 195, Wasserbanden in Electrolyt-Lösgn.
795. GLOCKLER, DAVIS, J. chem. Phys. **2**, 881, Acetylenderivate.
796. BONNER, Phys. Rev. **46**, 458, Wasserdampf (theor.).
797. MIZUSHIMA, MORINO, HIGASI, Phys. Z. **35**, 905, Sci. Pap. Inst. phys. chem. Res., Tokio **25**, 159, Drehbarkeit 1.
797a. TRENKLER, Phys. Z. **36**, 162, mechanische Modelle 1.
798. RAO, Proc. Indian Acad. **1**, 274, kl. Strg., Rotationseffekt.
799. RAO, Proc. Indian Acad. **1**, 261, 473, kl. L., Feinstruktur.
800. ANDANT, Congrès Chim. ind., Paris 1934; Pbl. sci. et techn. Minist. l'Air 1933, Nr. 21, Analyse von Essenzen.
800a. DULOU, Thèse Bordeaux 1934, Terpenketone.
801. KIRRMANN, C. R. Acad. Sci., Paris **199**, 1228, Propylen-Derivate.
802. LANGSETH, NIELSEN, Phys. Rev. **46**, 1057, CO_2 (g), ϱ_n exp.
803. MORINO, Sci. Pap. Inst. phys. chem. Res., Tokio **25**, 232; **27**, 39, AB · BA-Modell theor.
804. GUERON, C. R. Acad. Sci., Paris **199**, 136, 945, Zinnchlorür, -chlorid.
805. BRIEGLEB, LAUPPE, Z. phys. Chem. Abt. B. **28**, 154, Molekülverbdgn.
806. KOHLRAUSCH, KÖPPL, Wien. Ber. **143**, 537; Mh. Chem. **65**, 185, Paraffinderivate 5.
807. KOHLRAUSCH, PONGRATZ, Wien. Ber. **143**, 551; Mh. Chem. **65**, 199, Benzolderivate 6.
808. PEYCHÈS, C. R. Acad. Sci., Paris **199**, 1121; Bull. Soc. chim. Fr. **2**, 2195, Weinsäure, Ester, Salze.
809. TRUMPY, Kong. Norske Vidensk. Selsk. Skr. 1934, Nr. 9, ϱ_n, exp.
810. GROSS, VUKS, Nature, Lond. **135**, 100, 431, 998, kl. L., Struktur.
811. MURRAY, J. chem. Phys. **3**, 59, 1,3-Cyclohexadien.
812. BHAGAVANTAM, RAO, Nature, Lond. **135**, 150; Proc. Indian Acad. **1**, 419, kl. Strg.; Rotationseffekt (g).
812a. HEMPTINNE, WOUTERS, Bull. Acad. roy. Belg. **20**, 1114, SiH_4.
812b. DELFOSSE, Bull. Acad. roy. Belg. **20**, Nr. 12, PH_3.
813. MIZUSHIMA, MORINO, HIGASI, Sci. Pap. Inst. phys. chem. Res., Tokio **26**, 1, Drehbarkeit 2.
814. IMANISHI, Nature, Lond. **135**, 396, CS_2 (g).
815. GROSS, VUKS, C. R. Leningrad **1**, 216, amorphe Körper.
816. BOSE, Indian J. of Phys. **9**, 277, komplexe Cyanide.
817. MITRA, MEHTA, Ann. Phys., Lpz. **22**, 311, kl. L., Feinstruktur.
818. SIRKAR, Nature, Lond. **134**, 850; Indian J. of Phys. **9**, 295, kl. Strg. am Benzoldampf.

819. SIRKAR, MAITI, Indian J. of Phys. **9**, 323, kl. Strg., Temperaturaufbau.
820. ANGUS, LECKIE, Nature, Lond. **134**, 572; Proc. roy. Soc., Lond. **149**, 327, 615, anorg. Sren.
821. MITRA, Z. Phys. **96**, 29, kl. Strg. ϱ_n exp.
822. MÉDARD, C. R. Acad. Sci., Paris **199**, 1615, $H_2SO_4 + HNO_3$.
823. KOHLRAUSCH, Vorträge an der Sorbonne, Paris, 1935, Drehbarkeit usw.
824. BOSSCHE, MANNEBACK, Ann. Soc. Sci. Brux. **54**, 230. C_6H_6-Modell, theor.
825. MANNEBACK, Ann. Soc. Sci. Brux. **55**, 5, 129, dasselbe.
826. CHÉDIN, C. R. Acad. Sci., Paris **200**, 1397; **201**, 552, 724, $H_2SO_4+HNO_3$.
827. DUFFORD, Phys. Rev. **37**, 1013; **47**, 199.
828. KHVOSTIKOV, Phys. Z. Sowjet. **6**, 343, kl. L.; Feinstruktur.
829. LOYARTE, FERNANDEZ, Pbl. La Plata **1**, 3, verschiedene organ. Stoffe.
830. MUKERJI, Nature, Lond. **134**, 811; Phil. Mag. **19**, 1079, hydriertes Naphthalin.
831. MAGAT, C. R. Acad. Sci., Paris **196**, 1981; **197**, 1716; J. Chim. phys. **5**, 347; **6**, 64, 179, Wasser.
832. MENZIES, MILLS, Proc. roy. Soc., Lond. **148**, 407, tiefe Temperatur.
833. PAI, Proc. roy. Soc., Lond. **149**, 29, metallorgan. Verbdgn.
834. WILSON jr., J. chem. Phys. **3**, 59, AB_4-Modell (eben), theor.

Eingereicht 1935.

835. ANANTHAKRISHNAN, Proc. Indian Acad. **2**, 133, ϱ-Messung; Fehlerquellen.
836. MEYER, Phys. Z. **36**, 212, Kerrkonstante u. S.R.E.
837. TRUMPY, Z. Phys. **93**, 624, ϱ_n, exp.
838. TIMM, MECKE, Z. Phys. **94**, 1, Diacetylen, Vinylacetylen.
839. WENT, Diss. Amsterdam, Krystalle.
840. BOLLA, Cim. **12**, 243, Wasserbanden.
841. REDLICH, Z. phys. Chem. Abt. B. **28**, 371, Isotopeneffekt, theor.
842. KOHLRAUSCH, SEKA, Ber. dtsch. chem. Ges. **68**, 528, 1,3- u. 1,4-Cyclohexadien.
843. HOWARD, J. chem. Phys. **3**, 207, XH_3; Diskussion.
844. RAO, Z. Phys. **94**, 536, Oxalsäure (fe, Lösg.).
845. SACHSSE, BARTHOLOMÉ, Z. phys. Chem. Abt. B. **28**, 257, AB_6, theor.
846. RANK, BORDNER, Phys. Rev. **45**, 566; J. chem. Phys. **3**, 248, AB_4; exp.
847. BRINER, SUSZ, PERROTTET, C. R. Soc. Phys. Genève **52**, 27, 133, 227; **53**, 29, 1936; Helv. chim. Acta **19**, 545, 1936, Vanillin, Eugenol usw.
848. KOHLRAUSCH, Z. phys. Chem. Abt. B. **28**, 340, Übergang $AB_4 \rightarrow AC_4$.
849. BRINER und Mitarbeiter, Helv. chim. Acta 18, 363, 368, 375, 378, $HNO_3 + N_2O_5$.
849a. SUTHERLAND, DENNISON, Proc. roy. Soc., Lond. **148**, 250, mehratom. Modelle, theor.
850. BENDER, Phys. Rev. **47**, **252**, Wasserdampf.
851. SALSTROM, HARRIS, J. chem. Phys. **3**, 241, $ZnCl_2$, $ZnBr_2$ (geschm.).
852. DADIEU, KOPPER, Wien. Anz. 61, HCl, DCl (fl.)
853. GRÉDY, Thèses Paris 1935, Acetylenderivate.
854. NISI, Zeeman Verhandlingen, S. 261, Scheelit.

855. ANDERSON, YOST, J. chem. Phys. 3, 242, D_2.
856. BRODSKII, SACK, J. chem. Phys. 3, 449; Acta physicochim. U.R.S.S. 2, 215, Mischungseinfluß.
857. KASSEL, Phys. Rev. 45, 766; J. chem. Phys. 3, 326, Drehbarkeit (theor.).
858. ANGUS, LECKIE, WILSON, Nature, Lond. 135, 913; Proc. roy. Soc., Lond. 155, 183, D-Essigsre.
859. DADIEU, KOPPER, Wien. Anz. 92, D · C⋮N, $\dot{D}_2S$.
860. MATSUNO, HAN, Bull. chem. Soc. Japan 10, 220, Cedren.
861. SYRKIN, WOLKENSTEIN, Acta physicochim. U.R.S.S. 2, 303, 308, $(C_2H_5)_4$ N · J; H_2SiF_6.
862. NAVES, BRUS, ALLARD, C. R. Acad. Sci., Paris 200, 1112, isomere Formen.
862a. TRUMPY, Nature, Lond. 135, 764, ClDC:CDCl usw.; ϱ_n exp.
863. ORNSTEIN, WENT, Physica, Haag 2, 391, 503, I-Messungen.
864. SIMON, FEHÉR, Z. Elektrochem. 41, 290, HO · OH.
865. BAUER, J. Phys. Radium 6, 63, wässr. Salzlösg., Diskussion.
866. SPECCHIA, SCANDURRA, Cim. 12, 129, Benzollinie 992, Feinstruktur.
867. GLOCKLER, MORRELL, Phys. Rev. 46, 535; 47, 569; J. chem. Phys. 4, 15, D-Acetylen.
868. COLBY, Phys. Rev. 47, 388, Acetylen, theor.
869. ROSENTHAL, Phys. Rev. 47, 235, AB_3-Modell; theor.
870. JATKAR, Indian J. of Phys. 9, 545, cis-trans-Dekalin.
871. RAMAN, R. RAO, Nature, Lond. 135, 761; Mem. Indian Inst. Sci. 1, 765, kl. Strg.; Feinstruktur, Temperatureinfluß.
872. BATES, HOGWOOD, Proc. phys. Soc., Lond. 47, 877, Cr_5O_9.
873. PIAUX, Thèses Paris 1935, Äthylenbindung.
874. TRENKLER, Phys. Z. 36, 423, mechanische Modelle 2.
875. GRÉDY, Bull. Soc. chim. Fr. 1, 1029, 1038; 2, 1951, Äthylenderivate.
875a. BHAGAVANTAM, RAO, Phys. Rev. 47, 921, CS_2.
876. KOHLRAUSCH, Ber. dtsch. chem. Ges. 68, 893, Naphthalin-Symmetrie.
877. GOUBEAU, Ber. dtsch. chem. Ges. 68, 912, Cyanat-Gruppe.
878. GOCKEL, Z. phys. Chem. Abt. B. 29, 79, Naphthalinderivate.
879. GUILLEMONAT, C. R. Acad. Sci., Paris 200, 1416, Äthylenderivate.
879a. JEPPESEN, BELL, J. chem. Phys. 3, 363, Orthophosphorsre.
879b. BONINO, MANZONI-ANSIDEI, Mem. Accad. Inst. Bologna IX/2, 1935, Pinen.
879c. MANZONI-ANSIDEI, Gazz. chim. Ital. 65, 871, Chlornitrobenzole.
880. DADIEU, ENGLER, Naturwiss. 23, 355, CD_4.
881. MANZONI-ANSIDEI, Linc. Rend. 21, 581, Nitrotoluole.
882. SIMONS, Soc. Sci. Fennica, Comm. Phys. Math. VIII/16, 1, lineare Ketten-Modelle, theor.
883. ORNSTEIN, VAN CITTERT, Physica, Haag 2, 221, 449, kl. Strg.; theor.
884. MORINO, MIZUSHIMA, Phys. Z. 36, 600, AB · BA-Modell, theor.
885. DELFOSSE, Ann. de Brux. 55, 114, A_2B:BA_2-Modell, theor.
886. KLIT, LANGSETH, Nature, Lond. 135, 956, D-Benzol.
887. VENKATESWARAN, Proc. Indian Acad. Sci. 1, 850, Metallhalogenide.
888. BONINO, MANZONI-ANSIDEI, Nature, Lond. 135, 873, 1,3-Cyclohexadien.
889. TCHAKIRIAN, VOLKRINGER, C. R. Acad. Sci., Paris 200, 1758, Ge, Sn-Bromide.

890. Dadieu, Kopper, Wien. Anz. **127**, ND_3 usw.
891. Dadieu, Engler, Wien. Anz. **128**, SeH_2, SeD_2.
892. Wood, Rank, Phys. Rev. **47**, 792; **48**, 63, $DCCl_3$.
893. Coon, Laird, Phys. Rev. **47**, 889, SO_4-Ion.
894. Rao, Proc. Indian Acad. **2**, 46, CS_2, I, ϱ exp.
895. Bonino, Manzoni-Ansidei, Dinelli, Ricerca Sci., Mai 1935, Indol.
896. Bonino, Gazz. chim. Ital. **65**, 5, 371, Benzolstruktur.
897. Hayashi, Sci. Pap. Inst. phys. chem. Res., Tokio **27**, 99, Nerol, Geraniol.
898. Rao, Current Sci. **3**, 350; Phil. Mag. **20**, 587, Wasserbanden.
899. Woo, Liu, Chu, J. Chin. chem. Soc. (chines.) **3**, 301, X·C⋮N-Modell, theor.
900. Angus, Leckie, Bailey, Raisin, Geave, Wilson, Ingold, Nature, Lond. **135**, 1033. D-Benzol.
901. Venkateswaran, Proc. Indian Acad. **2**, 119, Jodsre, Salze.
902. Wood, Phys. Rev. **48**, 488; J. chem. Phys. **3**, 444, D-Benzol.
903. Hull, J. chem. Phys. **3**, 534, Trichloräthan.
904. Gehman, Osterhof, J. Amer. chem. Soc. **57**, 1382; **58**, 215, Gummi.
905. Weiler, Ann. Phys., Lpz. **23**, 493, kl. Strg. CO_2 (g).
906. Srinivasan, Proc. Indian Acad. **2**, 105, Isopren usw.
906a. Bonner, J. Amer. chem. Soc. **58**, 34, Äthylen.
907. Kohlrausch, Ypsilanti, Z. phys. Chem. Abt. B. **29**, 274, Drehbarkeit 2.
908. Kohlrausch, Stockmair, Z. phys. Chem. Abt. B. **29**, 292, Drehbarkeit 3.
909. Czapska-Narkiewicz, Z. Phys. **96**, 177, Xylole; ϱ_n exp.
910. Cheng, J. Chim. phys. **32**, 541, 715, ϱ_n exp.
910a. Gross, Vuks, Nature, Lond. **135**, 100, 431, 998, kl. Strg.
911. Rousset, Thèses Paris 1935, kl. Strg.
912. Thatte, Joglekar, Phil. Mag. **19**, 1116, Amide usw.
913. Kudrjawzewa, Acta physicochim. U.R.S.S. **3**, 613, photoelektr. Zählung.
914. Delfosse, Goovaerts, Bull. Acad. roy. Belg. **21**, 410, $HSiBr_3$.
915. Cabannes, Festschr. Brillouin 1935, Normalschwg (theor.).
916. Miller, Piaux, C. R. Acad. Sci., Paris **201**, 76; Bull. Soc. chim. Belg. **45**, 123, Dimethylcyclohexan.
917. Rao, Z. Phys. **97**, 154, I u. ϱ_n; exp.
918. Cheng, Lecomte, C. R. Acad. Sci., Paris **201**, 50; J. Phys. Radium **6**, 477, $X \cdot H_2C \cdot CH_2 \cdot Y$, Diskussion.
919. Kohlrausch, Ypsilanti, Wien. Ber. **144**, 407; Mh. Chem. **66**, 285, Benzolderivate 7.
920. Kohlrausch, Stockmair, Wien. Ber. **144**, 448; Mh. Chem. **66**, 316, substituierte Benzoesre-Ester.
921. Reitz, Ypsilanti, Wien. Ber. **144**, 431; Mh. Chem. **66**, 299, Benzolderivate 8.
922. Pongratz, Seka, Wien. Ber. **144**, 439; Mh. Chem. **66**, 307, Benzoëpolycarbonsre-Ester.
923. Briner, Fried, Susz, C. R. Soc. Phys. Genève **52**, 178, Gallussre usw.
924. Peychès, J. Phys. Radium **6**, 102, Tartrate.
925. Bhagavantam, Proc. Indian Acad. **2**, 86, C^{13}.

926. Jatkar, Indian J. of Phys. **10**, 23, Chinolin usw.
927. Bourguel, Piaux, Bull. Soc. chim. Fr. **2**, 1958, $H_2C:CH \cdot X$.
928. Buchheim, Phys. Z. **36**, 694, Einfluß der Nachbarmoleküle, theor.
929. Dupont, Tabuteau, Bull. Soc. chim. Fr. **2**, 2152, Spektrograph.
930. Dupont, Dulou, Bull. Soc. chim. Fr. **2**, 2156, Gärungsalkohol.
931. Cheng, Lecomte, C. R. Acad. Sci., Paris **201**, 199; Ann. Phys. Paris **5**, 427, C · Cl-Frequenzen.
932. Hibben, J. chem. Phys. **3**, 675; **4**, 323, Oxalsre.
933. Dadieu, Engler, Wien. Anz. **176**, $DCCl_3$.
934. Dadieu, Kopper, Wien. Anz. **177**, DBr, $H_3C \cdot SD$.
935. Dadieu, Engler, Wien. Anz. **192**, $C_2H_5 \cdot SeH$; u. SeD.
936. Dadieu, Kermauner, Wien. Anz. **193**, DC ⋮ CD.
937. Andant, Lambert, Lecomte, C. R. Acad. Sci., Paris **201**, 391, Alkohole u. Äthylenderivate.
938. Bartholomé, Sachsse, Z. Elektrochem. **41**, 521; Z. phys. Chem. Abt. B. **30**, 40, Isotopieeffekt.
939. Wolkenstein, Syrkin, J. chem. Phys. **3**, 594, Dioxan.
940. Wright, Lee, Nature, Lond. **136**, 300, Aminosren.
941. Ananthakrishnan, Nature, Lond. **136**, 551; Proc. Indian Acad. **2**, 279; **3**, 201, H_2O, D_2O.
942. Donzelot, Chaix, C. R. Acad. Sci., Paris **201**, 501, $C_6H_5 \cdot X \cdot C_6H_5$.
943. Hanle, Heidenreich, Phys. Z. **35**, 1008; **36**, 851; Z. Phys. **97**, 277, ϱ_z exp.
944. Venkateswaran, Proc. Indian Acad. **2**, 279, Dioxan.
945. Venkateswaran, Proc. Indian. Acad. **2**, 260, Phosphor (g, fl, fe).
946. Macwood, Urey, J. chem. Phys. **3**, 650, $H_3C \cdot D$.
947. Teal, Macwood, J. chem. Phys. **3**, 760, D_2, HD.
947a. Finkelstein, Kurnossowa, Aschkinasi, Acta physicochim. U.R.S.S. **4**, 123, 317, Mischungseinfluß.
947b. Bonino, Manzoni-Ansidei, Ricerca Sci. **VI/2**, 1935, Pyrazol, Campher.
948. Bhagavantam, Proc. Indian Acad. **2**, 342, kl. Strg. I-Verteilung.
949. Cujumzelis, Z. Phys. **97**, 561; **100**, 221, Gläser.
950. Pai, Phil. Mag. **20**, 616, Oleum.
951. Jatkar, Padmanabhan, Indian J. of Phys. **10**, 55, Terpene, Campher.
952. Timm, Mecke, Z. Phys. **97**, 221, Äthylenoxyd, $H_2C:CH \cdot C ⋮ N$.
953. Bhagavantam, Proc. Indian Acad. **2**, 303, 310, 477, D_2, HD.
954. Holmes, J. chem. Phys. **4**, 88, NH_4Cl (kryst.)
955. Kohlrausch, Naturwiss. **23**, 624; Z. phys. Chem. Abt. B. **30**, 305, Benzolstruktur.
956. Yost, Anderson, J. chem. Phys. **3**, 754, $AsCl_3$, Diskussion.
957. Burkard, Z. phys. Chem. Abt. B. **30**, 289, Mischungseinfluß.
958. Bonino, Manzoni-Ansidei, Linc. Rend. **22**, 349, Pyrrol-Derivate.
959. Bonino, Manzoni-Ansidei, Linc. Rend. **22**, 438, Pyrazol.
960. Manzoni-Ansidei, Linc. Rend. **22**, 444, Oxdiazol-Derivate.
961. Bonino, Manzoni-Ansidei, Dinelli, Linc. Rend. **22**, 448, Pyrrol-Derivate.
962. Ananthakrishnan, Proc. Indian Acad. **2**, 452; **3**, 52, Feinstruktur.
963. Kohlrausch, Stockmair, Ypsilanti, Wien. Ber. **144**, 654; Mh. Chem. **67**, 80, Benzolderivate 9.

963a. ZACHAREWICZ, Thèses Paris 1935, Terpene.
964. REITZ, STOCKMAIR, Wien. Ber. **144**, 666; Mh. Chem. **67**, 92, Benzolderivate 10.
965. KOHLRAUSCH, PONGRATZ, STOCKMAIR, Wien. Ber. **144**, 676; Mh. Chem. **67**, 104, substit. Benzoësäurechloride.
966. EDSALL, J. chem. Phys. **4**, 1, Aminosre usw.
967. BAUER, MAGAT, C. R. Acad. Sci., Paris **201**, 667, D_2O.
968. MATSUNO, HAN, Bull. chem. Soc. Japan **11**, 321, cyclische Kw.
969. KOPPER, Wien. Anz. **218**, DJ, PD_3.
970. JOGLEKAR, THATTE, Z. Phys. **98**, 692, organ. Borate.
971. REDLICH, STRICKS, J. chem. Phys. **3**, 834; Wien. Ber. **145**, 77, 1936; Mh. Chem. **67**, 213, D-Benzol.
972. MANNEBACK, Ann. de Brux. **55**, 237, Benzolmodell, theor.
973. SAVARD, C. R. Acad. Sci., Paris **201**, 833, 4 organ. Subst.
974. MITRA, Z. Phys. **98**, 740, SH_4-Ion.
975. KAPPLER sowie KAPPLER, WEILER, Ann. Phys., Lpz. **25**, 272, 279, kl. Strg.
976. HEMPTINNE, DELFOSSE, Bull. Acad. roy. Belg. **21**, 793, PH_3, PD_3.
977. TABUTEAU, C. R. Acad. Sci., Paris **201**, 897, Methylcyclohexanol, o, m, p; cis-trans.
978. GUILLEMONAT, C. R. Acad. Sci., Paris **201**, 904, Alkohole u. Acetate.
979. VENKATESWARAN, Proc. Indian Acad. **2**, 615; Current Sci. **4**, 736, Ameisensre.
980. VENKATESWARAN, Proc. Indian Acad. **3**, 25, Orthophosphorsre.
981. THOMPSON, SHERRILL, J. Amer. chem. Soc. **58**, 745, Äthylenderivate.
982. KOHLRAUSCH, Phys. Z. **37**, 58, Benzolderivate; Diskussion.
983. SITT, YOST, J. chem. Phys. **4**, 82, SiH_4 (g, fl).
984. ANGUS, LECKIE, J. chem. Phys. **4**, 83, 434, Oxalsre.
985. STERN, THALMAYER, Z. phys. Chem. Abt. B. **31**, 403, Pyrrolderivate.
986. TRUMPY, Z. Phys. **98**, 672, ϱ_n; exp.
987. LORD jr., J. chem. Phys. **4**, 82, D-Benzol, Diskussion.
988. VOGE, ROSENTHAL, J. chem. Phys. **4**, 134, 137, ABC_3-Modell, theor.
989. SIMON, FEHÉR, Ber. dtsch. chem. Ges. **69**, 214, Dioxan.
990. KOHLRAUSCH, STOCKMAIR, Z. phys. Chem. Abt. B. **31**, 382, Dioxan, Cyclohexan; Diskussion.
991. ANDERSON, J. chem. Phys. **4**, 161, $Si(C_2H_5)_4$.
992. REDLICH, PORDES, Naturwiss. **22**, 808; Wien. Ber. **145**, 67; Mh. Chem. **67**, 203, $H_3C \cdot OD$; $DCCl_3$.
993. CATALAN, YZU, An. Soc. Españ. Fis.-Quim. **34**, 26, H_2SO_4.
994. ANGUS, LECKIE, LE FÈVRE, LE FÈVRE, WASSERMANN, J. chem. Soc., Lond. 1751, 1936, dimeres Keten.
994a. GOUBEAU, Z. anal. Chem. **105**, 161, Analyse organ. Subst.

Eingereicht 1936.

995. BEEZHOLD, ORNSTEIN, Physica, Haag **3**, 154, photochem. Chlorierung.
996. CHÉDIN, C. R. Acad. Sci., Paris **202**, 220, 1067, $HNO_3 + H_2SO_4$.
997. KOHLRAUSCH, Ber. dtsch. chem. Ges. **69**, 527, arom. CX-Bindung.
998. GRÉDY, C. R. Acad. Sci., Paris **202**, 322, 664, cis-trans-Formen.
999. KONDRATJEW, SSETKINA, Phys. Z. Sowjet. **9**, 279, $X \cdot C \vdots N$.

1000. Redlich, Stricks, Wien. Ber. **145**, 192; Mh. Chem. **67**, 328, $DCBr_3$.
1001. Médard, Marchand, C. R. Acad. Sci., Paris **202**, 320, organ. Sulfate.
1002. Magat, Thèses Paris 1936, Wasser, Konstitution.
1003. Sirkar, Nature, Lond. **136**, 756; Indian J. of Phys. **10**, 75, 109, kl. Strg.
1004. Bauermeister, Weizel, Phys. Z. **37**, 169, Normalschwg., theor.
1005. Risseghem, Grédy, C. R. Acad. Sci., Paris **202**, 489; Bull. Soc. chim. Belg. **45**, 177, Isomerisation.
1006. Gupta, Indian J. of Phys. **10**, 117, Ameisensre.
1007. Donzelot, Barriol, J. Phys. Radium **7**, 36, Lichtausbeute.
1008. Chaix, Donzelot, J. Phys. Radium **7**, 36; C. R. Acad. Sci., Paris **202**, 851, organ. Schwefelverbdgn.
1009. Daure, Kastler, Berry, C. R. Acad. Sci., Paris **202**, 569, Ammoniak.
1009a. Thatte, Askhedhar, Z. Phys. **100**, 456, Säuren, Salze (geschm.).
1009b. Bonino, Manzoni-Ansidei, Lemetre, Ricerca Sci. **VII/1**, 1936, alkyl. Hydropyridin.
1009c. Vuks, C. R. Moskau 1936, 73, kl. Strg.
1010. Bhagavantam, Rao, Proc. Indian Acad. **3**, 135; J. chem. Phys. **4**, 293, Acetylen.
1011. Rousset, C. R. Acad. Sci., Paris **202**, 654, CCl_4; Diskussion.
1012. Kohlrausch, Seka, Ber. dtsch. chem. Ges. **69**, 729, Ringspannung 1.
1013. Trenkler, Phys. Z. **37**, 338, mechanische Modelle 3.
1014. Delfosse, Nature, Lond. **137**, 868, AsD_3, $DSiCl_3$, $DSiBr_3$.
1015. Kohlrausch, Reitz, Stockmair, Z. phys. Chem. Abt. B. **32**, 229, Cyclopentan-Derivate.
1016. Rumpf, C. R. Acad. Sci., Paris **202**, 950, H_2TiCl_6.
1017. Trumpy, Z. Phys. **100**, 250, D_2CBr_2.
1018. Kohlrausch, Ypsilanti, Z. phys. Chem. Abt. B. **32**, 407, Drehbarkeit 4.
1019. Sirkar, Indian J. of Phys. **10**, 189, tiefe Temperatur.
1020. Harris, Ashdown, Armstrong, J. Amer. chem. Soc. **58**, 852, Cyclopropan.
1021. Mizushima, Morino, Noziri, Nature, Lond. **137**, 945, Sci. Pap. Inst. phys. chem. Res., Tokio **29**, 63, Drehbarkeit 3.
1022. Sannié, Amy, Poremski, C. R. Acad. Sci., Paris **202**, 1042, Lichtfilter.
1023. Venkateswaran, Current Sci. **4**, 309; Proc. Indian Acad. **3**, 307, 533, Selen u. selenige Sre.
1024. Briner, Perrottet sowie Paillard, Susz, C. R. Soc. Phys. Genève **52**, 283; Helv. chim. Acta **19**, 558, 1163, Ozonide.
1025. Godchot, Cauquil, Calas, C. R. Acad. Sci., Paris **202**, 1129, Methylcyclopentan.
1026. Gupta, Indian J. of Phys. **10**, 199, Oxalsre.
1027. Yost, Lassettre, Gross, J. chem. Phys. **4**, 325, CF_4, SiF_4.
1028. Engler, Z. phys. Chem. Abt. B. **32**, 471, D-Essigsäure, D-Aceton.
1029. Redlich, Stricks, Wien. Ber. **145**, 267; Mh. Chem. **68**, 47, D-Benzol, D-Pyrrol.
1030. Costeanu, C. R. Acad. Sci., Paris **202**, 1432, NH_3; Nitrate in NH_3.

1031. CANALS, MOUSSERON, SOUCHE, PEYROT, C. R. Acad. Sci., Paris **202**, 1519, Cyclohexen-Derivate.
1032. THÉODORESCO, C. R. Acad. Sci., Paris **202**, 1676, weinsaure Komplexsalze.
1033. CABANNES, ROUSSET, C. R. Acad. Sci., Paris **202**, 1825, ϱ_n exp. an Gasen.
1034. REDLICH, KURZ, STRICKS, Wien. Ber. **146**, 447; Mh. Chem. **70**, 447, $SnBr_6$-Ion.
1035. KAHOVEC, KOHLRAUSCH, Wien. Anz. Nr. 16, Hydrazin.
1036. KOHLRAUSCH, SKRABAL, Wien. Anz. Nr. 16, Cyclobutanring.
1037. KOHLRAUSCH, Wien. Ber. **145**, 569; Mh. Chem. **68**, 349, einfache Amine.
1038. KAHOVEC, KOHLRAUSCH, Wien. Ber. **145**, 579; Mh. Chem. **68**, 359, Amino-, Oxy-Srn u. Ester.
1039. ROSENTHAL, Phys. Rev. **49**, 535, AB_4-Modell, theor.
1040. REITZ, Z. phys. Chem. Abt. B. **33**, 179, Fünfer-Ring 1.
1041. CANALS, MOUSSERON, SOUCHE, PEYROT, C. R. Acad. Sci., Paris **202**, 1989, 2084, Epoxy-Körper.
1042. GERDING, NIJVELD, MULLER, MOERMAN, Nature, Lond. **137**, 1033, 1070, SO_3, SO_2.
1043. ANANTHAKRISHNAN, Nature, Lond. **138**, 123, Cyclopropan.
1044. ANANTHAKRISHNAN, Proc. Indian Acad. **3**, 527, Isobutan.
1045. ANANTHAKRISHNAN, Current Sci. **4**, 868, CCl_4, Temp.-Einfluß.
1046. SHAFFER, CAMERON, J. chem. Phys. **4**, 392, $KHSO_4$-Dissoziation.
1047. MACWOOD, UREY, J. chem. Phys. **4**, 402, D-Methane.
1048. REDLICH, STRICKS, Wien. Ber. **145**, 594; Mh. Chem. **67**, 328; D-Benzol.
1049. GROSS, VUKS, J. Phys. Radium **6**, 457; **7**, 113, kl. Strg. von Eiskrystallen.
1050. ROUSSET, J. Phys. Radium **6**, 507, kl. Strg.
1051. ANGUS, INGOLD, LECKIE, J. chem. Soc. 1936, 925, D-Benzol.
1052. ANGUS, BAILEY, HALE, INGOLD, LECKIE, RAISIN, THOMPSON, WILSON, J. chem. Soc. 1936, 966, 971, Benzol, exp. Diskussion.
1053. KRISHNAN, Proc. Indian Acad. A. **3**, 566, kl. Strg., ϱ_n u. Assoziation.
1054. MIZUSHIMA, MORINO, KOZIMA, Sci. Pap. Inst. phys. chem. Res., Tokio **29**, 111, 188, Drehbarkeit 3, 4.
1055. GRÉDY, Bull. Soc. chim. Fr. **3**, 1101, cis-trans-Formen.
1056. ENGLER, KOHLRAUSCH, Z. phys. Chem. Abt. B. **34**, 214, O:C:C:C:O; HN:N⋮N.
1057. ENGLER, Z. phys. Chem. Abt. B. **35**, 433, 1937, D-Acetylchlorid usw.
1058. BONINO, MANZONI-ANSIDEI, Ricerca Sci. **VII/2**; Linc. Rend. **24**, 368; **25**, 489, 494, Fünferringe.
1059. SUTHERLAND, PENNEY, Proc. roy. Soc., Lond. **156**, 656, 678, O_3, N_3.
1060. MANZONI-ANSIDEI, Ricerca Sci. **VII/1**; Linc. Rend. **24**, 207, Anthracen, Phenanthren.
1060a. MÉDARD, J. Chim. phys. **33**, 626, Heterocyclen.
1060b. MILONE, Real. Accad. Torino 1936, Nr. 14, verschied. organ. Subst.
1061. SUSZ, FRIED, BRINER, C. R. Soc. Phys. Genève **53**, 69, 124; Helv. chim. Acta **19**, 1359, Trioxyphenol, Tannin.
1062. DUPONT, DULOU, Bull. Soc. Chim. Fr. **3**, 1639, Benzol, Diskussion.
1063. AIYA, Phys. Rev. **50**, 260, kontinuier. Ugd.; theor.

1064. MATSUNO, HAN, Bull. chem. Soc. Japan **11**, 576, Terpene.
1065. WU, J. Chin. chem. Soc. (chines.) **4**, 402, ϱ_n in $Cl_2C:CCl_2$.
1066. VITALE, Cim. **13**, 284, *I*-Messung in $C_6H_5 \cdot X$.
1067. RAO, Proc. Indian Acad. A. **3**, 607, kl. Strg.; ϱ.
1068. HANLE, HEIDENREICH, Phys. Z. **37**, 594, Analyse organ. Stoffe.
1069. ANANTHAKRISHNAN, Proc. Indian Acad. A. **4**, 74, 82, Cyclopropan, Borverbdgn.
1070. SUSZ, PERROTTET, Helv. chim. Acta **19**, 1158, Isoeugenol, cis-trans.
1071. MITRA, Z. Phys. **102**, 697, Piperidin.
1072. SCHIMMEL, J. chem. Phys. **4**, 508, $B_nA \cdot AB_n$-Modelle, theor.
1073. SANNIÉ, AMY, POREMSKY, Bull. Soc. chim. Fr. **3**, 2018, Lichtfilter.
1074. WOOD, J. chem. Phys. **4**, 536, D-Acetaldehyd.
1075. WOLKENSTEIN, Acta physicochim. U.R.S.S. **4**, 357, Assoziation.
1076. GUPTA, Indian J. of Phys. **10**, 313, Ameisensre, ϱ_n.
1077. SIMON, FEHÉR, Z. Elektrochem. **42**, 688, Dioxan, Lösg.
1078. BATES, ANDERSON, HALFORD, J. chem. Phys. **4**, 535, D-Aceton, D-Methanol.
1079. REITZ, Z. phys. Chem. Abt. B. **33**, 368, ϱ_n; Methodik.
1080. LANDSBERG, MALYŠEV, C. R. Moskau 1936, Nr. 8, 365, Obertöne, exp.
1081. THATTE, Nature, Lond. **138**, 488, Phosphorsulfochlorid.
1082. VENKATESWARAN, Proc. Indian Acad. A. **4**, 174, anorgan. Sren, ϱ_n.
1083. ANANTHAKRISHNAN, Proc. Indian Acad. A. **4**, 204, Aminokörper.
1084. MANNEBACK, VERLEYSEN, Nature, Lond. **138**, 367; Ann. Soc. Sci. Brux. **56**, 349, D-Äthylen, theor.
1085. THOMPSON, NORRIS, J. Amer. chem. Soc. **58**, 1953; **59**, 816, subst. Benzoylchloride.
1086. CENNAMO, Cim. **13**, 304, **14**, 64, Elektrolytwasser.
1087. PROSAD, KHATTACHARYA, Nature, Lond. **138**, 510, katalysierte Strg.
1088. SIRKAR, MOOKERJEE, Indian J. of Phys. **10**, 375, kl. Strg. in Gemischen.
1089. ANDERSON, LASSETTRE, YOST, J. chem. Phys. **4**, 703, Borhalogenide.
1090. RANK, Phys. Rev. **49**, 880, kl. L., Feinstruktur.
1091. BONINO, Ricerca Sci. **VII/2**; Linc. Rend. **29**, 288, 374, Thiophen.
1092. BONINO, Gazz. chim. Ital. **66**, 316, Pyrrolderivate.
1093. ANANTHAKRISHNAN, Current Sci. **5**, 131; Nature, Lond. **138**, 803, Pulvermethode.
1094. VENKATESWARAN, Proc. Indian Acad. **4**, 345, 414, Phosphor, Schwefel.
1095. JOGARAO, Proc. Indian Acad. **4**, 459, indische Öle.
1096. SPACU, Bull. Soc. chim. Fr. **3**, 2074, SeC : N.
1097. MIZUSHIMA, MORINO, OKAMOTO, Bull. chem. Soc. Japan **11**, 553, 698, D-Methanol, D-Äthanol.
1098. TRISCHMANN, Z. phys. Chem. **33**, 283, Drehbarkeit.
1099. AUBERT, C. R. Acad. Sci., Paris **203**, 661, Ringspannung.
1100. CHÉDIN, PRADIER, C. R. Acad. Sci., Paris **203**, 722, N_2O_5 in HNO_3.
1101. THÉODORESCO, C. R. Acad. Sci., Paris **203**, 668; **204**, 1949, 1937, weinsaure Komplexsalze.
1102. FONTEYNE, Nature, Lond. **138**, 886, Perchlorsre.
1103. KOPPER, Z. phys. Chem. Abt. B. **34**, 396, Keten.
1104. WIEMANN, C. R. Acad. Sci., Paris **203**, 789, Sucrose usw.

1105. HEMPTINNE, WOUTERS, Nature, Lond. **138**, 884, $HSiCl_3$; ϱ_n.
1106. BIRUS, Phys. Z. **37**, 548, kl. Strg.
1107. KAHOVEC, REITZ, Wien. Ber. **145**, 1033; Mh. Chem. **69**, 363, Benzolderivate 11.
1108. DONZELOT, C. R. Acad. Sci., Paris **203**, 1069, diäthyliertes Selen.
1109. EDSALL, Science, New York **84**, 423, Methylammonium-Ion.
1110. SPACU, Bull. Soc. chim. Fr. **4**, 364, Komplexsalze.
1111. MITRA, Z. Phys. **109**, 542, Dekalin.
1112. WOLKENSTEIN, Acta physicochim. U.R.S.S. **5**, 627, Lösg in NH_3.
1113. GLOCKLER, WALL, J. phys. Chem. **41**, 143, ND_3.
1114. BARNES, BONNER, CONDON, J. chem. Phys. **4**, 772, OH-Frequenz, Diskussion.
1114a. FREYMANN, FREYMANN, J. de Phys. **7**, 30, 476, 506, NH-Frequenz.
1115. ANAND, Proc. Indian. Acad. **4**, 603, Säuren, kryst.
1116. GUPTA, J. Indian chem. Soc. **13**, 575, Guanidin.
1117. HAN, Bull. chem. Soc. Japan **11**, 701, Furanderivate.
1118. VUKS, Acta physicochim. U.R.S.S. **6**, 11, 327, poly- u. isomorphe Krystalle.
1119. LECKIE, Trans. Faraday Soc. **32**, 1700, D-Schwefelsäure.
1120. EDSALL, J. phys. Chem. **41**, 133, Guanidin.
1121. LANGENBERG, Ann. Phys., Lpz. **28**, 101, Gläser.
1121a. LANGENBERG, Ann. Phys., Lpz. **28**, 132, keine ϱ-Änderung im elektr. Feld.
1122. WEST, ARTHUR, J. chem. Phys. **5**, 10, 1937, Lösungseinfluß.
1123. CENNAMO, VITALE, Cim. **13**, 465, I-Messung in Gemischen.
1124. GUPTA, Indian J. of Phys. **10**, 465, Oxalat-Komplexe.
1125. SIRKAR, GUPTA, Indian J. of Phys. **10**, 227, 473; **11**, 55, tiefe Temp.
1126. SITT, YOST, J. chem. Phys. **5**, 90, Si_2Cl_6, Si_2H_6.
1127. HIBBEN, J. chem. Phys. **5**, 166, Wasser, Eis.
1128. MECKE, Z. Phys. **104**, 291, Molekülmodelle, theor.
1129. GRÉDY, Bull. Soc. chim. Fr. **4**, 415, RHC:CHR'.
1130. KOPCEWITZ, J. de Phys. **8**, 6, Temperatur-Einfluß auf Kryst.
1131. KAHOVEC, KOHLRAUSCH, Z. phys. Chem. Abt. B. **35**, 29, Heterocyclen.
1132. BRIEGLEB, LAUPPE, Z. phys. Chem. Abt. B. **35**, 42, zwischenmolek. Wirkungen.
1133. SHEN, YAO, WU, Phys. Rev. **31**, 235, ClO_3 usw., ϱ_n exp.
1134. WU, SHEN, Chin. J. Phys. **2**, 128, Diacetylen-Modell, theor.
1135. GERDING, NIJVELD, MULLER, Z. phys. Chem. Abt. B. **35**, 193, Schwefeltrioxyd.
1136. GERDING, MOERMAN, Z. phys. Chem. Abt. B. **35**, 216, dasselbe.
1137. MÉDARD, DÉGUILLON, C. R. Acad. Sci., Paris **203**, 1518, organ. Schwefelverbindungen.
1138. CHÉDIN, C. R. Acad. Sci., Paris **203**, 1509, $HNO_3+N_2O_5$.
1139. BHAGAVANTAM, RAO, Nature, Lond. **139**, 114; Proc. Indian Acad. **5**, 18, Benzoldampf.
1140. BERNSTEIN, ROMANS, HOWDEN, MARTIN, Trans. roy. Soc. Canada **30**, III, 49, Elektrolyte.
1141. HEMPTINNE, DELFOSSE, Ann. de Brux. **56**, 373; **57**, 140, PD_3, AsD_3.

1142. MANZONI-ANSIDEI, Ricerca Sci. **VII/2**, 11, Opsopyrrol.
1143. MILONE, Atti Congr. nac. Chim. pura appl. **5**, I, 402, Isonitrosoketone.
1144. SIMON, FEHÉR, Z. anorg. allg. Chem. **230**, 289, Phosphorsre.

Eingereicht 1937.

1145. WOLKENSTEIN, SYRKIN, Nature, Lond. **139**, 288, Oxonium-Verbdgn.
1146. HARTLEY, Nature, Lond. **139**, 329, katalysierte Strg., theor.
1147. ANANTHAKRISHNAN, Proc. Indian Acad. **5**, 76, 87, 200, Krystallpulver.
1148. KOHLRAUSCH, SKRABAL, Wien. Ber. **146**, 44; Mh. Chem. **70**, 44, Fünferring, Viererring.
1149. BAILEY, BEST, GORDON, HALE, INGOLD, LECKIE, WELDON, WILSON, Nature, Lond. **139**, 880, 1,3,5-D-Benzol.
1150. CHILDS, JAHN, J. sci. Instrum. **14**, Nr. 4, mechan. Modell.
1151. REITZ, Z. phys. Chem. Abt. B. **35**, 363, Fünferring, mechan. Modell.
1152. EDSALL, J. chem. Phys. **5**, 225, ionisierte NH_2-Gruppe.
1153. SANNIÉ, POREMSKI, Bull. Soc. chim. Fr. **4**, 880, Carboxylgruppe, Diskussion.
1154. DUCHESNE, Nature, Lond. **139**, 288, 634; C. R. Acad. Sci., Paris **204**, 1112, $Cl_2C:CCl_2$, $O_2N \cdot NO_2$, theor.
1155. NIELSEN, WARD, J. chem. Phys. **5**, 201, Metaborat-Ion.
1156. BONNER, J. chem. Phys. **5**, 291, C · C, C · O-Bindung, Diskussion.
1157. HIBBEN, Phys. Rev. **51**, 503, 710; J. chem. Phys. **5**, 710, Elektrolyt-Lösg.
1158. GLOCKLER, WALL, Phys. Rev. **51**, 529, Methylacetylen (g).
1159. WU, J. chem. Phys. **5**, 392, 600, XHC:CHX, theor.
1160. ANANTHAKRISHNAN, Proc. Indian Acad. **5**, 175, NH_4Cl, D_2O.
1161. KOHLRAUSCH, PONGRATZ, SEKA, Wien. Ber. **146**, 213; Mh. Chem. **70**, 213, verschied. organ. Subst.
1162. KOHLRAUSCH, PONGRATZ, Wien. Ber. **146**, 226; Mh. Chem. **70**, 226, Enamin-Ketimid-Tautomerie.
1163. FEHÉR, MORGENSTERN, Z. anorg. allg. Chem. **232**, 169, Arsensren.
1164. MAGAT, Trans. Faraday Soc. **33**, 114, Struktur d. Flüssigkeit.
1165. MATHIEU, C. R. Acad. Sci., Paris **204**, 682; J. Phys. Radium **8**, 169, 1937, „Werner-Komplexe“.
1166. MIZUSHIMA, MORINO, INOUE, Bull. chem. Soc. Japan **12**, 136, Polystyrol.
1167. ANANTHAKRISHNAN, Proc. Indian Acad. **5**, 285, ϱ_n, exp.
1168. WOOD, J. chem. Phys. **5**, 287, D-Paraldehyd.
1169. KOHLRAUSCH, SKRABAL, Z. Elektrochem. **43**, 282, Ringspannung 2.
1170. KAHOVEC, KOHLRAUSCH, Z. Elektrochem. **43**, 285, Ringspannung 3.
1171. KAHOVEC, MARDASCHEW, Z. Elektrochem. **43**, 288, Ringspannung 4.
1172. CONRAD-BILLROTH, KOHLRAUSCH, REITZ, Z. Elektrochem. **43**, 292, Festkörper-Apparatur.
1173. GOUBEAU, Z. phys. Chem. Abt. B. **36**, 45, Mischungseffekte.
1174. WRIGHT, LEE, Nature, Lond. **139**, 551, Aminosäuren.
1175. KOZIMA, MIZUSHIMA, Sci. Pap. Inst. phys. chem. Res., Tokio **31**, 296, Drehbarkeit 6.
1176. MATSUNO, HAN, Bull. chem. Soc. Japan **12**, 155, Furanderivate.

1177. Rosenthal, J. chem. Phys. 5, 465, Dreimassenmodell, theor.
1178. Morino, Mizushima, Sci. Pap. Inst. phys. chem. Res., Tokio **32**, 33, Carboxylgruppe.
1179. Bedos, Ruyer, C. R. Acad. Sci., Paris **204**, 1350, Dibromcyclohexen.
1180. Kohlrausch, Skrabal, Wien. Ber. **146**, 377; Mh. Chem. **70**, 377, Dreier- u. Zweier-Ring.
1181. Reitz, Skrabal, Wien. Ber. **146**, 398; Mh. Chem. **70**, 398, organ. Nitrile.
1182. Skrabal, Wien. Ber. **146**, 420; Mh. Chem. **70**, 420, Derivate des Drei- u. Vier-Ringes.
1183. Kahovec, Kohlrausch, Z. phys. Chem. Abt. B. **37**, 421, Cyanamid u. Abkömmlinge.
1184. Childs, Jahn, Z. Phys. **104**, 804, Acetylen-Modell, theor.
1185. Thatte, Joglekar, Phil. Mag. **23**, 1067, Säurechloride.
1186. Gross, Komarov, Acta physicochim. U.R.S.S. **6**, 637, kryst. Gitterschwg.
1187. Verleysen, Manneback, Ann. Soc. Sci. Brux. **57**, 31, Äthylen-Modell, theor.
1188. Mizushima, Morino, Kubo, Physik. Z. **38**, 459, Dipolmoment-Drehbarkeit.
1189. Cross, Burnham, Leighton, J. Amer. chem. Soc. **59**, 1134, Wasser, Assoziation.
1190. Dakshinamurti, Proc. Indian Acad. **5**, 385, Öle.
1191. Rao, Indian J. of Phys. **11**, 143, Elektrolytwasser.
1192. Edsall, J. chem. Phys. **5**, 508, mehrbasische Säuren.
1193. Delfosse, Jungers, Lemaitre, Tschang, Manneback, Nature, Lond. **139**, 111, Monodeutero-äthylen.
1194. Milone, Reale Accad. Torino 1937, Nr. 15, Oxime.
1195. Bouhet, C. R. Acad. Sci., Paris **204**, 1661, ϱ_z in Quarz.
1196. Bayley, J. opt. Soc. Amer. **27**, 1937, Lichtfilter.
1197. Biquard, C. R. Acad. Sci., Paris **204**, 1721, esocyclische Ketone.
1198. Venkateswaran, Nature, Lond. **140**, 151, OH-Frequenz in anorg. Sren.
1199. Lecomte, Volkringer, Tchakirian, C. R. Acad. Sci., Paris **204**, 1927, Cl_2CBr_2, $ClCBr_3$.
1200. Simon, Fehér, Z. anorg. Chem. **230**, 289, Phosphorsäuren.
1201. Raman, Rao, Nature, Lond. **139**, 584, kl. Strg.
1202. Kubo, Morino, Mizushima, Sci. Pap. Inst. phys. chem. Res., Tokio **32**, 129, Drehbarkeit.
1203. Kohlrausch, Seka, Z. phys. Chem. Abt. B. **38**, 72, Imidoäther.
1204. Kahovec, Kohlrausch, Z. phys. Chem. Abt. B. **38**, 96, Hydrazin-Abkömmlinge.
1205. Kahovec, Kohlrausch, Z. phys. Chem. Abt. B. **38**, 119, Benzoylchloride, Assoziation.
1206. Kohlrausch, Naturwiss. **25**, 635, Modell-Schwg., theor.
1207. Mecke, Z. phys. Chem. Abt. B. **36**, 347, Kw.-Ketten, theor.
1208. Chauduri, Indian J. of Phys. **11**, 203, ϱ_n, Piperidin usw.
1209. Thatte, Thosar, Z. Phys. **106**, 423, Säurebromide.

1210. MANZONI-ANSIDEI, LUCKI, Ricerca Sci. **VIII**/1, Nr. 9/10, N-Deutero-Inden.
1211. BARTHOLOMÉ, KARWEIL, Z. phys. Chem. Abt. B. **35**, 442, ungesätt. Kw., u. r., Diskussion.
1212. BADGER, J. chem. Phys. **5**, 178, ω (C⫶C)-Verdopplung, Diskussion.
1213. BONINO, Linc. Rend. **25**, 502, Pyrrolsymmetrie, Diskussion.
1214. FEHÉR, Z. Elektrochem. **43**, 663, DO · OD.
1215. REDLICH, Z. Elektrochem. **43**, 661, Isotopie-Effekt, theor.
1216. WILLIAMSON, J. chem. Phys. **5**, 666, Dioxan.
1217. RAO, KOTESWARAM, J. chem. Phys. **5**, 667, Wasser.
1218. HIBBEN, J. chem. Phys. **5**, 706, Polymerisation.
1219. HEMPTINNE, JUNGERS, DELFOSSE, Nature, Lond. **140**, 323, Deutero-Äthylene.
1220. BRIEGLEB, LAUPPE, Nature, Lond. **140**, 236; Z. phys. Chem. Abt. B. **37**, 260, Oxonium-Oxan-Vbdg.
1221. MOUREU, MAGAT, WÉTROFF, C. R. Acad. Sci., Paris **205**, 276, PCl_5, 2 Formen.
1222. MANZONI-ANSIDEI, Ricerca Sci. **VIII**/2, Nr. 3/4, Cumaron, Pyrrolderivate.
1223. MURPHY, VANCE, J. chem. Phys. **5**, 667, SH_2 (g, fl, fe).
1224. CLEVELAND, MURRAY, J. chem. Phys. **5**, 752, Dibutyläther.
1225. BONINO, MANZONI-ANSIDEI, Ricerca Sci. **VIII**/2, Nr. 3/4, Acetyl-Pyrrol.
1226. REITZ, SABATHY, Wien. Ber. **146**, 546; Mh. Chem. **71**, 100, Nitrile II.
1227. CARRELLI, CENNAMO, Cim. **14**, 217, kl. Strg von Gemischen.
1228. CHAKRAVARTI, GANGULI, J. Indian chem. Soc. **14**, 275, Silicat-Lösg.
1229. BANERJEA, MISHRA, Z. Phys. **106**, 669, Methode der „opt. Katalysation“.
1230. MORINO, MIZUSHIMA, Sci. Pap. Inst. phys. chem. Res., Tokio **32**, 220, ClS · SCl.
1231. SINGH, MISHRA, Proc. Indian Acad. **6**, 90, Enantiomere.
1232. REDLICH, KURZ, STRICKS, Wien. Ber. **146**, 447; Mh. Chem. **70**, 447, anorg. Typus XY_6.
1233. LEMAITRE, MANNEBACK, TSCHANG, Ann. Brux. **57**, 120, Deutero-Äthylen, theor.
1234. SIMON, SCHULZE, Naturwiss. **25**, 669, Phosphor-Derivate.
1235. REITZ, Z. phys. Chem. Abt. B. **38**, 275, 5-Ring, ϱ_n.
1236. REITZ, SABATHY, Wien. Ber. **146**, 577; Mh. Chem. **71**, 131, ungesättigte Nitrile.
1237. WOO, Z. phys. Chem. Abt. B. **37**, 399, Dicyan, theor.
1238. GLOCKLER, WALL, J. chem. Phys. **5**, 813, Kraftkonstante.
1239. TOSAR, SINGH, Proc. Indian Acad. **6**, 105, Enantiomere.
1240. JOGLEKAR, Phil. Mag. **24**, 405, Chlorkohlensäure-Ester.
1241. FEHÉR, MORGENSTERN, Naturwiss. **25**, 618, sulfoarsensaure Salze.
1242. WOLKENSTEIN, Acta physicochim. U.R.S.S. **7**, 313, Mischungen.
1243. DELABY, PIAUX, GUILLEMONAT, C. R. Acad. Sci., Paris **205**, 609, cis-trans-Isomerie.
1244. REITZ, Z. phys. Chem. Abt. B. **38**, 381, Fünferringe, ϱ_n.

Nach Abschluß des Manuskriptes erschienene, im Text nicht berücksichtigte Arbeiten.

1245. Redlich, Tompa, J. chem. Phys. **5**, 529, 1937. Allgemeine theoretische Behandlung von Modellschwingungen.

1246. Awramenko, Shurnal fisischeskoi Chimii **7**, 339, 1936, Boroxyd B_2O_3.

1247. Dupont, Desreux, Dulou, Bull. Soc. Chim. **4**, 2016, 1937, aliphatische Terpene.

1248. Bonner, J. chem. Phys. **5**, 704, 1937. Äthylenoxyd.

1249. Brodskii, Kortschagin, Acta physicochim. U.R.S.S. **7**, 791, 1937. Lösungen.

1250. Cabannes, Bouhet, C. R. Acad. Sci., Paris **205**, 768, 1937. Polarisationsverhältnisse im Quarz-Spektrum.

1251. Canals, Mousseron, Granger, Gastaud, Souche, Peyrot, Bull. Soc. Chim. **4**, 2042, 2048, 1937; **5**, 79, 1938. ϱ_n (qualitativ).

1252. Lord, Teller, J. chem. Soc. Lond. 1728, 1937. Intensitäts-Berechnung für C_6D_6.

1253. Monnier, Susz, Briner, C. R. Soc. Phys. Genève **54**, 104, 1937. Polymerisierte Acrylsäure-ester.

1254. Redlich, Österr. Chem.-Ztg. **41**, 25, 1938. Molekülschwingungen.

1255. Sutherland, Nature, Lond. **140**, 239, 1937. Methylhalogenide.

1256. Bonino, Manzoni-Ansidei, Rolla, La Ricerca Scient, Vol. VIII/2, Nr. 5/6. Sechs kurze Mitteilungen zum Problem der Chelation.

1257. Hylleraas, Z. Phys. **107**, 86, 1937. Berechnung des Modells AB_4.

1258. Halford, Anderson, Kissin, J. chem. Phys. **5**, 992, 1937. Methylalkohol.

1259. Manzoni-Ansidei, Linc. Rend. **26**, 166, 1937. Acenaphthen, Fluoren, 9-10-Dihydroanthrazen.

1260. Thosar, Z. Phys. **107**, 780, 1937. Dialkylamine, R_2NH.

1261. MacDougall, Wilson, J. chem. Phys. **5**, 940, 1937, mechanischer Analysator für Auswertung von Säkulardeterminanten.

1262. Fehér, Morgenstern, Naturwiss. **25**, 831, 1937. Schwere Arsensäure und Salze.

1263. Garner, Don Yost, J. Amer. chem. Soc. **59**, 2738, 1937. Fluor (ergebnislos).

1264. Gupta, Indian J. of Phys. **11**, 231, 1937. Oxalat-Gruppe.

1265. Manneback, J. chem. Phys. **5**, 989, 1937. Deutero-äthylen (theor.).

1266. Rao, Koteswaram, Phil. Mag. (7) **25**, 90, 1938. H_2O-Banden.

1267. Hatcher, Don Yost, J. chem. Phys. **5**, 992, 1937. $H_3C \cdot CF_3$; $Cl_2C:CF_2$.

1268. Klit, Langseth, J. chem. Phys. **5**, 925, 1937. Deutero-benzole.

1269. Sirkar, Gupta, J. chem. Phys. **5**, 990, 1937. SH_2, fest.

1270. Sirkar, Indian J. of Phys. **11**, 343, 1937. Intensität von Gitterschwingungen.

1271. Thompson, Linnet, Proc. roy. Soc., Lond. **160**, 539, 1937; J. chem. Soc. Lond. 1376, 1384, 1393, 1396, 1399, 1937. Berechnung von Kraftkonstanten.

1272. Sidorova, Acta Physicochim. U.R.S.S. **7**, 193, 1937. Essigsäure, Bromoform, Cyclohexan im krystall. Zustand.

1273. WEST, KILLINGSWORTH, J. chem. Phys. **6**, 1, 1938. Azomethan symm. Dimethylhydrazin, Acetaldazin.
1274. CHENG, HSUEH, WU, J. chem. Phys. **6**, 8, 1938; C^{13} in C_6H_6 und C_6C_{12}.
1275. HIBBEN, J. chem. Phys. **5**, 494, 1937. Wasserbanden.
1276. WU, SUTHERLAND, J. chem. Phys. **6**, 114, 1938. Isotopie-Effekt in CCl_4.
1277. CLEVELAND, MURRAY, Amer. Physics Teacher **5**, 271, 1937. Billige Raman-Apparatur.
1278. EDSALL, WILSON, J. chem. Phys. **6**, 124, 1938. Polarisations-Apparatur.
1279. RAO, KOTESWARAM, Nature, Lond. **141**, 331, 1938. D_2O.
1280. RAMAN, RAO, Nature, Lond. **141**, 242, 1938. Zähigkeit und Brillouin-Streuung.
1281. BURKARD, KAHOVEC, Wien. Ber. u. Mh. Chem., im Druck. $\begin{matrix}H_3C\\X\end{matrix}{>}HC\cdot CO\cdot OR$ mit $X = NH_2$, OH, Cl, Br, $R = H$ und C_nH_{2n+1}.
1282. CABANNES, ROUSSET, C. R. Acad. Sci., Paris **206**, 85, 220, 1938. ϱ_n für einfache Gase bei Normaldruck.
1283. DELWAULLE, FRANÇOIS, WIEMANN, C. R. Acad. Sci., Paris **206**, 186, 1938. ZnJ_2, CdJ_2.
1284. GODCHOT, CAUQUIL, C. R. Acad. Sci., Paris **206**, 88, 1938. Menthan, Menthen, Mentadien.
1285. GLOCKLER, RENEREW, J. chem. Phys. **6**, 170, 1938. Äthylen (fl).
1286. KAHOVEC, KOHLRAUSCH, REITZ, WAGNER, Z. physik. Chem. (B), im Druck. Methylacid, symm. Dimethyl-hydrazin, Azomethan, Urotropin.
1287. WAGNER, Z. physik. Chem. (B), im Druck. Einfache Methylderivate.
1288. KOHLRAUSCH, SEKA, Ber. dtsch. chem. Ges., im Druck. Imidazol, Benzimidazol und Derivate.
1289. KAHOVEC, Z. physik. Chem. (B), im Druck. Bor-Säure, -Ester, -Anhydrid.
1290. SIRKAR, BISHUI, Indian J. Phys. **11**, 417, 1938. Mischkrystalle (p-Dichlor- und p-Dibrombenzol).
1291. VENKATESWARAN, Proc. Indian. Acad. **7**, 13, 1938. OH-Frequenz in Oxysäuren.

XI. Namen- und Sachverzeichnis.

Die kursiv gedruckten Ziffern neben den Namen verweisen auf die fortlaufende Nummer des Literaturnachweises; die geradestehend gedruckten auf Zitate im Text.

Druck der Universitätsdruckerei H. Stürtz A.G., Würzburg.